航天科技图书出版基金资助出版

纳米卫星空间微推进
进展、挑战与未来

Space Micropropulsion for Nanosatellites
Progress, Challenges and Future

［马来］谢建豪（Kean How Cheah） 著
周孝伦 李艳辉 译

中国宇航出版社
·北京·

图书在版编目（CIP）数据

纳米卫星空间微推进 ：进展、挑战与未来 / （马来）谢建豪（Kean How Cheah）著 ；周孝伦，李艳辉译. 北京 ：中国宇航出版社，2025. 5. -- ISBN 978-7-5159-2536-3

Ⅰ. V474

中国国家版本馆CIP数据核字第2025KS0681号

责任编辑　李鸿彬　　**封面设计**　王晓武

出　版
发　行　中国宇航出版社

社　址　北京市阜成路 8 号　**邮　编**　100830
(010)68768548

网　址　www.caphbook.com

经　销　新华书店

发行部　(010)68767386　(010)68371900
(010)68767382　(010)88100613（传真）

零售店　读者服务部　(010)68371105

承　印　北京厚诚则铭印刷科技有限公司

版　次　2025 年 5 月第 1 版
2025 年 5 月第 1 次印刷

规　格　787×1092

开　本　1/16

印　张　16.25　**彩　插**　36 面

字　数　450 千字

书　号　ISBN 978-7-5159-2536-3

定　价　148.00 元

Space Micropropulsion for Nanosatellites:Progress, Challenges and Future.
Kean How Cheah
ISBN:978-0-12-819037-1(English edition).

Authorized Chinese translation published by China Astronautic Publishing House Co.,Ltd.
《纳米卫星空间微推进：进展、挑战与未来》
(周孝伦，李艳辉译)
ISBN:978-7-5159-2536-3(Chinese edition)

著作权合同登记号：图字：01－2025－0210号

航天科技图书出版基金简介

航天科技图书出版基金是由中国航天科技集团公司于2007年设立的，旨在鼓励航天科技人员著书立说，不断积累和传承航天科技知识，为航天事业提供知识储备和技术支持，繁荣航天科技图书出版工作，促进航天事业又好又快地发展。基金资助项目由航天科技图书出版基金评审委员会审定，由中国宇航出版社出版。

申请出版基金资助的项目包括航天基础理论著作，航天工程技术著作，航天科技工具书，航天型号管理经验与管理思想集萃，世界航天各学科前沿技术发展译著以及有代表性的科研生产、经营管理译著，向社会公众普及航天知识、宣传航天文化的优秀读物等。出版基金每年评审2次，资助30～40项。

欢迎广大作者积极申请航天科技图书出版基金。可以登录中国航天科技国际交流中心网站，点击“通知公告”专栏查询详情并下载基金申请表；也可以通过电话、信函索取申报指南和基金申请表。

网址：http：//www.ccastic.spacechina.com

电话：(010) 68767205，88530006

译者序

《纳米卫星空间微推进：进展、挑战与未来》一书聚焦航天领域前沿课题——纳米卫星的微推进技术。随着航天技术的飞速发展，纳米卫星凭借其低成本、高灵活性和快速部署的优势，在通信、遥感、深空探测等领域发挥着日益重要的作用。然而，如何为这些微小卫星提供简单、高效、精准、可靠的推进系统，成为制约其进一步发展的关键问题。本书系统梳理了该领域的最新研究成果，深入探讨了技术瓶颈与未来发展方向，为相关领域科研人员、工程技术人员及航天爱好者提供了宝贵的参考。

原著由宁波诺丁汉大学航空航天学院助理教授 Kean How Cheah 博士执笔，汇集了全球众多专家学者的智慧结晶。书中不仅详细介绍了各类微推进技术（如电推进、冷气推进、离子液体推进等）的工作原理、性能特点及实际应用案例，还客观分析了当前微推进技术面临的挑战，如推力精确控制、能源效率优化、长期可靠性等问题。此外，本书还对未来微推进技术发展趋势进行了前瞻性展望，为读者勾勒出一幅清晰的科研路线图。

微推进技术虽属小众领域，却是推动航天创新的重要基石。近年来，中国在微小卫星研发与应用方面取得了显著进展，而本书的引进恰逢其时，有望为我国相关领域的研究者提供新的思路与启发。希望本书的中译本能为国内航天科技的发展略尽绵力，也期待更多同行投身这一充满潜力的领域，共同推动人类探索太空的宏伟事业。

在翻译本书过程中，我们深刻体会到作者严谨的学术态度与深厚的专业素养。为尽可能准确传达书中的技术细节与核心理念，我们在术语翻译、理论表述等方面反复推敲，力求既符合中文表达习惯，又不失原文的科学性与专业性。同时，我们也针对国内读者的需求，对部分背景知识进行了适当补充，以便不同层次的读者都能从中受益。

译者在历时数月的翻译工作中，得到了中国空间技术研究院推进领域多位专家的悉心指导，以及出版社各位同仁给予的支持，在此深表谢意。由于微推进技术涉及多学科交叉，书中难免存在晦涩难懂之处，若有疏漏，恳请读者不吝指正。愿本书中文版能成为推动中国航天“微小型化、高精度化”发展的一块基石，见证人类探索浩瀚宇宙的每一步跨越。

译　者

2025 年 5 月

译者序

[illegible]

目　录

第 1 章 微纳卫星的出现

Kean How Cheah 博士

宁波诺丁汉大学理工学院航空航天助理教授，中国浙江宁波

1.1 微纳卫星概念

广义定义上讲，在外太空围绕另一物体进行有规律的轨道运动的人造或自然物体都可称之为卫星。例如，月球是围绕地球运转的天然卫星，同时，地球又是围绕太阳运转的天然卫星。人造卫星（通常称为卫星）是一种发射到太空，并围绕已有天体进行运转的人造物体，已有天体有地球、月球、火星、太阳等。通常使用质量对卫星进行分类，见表 1-1。

表 1-1 卫星分类

类别	质量/kg
大卫星	>1 000
小卫星	500～1 000
迷你卫星	100～500
微小卫星	10～100
纳卫星	1～10
皮卫星	0.1～1
芯片卫星	<0.1

苏联研制的 Sputnik-1 卫星是第一颗人造地球卫星。1957 年 10 月 4 日，该卫星发射升空，这标志着人类历史上太空探索的开始[1]。在太空飞行时代的最初阶段，微小卫星已经出现。Sputnik-1 卫星质量为 83.6 kg［图 1-1（a）］，而美国研制的第一颗卫星 Explorer-1 质量只有 14 kg［图 1-1（b）］[2]。值得一提的是，这并不是因为不知如何建造大尺寸卫星，而是因为当时的运载工具不具备把大型卫星发射到太空的能力。随着运载能力稳步提升，卫星发展转向“越大越好”的模式，卫星质量从 Sputnik-2 的 508 kg 跳跃式增加到 Sputnik-3 的 1 327 kg 就是一个很好的证明。20 世纪 60 年代，由于美国和苏联之间太空竞赛加剧，在后续的 30 年里，两个国家在航天领域开展了激烈的竞争，竞相研制尺寸更大、质量更大和功能更复杂的卫星，并将其发射升空。

(a)　　(b)

图 1-1　(a) Sputnik-1 卫星带有无线电转发天线[1]；(b) William H. Pickering，James A. Van Allen 和 Wernher von Braun（从左到右），三人共同托举着 Explorer-1 卫星全尺寸模型

F. McDonald，J. E. Naugle，Discovering Earth's radiation belts：remembering explorer 1 and 3，Eos，Trans. Am. Geophys. Union 89 (39) (2008) 361-363.

这种趋势让航天界非常担心。因为需要专业的先进技术专家成立大型航天组织和机构，不但要求完成设计和研发，还要求完成大型复杂卫星后续的在轨管理和应用，因而任务成本急剧膨胀。事实上，大卫星对资金的巨大需求限制了发射次数。对于一个复杂任务的大卫星而言，研发过程包括严格、复杂和长周期的研制和测试过程，以确保卫星的可靠性和健壮性，因而，研发周期很长，很容易超过 10 年。同时，这种长周期也导致发射机会减少。面对稀缺的发射机会，将各种不兼容的功能需求整合到一个大的卫星平台已经成为一种不得不用的常规解决方案[3]。结果导致这种兼容的解决方案大概率是一种非优的、低效的解决方案。有限的发射机会以及高昂的任务费用，给保守主义提供了充足的发展空间。航天任务花费巨大，而系统的任何失误都会对任务产生实质性的影响，因此，这种情况下不推荐，也不鼓励创新性和冒险性的想法。

2010 年 3 月 19 日，Sir Martin Sweeting 教授在工程技术学院 2010 Appleton 讲座上作了标题为《小卫星——大未来》的专题报告。

大卫星表现出上述不足后，微纳卫星在航天界得到了很大的关注。若将功能繁多的大卫星分解成若干小卫星，每个小卫星都会更简单，研制费用会更少，研制周期将更短（图 1-2）[4]。在轨功能故障的小卫星可在合理的时间内予以替换。因此，尺寸更小、研制更快、性能更好、价格更低的研制手段给 NASA（美国国家航空航天局）提供了一种更高效费比、可持续发展的研制方式，并将用于将来的近地科学任务和星际探索任务。NASA 已经计划在今后每一个地球-火星窗口至少发射一颗火星探测器。

小卫星的另一个关键推动因素是微电子的快速进步，特别是微电子-机械系统技术。1965 年，Gordon Moore 首次预测，在未来几十年一个集成电路中的元器件数量将每年翻倍（也就是著名的摩尔定律）。1975 年，他修订了元器件数量增长率，1980 年前是每年翻倍，但之后每两年翻倍[5]。由于增长率下降，即使对于航天工业需求而言不够快，但微电子技术仍被认为是飞速发展的。那些耗时 10 年的大型任务，在具备发射条件时，将发现

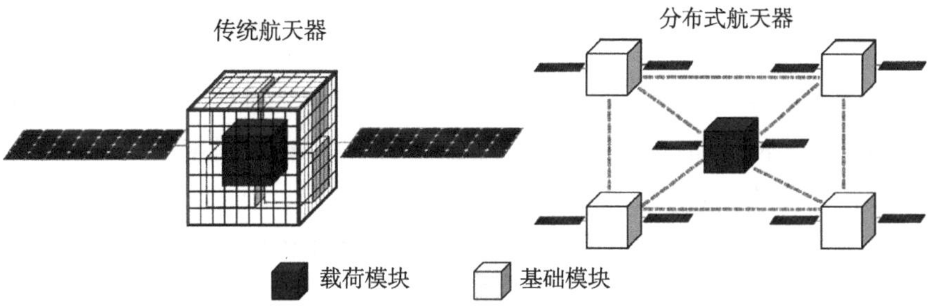

图 1-2　常规航天器与模块化航天器的对比

A. Poghosyan，A. Golkar. CubeSat evolution：analyzing CubeSat capabilities for conducting science missions，Prog. Aero. Sci. 88（2017）59-83.

其电子系统技术水平已经落伍。消费电子行业的这种研发模式对航天工业有非常积极的影响，推动其从传统谨慎和稳妥模式向快速反应和创新模式转变。

1999 年，在奥地利维也纳举办的第三届联合国开发及和平利用外太空会议（UNISPACE Ⅲ）上，一种面向成本的设计方法被引入到卫星研制中，这种方法严格控制研制成本和周期。后来，该方法被 Surrey 卫星技术有限公司（Surrey Satellite Technology Ltd.）用来控制费用超支；费用超支是大卫星研制中经常出现的问题，大卫星采用的是面向功能的设计方法[6]。新设计方法鼓励使用最新的微电子技术，这特别适用于微纳卫星；微纳卫星任务寿命较短，对系统组件的要求相对不那么严格。经过仔细筛选，以及对高能银河射线及范艾伦辐射带被困粒子等空间环境效应耐受评估，发现商用（Commercial-Off-The-Shelf，COTS）微电子组件可以大范围用于微纳卫星。这显著降低了总体任务成本，而不会降低卫星在轨性能。迄今为止，在低轨卫星上的应用已经证明，商用微电子组件具有成本低、功耗低、体积小等优点，具备良好的可靠性[7]。

除了采用商用组件之外，"小型"卫星复兴的另一个关键因素是管理方法的改变——从 IT 行业管理模式中汲取灵感，这种模式使规模较小但反应灵敏的团队实现项目快速执行。这与传统的拥有大量员工、分层管理机构和程序的大型航空航天组织形成了鲜明对比。具体来说，这样的小而敏捷的卫星团队概括起来有 11 个特点。希望了解更多信息的读者可以阅读关于现代小卫星如何改变太空经济的综述[7]。微纳卫星的理念对于老牌空间机构来说变得更有吸引力，因为他们有更多的任务机会来演示、测试和培育空间新技术理念。

在过去的几十年，太空探索活动主要由发达国家或比较富裕的发展中国家主导，比如美国、中国、俄罗斯、欧盟成员国、日本、印度、加拿大等，主要是因为太空项目对技术水平和经济资源要求比较高。太空优势让生活在这些国家的人民享受到卫星技术带来的更好经济、社会生活水平，诸如天气预报、通信、遥感、导航和国土安全等方面。

对于发展中国家和新兴国家而言，大部分资源用于近期和紧急需求，如食物、清洁水、医疗保健、教育和基础设施。然而，这些国家有必要对人力资本，特别是对一个国家长期发展、繁荣有关键影响的战略和先进技术部门进行投资。因此，微纳卫星项目对这些国家而言特别有益；它在最前沿科技领域提供了一种独特的、经济可负担的途径——进行科学投资和技术能力建设——来拓展国家智力资本[8]。任务复杂度降低使这些国家能够启动他们自己的太空项目，培养科学家和工程师来研发通信、对地观测或国防安全卫星，并发射入轨。微纳卫星的性能可能无法与大卫星相比拟，但这些国家可以直接访问和操控自己的卫星，而无须依赖主要的卫星供应商。

虽然微纳卫星具有上述优点，但大卫星在航天工业中依然拥有独特地位，并且在某些应用中仍是首选类型。例如，地球静止轨道（GEO）通信卫星倾向于大型、大功率的卫星平台，因为大平台具备多种载荷承载能力，能给覆盖区提供足够带宽。

1.2 立方星的诞生

经过多年的持续发展，微纳卫星在平台设计、载荷性能和地面控制管理等方面得到了稳步提升。2000 年左右，这些较小的卫星积累了足够的能力，特别是在商业对地观测项目中，从早先的演示任务发展为实用任务[7]。具体来说，在姿态控制、精确指向、星载数据存储、先进图像传感器及数据下传技术等方面的进步，推动了低轨图像获取技术的革命。例如，2005 年发射的卫星 TopSat，质量 120 kg，三轴稳定，具备全光谱 2.8 m 分辨率和多光谱 5.6 m 的摄像能力。通过其 X 波段转发器以 11 Mbit/s 速率可在几分钟内将获取的图片下传至地面站[9]。

虽然微小卫星（<100 kg）已显著降低了任务费用，但对于教育行业而言，微小卫星仍被认为是资本密集型项目。建立全面的教育培训计划，覆盖卫星任务所有阶段，包括设计、生产、总装、测试、发射和在轨操作，将现有学生培养成为有能力的科学家和工程师，微小卫星所提供的这种宝贵实践经验，对于满足日益增长的航天工业需求至关重要。

认识到理工科学生应尽早参与真正的卫星任务，因此考虑了使用介于纳、皮量级的更小卫星的想法。1999 年，Jordi Puig - Suari［加州理工大学教授，图 1 - 3（a）］和 Bob Twiggs［斯坦福大学教授，图 1 - 3（b）］合作启动了一颗皮卫星项目，原计划通过俄罗斯运载火箭发射[10]。然而，此次发射被意外取消了。这促使他们开始思考将皮级卫星变为标准，以扩大这种微型卫星在学术界的覆盖范围。皮卫星实物尺寸很小，重量不超过 1 kg。为获取尽可能多的太阳能并转换为电能，皮卫星需要在表面安装尽可能多的太阳能电池片，基于这种考虑，皮卫星外形为立方体。这个理念最终演化成边长 10 cm 立方体（可容纳 1 kg 水）的标准皮卫星，并得名立方星（CubeSat）[11]。立方星的出现吸引了世界各地大学的兴趣，几乎所有知名大学都有自己的立方星项目。微电子、通信、材料、仪器等领域的快速发展加速了立方星相关技术的发展，并进一步降低了费用。现在，不仅名牌大学，即使规模小一点的大学，甚至高中的学生都可以通过立方星项目参与航天活动。

根据立方星设计规范（Cubesat Design Specifications，CDS）中明确的建造标准，诸如形状、尺寸、重量等，立方星分为皮卫星到纳卫星。标准的 1U 立方星指一个 10 cm×10 cm×10 cm 的立方体，质量不超过 2 kg（依据最新的设计规范 Rev.14，原规范中是

(a)　　(b)

图 1－3　(a) Jordi Puig－Suari 教授手持 1U 立方星；(b) Bob Twiggs 教授

R. A. Deepak，R. J. Twiggs，Thinking out of the box：space science beyond the CubeSat，J. Small Satell. 1 (1) (2012) 3－7.

1.33 kg)。经过这些年的发展，立方星已经发展到更大尺寸，如 1.5U、2U、3U、6U 和 12U（甚至已提出尺寸达到 24U），来满足日益增长的任务对卫星功能及性能的要求。图 1－4 展示了 1U、2U、3U、6U 和 12U 立方星的机械布局的对比[12]。

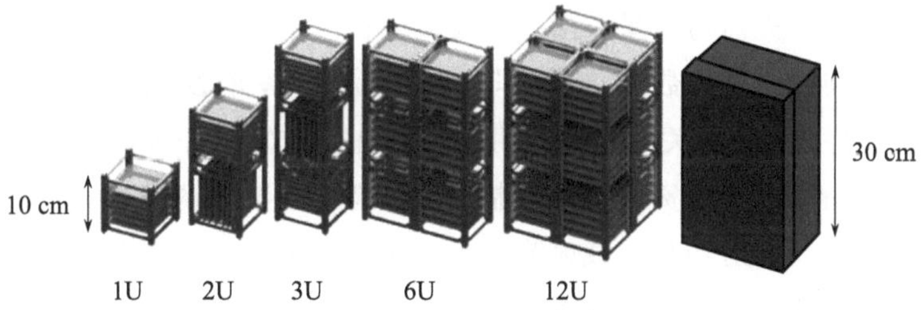

图 1－4　1U、2U、3U、6U 和 12U 立方星体积（从左至右）

P. Machuca，J. P. Sánchez，S. Greenland，Asteroid fly by opportunities using semiautonomous CubeSats：mission design and science opportunities，Planet. Space Sci. 165 (2019) 179－193.

卫星规格的标准化带来了很多好处。小公司可以开发单独的立方星子系统，使用商用组件进行大规模生产，然后供应给不同的立方星研发者，由他们根据任务需要将这些子系统总装为一个高度集成的立方星（图 1－5)[13]。这种模块化的卫星研制方法支持批量生产，其规模经济将降低总成本，并在诸如个人电脑、智能手机和其他小工具等消费类电子产品中已得到验证。标准的建立推动了立方星领域的信息共享和交流，并被当作一种共同语言广泛用于沟通。从此，许多组织和投资人举办了很多次与立方星相关的会议、研讨和展览，方便相关人员参与和互动。此外，立方星标准化的物理尺寸促进了使用一套通用程序和系统进行常规运输和太空部署，不会因立方星研发者不同而不同。

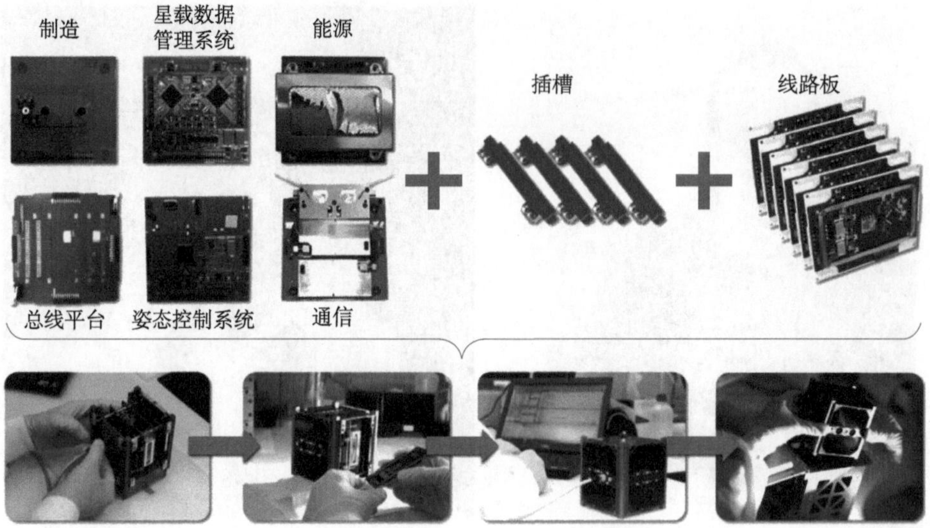

图 1-5　模块化设计架构支持将来自不同研发机构的子系统/组件集成到一个立方星（见彩插）

K. Schilling, Perspectives for miniaturized, distributed, networked cooperating systems for space exploration. Robot. Autonom. Syst. 90 (2017) 118-124.

1.3　立方星的发射

多数火箭发射时，火箭与主星对接后，通常存在一些发射能力余量，允许携带一些小的次要载荷。在早期，大多数立方星作为次要载荷搭车发射进入轨道，与主载荷（图 1-6）共享发射。虽然相关的发射费用低，但是受到发射提供商和主载荷所有者要求的约束。例如，背负式卫星投资人无法控制发射日期，在某些情况下，需要比实际发射日期提前几周将卫星运到发射场与运载火箭对接，来适应主卫星的时间计划。另外，通常主任务决定最终的入轨姿态。多数情况下，主星与运载火箭分离后，立方星才会从运载火箭上分离，以避免潜在的碰撞风险。

随着立方星发射需求的增加，出现了专门的拼车发射，可将小卫星、立方星组合起来一起发射。截至 2021 年 1 月，美国太空探索技术公司（SpaceX）保持着单发火箭发射 143 颗不同尺寸卫星的记录，打破了之前由印度 PSLV C-37 一次发射 104 颗卫星的纪录。这种拼车发射模式给搭载卫星提供了更加公平的合作关系，因而公平分享对最终高度的控制权（与主星主导不同），只要在运载火箭能力范围内，可在多种不同高度释放卫星。尽管专用拼车发射增加了立方星的发射机会，但完成对不同投资人不同要求的管理和物流安排，是一个巨大挑战[7]；这些投资人包括发射服务提供者和每个拼车发射的卫星研制者。现在 NASA 和 ESA（欧洲空间局）分别通过“立方星启动计划（CubeSat Launch Initiative）”和“飞行你的卫星项目（Fly Your Satellite Program）”来协调和支持大学、研究机构和学校开发的立方星。

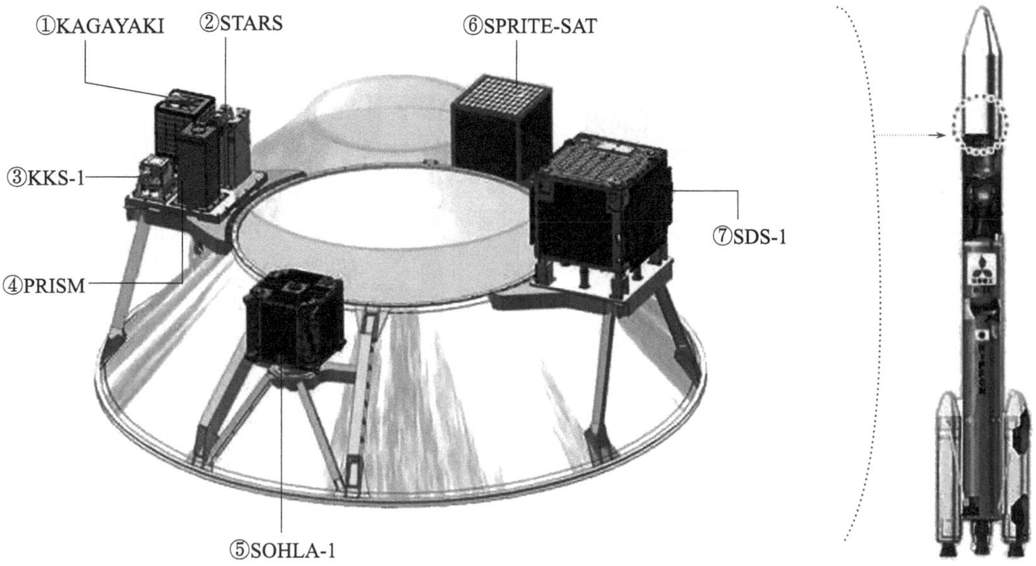

图 1-6　H-IIA 运载火箭上的背负式卫星（见彩插）

来自 JAXA，火箭图片由三菱重工提供。

2014 年以后，立方星发射入轨有了新的选择。立方星可以作为再补给货物的一部分运输到国际空间站（International Space Station，ISS），在空间站使用专用释放装置将立方星释放到太空。JAXA（日本宇宙航空研究开发机构）最先研发了这种释放装置，该装置叫作实验舱（Japanese Experimental Module，JEM）小卫星轨道释放器（Small Satellite Orbital Deployer，J-SSOD），最大可以释放外形高达 6U 的立方星[14]。

在典型的部署过程中，立方星预装入释放器，也叫卫星安装箱（每个最大可以容纳 3U 立方星），作为货物发往国际空间站。一旦货物抵达国际空间站，卫星安装箱将运往日本 KIBO 实验舱，再由航天员装载到小卫星轨道释放器上，此装置带有电控箱和小卫星释放分离机构。然后，小卫星轨道释放器（最多携带两个卫星安装箱）和多用途实验平台（MultiPurpose Experiment Platform，MPEP）相连，从 KIBO 实验舱气闸滑出到太空环境。随后，KIBO 实验舱机械臂通过日本实验舱远程机械臂系统（Japanese Experiment Module Remote Manipulator System，JEMRMS）抓取多用途实验平台组件，并将之转移到释放点［图 1-7（a）］；释放点通常位于国际空间站飞行方向的反方向，并且指向尾部最低点 45°方向。最后，卫星安装箱中的弹簧将卫星依次抛入太空［图 1-7（b）］[15]。2012 年 10 月 4 日，小卫星轨道释放器成功完成了首次使用，部署了两颗小卫星。在第一次部署中，JAXA 航天员 Akihiko Hoshide 在轨操作释放了两颗立方星（WE WISH 和 RAIKO）。紧接着，第二次部署由地面任务控制中心释放国际空间站的其他 3 颗立方星（FITSAT-1、F-1 和 TechEdSat）。从国际空间站成功释放立方星后不久，NanoRacks LLC 公司（总部位于美国休斯敦）开发了第一个商业释放器，与小卫星轨道释放器共用相同的设施和程序。NanoRacks 立方星释放装置（Nanoracks CubeSat Deployer，NRCSD）

可以容纳最大 6U 的立方星，而 NanoRacks 立方星释放装置增加到 2 倍后，容纳能力扩展到 12U 立方星。

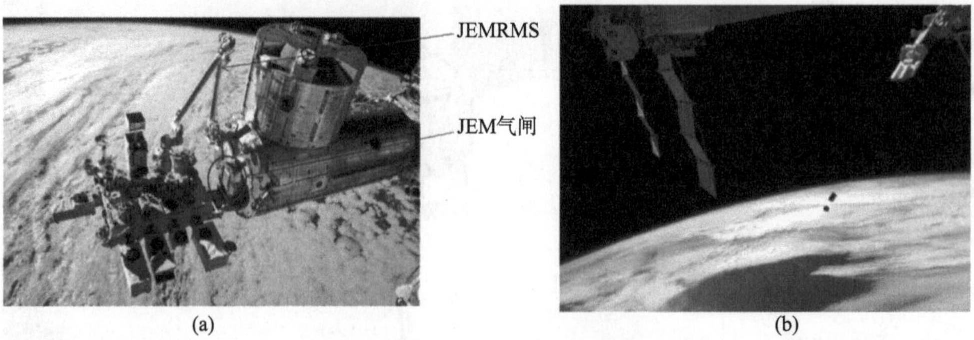

图 1-7 (a) JEMRMS 和 JEM 气闸在 KIBO 实验舱的位置；(b) 释放立方星

Y. Nogawa, S. Imai, 24 - Launch from the ISS. In: C. Cappelletti, S. Battistini, B. K. Malphrus (Eds.), Cubesat Handbook, 2021, Academic Press, pp. 445 - 454.

2014 年，在一个特别罕见的情况下，俄罗斯航天员在太空行走时，从国际空间站用手将秘鲁的 Chasquil 立方星发射了出去。

1.4 第一个立方星

2003 年 6 月 30 日，第一组立方星搭载俄罗斯 Rokot 火箭，由普列谢茨克发射场发射升空。该任务将 6 颗立方星发射进入太阳同步轨道：丹麦的 AAU 立方星和 DTUSat，加拿大的 CanX - 1，美国的 QuakeSat，以及日本的 XI - Ⅳ 和 CUTE - 1。

AAU 立方星由丹麦奥尔堡大学（Aalborg University）的学生建造。学生们最初打算用于地球观测任务，但后来发现通过 1U 立方星执行该任务具有挑战性[16]。然后决定让立方星携带 130 万像素、24 位色、150 m×120 m 分辨率的 CMOS 相机，并利用该机会进行技术评估，为立方星平台的未来任务做准备。不幸的是，该任务寿命很短，持续了两个半月，然后电池容量耗尽，在地面只是收到了基本的信标数据信号。分析表明，发射信号太弱，不能建立有效的数据链接用于通信和星务数据下传。

另一个丹麦立方星 DTUSat 由丹麦技术大学（Technical University of Denmark）的学生设计和建造。立方星的主载荷是一根电动系绳，设计使用 450 m 长的裸铜线与地磁场相互作用产生力，在太空清除垃圾方面存在潜在应用。卫星还携带了一台相机和一套无线电测试广播设备作为辅助载荷。但是，立方星发射后，未能建立通信链路。

加拿大先进纳试验卫星（Canadian Advanced Nanospace eXperiment，CanX）是加拿大多伦多大学航空航天研究所太空飞行实验室（Space Flight Laboratory at the University of Toronto Institute for Aerospace Studies）的皮卫星项目。CanX - 1 是学生研制的第一颗皮卫星，用于演示验证小但功能强大的卫星能力，因此，该卫星携带了许多载荷和试验分系统，包括 CMOS 相机、ARM7 高性能星载计算机、GPS 接收机、主动磁姿态控制系统[17]。不幸的是，CanX－1 卫星遇到了与 DTUSat 相同的情况，发射后不能与地面建立通信链路。

QuakeSat 一个 3U 立方星，由斯坦福大学太空系统开发实验室（the Space Systems Development Laboratory at Stanford University）和帕罗阿尔托（Palo Alto）的一个名叫地震发现者（Quake Finder）的科技公司共同建造，用于监测地震早期信号。有效载荷是极低频（ELF）磁力计，可以监测和收集来自太空的极低频磁信号，用于预测潜在的地震活动。灵敏的极低频磁力计安装在桅杆上，桅杆从立方星平台伸出 0.7 m 来避免磁力计受星载电子设备的磁干扰。作为历史上第一个 3U 立方星，QuakeSat 已成功在轨运行 1.5 年，虽然设计寿命仅 1 年。卫星已经收集到几个地震前后的独特信号，比如圣西蒙、新西兰南岛、哈萨克斯坦-中国新疆边界地区地震[18]。

东京技术工程立方星 1 号（Cubical Tokyo Tech Engineering Satellite－I，CUTE－1）是学生主导的，并由东京技术研究所航天系统实验室（the Laboratory for Space Systems of the Tokyo Institute of Technology）开发的 1U 立方星项目[19]。该立方星有 3 个任务目标：1）通信演示，根据地面站的遥控指令进行 CW 和 FM 频段的遥测切换；2）收集星载传感器（如陀螺、加速度计、热敏电阻、太阳传感器）的星务数据；3）演示太阳能电池阵的展开机构［图 1－8（a）］。

(a)

(b)

图 1－8　(a) 第一个 1U 立方星：CUTE－1 飞行模型；(b) XI－Ⅳ立方星（见彩插）

H. Ashida，et al.，Design of Tokyo Tech nano－satellite cute－1. 7t APD II and itsoperation，Acta Astronaut. 66 (9) (2010) 1412－1424；S. Nakasuka，et al.，Evolution from education to practical use in University of Tokyo's nano－satellite activities，Acta Astronaut. 66 (7) (2010) 1099－1105.

X 因子研究者Ⅳ号（X－factor Investigator Ⅳ，XI－Ⅳ）是一个 1U 立方星，由东京大学智能航天系统实验室（the Intelligent Space Systems Laboratory at the University of Tokyo）研制[20]。该任务主要有两个目标：1）支持航天工程教育；2）演示和测试大量在轨使用商用组件的皮卫星平台系统。另外，该立方星还有一个高级任务，也就是使用 CMOS 相机对地球拍摄，并将照片传递到地面站。值得一提的是，日本的两颗立方星都可以在太空环境中工作到2021年，这是一个惊人的在轨时间（18年），是截至目前世界上运行时间最长的立方星。

1.5 用于科学任务和商业化的立方星

在第一批立方星发射后的10年里，立方星主要用作大学生、工程师的教育工具，并可提供在轨操作1～2年的低成本太空新技术试验平台。2014年以来，大多数发射任务是科学和商业任务[7]，这种趋势改变了：不但小的初创公司，而且大的航天机构如NASA和ESA也启动了各自的立方星项目，用于有高回报潜力的科学任务。

最近，对立方星的演变进行了分析，以评估其执行高质量科学任务的能力。超过130个立方星任务被选中，根据主任务目标分成6类：1）地球科学及空间应用；2）深空探索；3）太阳物理学：太空气象；4）天体物理学；5）星载原位实验室；6）技术演示。对于有兴趣了解该领域发展更多内容的读者，鼓励读一下相关综述[4]。

2017年，一次专用拼车发射中释放的立方星数量首次突破100颗。103颗立方星由印度的PSLV运载火箭发射升空，其中88颗是一个名叫"星球"的美国公司研制的地球观测（EO）立方星。一次将大量立方星发射进入太空的可能性，给全新的任务架构，也就是立方星座（或簇），提供了关键支持；立方星座在对地观测领域有巨大的商业潜力。星球公司正在使用一群3U立方星建造迄今最大的对地观测立方星座（每颗大约5 kg，叫作"鸽子"）[21]，每天以3～5 m分辨率获取全球的近红外RGB多光谱图像，用于环境、人道救援和商业应用。从那时起，该公司不断提升对地观测技术，并通过新一代"超级鸽子"立方星来获取更高质量、更清晰的图像，然后下传到地面站网络。截至2021年1月，该公司运营着一个超过200颗活跃卫星的全球对地观测星座。

1.6 地球外的立方星

自1999年立方星诞生以来，已经过去了20年。立方星早已从悲观者认为的玩具，变成强大有能力的卫星，可以执行各种科学和商业任务。航天界已经在探索立方星是否有能力飞到地球之外。在考虑立方星用于深空任务之前，需要解决几个风险和挑战。第一个是远程通信，这要求开发适应立方星小外形的小型化深空通信系统。缺少地球磁场的保护，深空环境效应对立方星而言将非常苛刻，因为辐射水平预计变得很强，热控系统设计也更加困难。

然而，风险和挑战没能阻止立方星飞离地球轨道。相反，立方星的风险性反而推动了第一颗星际探索立方星的立项，该卫星是火星1号立方星（Mars Cube One，MarCo），2018年远赴火星执行飞越任务（图1-9）[22]。该任务包括两颗6U立方星，MarCo-A和MarCo-B，与NASA的洞察号着陆器（InSight lander）一起发射，主要目的是测试立方星平台上的小型化通信和导航技术。2018年11月26日，在洞察号进入、下降和着陆过程中，MarCO 立方星携带新研发的通信系统在着陆器和地球的深空网络间提供了实时通信链路。洞察号在火星上触地通过遥测数据得到了确认，第一张照片由着陆器拍摄，然后通过 MarCO 立方星中继传回地球。

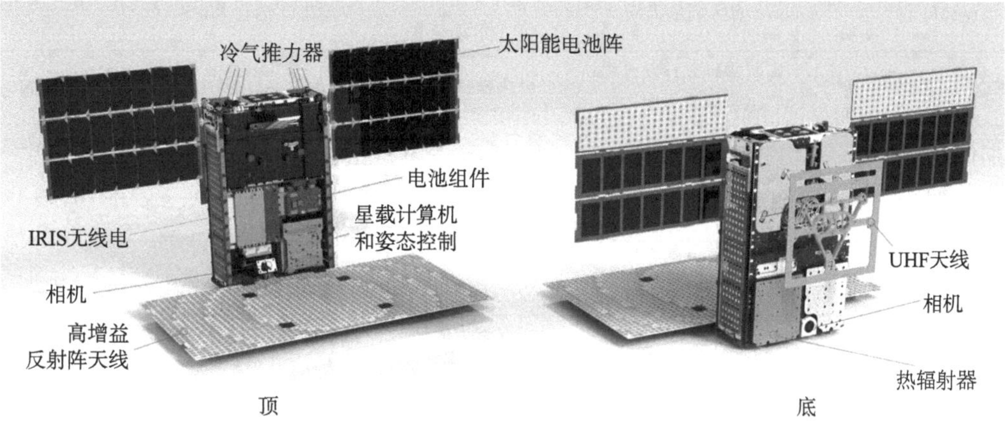

图 1-9　火星 1 号立方星双星（见彩插）

F. C. Krause, et al., Implementation of commercial Li-ion cells on the MarCO deep space CubeSats. J. Power Sources 449 (2020) 227544.

在地球之外的最新任务中，立方星的下一个目的地是月球。Artemis 是一个美国领导的国际项目，2017 年启动，旨在让人类重返月球。Artemis I 是第一个任务，该任务是一个无人的试验飞行，使用太空发射系统火箭发射新的猎户座多用途载人飞行器，在月球逆行轨道运行 6 天时间。计划于 2021 年 11 月发射，NASA 利用这个独特的机会发射 13 颗 6U 立方星作为辅助载荷，来演示验证大范围的月球探测和深空相关的技术[23]。见表 1-2，其中的 7 个立方星由美国各类研究中心、研究所和大学研制，3 个立方星来自 NASA 的国际合作伙伴，3 个立方星选自 NASA 的立方星任务挑战赛。

表 1-2　Artemis I 任务中立方星使用的微推进系统

任务	航天组织	推进系统	模型	推力
美国政府研究中心、研究所和大学				
BioSentinel	美国国家航空航天局艾姆斯研究中心	冷气推进	佐治亚理工学院研发	50 mN
CuSP	西南研究所	冷气推进	VACCOMiPS	25 mN
LunaH-Map	亚利桑那州立大学	静电推进	Busek BIT-3 离子推进器	1.24 mN
LunIR	洛克希德·马丁航天公司	电喷雾推进	不适用(NA)	不适用(NA)
Lunar Flashlight	喷气推进实验室	单组元推进	佐治亚理工学院空间系统设计实验室研发	100 mN
LunarIceCube	摩尔黑德州立大学	静电推进	Busek BIT-3 离子推进器	1.24 mN
Near-Earth Asteroid Scout	马歇尔航天飞行中心	太阳帆		

续表

任务	航天组织	推进系统	模型	推力
美国国家航空航天局的国际合作伙伴				
ArgoMoon	Argotec 意大利航天局	单组元推进/冷气推进	VACCO 混合 MiPS	100 mN/25 mN
EQUULEUS	日本宇宙航空研究开发机构(JAXA)/东京大学	电热推进	东京大学 AQUARIUS	4 mN
OMOTENASHI	日本宇宙航空研究开发机构(JAXA)	冷气推进/固体推进剂	VACCOMiPS/JAXA 研发	25 mN/500 N
美国国家航空航天局的立方星挑战赛				
Cislunar Explorers	康奈尔大学	双组元推进/冷气推进	电解水供应的氢/氧	1 N
Team Miles	Fluid and Reason,LLC.	混合等离子体与激光推进	Fluid and Reason，LLC. Constant Q Model H	5mN
Earth Escape Explorer	科罗拉多大学博尔德分校	未配备推进系统，利用太阳辐射压进行姿态控制		

1.7　对微推进系统的需求

立方星空间体积小、能源预算有限，不利于推进系统上星。第一个立方星未配置推进系统。AAU、DTU 和 CanX-1 立方星使用磁力矩器进行姿态控制和稳定，QuakeSat 使用永磁体保持磁力器与地球磁场一致，而 XV-I 立方星使用永磁体和阻尼器将卫星指向地磁方向。

为拓展立方星任务能力，立方星配置推进系统很关键。推进系统可以提供必要的推力或低速度增量脉冲操作，用于姿态控制、轨道维持和修正、动量轮卸载、阻力补偿，以及高速度增量轨道机动，如变轨、星座部署、编队飞行和任务末期离轨，以防立方星成为空间碎片。

对能够产生微牛至毫牛推力水平的推进系统（此后称之为微推进系统）的需求出现了。最早引入微推进系统的任务可以追溯到 2000 年的 SNAP-1（6.4 kg）和 2006 年的 MEPSI-1（1.4 kg）。需要指出的是，两颗卫星都属于纳卫星级别，但又不是按照立方星的标准建造的。第一个带有微推进系统的立方星是 2008 年发射的 3U 立方星 CanX-2，该立方星携带了冷气微推力器。

微推进系统特别重要，它给立方星提供了在复杂和尖端任务中所需要的机动性和精准控制能力。在 Artemis I 任务所有的立方星中，只有“地球逃生探测器”一个立方星没有携带微推进系统，但它使用太阳辐射压进行姿态控制。其中 3 个立方星，也就是 OMOTENASHI、ArgoMoon 和 Cislunar Explorers，甚至携带了 2 套不同（或混合）的微推进系统，来满足任务对推进系统能力的高要求（表 1-2）。

总之，在过去几年中，随着立方星研发的快速增长，微推进领域的研究和开发活动不断加强。截至 2021 年 4 月 4 日，已发射的 1 684 颗纳卫星中有 86 颗（仅 5.1%）携带了微推进系统（图 1-10）。然而，预计将有更多的微推进系统达到更高的技术成熟度水平，并在今后几年内发射。本书的后续章节将向读者介绍微纳卫星不同类型微推进系统的背景和发展，特别适用于立方星。

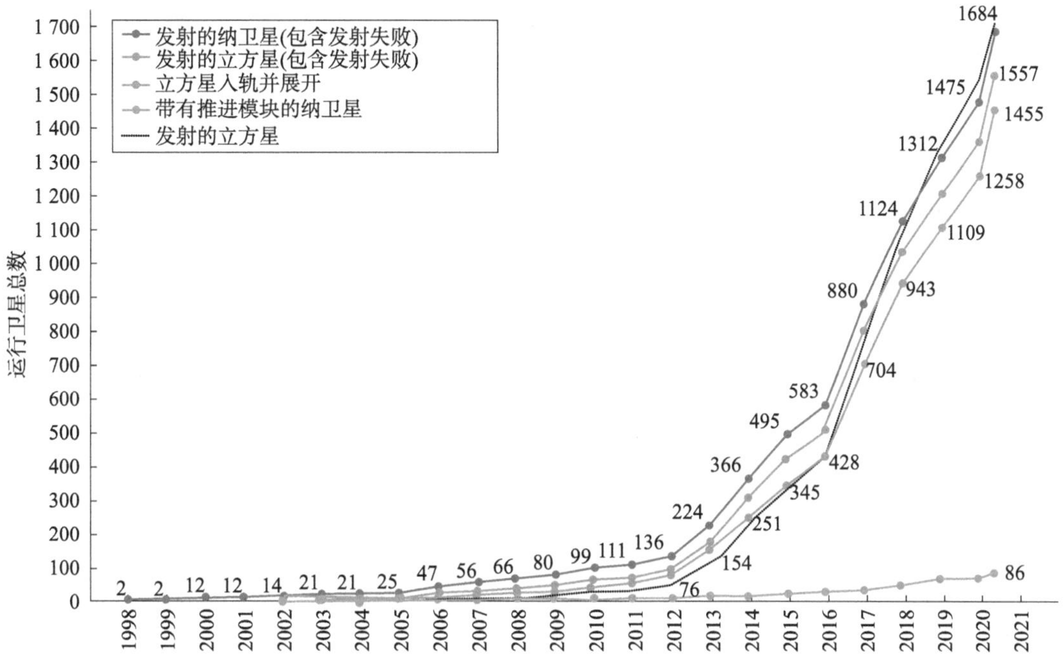

图 1-10　截至 2021 年 4 月 4 日，总的纳卫星和立方星（见彩插）

参考文献

[1] Kuznetsov, V. D., Sinelnikov, V. M., Alpert, S. N., 2015. Yakov Alpert: Sputnik - 1 and the first satellite ionospheric experiment. Adv. Space Res. 55 (12), 2833 - 2839.

[2] McDonald, F., Naugle, J. E., 2008. Discovering Earth's radiation belts: remembering explorer 1 and 3. Eos, Trans. Am. Geophys. Union 89 (39), 361 - 363.

[3] Myers, R., Oleson, S., Curran, F., 1994. Small satellite electric propulsion options. In: Intersociety Energy Conversion Engineering Conference. American Institute of Aeronautics and Astronautics.

[4] Poghosyan, A., Golkar, A., 2017. CubeSat evolution: analyzing CubeSat capabilities for conducting science missions. Prog. Aero. Sci. 88, 59 - 83.

[5] Moore, G. E., 2006. Progress in digital integrated electronics. IEEE Solid - State Circuits Soc. Newslett. 11 (3), 36 - 37.

[6] Kramer, H. J., Cracknell, A. P., 2008. An overview of small satellites in remote sensing. Int. J. Rem. Sens. 29 (15), 4285 - 4337.

[7] Sweeting, M. N., 2018. Modern small satellites - changing the economics of space. Proc. IEEE 106 (3), 343 - 361.

[8] Woellert, K., et al., 2011. Cubesats: cost - effective science and technology platforms for emerging and developing nations. Adv. Space Res. 47 (4), 663 - 684.

[9] Baxter, E., Levett, B., 2008. TopSat: lessons learned from a small satellite mission. In: Sandau, R., Röser, H. - P., Valenzuela, A. (Eds.), Small Satellites for Earth Observation. Springer Netherlands, Dordrecht, pp. 377 - 384.

[10] Deepak, R. A., Twiggs, R. J., 2012. Thinking out of the box: space science beyond the CubeSat. J. Small Satell. 1 (1), 3 - 7.

[11] Introduction: the history of the CubeSat by Bob Twiggs and Jordi Puig - Suari. In: Cappelletti, C., Battistini, S., Malphrus, B. K. (Eds.), 2021. Cubesat Handbook. Academic Press, pp. xxi-xxviii.

[12] Machuca, P., Sánchez, J. P., Greenland, S., 2019. Asteroid flyby opportunities using semi - autonomous CubeSats: mission design and science opportunities. Planet. Space Sci. 165, 179 - 193.

[13] Schilling, K., 2017. Perspectives for miniaturized, distributed, networked cooperating systems for space exploration. Robot. Autonom. Syst. 90, 118 - 124.

[14] Fite, N. D., 2021. 22 - Deployers. In: Cappelletti, C., Battistini, S., Malphrus, B. K. (Eds.), Cubesat Handbook. Academic Press, pp. 415 - 429.

[15] Nogawa, Y., Imai, S., 2021. 24 - Launch from the ISS. In: Cappelletti, C., Battistini, S., Malphrus, B. K. (Eds.), Cubesat Handbook. Academic Press, pp. 445 - 454.

[16] Alminde, L., et al., 2003. Educational value and lessons learned from the AAU - CubeSat project. In: International Conference on Recent Advances in Space Technologies, vol. 2003.

[17] Wells, G. J., Stras, L., Jeans, T., 2002. Canada's smallest satellite: the Canadian advanced nanospace eXperiment (CanX - 1). In: 1st AMSAT Space Symposium and Annual Meeting (Toronto, Canada).

[18] Flagg, S., et al., 2004. Using Nanosats as a proof of concept for space science missions: QuakeSat as an operational example. In: 18th AIAA/USU Conference on Small Satellites (Logan, Utah, US).

[19] Nakaya, K., et al., 2003. Tokyo Tech CubeSat: CUTE - I - design & development of flight model and future plan. In: 21st International Communications Satellite Systems Conference and Exhibit. American Institute of Aeronautics and Astronautics.

[20] Funase, R., et al., 2019. On - orbit operation results of the world's first CubeSat XI - Ⅳ - lessons learned from its successful 15 - years space flight. In: 33rd Annual AIAA/USU Conference on Small Satellites (Logan, Utah, US).

[21] Zimmerman, R., et al., 2017. Commissioning the world's largest satellite constellation. In: 31st Annual AIAA/USU Conference on Small Satellites (Logan, Utah, US).

[22] Krause, F. C., et al., 2020. Implementation of commercial Li - ion cells on the MarCO deep space CubeSats. J. Power Sources 449, 227544.

[23] Robinson, K. F., et al., 2020. Space launch system Artemis I CubeSats: SmallSat vanguards of exploration, science and technology. In: 34th Annual AIAA/USU Conference on Small Satellites (Logan, Utah, US).

第 2 章　冷气微推力器

Kean How Cheah 博士[1]，Chaggai Ganani 硕士[2]，
Kristina Lemmer 博士[3]，Angelo Cervone 博士[4]

1 宁波诺丁汉大学理工学院航空航天助理教授，中国浙江宁波
2 代尔夫特理工大学航天工程系研究生，荷兰代尔夫特
3 西密歇根大学机械与航空航天工程系副教授，美国密歇根卡拉马祖
4 代尔夫特理工大学航天工程系助理教授，荷兰代尔夫特

2.1　背景和工作原理

在航天推进系统中，冷气推进系统是一种最简单的推进系统。历史上，这种推进系统被用作反作用控制系统已超过 50 年。它们不仅用作卫星、行星际着陆器的推进系统，在运载火箭中也有应用。例如，飞马座运载火箭使用冷气推力器进行滚动轴运动控制[1]。SpaceX 公司的猎鹰 9 号（Falcon 9）运载火箭的可重复使用芯一级再回地球前，也是使用冷气推力器进行稳定控制。

典型的冷气推进系统包括一个高压气瓶、一个压力调节器、用于充气和放气的加排阀，以及一个或多个推力器，每个推力器都有电动阀门，推进系统原理图如图 2－1 所示。

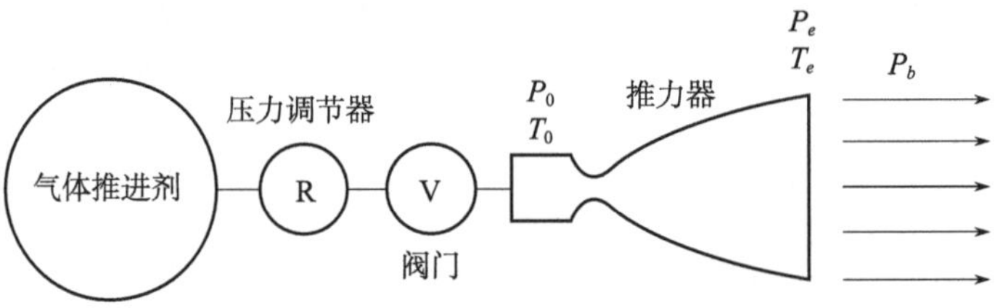

图 2－1　典型冷气推进系统原理图

冷气推进系统工作原理比较简单。存储在高压下的非气态推进剂通过相变蒸发或升华为气体，并通过缩放喷管喷出，将气流加速到很高的速度从而产生推力。

发动机喷管主要由腔体内压力气体 P_0 和释放气体时周围压力 P_b 的压差来驱动。气瓶充入气态推进剂后，压力很高，随着气体消耗，压力逐步降低。如果需要稳定的推力，就需要安装压力调节器来稳定气瓶气流，从而产生稳定的压差。

表 2－1 列举了一些考虑用于冷气推进系统的气体推进剂及其特性。虽然氢气和氦气作为推进剂可以提供较高的比冲，但这两种气体的密度较小，需要更大、更重的气瓶，这

就抵消了性能优势。在元素表另一端，密度大的气体，如氩气和氪气，比冲比较低。在一些情况下，通过对气体加热来提高比冲或减小气瓶尺寸，代价是系统设计更加复杂。

表 2－1　冷气推进系统选中推进剂的特性

推进剂	分子量	密度[a]/(lb/ft^3)	k	理论比冲[b]/s
氢气	2.0	1.77	1.40	284
氦气	4.0	3.54	1.67	179
氮气	28.0	24.7	1.40	76
空气	28.9	25.5	1.40	74
氩气	39.9	35.3	1.67	57
氪气	83.8	74.1	1.63	50

注：[a]在 20 ℃、5 000 psia 条件下；[b]在真空 20 ℃、喷嘴面积比 50：1 条件下。

冷气推进系统复杂度较低，非常适用于一些对推进要求相对简单的任务。系统简单，显著降低了失败风险，使得冷气推进系统适用于对推进系统健壮性和可靠性要求高的任务。冷气推进系统另一个优点是不产生污染，因为采用的是惰性无害气体推进剂。这对于携带的敏感光学有效载荷和镜面等一起飞行的仪器尤其重要，因为这些仪器对粒子沉积和污染有严格要求。

对于冷气推进系统而言，阀门泄漏依然是主要的不足和风险。在气体推进剂流入阀门之前，必须对气体进行充分过滤，过滤掉任何细小的杂质，否则杂质将沉积在阀门上，产生小的缝隙，造成泄漏。有时缝隙可能极其小，对于液体推进系统不重要，但对于冷气推进系统而言是不可接受的，因为气体推进剂的黏性很低、压力很高。实践中，通常多加注20%的推进剂作为余量来抵消泄漏风险。

虽然冷气推进系统有大量设计可继承，但这些推进系统并非是专门给微纳卫星应用而设计的。即使根据微纳卫星的体积和质量，可以很方便地完成气瓶和推力器的微型化，但阀门需要进一步研发。常规的阀门需要特别高的电能，待机情况下 1 W 功率，开机情况下 10 W[2]，这就超过了绝大多数的微纳卫星额定功率。

冷气推进系统产生的推力比电推进系统更高，这在快速轨道机动中很有必要。但冷气推进比冲比较低，通常低于 100 s。考虑到微纳卫星体积有限不能安装大的气瓶，总的比冲不足以进行大速度增量的轨道机动。这就限制了冷气推进系统在微纳卫星姿态控制系统中的应用。另外，气体泄漏问题也影响冷气推进系统承担长期任务。

2.2　喷管理论

除了气瓶、减压器、阀门这些硬件，冷气推进系统的性能与喷管设计密切相关。因此，理想喷管理论知识对推力器性能的初步估计是至关重要的，这个理论将真实的喷管流体简化成一个准一维（1D）喷管流体。在理想一维喷管流体条件下，作出如下假设：

1）工质是均匀的；

2）工质是气态的，可能存在压缩，但很小，可以忽略；

3）理想气体定律有效；

4）固体边界没有热传递，也就是流体绝热；

5）固体边界是光滑的，因此可以忽略摩擦和边界层效应；

6）喷管流体不会出现振动波和流体不连续；

7）流体是稳定的，瞬态效应可以忽略；

8）气体仅沿喷管轴线排出；

9）喷管流体正剖面内的气体性质是相同的，包括速度、压力、温度和密度等；

10）在流体冻结基础上建立了化学平衡。

理想喷管理论适用于所有使用缩放喷管加速工质的化学推进系统。虽然冷气推进系统通常被划分到化学推进系统，但并无化学反应发生。气体推进剂流过阀门后，仍然是气态进入喷管。因此，上述喷管理论中的假设 1）、2）和 3）都是成立的。

总的来说，假设 4）、5）和 6）允许对喷管流体使用等熵关系，也就是把气流体作为理想绝热和动态热可逆流体。实际上，冷气微推力器使用很小的喷管。因此，需要修订和修正这些假设来反映由于小型化带来的影响，也就是要考虑在微观尺度上热损耗和摩擦损失的增强对推力器性能的影响。

本质上讲，冷气推进系统缩放喷管通过等熵气体膨胀，将压力 P_0 和温度 T_0 下气体内部存储的能量转化为动能。随着喷管喉部气体速度增加到 $Ma=1$，在分流段进一步达到超声速，气体气压和温度将降低。

喷管流体产生的总推力是冲量推力和压力推力的和，压力推力来自喷管内外压力差。因此，产生的推力满足如下公式

$$F=\dot{m}V_e+(P_e-P_b)A_e \tag{2-1}$$

式中，A_e 是喷管的出口面积。如果背压 P_b 和出口压力 P_e 是匹配的，就达到最优设计条件。产生的最大推力也是气流质量速率 $\dot{m}$ 的函数，出口气体速度 V_e 可以使用下述公式计算

$$V_e=\sqrt{\frac{2k}{k-1}RT_0\left[1-\left(\frac{P_e}{P_0}\right)^{(k-1)/k}\right]} \tag{2-2}$$

式中，k 是比热比，R 是气体常数。

气流质量速率是管喉面积 A_t 和膛压 P_0 的函数，公式如下

$$\dot{m}=A_tP_0k\frac{\sqrt{\left(\frac{2}{k+1}\right)^{(k+1)/(k-1)}}}{\sqrt{kRT_0}} \tag{2-3}$$

比冲是用于评估推进系统使用推进剂产生推力效果的一个重要性能指标，这个指标定义如下

$$I_{sp}=\frac{F}{\dot{m}g} \tag{2-4}$$

高比冲意味着推进系统消耗更少的推进剂就可产生定量的推力。根据公式（2－3），这也是通过向气体推进剂加热来降低气流体速率，从而提高比冲的原因。

2.3 推进剂的选择

在冷气微推力器的研制中，选择一种合适的推进剂至关重要，设计考虑的因素高度依赖于推进剂的选择。使用一种推进剂的冷气微推力器的设计方案与使用另一种推进剂的可能差别很大，包括气瓶容量、总冲量、推力水平、占空比、工作时长等。表 2－2 汇总了冷气微推力器选择的几种推进剂的物理化学特性。

表 2－2 冷气微推力器普通推进剂物理和化学性质

	分子量/(g/mol)	液体密度/(g/cm^3)	蒸发热/(kJ/mol)	临界温度/℃	冰点/℃
氙气	131.3	3.100	12.64	16.6	−118.8
氮气	28	0.807	2.79	−146.9	−210
氩气	39.9	1.394	6.5	−122.4	−189.4
丁烷	58.1	0.599	22.44	152.2	−138
六氟化硫	146.1	1.329	9.64	45.6	−64
四氟乙烷	102	1.225	22.15	101.1	−96.7
六氟丙烷	152	1.373	24.38	124.9	−103

惰性气体不会产生意外的化学反应，最先被选作推进剂以确保安全。氮气和氩气是惰性气体，有完善的处理协议以及广泛的工业基础，因此是比较合适的候选推进剂。虽然丁烷是一种有害的有机化合物，但由于积累了丰富的应用经验，过去几十年的任务都是用这种推进剂[3]。

依据任务要求，推进剂选择有几个不同的标准。根据牛顿运动定律可知，冷气微推力器产生的推力与微推力器喷管排出的气流质量速率成正比。因此，对于需要高推力水平的任务就需要高分子量的推进剂，比如氙气。

选择的推进剂最好能够压缩成液体来节省微纳卫星的有限空间。因为高密度的液体有助于气瓶中推进剂质量最大化。微纳卫星携带更多的推进剂进入太空，微推力器就可以工作更长时间，并因此拓展任务的寿命周期。

具备自压缩能力的推进剂非常有益，可简化分系统设计。取消专门压缩系统，不光节省重量、空间，还解决了压缩泵失效或连接管路泄漏问题。因此，冷气推进系统将优先选择临界温度低的推进剂，以确保在微推力器工作温度范围内，蒸发压力仍保持充分有效。不过值得注意的是，临界温度过低的推进剂在高温环境下会产生较高的蒸汽压。在这种情况下，推进剂贮箱必须采用更厚的箱壁以避免超压——箱壁过薄可能导致贮箱破裂，而一旦发生破裂将是灾难性的。

由于微纳卫星可用空间有限，鼓励探索任何可以提升空间利用率的方法。推进剂与控制、能源设备的兼容性，提供了将电子组件堆叠在贮箱内的可能性，从而为推进剂额外释放更多的空间。另外，电子器件释放的热可以收集起来提高气压，因此，惰性和不可燃类气体推进剂更利于应用。

当微纳卫星处于地影区时，卫星周围的温度降低很快，低于 0 ℃。因此，选择的推进剂必须具有较低的冰点，这样可以避免或减少主动热控对电能的消耗。

六氟化硫（SF_6）是一种不可燃、无味、无毒气体，通常作为电气行业介电气体。这种气体分子量高、液体密度高、临界温度（45.6 ℃）低、自压缩能力好，被认为是一种有竞争力的推进剂。然而，此气体被评估为最严重的温室气体，不够环保。

近年来，在寻找下一代推进剂过程中，商业制冷剂如 R132a 和 R236fa 获得了较多关注[4,5]。这些制冷剂有很多优点，如良好的热力特性、无毒、与很多机电组件兼容、密度大等，对于冷气微推力器的应用很有吸引力。

在某些情况下，推进剂的选择需要满足一些特殊要求。例如，从国际空间站释放立方星已比较普遍，根据国际空间站的安全要求，立方星应使用无毒、无害的推进剂。为此，R236fa 是一种理想的选择，因为它是无害的，更重要的是，即使泄漏也可以使用国际空间站的过滤系统将其从空气中除去[6]。

2.4 最新进展——有飞行经历的系统

由于简单、造价低、性能稳定，冷气推进是最成熟和最有影响力的推进技术。所以，不出预料，冷气推进是第一批成功将推进系统小型化应用于微纳卫星的技术之一。表 2-3 汇总列举了有飞行经历的冷气推力系统。

表 2-3 有飞行经历的冷气推力系统

气体	制造商	推力/mN	任务	卫星质量/kg	年份	参考文献
Butane	SSTL	65	SNAP-1	6.5	2000	[7,8]
Xenon	Aerospace corporation	20	MEPSI-1	1.4	2006	[9]
SF_6	SFL	50	CanX-2	3.5	2008	[10,11]
N_2	NanoSpace	0.1～1	PRISMA	145	2010	[12,13]
N_2	TNO, U. Twente, and TU Delft	6	Delfi-n3Xt	3.5	2013	[14]
SF_6	SFL	12.5～50	CanX-4/5	1.5	2014	[15]
Ar	Microspace Rapid Pte Ltd	1	POPSAT-HIP1	3.3	2014	[16]
Butane	NanoSpace	1	TW-1 A	3.5	2015	[17]
R236fa	University of Texas at Austin	110	BEVO-2	3.5	2016	[18]
R236fa	VACCO	10	NanoACE	5.2	2017	[19]
Butane	NanoSpace	1	GomX-4B	8	2018	[20]
R236fa	VACCO	25	MarCO	13.5	2018	[19]
R236fa	University of Texas at Austin	110	ARMADILLO	4	2019	[18]

2.4.1　SNAP－1（SSTL，萨瑞卫星技术公司）

冷气微推进系统的第一次飞行记录最早可以追溯到 2000 年。1999 年，萨瑞卫星技术公司（Surrey Satellite Technology Ltd.，SSTL）启动了第一个纳卫星任务 SNAP－1，任务要求对清华－1 卫星进行拍照检查。卫星配置了单轴推进系统，尽可能靠近卫星质心放置，来推动 SNAP－1 卫星近距离靠近目标卫星。

SNAP－1 卫星平台包括 3 套电子模块，通过三角形结构连接在一起。载荷板位于顶部，这限制了典型单中心贮箱构型设计的实施。最终采用一个 1.1m 长的线圈式钛管替代了贮箱，这是一种独特的设计，如图 2－2 所示[21]。由于选择了丁烷为推进剂，这个创新的 65 cm^3 管路组件才成为可能。

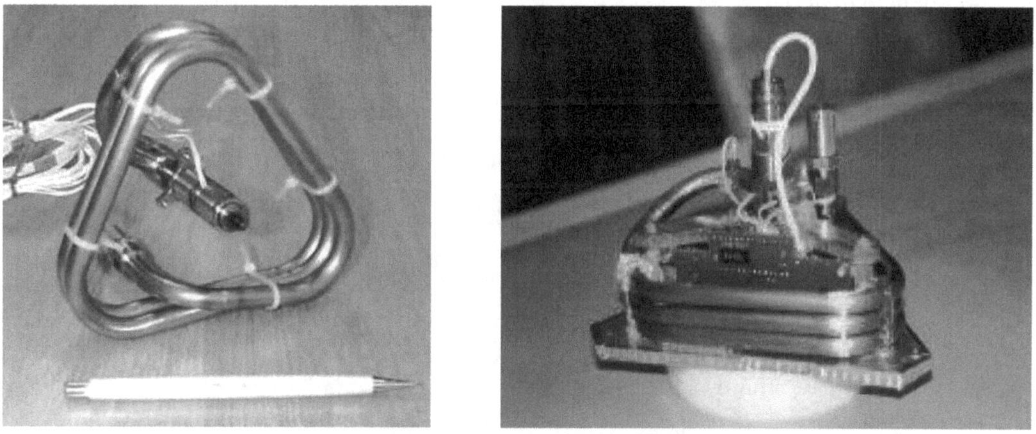

(a)　(b)

图 2－2　(a) 管路装配；(b) 集成后的 SNAP－1 卫星的冷气推进模块（见彩插）

Chapter 8 – Micropropulsion，in：Z. You (Ed.)，Space Microsystems and Micro/Nano Satellites，2018，Butterworth – Heinemann，pp. 295 – 339.

推进系统考虑了五种备选推进剂。虽然氮气和氙气具备惰性气体的许多特性，但这两种气体对高压气瓶的重量要求过高，考虑到整星质量 6.5 kg，这两种气体推进剂已被排除在外。在其他三种推进剂中，在总冲量方面，氨的性能优于丙烷和丁烷。由于氨是有毒物质，存在安全方面的风险，需要特殊处理，提高了费用。最终选择压力低的丁烷，在 40 ℃工作温度下丁烷蒸发压力 3.8 bar（丙烷需要 14.5 bar）。低压分别给钛管和隔离阀带来了 200 和 12 的安全裕度。

管路组件一端连接了用于加注丁烷推进剂的加注阀，另一端连接了用于在轨工作的推力器。在它们之间安装了隔离阀，降低推力器泄漏影响。这个集成的推进模块总重 450 g，包括丁烷 32.6 g，如图 2－2（b）所示。这套系统已成功在轨测试，并将 SNAP－1 轨道高度提升了 2.6 km。实现比冲 43 s，比理论值 70 s 低，原因在于丁烷蒸发不完全，导致早期工作时直接喷出液态推进剂。不过，最终实现了总速度增量 2 m/s 的目标。

2.4.2 MEPSI（The Aerospace Corporation，航天集团）

微机电系统皮卫星探测器［Microelectromechanical system（MEMS）PICOSAT Inspector，MEPSI］任务包括两颗捆绑的皮卫星。在 STS-116 任务中，两颗卫星由发现号航天飞机释放进入太空；双星分离后，通过 15 ft 的绳保持双星分离飞行。一个皮卫星（探测星）使用航天集团研制的冷气推进系统，接近另一个皮卫星（目标卫星）开展检测，并将图像下传到地面站。

在冷气推进系统中，通过管路将组件连接起来，例如将贮箱和阀门连接。管路和组件连接处的接头如果焊接不当就是潜在的漏点。在皮卫星很小空间中进行焊接相当有挑战性，非常不安全。航天集团使用立体光刻成形（SLA）增材制造技术制造了一个气密组件，在一个单体中包含了贮箱、管路和喷管，除保留阀门接头外，消除了其他直连接头，如图 2-3 所示。

图 2-3 使用 SLA 增材制造技术加工的气密组件（见彩插）

K. Lemmer，Propulsion for CubeSats，Acta Astronaut. 134（2017）231-243.

整个冷气推进系统包括 5 个 20 mN 量级的推力器，推力器使用氙推进剂，尺寸 1 in×3.6 in×3.6 in，重量 188 g。系统使用光敏树脂 Somos 11120 聚合材料进行加工，在 1 000 psi 压力条件下测试没有破裂，满足 NASA 提出的最大设计压力 115 psi 的 2.5 倍的要求。太空中使用聚合材料的另一个关注点是材料放气。在放气试验中，报告显示 Somos 11120 材料的总质量损失（TML）为 2.85%，收集的可接受挥发性凝结物质量为 0.01%。另外，使用 SLA 打印组件后，还在真空容器内将组件加热到 60 ℃并保持 12 小时，去除挥发性元素，从而降低总质量损失。

微型电推进系统（MEPSI）的喷管 A 在轨运行状态通过皮星载三轴角速率传感器测

量的卫星自转速率得到确认。在比冲 30 s、压力 115 psia 条件下，消耗 0.2 mL 氙气估计将产生 2.6×10^{-3} Ns 的冲量。但是，此任务寿命期短。在 2006 年圣诞节，控制员将卫星设置为休眠状态后，皮卫星出现了内存溢出；星载计算机进入了无限循环，皮卫星再也未能唤醒。

2.4.3　CanX－2 和 CanX－4/5（UTIAS/SFL）

加拿大纳太空试验 2 号（Canadian Advanced Nanospace eXperiment 2，CanX－2）是一个 3U 立方星，尺寸 10 cm×10 cm×34 cm，质量 3.5 kg，由多伦多大学航空航天研究所太空飞行实验室（University of Toronto，Institute for Aerospace Studies，Space Flight Laboratory，UTIAS/SFL）研制。CanX－2 卫星是先导任务，用于研发和测试后续 CanX－4/5 编队飞行任务的关键技术。

CanX－2 任务演示的其中一项关键技术是纳卫星推进系统（Nanosatellite Propulsion System，NanoPS），如图 2－4 所示[23]。它是一种冷气微推进系统，使用六氟化硫（SF_6）推进剂。系统重量 500 g，提供推力 50 mN，比冲 50 s，主要用于姿态控制，因此纳卫星推进系统喷管安装在推力能让卫星绕主轴产生转动的位置上。2008 年，CanX－2 卫星发射升空。经过 1 年的在轨应用，实现并超越了任务目标。

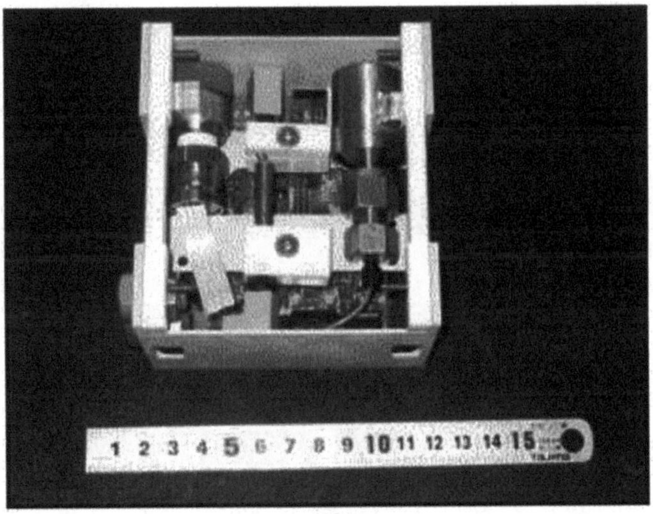

图 2－4　CanX－2 任务承载的纳卫星推进系统（NanoPS）

K. Sarda，et al.，Canadian advanced nanospace experiment 2：scientific and technological innovation on a three－kilogram satellite，Acta Astronaut. 59（1）（2006）236－245.

CanX－4/5 是一个双纳星编队飞行演示任务。为实现和保持精确的编队构型，卫星需要具备准确的相对位置测量和精确的推力控制。在继承 CanX－2 纳卫星推进系统基础上，UTIAS/SFL 为 CanX－4/5 研制了加拿大纳卫星先进推进系统（Canadian Nanosatellite Advanced Propulsion System，CNAPS）。CanX－4/5 是完全相同的双星，各重 1.5 kg。

与纳卫星推进系统相同，CNAPS 采用六氟化硫（SF_6）推进剂，比冲达到 45 s。CNAPS 推进剂加注量 260 mL，总速度增量 18 m/s。在纳卫星平台的一个面配置了 4 套独立控制的推力器，根据腔体压力水平变化，综合推力达到 12.5～50 mN。由于推力器不指向质心，所以每个推力器都可独立使用，并且可进行角动量管理，减少总干扰力矩。

2014 年，纳双星在印度搭载极地卫星运载火箭（Polar Satellite Launch Vehicle）发射升空。在双星距离从 1 km 到 50 m 范围内，CNAPS 已经成功用于实施一系列精准、受控、自动的编队飞行。

2.4.4 Delfi - n3Xt（TNO，U. Twente 和 TU Delft）

Delfi - n3Xt 是代尔夫特理工大学（Delft University of Technology，TU Delft）代尔夫项目支持研发的3U 立方星。其中一个任务目标是鉴定由 TNO、代尔夫特理工大学、特温特大学（University of Twente）和 SystematIC 设计公司联合开发的冷气微推进系统 $T^3\mu PS$。MEMS 技术已广泛用于集成推进系统的阀门、喷管、压力传感器、过滤器，示意图如图 2 - 5 所示。

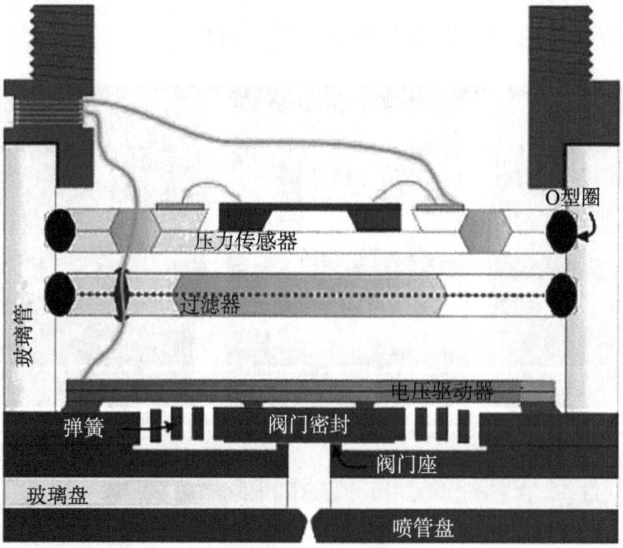

图 2 - 5　Delfi - n3Xt 纳卫星冷气微推进系统原理图

来自 Delfi Space。

业界提出了一种使用固体颗粒贮存气体推进剂的新方法。固态颗粒［图 2 - 6（a）］在冷气发生器（Cold Gas Generator，CGG）中加热后，释放氮气并流入加压腔加压。阀门打开压缩后的气体从喷管释放后，可以产生 6 mN 的推力。飞行状态的 $T^3\mu PS$ 模块重 120 g，如图 2 - 6（b）所示。

2013 年卫星发射，很快对系统进行了在轨测试。在点火功能失效前，分别使用 10.1 W 和 10.3 W 的电功率点燃了 6 个 CGG 中的 2 个。增压腔压力出现峰值证实了固态颗粒释放

(a)

(b)

图 2-6 (a) 用于产生氮气的 CGG；(b) $T^3\mu PS$ 的飞行模块（见彩插）

来自 Delfi Space。

了氮气。阀门打开后，压力传感器读数下降，证实产生了推力。

2.4.5 POPSAT-HIP1（微航天）

推进操作验证卫星——高性能 1 号（Propulsion Operation Proof SATellite - High Performance 1，POPSAT-HIP1）是一个 3U 立方星，重 3.3 kg，由微航天私人有限公司（Microspace Rapid Pte Ltd.）研制。其特点是配置了 8 台微推力器模块的冷气推进系统用于姿态控制，如图 2-7（a）所示。使用显微光刻、深度反应离子蚀刻、阳极键合等一系列硅 MEMS 微制造技术，大规模生产了超声速微推力器结构。切割硅晶片后，就得到了独立的微推力器芯片［图 2-7（b）］。使用 5 bar 的氩气作为推进剂，每个微推力器可以产生标称 1 mN 的推力。

2014 年，该立方星发射入轨。冷气微推进系统性能在卫星角速度改变、阻尼、角速度减小和沿两轴姿态变化已得到验证。在贮箱压力 2 bar 和 5 bar 情况下，在轨机动能力分别达到 4（°）/s 和 10（°）/s。在轨工作 9 个月期间内，系统可以产生总的速度增量 3 m/s。

2.4.6 PRISMA，TW-1 A 和 GomX-4B（纳米航天）

原型研究仪器和太空任务技术进步（Prototype Research Instruments and Space Mission technology Advancement，PRISMA）是瑞典牵头的编队飞行和交会技术演示任务。任务包括两个航天器，其中主航天器配备了 3 种不同的推进系统，具有高机动性，可在目标航天器周围进行一系列机动。

对于多数机动操作，主航天器使用常规的肼反作用控制系统，速度增量共 120 m/s。同时，另外两种推进系统分别是高性能绿色推进和 MEMS 基冷气微推进，用于技术演示。

虽然 PRISMA 重 145 kg，不属于纳卫星类别，但它成功飞行演示了第一套全集成冷气微推进系统的功能和性能，该系统由纳米航天公司（NanoSpace）使用 MEMS 技术研制。推力器吊舱包括 4 个推力器硅晶片堆叠，并集成了基于 MEMS 技术的流量控制阀、

(a)　(b)

图 2-7　(a) 微推力器模块 8 个推力器位置如红箭头所指；(b) 切割后的微推力器硅芯片单体（见彩插）

来自微航天私人有限公司。

过滤器和加热器（图 2-8）。每个推力器使用氮气为推进剂，可以产生 10 μN 到 1 mN 的推力。值得一提的是，微机电技术不但显著缩小了系统尺寸，而且将阀门的能源需求降低到了 3 W，满足了微纳卫星的功率预算。

沿着 PRISMA 任务成功演示的技术路线，纳米航天公司开发了一套基于 MEMS 技术的冷气微推进系统，用于一颗 3U 立方星：纳推进 CGP3（图 2-9）。分系统占了 0.5U 空间，仅 350 g（加注后），使用丁烷作为推进剂。有 4 个独立推力器，每个产生 1 mN 推力，分层值 10 μN，适用于轨道转移和姿态控制。该系统在 2015 年上海微小卫星工程中心研制的 3U 立方星 TW-1A 的编队演示飞行中得到飞行验证。

纳米航天公司仍在继续开发基于 MEMS 技术的用于微纳卫星的冷气推进技术，并已完成适配于 6U 立方星的第一个冷气推进系统的研制。这套推进系统与纳推进 CGP3 有一些相同点，如丁烷气推进剂、4 个独立推力器、每个推力器 1 mN 推力，与之前的任务相比有很好的继承性。系统体积 200 mm×100 mm×50 mm，重 900 g（加注后）。双贮箱构型给系统提供了额外的冗余度。

2018 年，"6U 纳推进（NanoProp 6U）" 系统在 GomX-4 任务中得到飞行验证。该任务包括两个 6U 立方星，GomX-4A 和 GomX-4B，用于演示将来大卫星编队飞行所需的关键技术。只有 GomX-4B 卫星配置了推进系统来实施极为关键的轨道机动，推进系统将两个卫星的距离增加到 4 500 km 来实施星间无线电通信试验。4 500 km 是地球曲率决定的一个临界距离。

2.4.7　NanoACE 和 MarCO（VACCO）

VACCO 工业公司是一个在多种航天流体控制组件设计与制造领域有 60 多年经验的

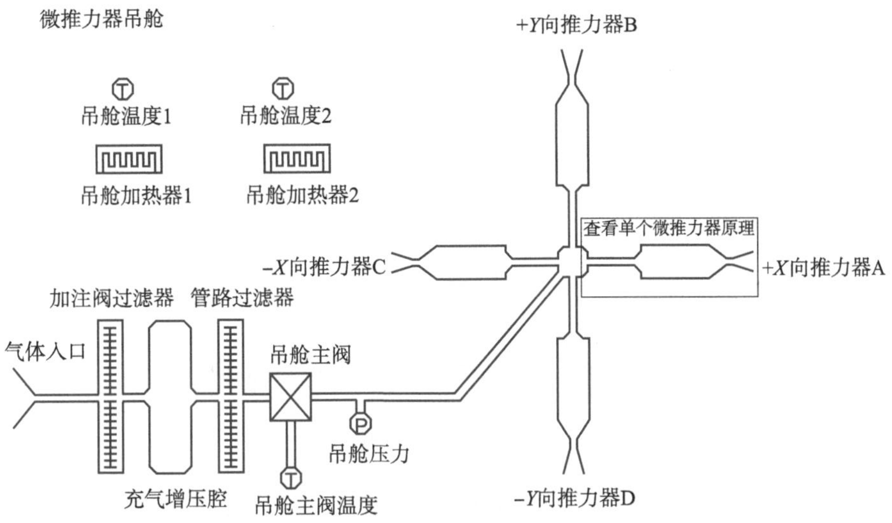

(a)

(b)

图 2-8 (a) 纳米航天公司研发的基于微机电技术的微推进系统原理图；
(b) 推力器吊舱组件，直径 44 mm，高 51 mm（见彩插）

T. -A. Grönland, et al., Miniaturization of components and systems for space using MEMS-technology. Acta Astronaut. 61 (1) (2007) 228-233.

公司，已专门为立方星开发了几种冷气微推力器系统。已向 Tyvak 微纳卫星系统公司（Tyvak Nanosatellite System Inc）的 3U 立方星任务 NanoACE，提供了最新的反作用控制推进模块。该任务是 Tyvak 微纳卫星系统公司的一个内部开发项目，用于验证将来任务中使用的技术。

该模块是一个自容纳单元，位于 3U 立方星的中心。在 4 角总共有 8 个推力器，用于交会和抵近操作。使用 R236fa 作为推进剂，每个推力器标称设计推力 25 mN。2017 年，推进系统经过飞行验证。

图 2-9 纳米航天公司开发的 3U 立方星纳推进 CGP3 冷气微推进系统[22]（见彩插）

VACCO 工业公司还为第一个星际飞行立方星——火星 1 号立方星（Mars Cube One，MarCO），研制了一套智能、自容纳微推进系统（MiPS）。该任务包括 2 颗 6U 立方星，作为洞察号着陆器（InSight lander）的通信中继卫星。

2018 年，两颗试验立方星发射。在深空旅程中，与洞察号着陆器一起飞行 7 个月后得以幸存。2018 年 12 月 29 日，双星完成最后通信，从此，地面失去与立方星的联系。MiPS 未开展任何试验，系统包括 4 个推力器，标称推力 25 mN，使用 R236fa 推进剂，设计总冲量 775 Ns。

2.4.8 BEVO-2 和 ARMADILLO（得州大学奥斯汀分校）

得州大学奥斯汀卫星设计实验室（University of Texas at Austin's Satellite Design Lab）为 3U 立方星 BEVO-2 开发了一套冷气微推进系统。该系统采用 SLA 增材制造技术完成制造，并将推进剂贮箱、辅助贮箱、内部管路和喷管包含在一个模块中。

系统使用 R236fa 作为推进剂，将其存储在贮箱中，首先流进加压腔进行完全膨胀气化（图 2-10），然后通过喷管喷入太空。推力器推力范围 110～150 mN，温度范围 24～85 ℃。系统总质量 400 g，含推进剂 90 g。

根据任务计划，2016 年从国际空间站将 BEVO-2 立方星与另一个更大的微纳卫星 AggieSat-4（50 kg）一起释放。释放后，二者在轨分离，然后进行抵近操作。不幸的是，BEVO-2 卫星出现了通信故障，无法再次唤醒。

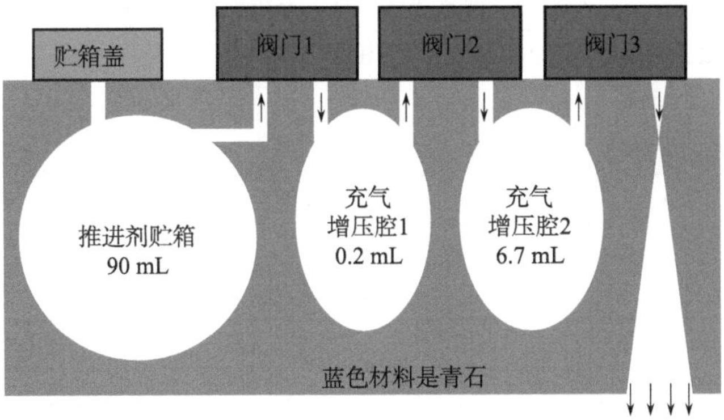

图 2－10　推力器设计原理图（见彩插）

S. Wu，et al.，TW－1：a cubesat constellation for space networking experiments. in：6th European CubeSat Symposium，2014.

得州大学奥斯汀分校与贝勒大学（Baylor University）合作开发了 3U 立方星 ARMADILLO，早期使用了相同的冷气微推进系统（图 2－11）。

图 2－11　BEVO－2 和 ARMADILLO 立方星中使用的冷气微推进系统特征（见彩插）

来自得州航天器实验室。

2.5　挑战和未来

除了上述经历了飞行验证的系统，2019 年和 2020 年会有更多的冷气微推进系统广泛地用于发射的航天任务。表 2－4 列举了一些例子。

表 2-4 配置冷气微推进系统的航天任务

气体	制造商	推力/mN	任务	卫星	发射时间	参考文献
R236fa	VACCO	25	CuSP	6U CubeSat	2019	[19]
R236fa	VACCO	25	Omotenashi	6U CubeSat	2019	[19]
R134a/AND	VACCO	25	ArgoMoon	6U CubeSat	2019	[19]
R236fa	VACCO	10	CPOD	3U CubeSat	2020	[19]
R236fa	VACCO	25	NEA Scout	6U CubeSat	2020	[19]
R236fa	Georgia Institute of Technology	50	BioSentinel	6U CubeSat	2020	[24]

由于使用了专用化学蚀刻微系统（Chemically Etched Micro Systems，ChEMS）制造技术，VACCO 公司冷气微推进系统产生推力范围为 10～25 mN。VACCO 公司在供给系统、阀门、贮箱方面的专业知识以及良好的继承性，使其冷气微推进系统具有良好的健壮性、可靠性，特别适于未来高价值 3U 和 6U 立方星任务。纳米航天公司是另一个提供成熟和经过飞行验证冷气微推进系统的公司。与 VACCO 公司推进系统不同，纳米航天公司使用 MEMS 微制造技术；该技术能够加工 10 μm 量级的喷管，该公司推进系统的推力水平最小可以达到 1 mN。

虽然两个公司的冷气微推进系统都有高度集成性和成熟度，但对于一些大学的第一次立方星任务，由于预算相对有限，仍可能负担不起。因此，还可以看到一些效费比高的使用 3D 打印技术制造的冷气微推进系统。虽然，使用的一些材料不完全适用于太空环境，但可用于短期任务。另外，3D 增材制造技术正在快速发展，基于增材制造的新制造能力和材料将对冷气微推进系统的未来发展产生积极影响。

使用冷气微推进系统作为较小微纳卫星主推进系统实现小量级推力，或者给较大微纳卫星提供精确的姿态控制能力，更小的喷管（也就是微喷管）将是关键组件。后续章节将详细说明使用 MEMS 技术进行喷管小型化，接下来是关于微喷管优化提出的一些见解，以解决微喷管低效率的问题。

2.5.1 通过 MEMS 进行喷管小型化

由于微纳卫星的内部空间极其宝贵，必须尽可能减小推进系统的尺寸。使用微机加方法，如微铣削或放电加工法，可以加工几百微米的特征尺寸。然而，加工更小尺寸的推进子系统，就需要改变加工方法，MEMS 制造技术可以满足这种需求。为进一步减小尺寸，一般将 MEMS 制造技术用于微推进。

用于 MEMS 的制造技术和用于半导体工业的技术相同。可实现的最小尺寸已达到几纳米，而且仍在快速发展中，根据摩尔定律，半导体工业一直推动制造更小晶体管。虽然 MEMS 制造技术可以进一步减小推进系统尺寸，但也带来了额外的约束。首先，可选择的材料有限，因为大多数 MEMS 制造技术都基于硅及其衍生物。虽然有些研究采用陶瓷作为结构材料[25,26]，但陶瓷材料不能给冷气微推进系统提供明显的优势，因为冷气推进并不在高温下工作。

多数采用 MEMS 制造技术加工的微推进系统使用深反应离子蚀刻技术（Deep Reactive Ion Etching，DRIE）。DRIE 是一种高度各向异性的蚀刻方法，能够形成具有极端长宽比的特征。DIRE 通过短时间交替使用的各向同性等离子体蚀刻和钝化层沉积两种工艺来实现。在各向同性等离子体蚀刻中，由蚀刻气体构成的等离子体垂直加速喷射到硅晶片上。离子和自由原子将在晶圆表面发生化学反应，并各向同性地将材料腐蚀掉。在蚀刻步骤中为形成期望的图形，在 DRIE 工艺前，将模板敷在晶圆顶面。这个模板是一个带有蚀刻图形的薄沉积层，比如图形可以是推力器。薄沉积层由另一种材料制成，不会被 DRIE 中使用的蚀刻等离子体腐蚀。这样就可以在等离子体蚀刻步骤中，将硅晶圆蚀刻成期望的图形。如前所述，等离子体蚀刻步骤中各向同性地去除材料。这意味着，长时间的蚀刻将使期望的图形失去自身特征。因此通过蚀刻来产生所必需的深度并仍保持独特的形状时，需要交替使用等离子体蚀刻与钝化沉积。钝化沉积步骤中会沉积一种惰性材料，通常是某种形式的聚合物，可以阻止进一步化学腐蚀。这些惰性材料黏附在之前的等离子体蚀刻步骤中形成的沟槽底部和四周。在等离子体蚀刻步骤中，加速后的离子冲走了沟槽底部的聚合物，并将硅衬底暴露于等离子体化学蚀刻中。因此，可以继续在保持形状的情况下，继续对底部进行蚀刻。各向同性等离子体蚀刻的反复使用导致在侧壁出现了常说的“扇边”效应（图 2 - 12）[27]。

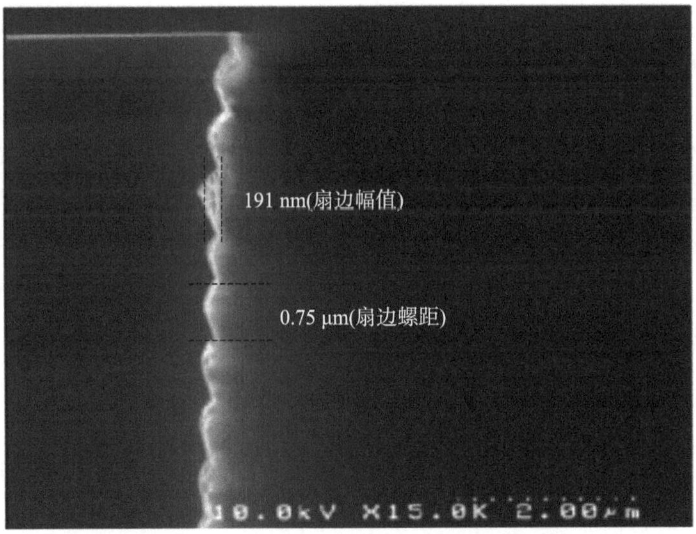

图 2 - 12　DRIE 刻蚀后的侧壁电子显微镜图片

A. M. Malik, et al., Deep reactive ion etching of silicon moulds for the fabrication of diamond x - ray focusing lenses. J. Micromech. Microeng. 23 (12) (2013) 125018.

根据预刻好的图案，所述制造工艺在晶圆平面的垂直方向上蚀刻图案。因此，不能在蚀刻深度方向上产生图案。这就导致微喷管不是轴对称的，即所有使用 MEMS 技术的微喷管截面都是矩形的，如图 2 - 13[28] 所示。

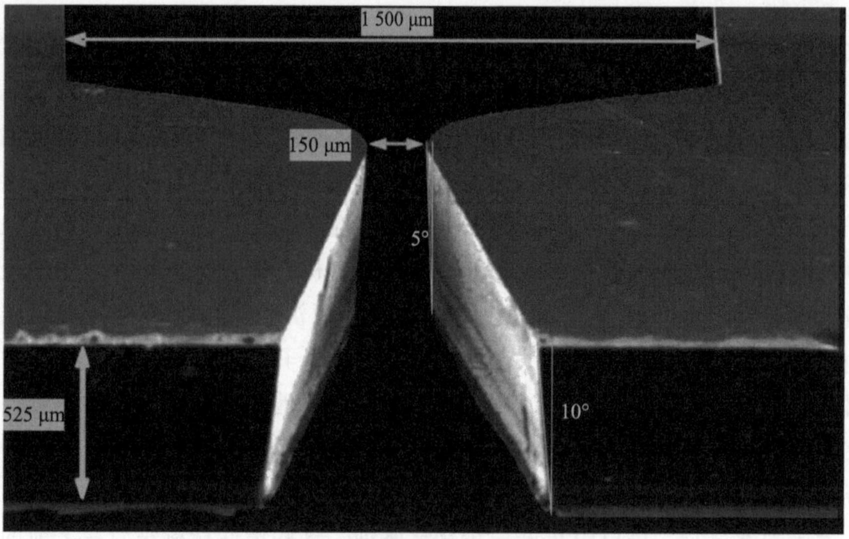

图 2 - 13 使用 DRIE 制造的矩形截面微推力器

A. Chaalane, et al., A MEMS - based solid propellant microthruster array for space and military applications. J. Phys. Conf. 660 (2015) 012137.

正在研究使用多种工艺替代 MEMS 加工的方法，如飞秒激光加工（Femtosecond Laser Machining，FLM）和微放电加工（micro - EDM milling），用于制造轴对称微喷管。对于生产轴对称微喷管（图 2 - 14），两种方法都显示了令人满意的结果。然而，这些加工方法并非没有缺点。飞秒激光加工生产的形状存在严重的偏轴推力分量，问题的产生主要是因为中心轴不能严格居中[29]。微放电加工存在的困难是不能得到光滑的喉部区域（图 2 - 15）。另外，使用这种方法加工的喉部尺寸比常规的方法大很多[30]。除了这些缺点，测试的初步结果显示出很好的前景，未来的发展可能会导致转向使用这些轴对称加工方法。然而，由于 DRIE 设备广泛使用，以及 DRIE 工艺的充分掌握，截至目前，DRIE 制造工艺制造的矩形特征的喷管仍然是行业标准。

2.5.2 微喷管设计优化

随着 MEMS 制造技术的应用，推进分系统尺寸已缩小到极小，喷管喉部最窄处的设计尺寸缩小到 10 μm。这些极小尺寸喉部的雷诺数通常小于 10 000，其定义见式（2 - 5）。这比常见大喷管的雷诺数小几个数量级，大喷管的雷诺数通常超过一百万。

$$Re_t = \frac{\rho_t V_t D_t}{\mu_t} \tag{2-5}$$

以往数值仿真和试验研究表明，喷管效率随雷诺数下降而显著降低[31,32]。特别是，一旦喉部雷诺数下降到 1 000 以下，其边界层厚度造成的黏度损失很明显，效率加速下降。在通常的大喷管中，与喷管的整体尺寸相比，边界层厚度可以忽略不计。然而，一旦微喷管的总尺寸减小，边界层的厚度不可忽略。在某些情况下，边界层增长到占据整个喷管横

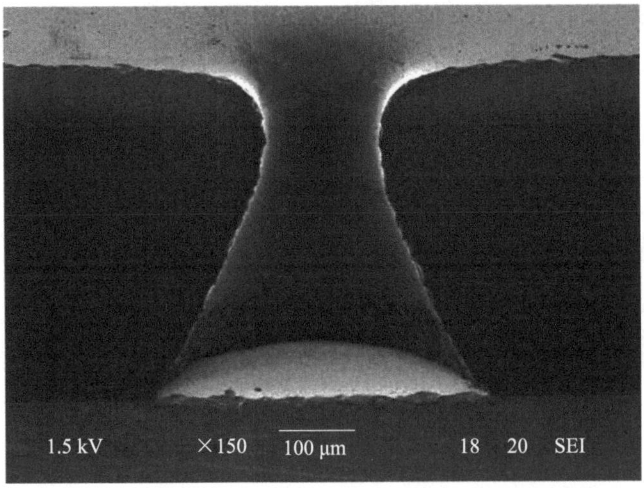

图 2 - 14　使用 FLM 方法制造的轴对称 3D 微喷管

M. C. Louwerse, et al., Nozzle fabrication for micropropulsion of a microsatellite. J. Micromech. Microeng. 19 (4) (2009) 045008.

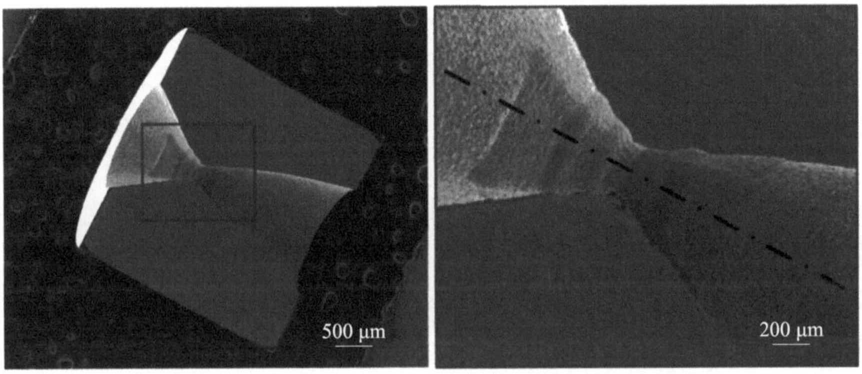

图 2 - 15　使用微放电方法制造的轴对称 3D 微喷管

H. Li, et al., Fabrication of ZrB2 - SiC - graphite ceramic micro - nozzle by micro - EDM segmented milling. J. Micromech. Microeng. 28 (10) (2018) 105022.

截面（图 2 - 16），导致流体在喷管膨胀部分完全亚声速流动[33]。边界层限制了喷管有效可用截面，对总效率不利。这个效应仅在边界层尺寸变大、喉部雷诺数小的时候才会放大。

过去努力集中在膨胀区交替使用不同截面形状来减少效率损失[34,35]。改变常规喷管几何形状的膨胀半角、喷管长度等设计参数[31,33]，可以显著减少黏性损失。但是，在每种情况中都存在一个最优设计，这个最优设计依赖于初始要求和约束。因为在可能的变化范围内制造和测试喷管费用高昂、枯燥费时，并且难以准确执行。因此，在优化设计时，通过数值仿真获得初值是非常重要的。

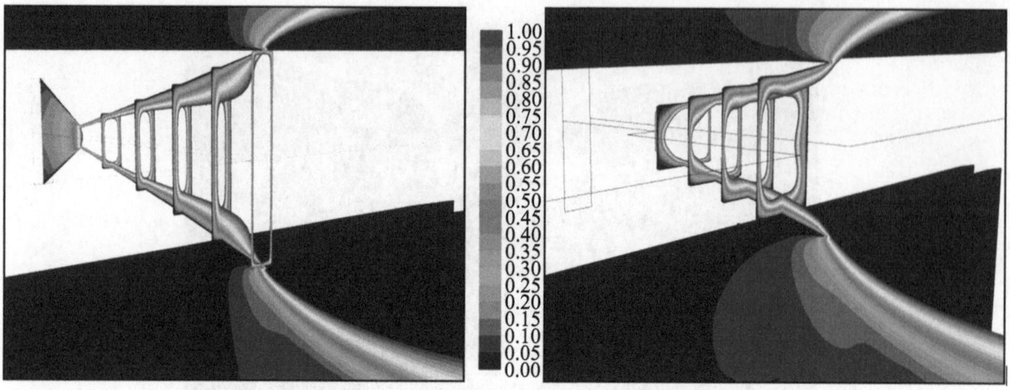

图 2-16　对于雷诺数 160，亚声速合并层，以及流体全部截面都是亚声速；对于雷诺数 320，只有流体中心很窄的区域保持超声速（见彩插）

K. H. Cheah, J. K. Chin, Performance improvement on MEMS micropropulsion system through a novel two-depth micronozzle design. Acta Astronaut. 69 (1) (2011) 59-70.

然而，数值仿真并非没有缺点。由于微喷管中存在的极小特征尺寸和低压（在喷管出口处接近真空太空环境），多数基于连续体假设的 CFD 仿真工具开始崩溃，这就限制了许多普通仿真工具的使用。通过引入 Knudsen 数，量化表示连续体假设破坏程度。Knudsen 数定义如下

$$Kn=\frac{\lambda}{L}=\sqrt{\frac{\gamma\pi}{2}}\frac{Ma}{Re} \tag{2-6}$$

式中，λ 是分子平均自由路程，L 是流体特有长度，γ 是比热比，Ma 是局部马赫数，Re 是局部雷诺数。

这个数代表流体中稀疏部分的量，Knudsen 数值低（$Kn<0.01$）表明流体的连续性假设依然有效[36]。但是，Knudsen 数高于 0.01 的流体开始显示出稀疏效应。Knudsen 数与雷诺数成反比，因此，微喷管流体因为雷诺数低，将出现高 Knudsen 数。

2.5.2.1　过去的发展

随着连续性假设可能不再成立，基于纳维-斯托克斯方程（Navier-Stokes equations）的数值仿真将产生不太准确的结果。因此，建议使用蒙特卡洛直接仿真法（Direct Simulation Monte Carlo，DSMC）来对微喷管中的流体进行仿真[37]。该方法是一种仿真流体内单个粒子的离散概率法，每一个粒子代表一定量的分子。通过这种方法可以仿真全范围 Knudsen 数的流体，因为，仿真的流体不再是连续介质，而是粒子集合。然而，该方法的计算成本比使用连续性假设计算方法高几个数量级。

微喷管优化研究需要多次仿真来研究设计参数对喷管性能的影响。在信息时代前，计算资源非常有限，这就导致多数优化研究基于纳维-斯托克斯的求解器展开。另外，为控制计算成本，这些优化研究主要集中于二维仿真。仿真的有效性仍然利用 1 000 Pa 的喷管背压，远高于真空压力。通过使用高背压，可以确保基于纳维-斯托克斯求解器的

Knudsen 数仍处于产生有效结果的范围内[36]。

Knudsen 数阈值范围可以通过 DSMC 仿真精确地确定下来，这也是文献中激烈争论的话题。通过基于前述的二维纳维-斯托克斯分析，可以得到如下设计注意事项：

• 喷管膨胀半角大于 15°，低雷诺数通常能够提供更好性能。对于喉部雷诺数低于 1 000 的，半角 30°～45°最为常用，雷诺数越小，半角越大，性能越好[31,32,36]。

• 与线性喷管相比，钟形喷管没有表现出更高的效率，不值得进一步研究[34]。

2.5.2.2　当前的发展

在过去十年，可用于学术研究的计算资源急剧增加。因此，使用 DSMC 进行二维数值仿真更加普遍。少数微喷管研究使用 DSMC，但是，大规模的优化研究计算成本仍然太高。

另外，业界还做出了各种努力通过使用混合的纳维-斯托克斯 DSMC 求解器，来提高使用 DSMC 进行微喷管仿真的计算效率。该求解器在高密度区域使用纳维-斯托克斯进行仿真，如果使用 DSMC 将需要很高的计算成本；在微喷管下游，压力下降，Knudsen 数增大，求解器切换为 DSMC。使用该方法可以得到与 DSMC 相同的准确性，但计算费用相当于完全使用 DSMC 仿真方法的 25%[38]。该混合方法有巨大的潜力，但直到今天，没有设计或优化使用该混合方法，因为多数使用该方法的研究都是为了确认它们的准确性，并用于将来的研究。

然而，由于计算准确、计算费用低，仍然优选基于纳维-斯托克斯的求解器。使用纳维-斯托克斯的三维数值仿真变得更为普遍。仿真发现，三维微喷管性能显著低于二维产品。这可以解释为，二维仿真中忽略了端壁上生长边界层导致的额外损失。

因为有了更多可用的、强大的仿真手段，许多常见的设计参数，如喷管深度、半发散角、喷管长度，开始受到广泛关注。因此，当前发展开始关注新的替代几何来进一步提升微喷管的效率。替代几何如双深度线性喷管、线性微塞式喷管和双深度线性塞式喷管。

在紧邻喉部，双深度线性喷管深度突然增加。深度增加的目的在于使得喷管扩张部分的端壁上生长的边界层相对不重要，因为其占据喷管截面面积较小。通过这种方法，实现了性能提高 5%[33]。

塞式喷管设计对微喷管有意义，不是因为环境压力补偿效应，而是因为扩张部分是外部流体。这不仅意味着流体可以自由膨胀到环境压力，而且意味着流体不受端壁蚀刻方向的限制。因此，由于没有这些壁，喷管没有任何损失，预计将带来更高的喷管效率。二维数值研究[35,39] 表明，这种喷管形状通常优于线性喷管，很有前景。

然而，三维数值研究[39,40] 表明，塞式喷管边缘损失过大，如图 2－17（a）所示，导致三维塞式设计与二维设计相比，表现严重不佳，在某些情况下甚至不如线性喷嘴。

这个问题可以采用双深度塞式喷管解决[40]。通过增加塞体中心深度，可以迫使流体在轮廓内膨胀［图 2－17（b）］，而不是在中心体边缘上的涡流中膨胀。该设计方案在三维数值仿真中显示了很好的潜力，与线性喷管相比效率提升超过 20%（图 2－18）。随着性能和效率有巨大潜力的微喷管替代几何形状的出现，微喷管发展前景光明。另外，预计

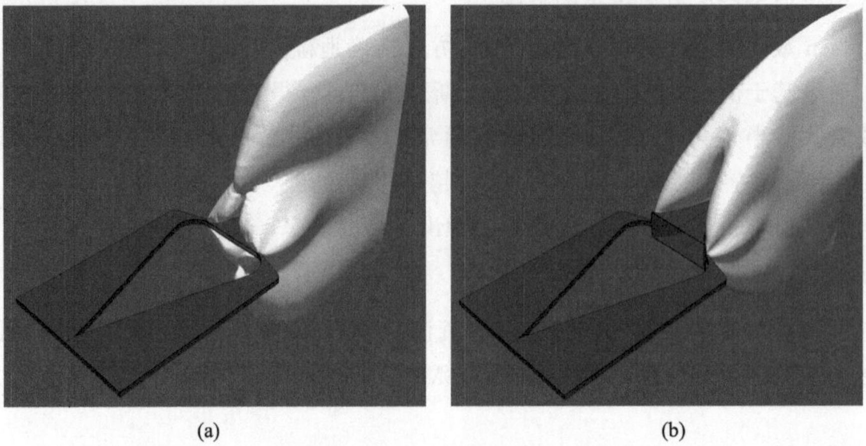

图 2－17　(a) 单深度塞式喷管：Re_t ＝ 2 861 边缘附近的涡流膨胀，产生了过多的摩擦损失；(b) 双深度塞式喷管：Re_t ＝ 2 861 处流体膨胀轮廓（见彩插）

在这些新的几何形状上的进一步优化研究将带来喷管效率的进一步提升。此外，随着计算能力进步，DSMC 混合优化研究将逐步可行。这将支持近真空环境背压数值研究，分析条件接近喷管在太空的真实工作条件。

另外，蚀刻加工技术从垂直方向在硅晶圆上按照预定图案蚀刻，因此，不能在蚀刻深度方向上产生图案。这就导致微喷管不能是轴对称图形，所有使用 MEMS 技术加工的微喷管都是矩形截面。

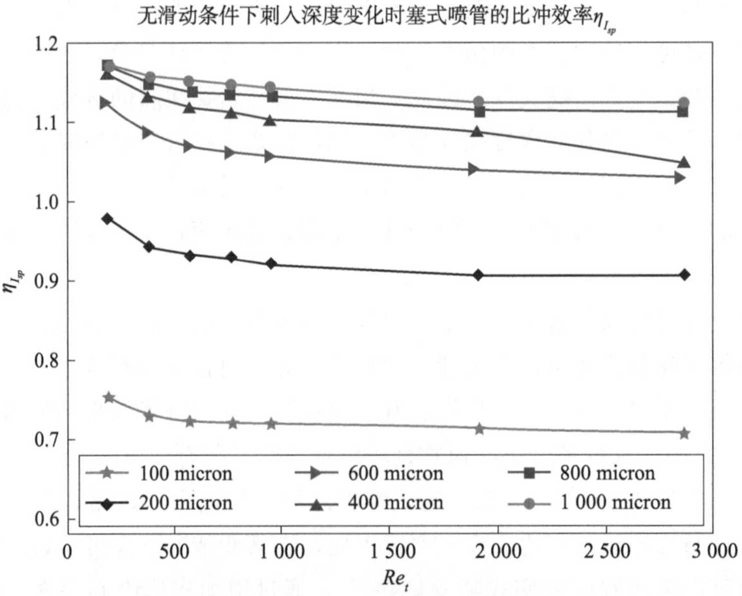

图 2－18　双深度塞式喷管的比冲效率

参考文献

[1] Sutton, G. P., Biblarz, O., 2001. Rocket Propulsion Elements, seventh ed. John Wiley & Sons.

[2] Mueller, J., et al., 2010. Survey of propulsion options for cubesats. In: 57th JANNAF Propulsion Meeting.

[3] Coates, A. J., et al., 2003. In - orbit results from the SNAP - 1 nanosatellite and its future potential. Philos. Trans. R. Soc. London, Ser. A 361 (1802), 199 - 203.

[4] Nguyen, H., Kohler, J., Stenmark, L., 2002. The merits of cold gas micropropulsion in state - of - the - art space missions. In: 53rd International Astronautical Congress.

[5] Hejmanowski, N., et al., 2015. CubeSat high impulse propulsion system (CHIPS). In: 62nd JANNAF Propulsion Meeting.

[6] Hejmanowski, N., et al., 2016. CubeSat high impulse propulsion system (CHIPS) design and performance. In: 63rd JANNAF Propulsion Meeting.

[7] Gibbon, D., Ward, J., Kay, N., 2000. The design, development and testing of a propulsion system for the SNAP - 1 nanosatellite. In: 14th AIAA/USU Conference on Small Satellites.

[8] Gibbon, D., Underwood, C. I., 2001. Low cost butane propulsion systems for small spacecraft. In: 15th AIAA/USU Conference on Small Satellites.

[9] Hinkley, D. A., 2008. Novel cold gas propulsion system for nanosatellites and picosatellites. In: 22nd AIAA/USU Conference on Small Satellites.

[10] Rankin, D., et al., 2005. The CanX - 2 nanosatellite: expanding the science abilities of nanosatellites. Acta Astronaut. 57 (2), 167 - 174.

[11] Sarda, K., et al., 2008. Canadian advanced nanospace experiment 2 - on - orbit experiences with a 3 kg satellite. In: 22nd AIAA/USU Conference on Small Satellites.

[12] Grönland, T. - A., et al., 2007. Miniaturization of components and systems for space using MEMS - technology. Acta Astronaut. 61 (1), 228 - 233.

[13] Persson, S., Veldman, S., Bodin, P., 2009. PRISMA—a formation flying project in implementation phase. Acta Astronaut. 65 (9), 1360 - 1374.

[14] Guo, J., Bouwmeester, J., Gill, E., 2016. In - orbit results of Delfi - n3Xt: lessons learned and move forward. Acta Astronaut. 121, 39 - 50.

[15] Bonin, G., et al., 2015. CanX - 4 and CanX - 5 precision formation flight: mission accomplished. In: 29th AIAA/USU Conference on Small Satellites.

[16] Manzoni, G., Brama, Y. L., 2015. Cubesat micropropulsion characterization in low earth orbit. In: 29th AIAA/USU Conference on Small Satellites.

[17] Wu, S., et al., 2014. TW - 1: a cubesat constellation for space networking experiments. In: 6th European CubeSat Symposium.

[18] Arestie, S., Lightsey, E. G., Hudson, B., 2012. Development of A Modular, cold gas propulsion

system for small satellite applications. Journal of Small Satellites 1 (2), 63 - 74.

[19] Cardin, J., Day, C., 2020. A standard micro propulsion system for CubeSats. In: Cube - Sat Developers Workshop.

[20] Perez, L. L., Koch, P., Walker, R., 2018. GOMX - 4—the twin European mission for IOD purposes. In: 32nd AIAA/USU Conference on Small Satellites.

[21] Chapter 8 - Micropropulsion. In: You, Z. (Ed.), 2018. Space Microsystems and Micro/Nano Satellites. Butterworth - Heinemann, pp. 295 - 339.

[22] Lemmer, K., 2017. Propulsion for CubeSats. Acta Astronaut. 134, 231 - 243.

[23] Sarda, K., et al., 2006. Canadian advanced nanospace experiment 2: scientific and technological innovation on a three - kilogram satellite. Acta Astronaut. 59 (1), 236 - 245.

[24] Stevenson, T., Lightsey, G., 2016. Design and characterization of a 3D - printed attitude control thruster for an interplanetary 6U cubesat. In: 30th AIAA/USU Conference on Small Satellites.

[25] Ranjan, R., et al., 2018. Cold gas propulsion microthruster for feed gas utilization in micro satellites. Appl. Energy 220, 921 - 933.

[26] Cheah, K. H., Chin, J. K., 2014. Fabrication of embedded microstructures via lamination of thick gel - casted ceramic layers. Int. J. Appl. Ceram. Technol. 11 (2), 384 - 393.

[27] Malik, A. M., et al., 2013. Deep reactive ion etching of silicon moulds for the fabrication of diamond x - ray focusing lenses. J. Micromech. Microeng. 23 (12), 125018.

[28] Chaalane, A., et al., 2015. A MEMS - based solid propellant microthruster array for space and military applications. J. Phys. Conf. 660, 012137.

[29] Louwerse, M. C., et al., 2009. Nozzle fabrication for micropropulsion of a microsatellite. J. Micromech. Microeng. 19 (4), 045008.

[30] Li, H., et al., 2018. Fabrication of ZrB2 - SiC - graphite ceramic micro - nozzle by micro - EDM segmented milling. J. Micromech. Microeng. 28 (10), 105022.

[31] Louisos, W. F., Hitt, D. L., 2008. Viscous effects on performance of two - dimensional supersonic linear micronozzles. J. Spacecraft Rockets 45 (4), 706 - 715.

[32] Ketsdever, A. D., et al., 2005. Experimental and numerical determination of micropropulsion device efficiencies at low Reynolds numbers. AIAA J. 43 (3), 633 - 641.

[33] Cheah, K. H., Chin, J. K., 2011. Performance improvement on MEMS micropropulsion system through a novel two - depth micronozzle design. Acta Astronaut. 69 (1), 59 - 70.

[34] Louisos, W., Hitt, D., 2008. Numerical studies of thrust production in 2 - D supersonic Bell micronozzles. In: 44th AIAA/ASME/SAE/ASEE Joint Propulsion Conference & Exhibit.

[35] Zilic, A., Hitt, D., Alexeenko, A., 2007. Numerical simulations of supersonic flow in a linear aerospike micro nozzle. In: 37th AIAA Fluid Dynamics Conference and Exhibit.

[36] Louisos, W. F., et al., 2008. Design considerations for supersonic micronozzles. Int. J. Manuf. Res. 3 (1).

[37] Stein, W., Alexeenko, A., 2008. Application of the DSMC method for design of a coaxial microthruster nozzle. In: 44th AIAA/ASME/SAE/ASEE Joint Propulsion Conference & Exhibit.

[38] La Torre, F., et al., 2011. Hybrid simulations of rarefied supersonic gas flows in micronozzles.

Comput. Fluid 49 (1), 312 - 322.

[39] Pearl, J., Louisos, W. F., Hitt, D. L., 2015. Three - dimensional numerical study of linear plug micronozzles. In: 53rd AIAA Aerospace Sciences Meeting.

[40] Ganani, C. S., 2019. Micronozzle Performance A Numerical and Experimental Study. Delft University of Technology.

第 3 章　固体微推力器

AkiraKakami 博士

东京都立大学航空航天系副教授，日本东京日野

3.1　引言

与液体推力器和混合推力器相比，固体推力器结构更为简单，已用于航天器发射，以及用作远地点变轨的发动机。1958 年，世界第一颗卫星 Sputnik 发射进入地球轨道一年后，美国发射了 Pioneer I 航天器，该航天器携带了两种固体发动机用于入轨。其中一种是“八枚火箭”，是 Vanguard 火箭的 IXS－50 姿控发动机[1,2]。固体火箭发动机产生推力 222 N，燃烧持续时间 1 s，使用树脂/高氯酸铵（AP），镁/聚异丁二烯/硝酸钾分别作为燃烧剂、氧化剂和点火剂。安装固体推进剂发动机是为了让 Pioneer I 航天器进入月球轨道[3]。

另外，第一个地球静止轨道卫星 Symcom Ⅲ，携带 Thiokol's Starfinder 远地点固体发动机（推力 5 000 N，比冲 274 s）和氢氧发动机用于位置保持。

回顾历史可以发现，在太空时代发展的前期，航天器都使用固体发动机。然而，如今，几乎所有的动力飞行航天器都没有固体发动机，而是使用肼单组元推力器或肼/四氧化二氮双组元发动机。甚至，一些航天器使用电推进（比如霍尔推力器）来获得比单组元/双组元发动机更高的速度增量。这是因为固体推进剂发动机难以停止和重启动产生推力。因此，由于可调节性、重启动能力和高比冲，现代航天器都使用液体发动机和电推进。

如今，一些初创公司和大学设计了微卫星，这些小卫星或微卫星有小型或微型推力器。因为结构简单，比冲高于冷气推力器等一些特点，固体推力器开始受到关注；许多研究小组研制了多种不同的固体推力器。本章将介绍固体推进剂，以及固体推力器原理及原型。

图 3－1 展示了典型固体推力器的示意图。常规固体推力器一般包括推力室、喷管和点火器。固体推进剂也称为颗粒，在推力室中成型。有各种不同形状，如末端燃烧型、内部燃烧型和星型。虽然固体推进剂不可调节，但推力剖面可通过颗粒形状预制（图 3－2）。星型和末端燃烧型表现出中性推力剖面，其推力在点火过程中几乎恒定，因为燃烧面积保持不变。相反，内部燃烧型的推力剖面是逐渐增加的，这意味着，在燃烧过程中燃烧扩大了直径，增加了燃烧面积，使推力逐渐增加。后面将提到，大多数固体推进剂微推力器主要使用末端燃烧型，这可以简化推力器设计。

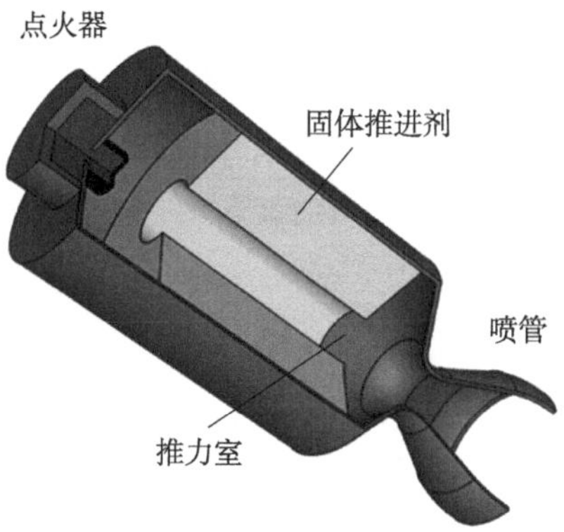

图 3－1　固体推力器（见彩插）

与用于运载火箭/探测火箭的常规发动机相比，微推力器原型具有多样性。常规固体推进剂火箭发动机使用火工品点火器点火。火工品点火器使用烟火剂点火，这是一种诱导发生剧烈化学反应释放大量热的化学反应物；但当它们作为推进剂使用时，比冲很低。烟火剂的反应由电阻加热触发。而微推力器不光使用电阻加热器，也使用激光二极管和火工品点火器。

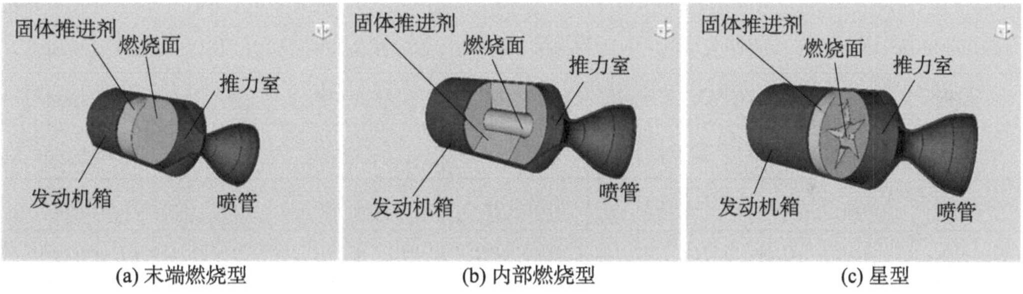

图 3－2　固体推进剂颗粒（见彩插）

许多推进剂已在微推力器中得到验证。常规固体火箭发动机使用复合固体推进剂（通常是丁二烯橡胶和氧化物颗粒的混合物）来产生相对高比冲。一些微推力器原型常用炸药和烟火剂作为推进剂，以确保点火。在制造方面，微电子机械系统（MEMS）技术也用于精密和小型的推力器，因此可以看到一些外形是集成电路芯片的原型机。有许多种固体推进剂用于微推进，3.5 节将介绍部分原型。

3.2　固体推进剂

表 3－1 列举了固体推进剂中使用的典型反应物。固体推进剂分为两种类型：双基（DB）推进剂和复合推进剂。微观上，双基推进剂有匀质相同结构，而复合固体推进剂具有非匀质结构。双基推进剂主要成分是硝化纤维（NC，常温固态）和硝化甘油（NG，室

温液态)。复合固体推进剂包含燃料黏接剂和氧化物颗粒。为调节燃烧速率或增强性能，有时向推进剂添加金属燃料粉末和燃烧催化剂颗粒。

表 3-1　固体推进剂的反应物

反应物	化学式	分子质量	密度	成型热 ΔH_f
Aluminum	Al	29.9815	2 700	0
Boron	B	10.81	2 080	0
HTPB[a]	$C_{4n}H_{6n+2}O_2$	≈2 800	900	−0.31 MJ/kg[4]
HTPB binder	$C_{7.075}H_{10.65}O_{0.223}N_{0.063}$	—	—	−0.058 MJ/mol[4]
HTPB binder	$[C_{10}H_{15.4}O_{0.07}]_n$ $(n=1)$	136.5	916	−51.9 kJ/mol[5]
GAP copolymer	$C_{3.5}H_{5.6}O_{1.12}N_{2.63}$	1 270	1 300	(0.96 MJ/kg[b])[4]
GAP binder	500～5 000	1 300	957	957 kJ/kg[b][6]
GAP binder	$[C_3H_5N_3O]_n$ $(n=1)$	99	1 300	117.2 kJ/mol[b][5]
GAP diol	—	2 097	1 300	0.28 kcal/g[b][7]
AP	NH_4ClO_4	117.49	1 950	−2.52 MJ/kg[4]
AN	NH_4NO_3	80.043	1 725	−4.56 MJ/kg[4]
Potassium nitrate	KNO_3	101.103 2	2 109	−494.6 kJ/mol[4]
ADN	$NH_4N(NO_2)_2$	124.06	1 810	−134.6 kJ/mol[8]
HAN	$[NH_3OH]^+[NO_3]^-$	−96.04	1 830	−79.68 kcal/mol[9]
NG	$(ONO_2)_3(CH_2)_2CH$	227.09	1 590	−1.70 MJ/kg[4]
NC	$C_{18}H_{21}N_{11}O_{38}$	999.4[10]	1 670	−2.60 MJ/kg[4]
NC(12.6% N)	—	—	—	−2 598 kJ/kg[11]
LTNR	$C_6H(NO_2)_3O_2Pb$	450.95	3 020(crystal)， 1 400～1 600(bulk)	855 kJ/mol for monohydrate[12]
RDX	$C_3H_6N_6O_6$	222.116 3	1 820[4]	79.1±5.0 kJ/mol[13]
HMX	$C_4H_8N_8O_8$	296.155 1	1 900[4]	103±2.8 kJ/mol[13]

注：[a]数据针对未固化的 HTPB，聚合通常会改变性能；[b]生成热是 GAP 预聚合的生成热。

微推力器不但使用常规的固体推进剂反应物，还使用原来未使用过的化学物质，似乎是因为使用短脉冲点火，以及真空条件下必须实现快速点火。运载固体火箭和探测固体火箭需要产生持续数秒和数分钟级别 kN 量级的连续推力，甚至远地点变轨发动机也应当持续产生几十秒推力，例如 Star 27 远地点变轨发动机可以提供 34 s 的工作时间。因此，用于常规固体发动机的固体推进剂应当稳定燃烧，没有振荡或推力室压力发散，稳定压力指数 $n<1$，将在 3.3.1 节提到。相比之下，一些太空推进装置产生毫秒脉冲推力，因此，

$n \geq 1$ 的固体化学物质也成为一种选择。另外，将固体推进剂直接暴露于真空的设计是一种必然，因为密封喷管口将增加推力器复杂度。然而，一般固体推进剂难以点火；在背压低的情况下，还存在难以接受的点火延迟。在微推进中，即使 $n \geq 1$，烟火剂等易可点燃化学物质仍具有优势。

纳米铝热剂是一个很好的例子，其使用纳米颗粒进行铝热反应。铝热反应是工业生产中使用金属和氧化物产生大量热的一种化学反应。例如，Al/Fe_2O_3 反应已用于铁路建设中的铁轨焊接。虽然理论比冲比双基推进剂或复合推进剂低，但因为可以直接反应，微推力器仍优选纳米铝热剂作为推进剂。下一节将介绍典型反应物。

3.2.1　燃烧剂

缩水甘油叠氮聚合物（Glycidyl azide polymer，GAP）是一种具有$—N{=}N^-{=}N^+$基团的叠氮聚合物。$—N_3$ 基团在分解过程中释放大量热，因此燃烧剂有正的生成热（0.96 MJ/kg）[4]，在燃烧过程中产生大量热（150 cal/g）[7]。GAP 二醇预聚合物（图 3-3）有带分支（$n \approx 20$）的链状结构，室温下为液态（图 3-4）。六亚甲基二异氰酸酯（Hexamethylene diisocyanate，HMDI）和三羟甲基丙烷混入预聚物，通过交联形成 GAP 聚合物。另外，因为性能原因，也使用过 GAP 三醇（GAP triol）（图 3-5）。GAP 三醇也使用 HMDI 的交联来形成聚合物，而且黏合剂分子形状比 GAP 二醇预聚物黏合剂更加复杂。

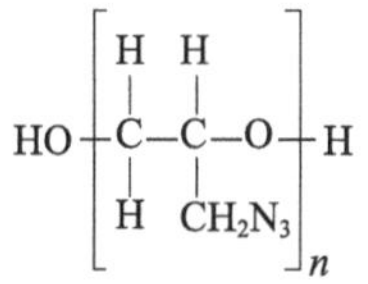

图 3-3　GAP 二醇分子[4]

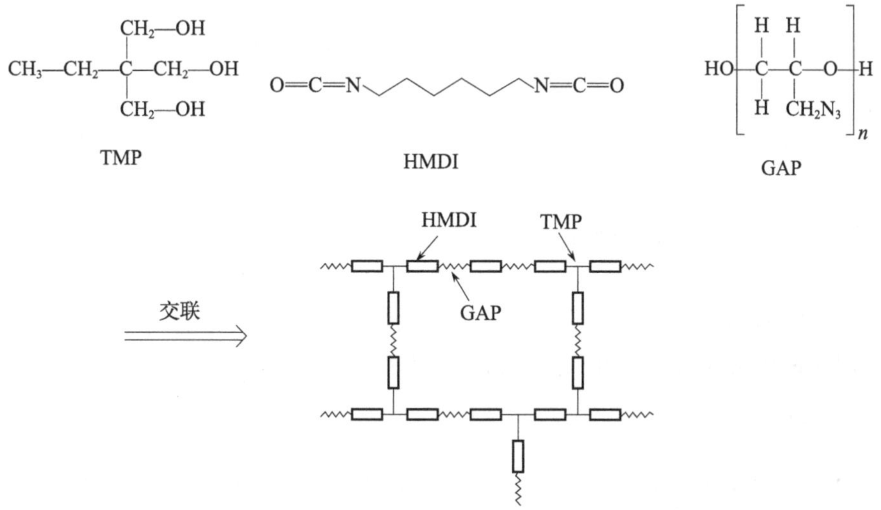

图 3-4　GAP 分子[4]

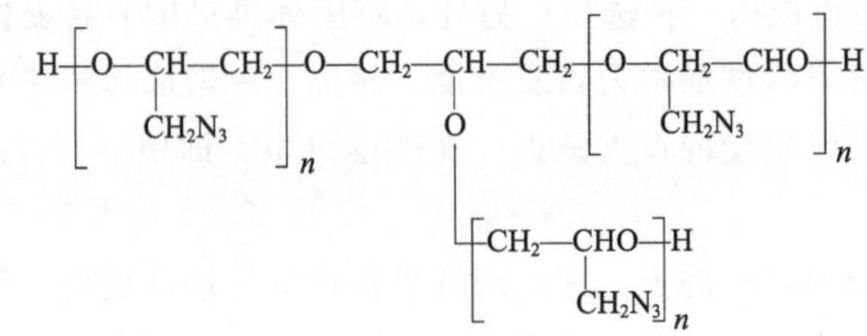

图 3-5　GAP 三醇分子[7]

端羟基聚二丁烯（Hydroxyl - terminated polybutadiene，HTPB）是一种橡胶，由于其弹性、韧性和刚性而制成聚氨酯。因此，该橡胶被制成轮胎、面板和密封胶等。HTPB 有一个长的链状结构，如图 3-6 所示，在固化之前是透明液体。加入异佛尔酮二异氰酸酯和己二酸二辛酯等固化剂，加热到 60～70 ℃，大约 7 天形成 HTPB 固体燃烧剂。不同类型的 HTPB 聚合物具有不同长度的链，某些类型聚合物，例如 R-45 M，通常用作 HTPB 基推进剂。

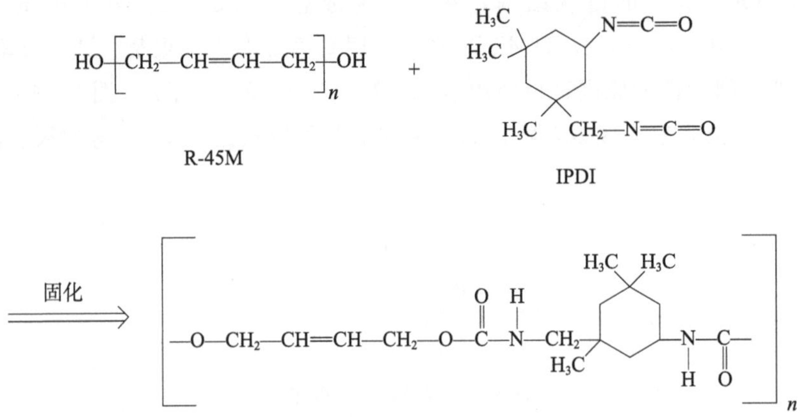

图 3-6　HTPB 分子[4]

除了聚合物，一些金属也用作燃烧剂，通常作为结构材料的铝也是一种高性能的燃烧剂。因为在金属中分子质量小而且氧化过程中释放大量的热，铝粉常用作推进剂。在许多情况下，将铝粉添加到 HTPB/AP 复合推进剂中来增加燃烧速率，以提升推力。通常情况下，铝粉重量占比 20%。

硼（B）是一种非金属高能材料，有时被分类为类金属，有相对低的分子质量，通过氧化过程释放大量的燃烧热。虽然理论上该燃烧剂可以产生更高的燃烧热（18.27 kJ/kg）[4]，但由于燃烧产物 B_2O_3 层覆盖燃烧表面，难以维持稳定燃烧。因此，硼不用作发动机推进剂，而是用作冲压发动机燃烧剂和点火器的烟火剂。

3.2.2　氧化剂

高氯酸铵（AP）是一种白色结晶盐，化学组成是 NH_4ClO_4。虽然它有溶解性，并且由于潮湿可以降解，但由于高性能和高可用性，这种晶体偶尔用于复合推进剂的氧化剂。

一如后续提到，HTPB/AP 推进剂常用于运载火箭/探测火箭的发动机。此氧化剂诱导热化学反应并释放氧气，因此可以归类为富氧单组元推进剂。快速加热将导致 AP 按照如下反应式放热分解[4]

$$NH_4ClO_4 \longrightarrow NH_3 + HCl + 2O_2 \tag{3-1}$$

需要注意的是，有时向 AP 基复合推进剂中加入锆和铝来抑制燃烧的不稳定。

硝酸铵（AN，$[NH_4]^+$ $[NO_3]^-$）是一种潮湿的白色结晶硝酸盐，冰点 442 K。在 480 K 附近，发生了如下吸热分解反应

$$NH_4NO_3 \longrightarrow NH_3 + HNO_3 - 178(kJ/mol) \tag{3-2}$$

相反，在高温区，发生了如下放热反应

$$NH_4NO_3 \longrightarrow N_2 + 2H_2O + \frac{1}{2}O_2 + 119(kJ/mol) \tag{3-3}$$

反应产生了氧气并释放大量的热[4]。释放热量的这种变化使得 AN 点火复杂化。

自古以来，硝酸钾（KNO_3）就被用于制作黑火药（Black Powder，BP）。由于对冲击低敏感性以及高安全性，该晶体被用作烟火剂的氧化剂。放热反应表示如下

$$KNO_3 \longrightarrow \frac{1}{2}K_2O + NO + \frac{3}{4}O_2 \tag{3-4}$$

二硝酰铵（AND）是一类硝铵类水溶性固体氧化剂，分子中含有—N—NO_2 基团。因为不含氯原子等卤素原子，该氧化剂理论比冲稍高，而且对环境友好。美国和苏联分别独立开发了 AND，用作固体推进剂的高性能氧化剂[14]，由于水溶性，其水溶液被用作液体推进剂。例如，LMP－103S 单组元推进剂是由甲醇和 AND 水溶液混合而成。由于毒性比肼低，LMP－103S 有望成为绿色推进剂[15]。

羟基硝酸铵（HAN，$[NH_3OH]^+$ $[NO_3]^-$）是一种固体离子氧化剂，为溶解性白色晶体[9]。HAN 水溶液是无毒的单组元推进剂，其最高浓度可达 95%。例如 HAN 与三乙基硝酸铵（TEAN）混合物 LP－1845 单组元推进剂，已用于枪械发射药。虽然无毒且浓度高，HAN 是一种潜在的绿色推进剂，但压力超过 0.8 MPa 后，燃烧速率会突然增加。因此，业界研发了新的 HAN 基推进剂，如 SHP－163[16] 和 AF－M315E[17]，在 0.8 MPa 压力下燃烧速率缓慢增加。

3.2.3　其他反应物

除了燃烧剂和氧化剂，还有一些被归类为炸药的反应物。苯乙烯酸铅（LTNR，2，4，6－三硝基间苯二酸铅）是一种苯乙烯酸盐，化学式为 $C_6H(NO_2)_3O_2Pb$。LTNR 熔点为 260～311 ℃，已用于火炮引信的雷管。

NG 是一种硝酸酯，包含—O—NO_2 基团，用作推进剂和炸药（图 3－7）。在室温下，反应物为液态，冰点为 286 K。因为 NG 对振动敏感且会导致爆炸，因此通常需要使用脱敏剂。NG 通常和 NC 组成双基推进剂。—O 和—NO_2 基团分解会产生 NO_2 气体。

NC 是一种硝酸酯，通过向纤维素中添加硝酸形成（图 3－8）。纤维素链数量（n）和硝化程度不同，其特性也不同。虽然，该反应物可以作为单组元推进剂使用，但 NC 通常

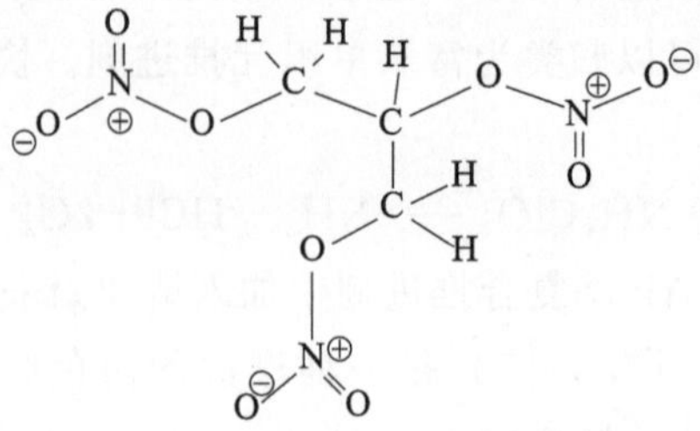

图 3-7　硝化甘油分子[18]

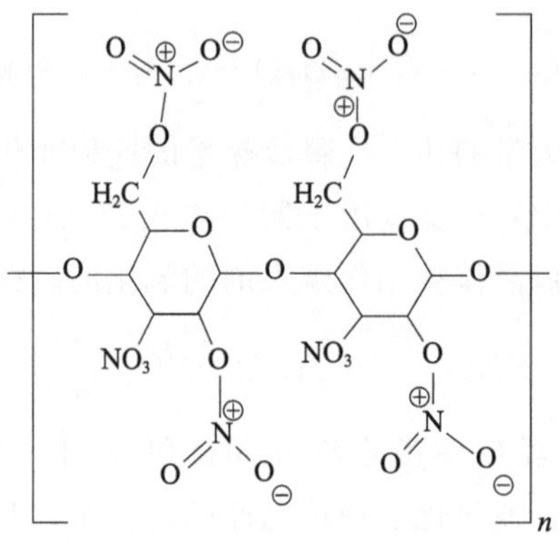

图 3-8　硝化纤维素分子[19]

和 NG 一起作为双基推进剂使用来提高性能。生成焓依赖于硝化作用，可以使用经验公式表示如下[20,21]

$$\Delta H_f = -1\ 406.22 + 6\ 231.86f \tag{3-5}$$

能量密度单位是 cal/g，f 是 NC 中氮的分量，分子结构是 $C_6H_{10-x}O_{5+2x}N_x$。

$$x = \frac{162.143\ 0f}{14.006\ 7 - 44.997\ 5f} \tag{3-6}$$

对应的分子质量 M 为

$$M = 44.997\ 5 + 162.143\ 0f \tag{3-7}$$

RDX（研究部炸药，环硝酸盐，图 3-9）和 HMX（高熔点炸药，环四甲基硝酸铵，图 3-10）都是硝酸铵。

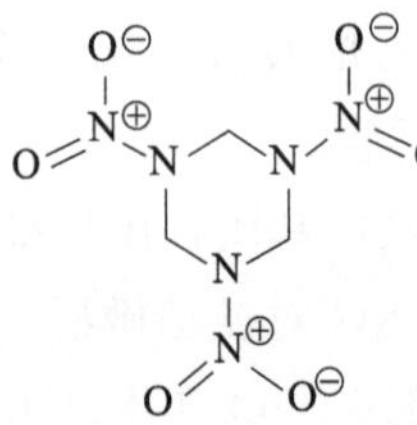

图 3-9　研究部炸药（RDX）

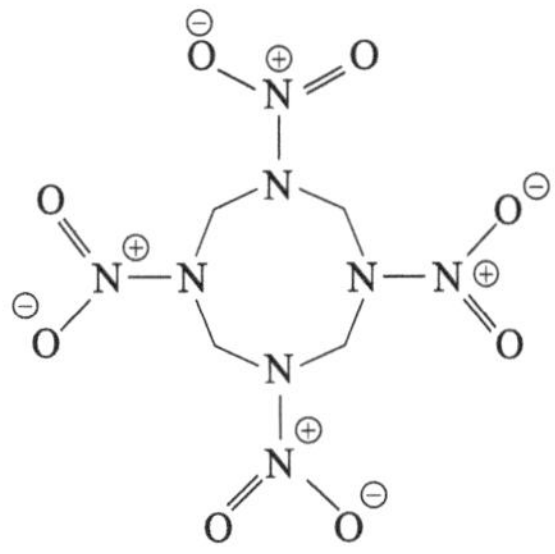

图 3-10　高熔点炸药（HMX）

含有—N—NO_2 基团的通常归类为炸药，这些反应物产生放热反应。

$$(NNO_2)_3(CH_2)_3 \longrightarrow 3CO+3H_2O+3N_2 \tag{3-8}$$

$$(NNO_2)_4(CH_2)_4 \longrightarrow 4CO+4H_2O+4N_2 \tag{3-9}$$

如式（3-8）和式（3-9）所示，RDX 和 HMX 在分解过程中未产生多余的氧气。

3.2.4　推进剂

在复合推进剂中，HTPB/AP 推进剂产生的比冲更高，因此被用于运载火箭的固体推进剂。图 3-11 表明，比冲理论值和绝热火焰温度取决于混合比。假定燃烧气体在推力室和喷管处维持化学平衡，推力室压力为 1 MPa，膨胀比为 50，对于 HTPB/AP=10%/90%的推进剂，理论上火箭发动机产生最大理论比冲为 340 s。另外，由于 AP 颗粒直径影响燃烧速率，因此混合了四种类型 AP：粗的（400～600 μm），中等的（50～200 μm），细的（5～15 μm）和超细的（小于 5 μm）。

HTPB/AP 推进剂中也添加了其他燃烧剂。添加金属燃烧剂如铝颗粒，可以增加燃烧速率、提高比冲，因此比冲和推力同时得到提升。然而，铝基推进剂完全燃烧要求在推力室有足够的停留时间，因此需要加大推力室压力和特征长度 L^*（推力室容积除以喷管喉部面积）来提升性能。因此，铝燃烧剂不适用于微推进装置。

需要注意的是，推力器实际比冲 I_{sp} 远低于图中显示的理论值，包括图 3-11。这是因为化学方程的非现实假设，以及对推力室和喷管的热量损失。在真实的推力器中，燃烧气体被喷管加速到如此之快，以至于化学反应来不及响应喷管热动力学变化，如压力和温度变化。换句话说，推力室中停留时间比化学反应需要的时间短。因此，燃烧气体在完成化学反应之前被排出喷管，而完全反应将释放出更多的化学能，增强燃烧气体的动能。

热损失也会降低性能。推力器体会被燃烧气体加热到足够热以达到平衡。然而，推力器点火后，热很快被推力器体吸收，吸收的热不会对推力的产生提供任何帮助。因此，缩短燃烧时间会降低比冲，而且本质上，脉冲操作将不可避免出现小比冲。

如图 3-12 所示，在硼质量比为 0.25 的情况下，硝酸钾（B/KNO_3）绝热火焰温度为 2 800 K，理论比冲为 200 s，远低于 HTPB/AP 推进剂。因此，B/KNO_3 用作常规固体火箭点火器使用的烟火剂。但是，它却可以用作微推力器的推进剂，因为该推进剂可以在真空环境中直接点燃。请注意，B/KNO_3 燃烧有三个阶段。第一阶段，硼颗粒与融化的

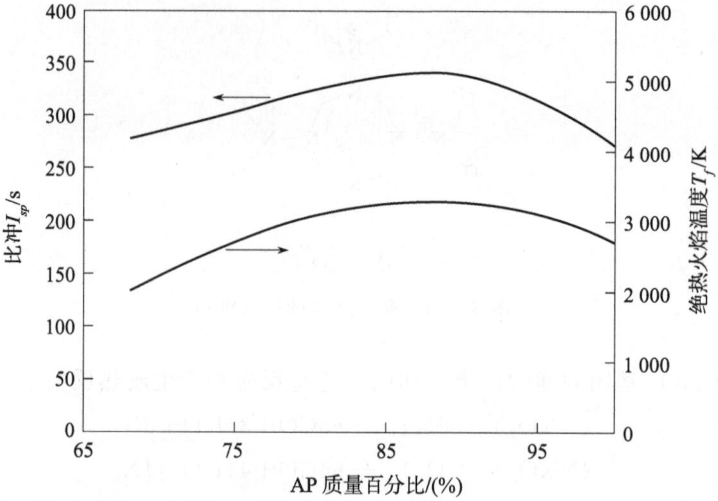

图 3-11　推力室压力 1 MPa 及膨胀比 50 条件下 HTPB/AP 的理论比冲和绝热火焰温度

KNO_3 反应，产生 KBO_2 和 NO，并释放大量的热。然后，剩余的硝酸钾汽化成氧化气体。最后，KBO_2 分解成 K_2O 和 B_2O_3[22]。

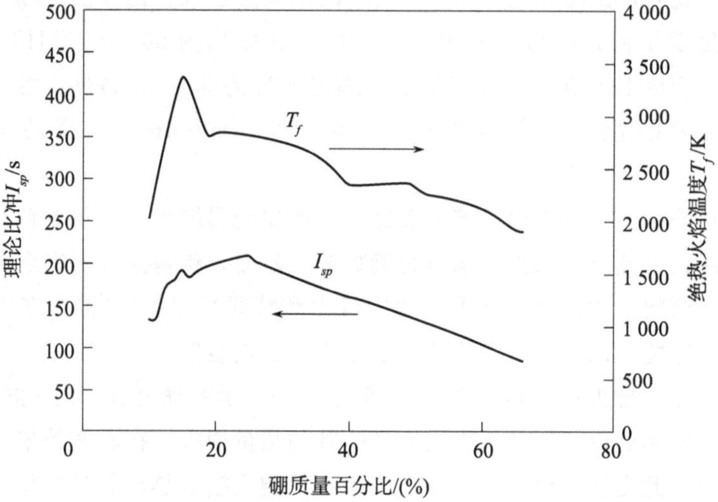

图 3-12　推力室压力 1 MPa 及膨胀比 50 条件下 B/KNO_3 的理论比冲和绝热火焰温度

$$B + KNO_3 \longrightarrow KBO_2 + NO \longrightarrow \frac{1}{2}K_2O + \frac{1}{2}B_2O_3 + NO \tag{3-10}$$

NC/NG 推进剂是双基推进剂，混合比接近化学计量比，使推进剂产生尽可能少的烟。然而，该推进剂产生的理论比冲比固体复合推进剂低。如图 3-13 所示，比冲取决于 NG 混合比。NG 混合比通常不超过 50%，虽然推进剂在 100%浓度附近产生最大的比冲，这是因为室温条件下 NG 推进剂是液态而且化学不稳定。

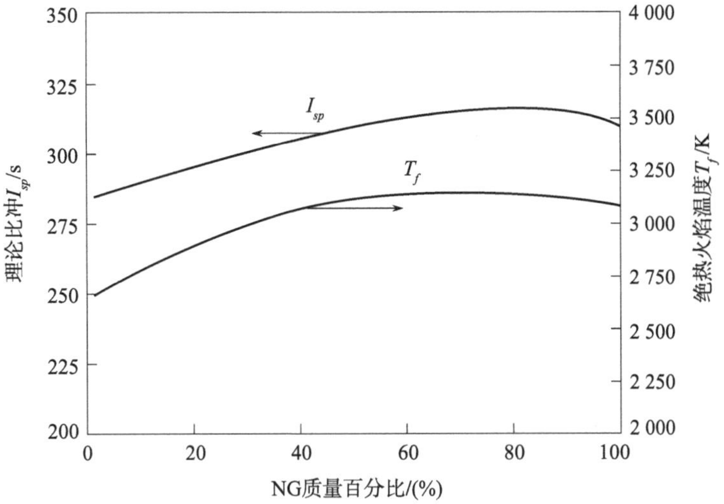

图 3-13　推力室压力 1 MPa 及膨胀比 50 条件下 NC/NG 的理论比冲和绝热火焰温度

3.3　固体推进原理

3.3.1　推力室压力和稳定性

推力室压力是设计的必要因素，因为过高的压力会破坏结构，但高压能够提高比冲。另外，压力随时间变化会损害推力器，而且对航天器和任务有不良影响。因此，推力室压力稳定性是推力稳定的必要条件。本节主要讨论推力室压力及其稳定性。

燃烧速率（也就是燃烧面回退速率）r，可以使用 Vieille 定律表示如下

$$r = ap^n \tag{3-11}$$

式中，p 是背压，a 是依赖固体推进剂初始温度的常数，n 是固体推进剂成分和混合物的比值。一般情况下，燃烧速率随固体推进剂初始温度增加而增加。

假设推力 F 仅来自推力冲量，则

$$F = \rho_p a A_b I_{sp} p^n \tag{3-12}$$

式中，ρ_p 是固体推进剂密度，A_b 是燃烧表面积。从式（3-12）可知，推力随燃烧速率增加而增加。如之前章节提到，颗粒形状影响推力剖面。对于递增或递减推力剖面，在燃烧过程中 A_b 增加或减小，因此，推力分别增加或减小。

这里将证明稳定燃烧要求 $n<1$。当喷管喉部卡住时，质量流率 $\dot{m}_e$ 表示如下

$$\dot{m}_e = \frac{pA_t\Gamma}{\sqrt{RT}} \tag{3-13}$$

$$\Gamma = \sqrt{\gamma\left(\frac{2}{\gamma+1}\right)^{\frac{\gamma-1}{\gamma+1}}} \tag{3-14}$$

式中，A_t 是喉部面积，γ 是比热比，R 是气体常数，T 是推力室中气体温度。质量守恒定律如下

$$\frac{\partial}{\partial t}\int_{V_g}\rho \mathrm{d}V+\int_{CS}\rho(\vec{u}\cdot\vec{n})\mathrm{d}A=0 \tag{3-15}$$

式中，V_g 是推力室中的气体区域容积，是时间的函数，固体推进剂随着燃烧递减；A 是 V_g 的表面积；$\vec{n}$ 是 A 的单位法向量；ρ 是气体密度。CS 表示覆盖 V_g 的控制面。等式左边的第一项可以写成

$$\frac{\partial}{\partial t}\int_{V_g}\rho \mathrm{d}V=\rho A_b r+V_g\frac{\partial \rho}{\partial t} \tag{3-16}$$

等式左边第二项表示通过表面 A 的质量流率，可以写成

$$\int_{CS}\rho(\vec{u}\cdot\vec{n})\mathrm{d}A=\dot{m}_e-\rho_p A_b r \tag{3-17}$$

因为 $\rho_p \gg \rho$ ，则

$$V_g\frac{\partial \rho}{\partial t}+\frac{A_t\Gamma}{\sqrt{RT}}p-\rho_p A_b r=0 \tag{3-18}$$

因此，可以使用平衡温度 T_{eq} 将稳态下的平衡压力 P_{eq} 表示如下

$$P_{eq}=\left(\frac{\Gamma A_t}{\rho_p a A_b\sqrt{RT_{eq}}}\right)^{\frac{1}{n-1}} \tag{3-19}$$

燃烧稳定性即溶液压力 P_{eq} 的稳定性，换句话说，溶液压力不能表现出振荡或发散。为简化起见，假定是多方过程（多方指数为 δ），因为变量关系使用简化的等式表示：$p/\rho^{\delta}=p_{eq}/\rho_{eq}^{\delta}$ ，$\frac{p}{T^{\frac{\delta}{\delta-1}}}=\frac{p_{eq}}{T_{eq}^{\frac{\delta}{\delta-1}}}$ 。式（3－18）是非线性微分方程，没有解析解。使用下式对式（3－18）进行线性化，即

$$X=X_{eq}+\widetilde{X} \tag{3-20}$$

式中，$\widetilde{X}$ 是小量，X 可以是 p 、ρ 和 T 。使用 $(1+\widetilde{X})^n\approx 1+n\widetilde{X}$（对于 $\widetilde{X}\ll 1$）线性化多方过程，代入式（3－18）中可以得到

$$\frac{\mathrm{d}\widetilde{p}}{\mathrm{d}t}=\frac{A_t\delta\Gamma\sqrt{RT_{eq}}}{V_g}\left(n-\frac{\delta+1}{2\delta}\right)\widetilde{p} \tag{3-21}$$

为了溶液非对称稳定，也就是 $t\to\infty$ ，导致 $\widetilde{p}\to 0$，需要满足如下条件

$$n<\frac{\delta+1}{2\delta} \tag{3-22}$$

如果是等温过程，可以使用 $\delta=1$， 得到

$$n<1 \tag{3-23}$$

通过以上讨论可知，推力器稳定燃烧要求固体推进剂应满足 $n<1$。需要注意的是，这种稳定是局部稳定，当压力变化大时，推力室压力以有限循环方式振荡。另外，对于某固体推进剂，a 和 n 的值取决于推力室压力范围。从以上讨论可知，$n<1$ 是稳定燃烧的最

低条件。

3.3.2　燃烧模型

本节讨论能量平衡。这里 D 指拉格朗日描述中的广义微分。比焓 h 守恒方程表示如下

$$\rho \frac{\mathrm{D}h}{\mathrm{D}t}=\frac{\mathrm{D}p}{\mathrm{D}t}-\nabla\cdot\vec{q}+\Phi+\dot{Q}_R+\rho\sum Y_k\vec{f}_k\cdot\vec{u}_k \tag{3-24}$$

式中，$\vec{q}$ 是传导的热流，Φ 是耗散函数（由于黏性造成的动能损失），$\dot{Q}_R$ 是单位流体被施加的辐射热（$\mathrm{W/m^3}$），Y_k、$\vec{f}_k$ 和 $\vec{u}_k$ 分别是质量分量、扩散速度和第 k 种反应物的体积外力。为简化起见，假定燃烧气体没有黏性和热传递，也没有体积力，且在常压下进行反应。等式可以简化为

$$\rho \frac{\mathrm{D}h}{\mathrm{D}t}=-\nabla\cdot\vec{q} \tag{3-25}$$

使用第 i 反应物形成焓 $\Delta h^{\circ}_{f,i}$ 和常压下的比热 $C_{p,i}$（是理想气体温度的函数），来表示焓 h 如下

$$h=\sum Y_i h_i \tag{3-26}$$

$$h_i=\Delta h^{\circ}_{f,i}+\int C^{\circ}_{p,i}\,\mathrm{d}T \tag{3-27}$$

使用热传导系数 λ，傅里叶定律如下

$$\vec{q}=-\lambda\,\nabla T \tag{3-28}$$

假设热传导各向同性，而且 $C^{\circ}_{p,i}$ 都相同，则

$$\rho C_p\frac{\mathrm{D}T}{\mathrm{D}t}=\lambda\frac{\partial^2 T}{\partial x^2}-\sum\Delta h^{\circ}_{f,i}\omega_i \tag{3-29}$$

式中，ω_i 是单位体积反应质量速率［kg/（m³s）］。为简化起见，使用反应热 Q（J/kg）和单位体积反应质量速率 ω［kg/（m³s）］，所以

$$\rho C_p\frac{\mathrm{D}T}{\mathrm{D}t}=\lambda\frac{\partial^2 T}{\partial x^2}+\omega Q \tag{3-30}$$

用欧拉式将方程表示为

$$\rho C_p\frac{\partial T}{\partial t}+\rho C_p u\frac{\partial T}{\partial t}=\lambda\frac{\partial^2 T}{\partial x^2}+\omega Q \tag{3-31}$$

式中，流体速度 u 分别等于燃烧速度 r、固体和气体的流体速度。换句话说，为简化起见，将此解释为固体推进剂以速度 r 向 $+x$ 方向移动，因为此表面位置固定在 $x=0$，可以想象为燃烧表面在回退。

Q 和 ω 是压力和温度两个量的函数，而且依赖于固体推进剂。对于 HTPB/AP 复合推进剂，HTPB 和 AP 在燃烧表面分解、汽化，并放出热量。因此，在 $x=0$ 时，$Q<0$；在 $x<0$ 时，$Q=0$。由于火焰的热流，燃烧表面的分解反应得以继续。然后，分解的气体扩散、混合，通过燃烧将热释放。所以，在 $x>0$ 时，$Q>0$。需要注意的是，燃烧过程依赖

于推力室压力和 AP 直径；在推力室低压条件下主要是预混合燃烧，在推力室高压条件下主要是扩散燃烧。相比之下，对于双基推进剂，燃烧表面的化学反应是放热反应。因此，在 $x=0$ 时，$Q>0$。

接下来，考虑固相的温度剖面。有意思的是，虽然燃烧表面的温度超过 700 K，但温度随着与燃烧表面的距离指数下降，因而多数固相温度仍和点火前的温度一样低。加热区域仅限于临近区域，厚度小于 1 mm。这可以通过式（3-31）来解释。

在稳态固相下，式（3-31）简化为

$$\rho C_p u \frac{\mathrm{d}T}{\mathrm{d}t}=\lambda \frac{\mathrm{d}^2 T}{\mathrm{d}x^2} \tag{3-32}$$

因为除燃烧表面外，固相中没有化学反应。因此，当 $x<0$ 时，$\omega=0$。使用边界条件 $[T=T_\infty(x=-\infty)$ 且 $T=T_S(x=0)]$ 和 x 对式（3-32）进行积分，得到

$$T=T_\infty+(T_S-T_\infty)\exp\left(\frac{\rho_p C_p r}{\lambda}x\right)(x\leqslant 0) \tag{3-33}$$

在式（3-33）中，温度随着与燃烧表面的距离指数降低。因此，在固体推进中，推进剂起到隔热作用，阻止来自火焰的传导热，保护推力器不受高温气体的伤害。热穿透厚度 δ 定义如下

$$\delta=\frac{\lambda}{\rho_p C_p r} \tag{3-34}$$

δ 表示燃烧热穿透的深度。燃烧速率 r 增加，热穿透厚度变薄。

3.4 固体推力器设计

在固体推进设计中，需要确定喉部面积 A_t、膨胀比 ε、颗粒形状和推力室容积。本章介绍设计流程。首先，需要评估固体推力器的理论性能。然后，在某推力室压力 p_c、膨胀比、推进剂成分和混合比的条件下，使用化学平衡计算法计算比冲、燃烧产物、推力室温度 T_c、马赫数和声速。之后，可以通过 I_{sp} 和目标推力 F 确定推进剂目标质量流率 $\dot{m}$，如下

$$\dot{m}=\frac{F}{gI_{sp}} \tag{3-35}$$

由于推力器点火过程中喷管经常被堵塞，质量流率与密度 ρ_t 和声速 a_t 相关，并通过化学平衡计算法进行评估。喉部面积确定如下

$$A_t=\frac{\dot{m}}{\rho_t a_t} \tag{3-36}$$

可以通过燃烧速率 r 和推进剂密度 ρ_p 来确定燃烧表面面积 A_b，即

$$A_b=\frac{\dot{m}}{\rho_p r} \tag{3-37}$$

如果 Vieille 定律中的 a 和 n 已知，则

$$A_b = \frac{\dot{m}}{\rho_p a p_c^n} \tag{3-38}$$

使用化学平衡计算法评估理论比冲。美国国家航空航天局（NASA）发布了基于命令提示的和基于 JAVA 图形用户界面的化学平衡计算软件（CEA）[23]。然而，由于安全原因，软件可用性降级了。然后，一个基于 Web 的模拟器 CEA run，已在网上发布。RocketCEA 是另一个选择，该软件使用 Python 编写。该软件综合了 Python 绘图库，支持对性能依赖性的直接可视化，比如比冲对混合比的依赖性[24]。

推力室容积不像喉部面积 A_t 那么容易确定。一般情况下，容积通过燃烧室特征长度 L^* 表示，定义如下

$$L^* = \frac{V_g}{A_t} \tag{3-39}$$

一般地，L^* 应足够大，确保在推力室中完成燃烧过程，但增大 L^* 会降低推力和比冲，因为推力器壁增加了热量损失。另外，推力室压力时变因 L^* 增加而变小。因此，需要根据经验确定 L^* 值。

3.5 固体微推力器进展

本节介绍一些研究开发的固体微推力器实例。如今，大学和研究机构研发了很多推力器，见表 3-2。制造时积极引入了 MEMS 技术，一些采用了微推力器阵列。另外，这些推力器的点火装置和推进剂不同于常规固体发动机。因此，固体微推力器是一个新分支，而不是固体火箭发动机的小型化。

3.5.1 非 MEMS 微推力器

已经研发使用 B/KNO_3 作为推进剂，使用激光点火的微推力器提供脉冲推力。B/KNO_3 产生的比冲低，通常用作烟火剂；因为可以在真空中直接点火，因此用作推进剂。该烟火剂可以有效吸收红外光束，可以用高效高能红外光束激光二极管作为热源。另外，使用聚焦光学镜片可以让激光形成更高的热流。Koizumi 等人设计的双模微推力器如图 3-14 所示，推力器冲量为 11.2±2 mNs，比冲为 36±7 s[25]。使用激光烧蚀聚乙醛(添加了碳用于吸收激光)，推力器产生了高比冲和低冲量推力。

Nakano 等人研发了一种激光点燃 B/KNO_3 的微推力器（图 3-15），用于改变 kiseki (KKS-1）微卫星姿态。推力器产生冲量为 40～70 mNs，比冲为 100 s。2009 年 1 月 23 日，H-IIA 15 号火箭将 KKS-1 卫星发射升空，并成功进入地球轨道[45]。Asakawa 等人研发了一个高速度增量微推力器，并将 B/KNO_3 颗粒堆叠起来，如图 3-16 所示。推力测量结果表明，推力冲量、平均推力和比冲分别为 175～246 Ns，22.9～45.5 N 和 160～193 s。

表 3-2　固体微推力器列表

参考文献	制造方式	阵列	推进剂	点火器	推力/mN	冲量/mNs	比冲/s	备注
[25]	机加工	8×3/圆柱	B/KNO_3	激光二极管	—	11±2	36±7	双模
[26]	机加工	5×1/圆	B/KNO_3	激光二极管	—	40～70	100	
[27]	机加工	单个	B/KNO_3	激光二极管	22 900～45 500	17 500～24 600	160～193	
[28]	机加工	单个	HTPB/AP/C	激光二极管	60	可调	144	重复点火
[29]	机加工	6×6	GAP/AP	电阻点火线圈(Ni/Cr)	0.021～0.29	0.04～0.379	0.42～4.1	
[30]	机加工	单个	纳米 Al/CuO	加热器	30 000～70 000(峰值)	2～5.2	20～25	
[31]	机加工	单个	Al,Bi_2O_3/CuO/NC	加热器	—	4.6～46	20～60	
[32]	MEMS,垂直	15×15	AP 基复合推进剂	加热器	—	—	—	
[33]	MEMS,垂直	4×4	GAP/AP	加热器和 ZPP	0.36,2.3(峰值)	0.135,7.3	—	
[34]	MEMS,垂直	10×10	B/KNO_3	加热器和烟火剂	—	0.02～0.3	—	
[35]	MEMS,垂直	22	B/KNO_3	加热器和 w/B/Ti 烟火器	—	0.5	—	
[36]	MEMS,平面	7×1	DB+GP	多硅加热器	0.1～1(平均)	0.17～1.13	2.48～16.5	
[33]	MEMS,垂直	4×4	GAP/AP/Zr	加热器和 ZPP	0.36,2.3(峰值)	0.135～7.3	—	
[37]	MEMS,垂直	10×10	GAP/AP/Zr	加热器和 ZPP	0.3～2.3	—	—	
[38]	MEMS,垂直	10×10 100×100	HTPB/AP	加热器	—	0.212 5	23.4	
[39]	MEMS,平面	5×1	GP/AP/Al/Fe_2O_3	Au/Ti 加热器	—	0.035 2～0.222	4.48～28.29	
[40]	MEMS,平面	单个	LTNR/Nitro 棉	加热器	25(峰值)	6.3	—	
[41]	MEMS,平面	3×5	LTNR	多硅加热器	—	0.09～0.12	—	
[42]	MEMS,垂直	10×10	Al/CuO/NC	多硅加热器	479～645	0.155 9～0.346	10.2～27.2	
[43]	MEMS,垂直	2	ZPP	多硅加热器	—	—	—	
[44]	MEMS,平面	5×7	HTPB/AP	多硅加热器	10～15(峰值)	—	14	

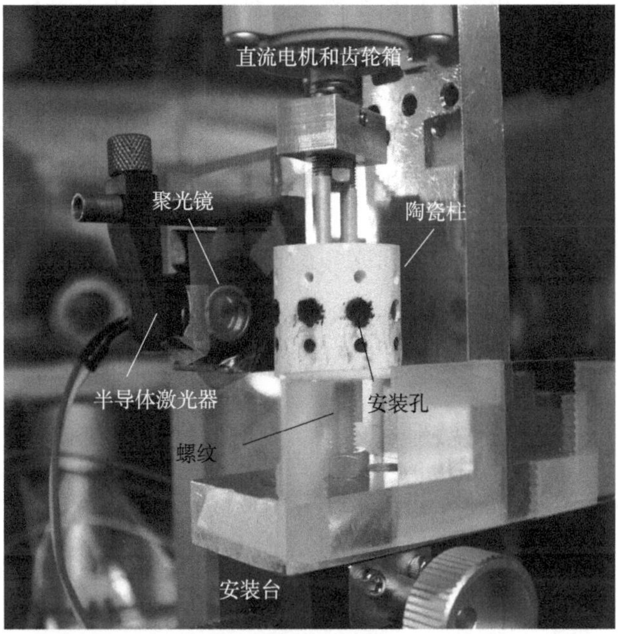

图 3-14　激光点火的双模 B/KNO_3 微推力器

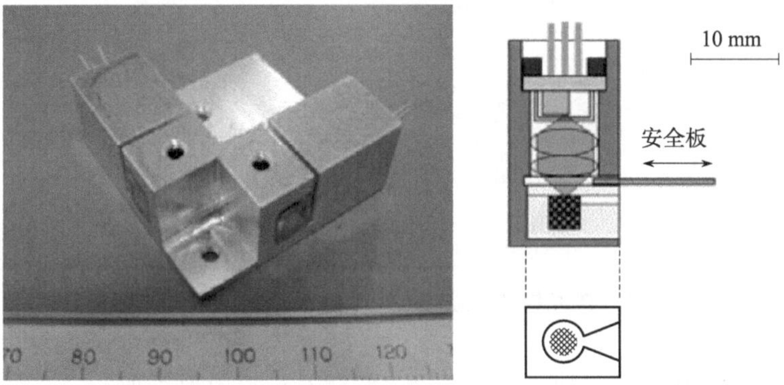

图 3-15　KKS-1 卫星的激光点火 B/KNO_3 微推力器[45]

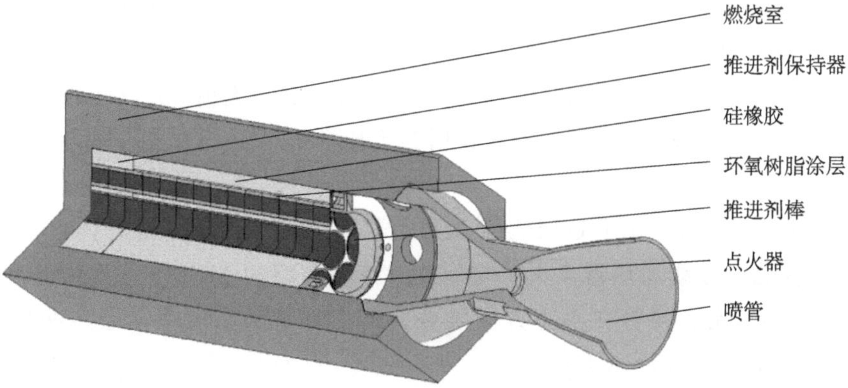

图 3-16　使用激光点火器的 B/KNO_3 高速度增量微推力器[27]

在其他研究中，激光二极管用作控制燃烧的热源，以提供关闭和重启动产生推力的能力。常规固体推进剂的燃烧一般难以中止和再启动，因为推进剂一旦点火就持续燃烧。因此，Isakari 等人研制了一种激光在燃烧表面加热时持续燃烧，而激光加热器关掉就中断燃烧的固体推进剂。可控燃烧固体推进剂适用于微推力器。通过打开和关闭激光加热器来控制推力的产生[28]。图 3－17 列举了 100 mN 原型，使用的 HTPB/AP/C 推进剂比例分别为 29.5％、70％和 0.5％。理论比冲为 204 s（冻结流体，膨胀比为 50，推力室压力为 0.1 MPa）。在 15 W 激光加热下，点火延迟 3～5 s 后开始燃烧，并伴随激光加热稳定燃烧，关掉激光就会中止燃烧。推力测量结果表明，最大推力和比冲分别为 50 mN 和 144 s，点火延迟 3.3 s。

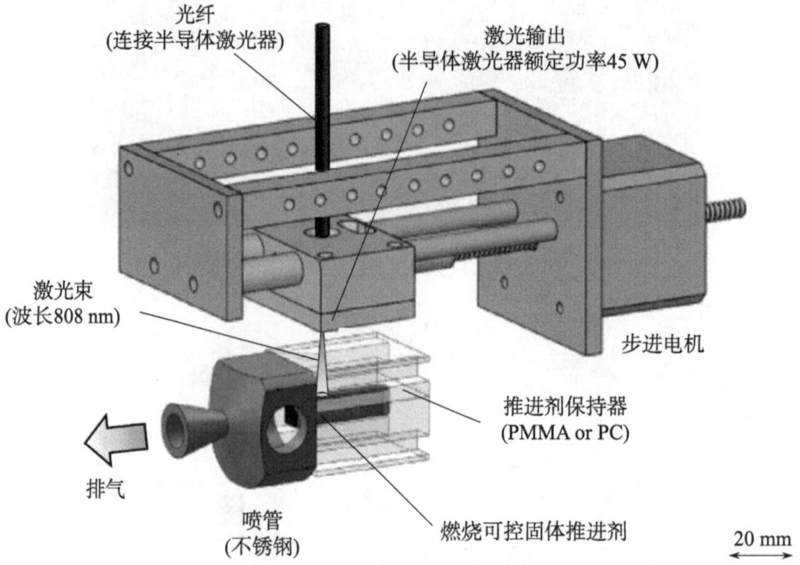

图 3－17　激光辅助燃烧的燃烧可控 HTPB/AP 微推力器[28]

一些微推力器使用铝热反应。Staley 等人向纳米铝热剂中添加 NC[31]。使用 Al/CuO/NC、Bi_2O_3/Al/NC 和 NC 混合，混合比分别为 2.5％和 5.0％。Al 和 Bi_2O_3 分别是直径 90～120 nm 与 80 nm 的纳米球，CuO 是直径 8～12 nm、长 100 nm 的纳米棒。推力测量结果表明，比冲范围 50～55 s，且推力测量装置对比冲影响很大。对于 Bi_2O_3/Al/NC，增加其在 NC 混合物中的比例会提高比冲，并在 5％时达到最大值 59.4±2.9 s。相比之下，Al/CuO/NC 测试结果表明，2.5％混合比时最大比冲为 24.2±3.8 s，体积比冲为 0.6±0.1 mN/mm^3。

Sathiyanathan 等人研制了 GAP/AP 微推力器原型[29]。该小组加工了 4×1 阵列原型，并使用 40 号镍铬合金线加热器点火。与后续章节将介绍的 MEMS 基推力器堆叠方式相同，推力器的推力室和喷管在垂直方向堆叠。推力测量结果表明，原型冲量为 0.04～0.379 mNs，比冲为 0.42～4.1 s。

3.5.2　MEMS 基微推力器

除了机械加工的微推力器，一些推力器使用 MEMS 进行加工，MEMS 是一种主要用于半导体制造的精细加工技术。微推力器有两种结构：平面的和垂直的。在平面类型中，推力室和喷管在平面内；在垂直类型中，推力室和喷管垂直堆叠。另外，在 MEMS 基微推力器中，这些小的推力器阵列布置来产生多点喷射推力冲量，并采用计算机随机存储器（RAM）的行列寻址控制法进行推力器点火。在这种推力器中，小型化的推力器位置就像矩阵，点火器（通常是电阻加热器）与行线和列线连接，通过存储器地址选择需要点火的推力器（先后选择行与列，然后对两条线施加电压）。接下来，我们将重点介绍研究机构研发的 MEMS 基微推力器。

2000 年，Lewis 等人设计了使用 LTNR（炸药）作为推进剂的 3×5 阵列微推力器[41]。这是一个垂直型推力器，带有 RAM 结构，以及连接行线与列线的电阻加热器。该加热器采用 210 Ω 的多晶硅电阻，成型于 SiO_3，绝缘层厚度为 3 μm，功率为 100 W，功耗为 100 mJ。待机时，通过可破裂隔膜防止推进剂泄漏；点火后，隔膜破裂，燃烧气体通过喷管排出。推力测量结果表明，推力器推力为 0.09～0.12 mN。

另外，Shen 等人制造了使用 LTNR/Nitro 与棉比例各 50%作为推进剂的微推力器（图 3-18）[40]。这是一类平面型微推力器，长 8.8 mm，宽 6.0 mm，厚 1.5 mm，由耐热玻璃和硅制成。点火加热器是硅上 370 nm 厚的铬，平均电阻值为 140 Ω。推力冲量为 6.3 mNs，峰值推力为 25 mN。

图 3-18　LTNR 微推力器[40]（见彩插）

高能材料 GAP 也可用于微推力器。Rossi 等人设计了一个垂直型微推力器（4×4 阵列），使用 GAP/AP/Zr 作为推进剂（图 3-19）[33]。推力室（1.5 mm×1.5 mm×0.34 mm）装满了推进剂和烟火剂。推力室和喷管使用介质膜［SiN_x（0.6 μm 厚）和 SiO_2（1.4 μm 厚）］密封，避免烟火剂和推进剂直接暴露于真空。点火器使用介质膜成型，并使用多晶硅电阻加热器（450 μm×450 μm×0.5 μm，720 μm×720 μm×0.5 μm）

和烟火剂（ZPP 或 GAP/AP/Zr）实现点火。

微推力器有两种原型：结构 1 和结构 2。结构 1 中，推进剂和烟火剂直接接触没有间隙；而结构 2 中，推进剂和烟火剂被中间腔隔开。点火测试结果表明，使用 GAP/AP/Zr 推进剂时，结构 1 不点火。结构 2 使用 ZPP 烟火剂实现 100%的点火成功率，仅需要 17 mJ 的能量；而在 73mJ 能量情况下，GAP/AP/Zr 烟火剂提供 50%的点火成功率。推力测量结果表明，ZPP 烟火剂的推力冲量是 7.3 mNs。该研究小组还研制了 10×10 阵列推力器原型，使用 Zenner 多晶硅二极管作为加热器。结果表明，用 Foturan 推力室产生了 0.3～2.3 mNs 的冲量[37]。

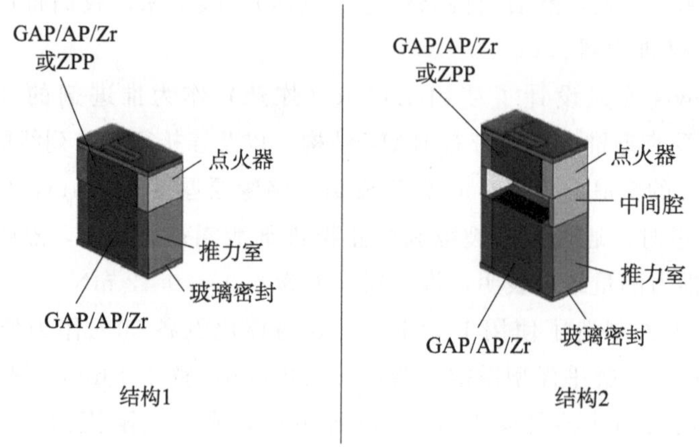

图 3-19 GAP/AP/Zr 推进剂微推力器[33]（见彩插）

一些微推力器使用常规烟火剂作为推进剂。Birand 等人成型了垂直型推力器，其结构几乎与参考文献［33］中的结构完全相同。如图 3-20 所示，为确保稳定燃烧，选择点火温度 200～300 ℃的高能材料 ZPP 作为推进剂。点火器使用宽 20 μm、长 180 μm、电阻 2.8 kΩ 的多晶硅加热器，并联排列。以每束 80 mW 的功率对推进剂进行加热引燃推进剂，点火延迟 120 ms（图 3-21）。

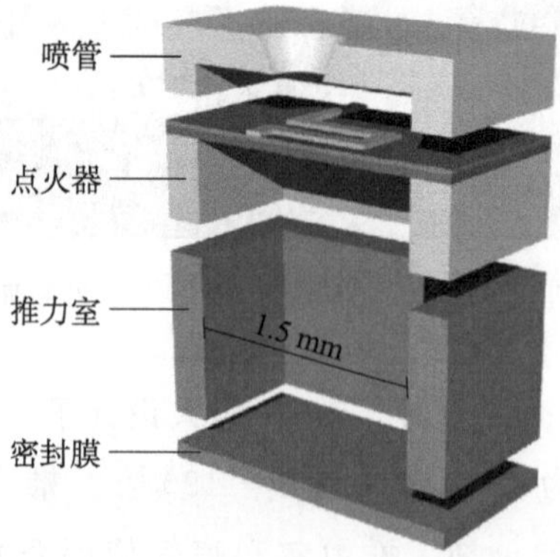

图 3-20 ZPP 推进剂微推力器[43]

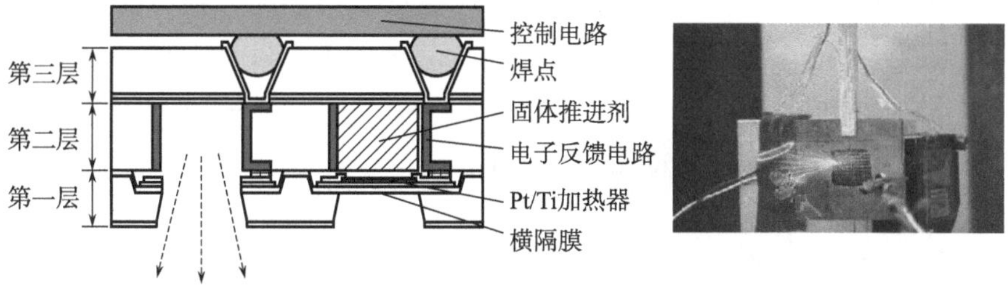

图 3-21　B/KNO_3 推进剂微推力器[34]

B/KNO_3 烟火剂也用于 MEMS 基微推力器。Tanaka 等人研制了 10×10 阵列垂直型微推力器原型[34]。采用 Pt/Ti 电阻加热器作为点火器，并放置在隔膜上，然后点火烧破隔膜，将燃烧气体从喷管喷出。为增加点火成功率，使用硫氰酸铅/氯化钾/NC 对 Pt/Ti 加热器进行测试。没有烟火剂，点火器需要 4～6 W 加热功率；有烟火剂，点火器加热功率降低至 3～4 W。另外，使用烟火剂后，将点火延迟从 200～1 000 ms（w/o 烟火剂）减少到 12～30 ms。冲量范围为 0.02～0.3 mNs。

火药也用作推进剂。Zhang 等人制造了火药基的 5×1 阵列平面型微推力器，火药（75% KNO_3、15% C 和 10% S）/AP/Al/Fe_2O_3 的混合比为 100/6/3/1[39]。如图 3-22 所示，原型有 5 个小型推力器和一个点火器，77 nm 厚的金作为引线，206 nm 厚的钛电阻器用作加热器和黏附层。加热功率不小于 0.16 W 情况下推力器可被点火，点火延迟 12.9 s，点火功耗为 2.07 J。推力冲量为 0.035 2～0.022 2 mNs，真空比冲为 4.48～28.29 s。

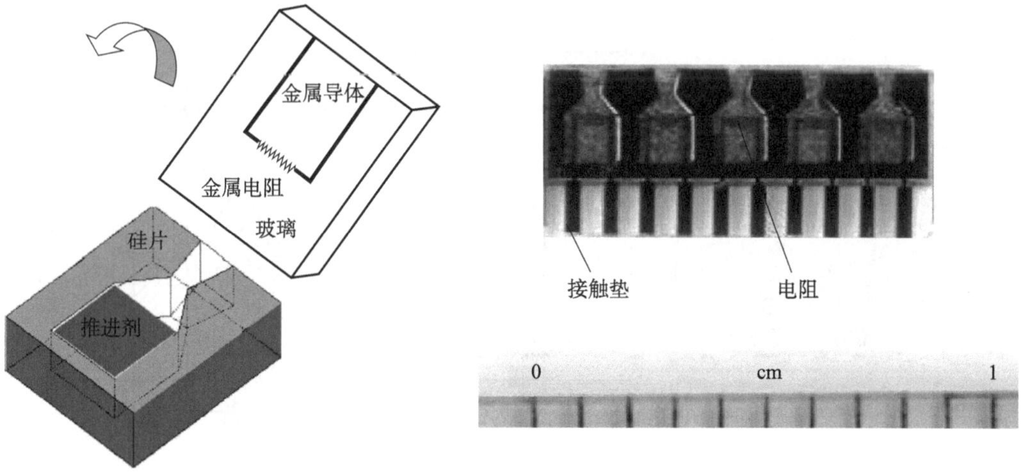

图 3-22　使用金/钛点火器的火药微推力器[39]

HTPB/AP 复合固体推进剂也可用于 MEMS 基微推力器。Teadale 等人制造了 5×7 阵列的平面型微推力器（图 3-23）[44]。点火器使用 P 型或 N 型多晶硅电阻加热器。P 型多晶硅加热器厚度为 0.6 μm，阻值为 1.1 kΩ，功率为 0.3 W；N 型多晶硅加热器厚度为

0.6 μm，阻值为 1.1 kΩ，功率为 0.2 W。点火测试结果表明，推力器点火功耗为 4～300 mJ，点火延迟范围 0.02～1.5 s；比冲为 14 s，峰值推力为 10～15 mN。

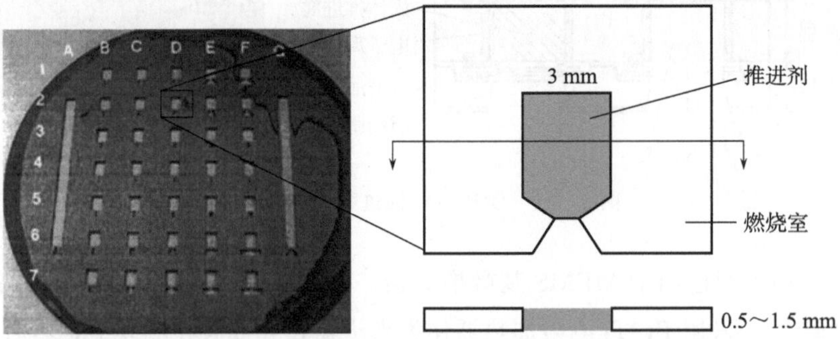

图 3-23 使用多晶硅加热器的 HTPB/AP 微推力器[44]

Liu 等人研制了 10×10 和 100×100 垂直型推力器原型，如图 3-24 所示。推进剂是 100～200 μm 的 HTPB/AP 颗粒。原型使用电阻加热器、双基推进剂以及自制点火药（双基推进剂、红磷和硝酸钾混合物）作为烟火剂。测试了 50～100 μm 和 100～200 μm 直径的烟火剂来提高点火器的可靠性。点火器测试结果表明，使用常规双基推进剂的推力器的点火成功率为 10.0%～23.3%，使用自制点火药的推力器，对于 50～100 μm 直径和 100～200 μm 直径的点火成功率分别是 100%和 80%，需要的功率为 0.72 W。在 0.89 W 加热功率时，使用 HTPB/AP 推进剂测试时，成功率为 100%。10×10 阵列推力器产生 0.058 6～0.212 5 mNs 的推力冲量，平均比冲为 12.0 s。

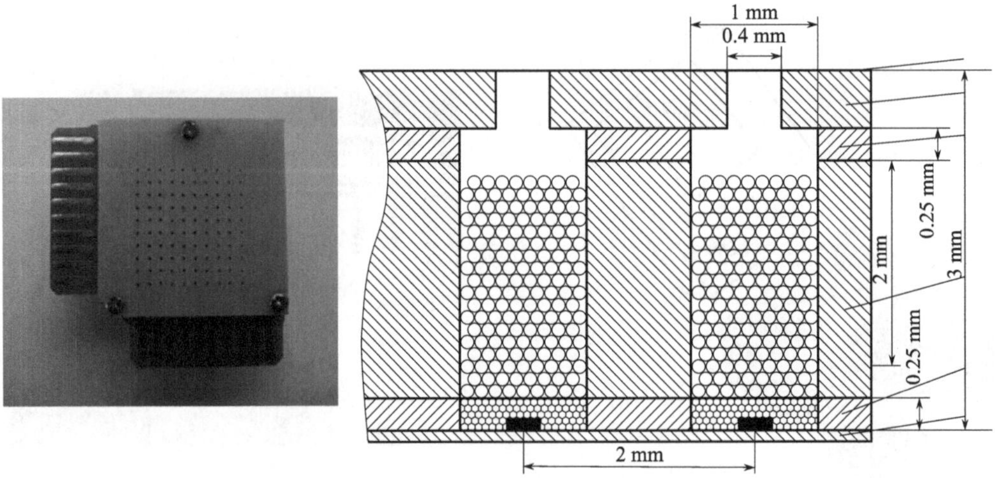

图 3-24 HTPB/AP 微推力器[38]（见彩插）

一些 MEMS 基微推力器使用铝热反应。Apperson 等人研制的推力器原型如图 3-25 所示[30]。推力器使用 CuO（纳米球平均直径 80 nm）和 Al（纳米棒）的混合物作为推进剂，混合比为 Al/CuO=17/40，之前的研究表明此比例有最大燃烧率。以理论最大密度百分比（%TMD）作为参数。%TMD 是质量密度与 Al/CuO（5.36×10^3 kg/m^3）理论最大密度的比值，测试中在 28.0%～64.9%之间变化。没有喷管的推力器原型燃烧时间短，推力峰值位于%TMD 低的区域；而超过 44.4% TMD 后，燃烧时间延长，推力相对均匀。随着%TMD 增加，推力冲量从 2 增加到 5.5 mNs，比冲的范围维持在 20～25 s。带喷管的原型测试结果表明，推力时间与没有喷管的推力器不同，但没有产生更高的比冲。

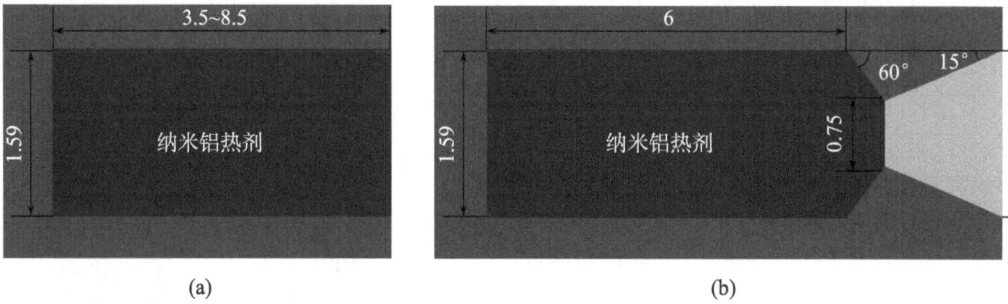

图 3-25　Al/CuO 纳米铝热剂微推力器[30]

Ru 等人使用 Al/CuO 纳米铝热剂和 NC 作为 10×10 垂直型阵列原型的推进剂对纳米铝热推进剂进行了测试[42]。N 型掺杂多晶硅的微型半导体桥是一种电阻加热器，阻值为 12.7 Ω，功率为 5 W。Al/CuO 的混合比是 28.8%/71.2%，而 NC 的混合比在 0～10%之间变化。理论比冲随着 NC 混合比的增加而增加，NC 混合比为 0 时，比冲为 73.6 s；NC 混合比为 10%时，比冲为 78.7 s。使用电喷法和机械法对纳米 Al 和纳米 CuO 进行混合。除 Al/CuO/NC（10%）推进剂外，所有原型都成功完成了点火。对于机械法混合的，NC 混合比为 0 时，推力器比冲和推力冲量分别为 10.2±3.3 s 和 0.155 9±0.044 9 mNs；NC 混合比为 2.5%时，推力器比冲和推力冲量最大分别为 17.7±2.5 s 和 0.255 2±0.031 8 mNs。另一方面，对于电喷法混合的，比冲和推力冲量随混合比单调增加，在 NC 混合比为 10%时，比冲和推力冲量最大分别为 27.2±4.4 s 和 0.346 9±0.056 2 mNs（图 3-26）。

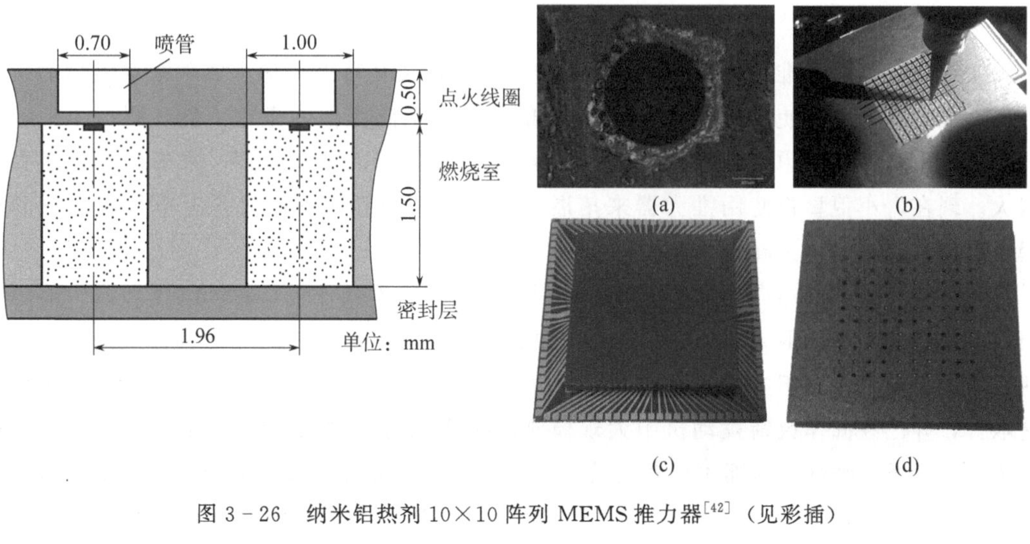

图 3-26　纳米铝热剂 10×10 阵列 MEMS 推力器[42]（见彩插）

Chaalane 等人使用双基推进剂测试微推力器[36]。如图 3－27 所示，为平面型 7×1 阵列推力器。电阻加热器成型于 SiO_2/SiN_x 膜，是 540 × 540 μm^2 的多晶硅，功率为 600 mW。双基推进剂的混合比在 0～30％之间变化。点火试验结果表明，10％、20％和 30％双基推进剂混合比的点火延迟 150 ms，0％双基推进剂不能点火。平均推力和推力冲量随双基推进剂混合比的增加而增加，最大值为 1 mN 和 1.13 mNs。推进剂质量约 7 mg，因此比冲接近 16 s。

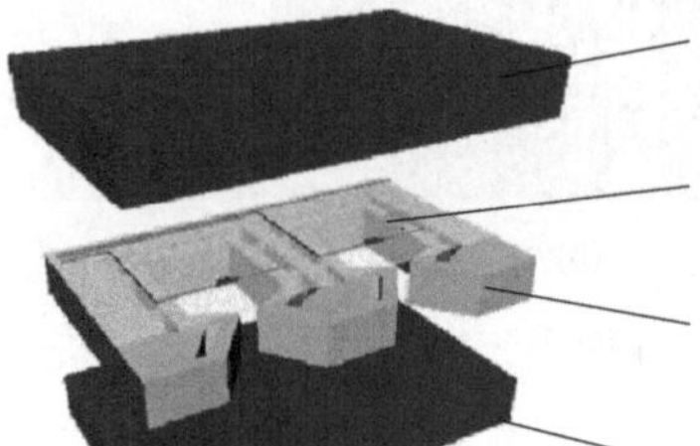

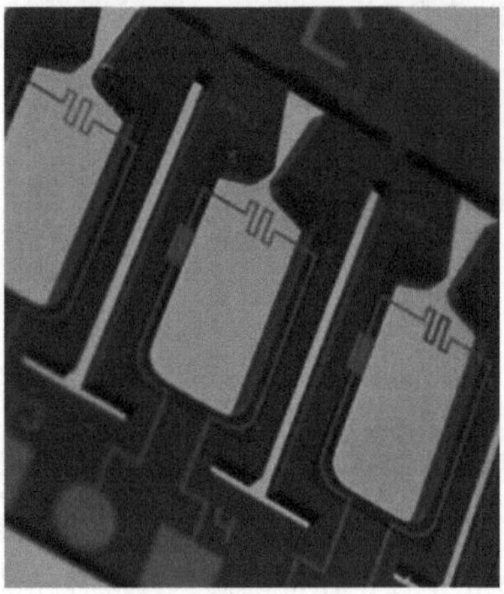

图 3－27　DB/GP 微推力器[36]（见彩插）

从以上研究实例看来，在研发固体推进剂微推力器时有很多新颖和建设性的方法。固体微推力器在推进剂和加工方法上与运载火箭上使用的常规固体发动机相比，更加多样化。

3.6　结论和展望

本章介绍了固体推进的基础和原理，包括推进剂及其特点。除了继承常规结构的机械加工微推力器，还有使用 MEMS 技术研发的与集成电路类似的微推力器。测试了常规推进剂，如 HTPB/AP 和 GAP，一些研究小组还测试了烟火剂和炸药，来确保低延迟真空点火。现在，小卫星将使用推力器来拓展任务领域，而固体推进将是一个很有前景的选择，因为其简单、冲量高。

与运载和探空固体火箭发动机相比，因航天器用于不同任务，将来固体微推力器也将更加多样。在一些纳卫星任务中，甚至需要更小推力和更短点火时间的固体微推力器。一些已经提出但仍未用于实际的固体火箭发动机技术可能用于固体微推力器。一个候选技术是喉针，并已在固体火箭发动机中大规模测试来实现可变推力[46]。一个针状的喉针放在推力室，并插入喉部，从而可以对喷管喉部的有效面积进行调节，进而主动、柔性地改变推力。也可以使用推力停止阀和可变面积喷管。MEMS 技术有潜力实现这些古老但有吸引力的复杂技术形式，而且在微推进中予以实践。

常规形状固体推力器会受益于 MEMS 基零件。MEMS 技术可以生产小零件，如点火器、激光二极管，这些小零件可以分散到微推力器中，并实现点火精细控制。常规结构推力器和新型 MEMS 结合将给星载固体推进提供更宝贵的特性。

如引言中提到的一样，固体火箭发动机是最早上星的设备，但已经落后，而液体推力器已主导航天器推进。由于紧凑、简单和相对高的性能，新的固体微推力器可以改变这一现状。将来，我们可能会看到固体推进在充满活力的微纳卫星上复活，就像一块被抛弃的石头重新成为基石一样。

参考文献

［1］ Technical Report NASAMEMO－5－25－59 W/vol. 3 1958 NASA/USAF Space Probes（ABLE－1）Final Report，Vol. 3，June 1959. NASA.

［2］ The Marin Company，April 1960. The Vanguard Satellite Launching Vehicle an Engineering Summary. Technical Report 11022（Engineering Report）.

［3］ Technical Report NASAMEMO－5－25－59 W/vol. 2. 1958 NASA/USAF Space Probes（ABLE－1）Final Report，Vol. 2，June 1959. NASA.

［4］ Naminoskuke Kubota，2007. Propellants and Explosives，second ed. WILEY－VCH Verlag GmbH & Co. KGaA，Weinheim.

［5］ Schoeyer，H. F. R.，Schnorhk，A. J.，Korting，P. A. O. G.，van Lit，P. J.，Mul，J. M.，Gadiot，G. M. H. J. L.，Meulenbrugge，J. J.，1995. High－performance propellants based on hydrazinium nitroformate. J. Propul. Power 11（4），856－869.

［6］ Eamon Colclough，M.，Desai，H.，Millar，R. W.，Paul，N. C.，Stewart，M. J.，Golding，P.，1994. Energetic polymers as binders in composite propellants and explosives. Polym. Adv. Technol. 5（9），554－560.

［7］ Frankel，M. B.，Grant，L. R.，Flanagan，J. E.，1992. Historical development of glycidyl azide polymer. J. Propul. Power 8（3），560－563.

［8］ Wingborg，N.，2019. Heat of formation of ADN－based liquid monopropellants. Propellants，Explos. Pyrotech. 44（9），1090－1095.

［9］ Khare，P.，Yang，V.，Meng，H.，Risha，G. A.，Yetter，R. A.，2015. Thermal and electrolytic decomposition and ignition of HAN－water solutions. Combust. Sci. Technol. 187（7），1065－1078.

［10］ National Center for Biotechnology Information，2020. Pubchem Compound Summary for Cid 4510，Nitroglycerin. Retrieved November 5，2020. https：//pubchem. ncbi. nlm. nih. gov/compound/Nitrocellulose.

［11］ Volk，F.，Bathelt，H.，2002. Performance parameters of explosives：equilibrium and nonequilibrium reactions. Propellants，Explos. Pyrotech. 27（3），136－141.

［12］ Agrawal，J. P.，2010. High Energy Materials. 2010 WILEY－VCH Verlag GmbH & Co. KGaA，Weinheim.

［13］ Krien，G.，Licht，H. H.，Zierath，J.，1973. Thermochemical investigation of nitramines. Acta Thermochem.（6）.

［14］ Kumar，P.，2018. An overview on properties，thermal decomposition，and combustion behavior of adn and adn based solid propellants. Defence Technol. 14（6），661－673.

［15］ Anflo，K.，Mllerberg，R.，2009. Flight demonstration of new thruster and green propellant technology on the PRISMA satellite. Acta Astronaut. 65（9），1238－1249.

［16］ Hori，K.，Katsumi，T.，Sawai，S.，Azuma，N.，Hatai，K.，Nakatsuka，J.，2019. Han－

based green propellant, SHP163 its R&D and test in space. Propellants, Explos. Pyrotech. 44 (9), 1080 - 1083.

[17] Spores R. A., 2015. GPIM AF - M315E Propulsion System. In: 51st AIAA/SAE/ASEE Joint Propulsion Conference.

[18] National center for biotechnology information, 2020. Pubchem Compound Summary for Cid 4510, Nitroglycerin. Retrieved November 5, 2020. https: //pubchem. ncbi. nlm. nih. gov/compound/ Nitroglycerin.

[19] McKeen, L. W., 2007. Permeability Properties of Plastics and Elastomers, third ed. Elsevier, Amsterdam.

[20] Jessup, R. S., Prosen, E., 1950. Heats of combustion and formation of cellulose and nitrocellulose (cellulose nitrate). J. Res. Natl. Bur. Stand. 44, 387.

[21] Freedman, E., July 1982. Blake - a Thermodynamics Code Based on Tiger: Users' Guide and Manual. Technical Report ARBRL - TR - 12411.

[22] Yano, Y., 1989. Condensed phase reaction of boron with potassium nitrate. Propellants, Explos. Pyrotech. 14 (5), 187 - 189.

[23] https: //cearun. grc. nasa. gov/.

[24] https: //rocketcea. readthedocs. io.

[25] Koizumi, H., Inoue, T., Arakawa, Y., Nakano, M., 2005. Dual propulsive mode microthruster using a diode laser. J. Propul. Power 21 (6), 1133 - 1136.

[26] Nakano, M., Koizumi, H., Watanabe, M., Arakawa, Y., 2009. A laser ignition microthruster for microspacecraft propulsion. Trans. Jpn. Soc. Aeronaut. Space Sci, Space Technol. Jpn. 7 (ists26), Pb7 - Pb9.

[27] Asakawa, J., Koizumi, H., Kojima, S., Nakano, M., Komurasaki, K., 2019. Laserignited micromotor using multiple stacked solid propellant pellets. J. Propul. Power 35 (1), 41 - 53.

[28] Isakari, S., Asakura, T., Haraguchi, D., Yano, Y., Kakami, A., 2017. Performance evaluation and thermography of solid - propellant microthrusters with laser - based throttling. Aero. Sci. Technol. 71, 99 - 108.

[29] Sathiyanathan, K., Lee, R., Chesser, H., Dubois, C., Stowe, R., Farinaccio, R., Ringuette, S., 2011. Solid propellant microthruster design for nanosatellite applications. J. Propul. Power 27 (6), 1288 - 1294.

[30] Apperson, S. J., Bezmelnitsyn, A. V., Thiruvengadathan, R., Gangopadhyay, K., Gangopadhyay, S., Balas, W. A., Anderson, P. E., Nicolich, S. M., 2009. Characterization of nanothermite material for solid - fuel microthruster applications. J. Propul. Power 25 (5), 1086 - 1091.

[31] Staley, C. S., Raymond, K. E., Thiruvengadathan, R., Apperson, S. J., Gangopadhyay, K., Swaszek, S. M., Taylor, R. J., Gangopadhyay, S., 2013. Fast - impulse nanothermite solidpropellant miniaturized thrusters. J. Propul. Power 29 (6), 1400 - 1409.

[32] Rossi, C., Orieux, S., Larangot, B., Do Conto, T., Estve, D., 2002. Design, fabrication and modeling of solid propellant microrocket - application to micropropulsion. Sensor Actuator Phys. 99 (1), 125 - 133. Special issue from the papers presented in Symposium J in E - MRS 2001 conference.

[33] Rossi，C.，Larangot，B.，Lagrange，D.，Chaalane，A.，2005. Final characterizations of MEMS - based pyrotechnical microthrusters. Sensor Actuator Phys. 121（2），508 - 514.

[34] Tanaka，S.，Hosokawa，R.，Tokudome，S.，Hori，K.，Saito，H.，Esashi，M.，2003. MEMS based solid propellant rocket array thruster. Trans. Jpn. Soc. Aeronaut. Space Sci. 46（151），47 - 51.

[35] Tanaka，S.，Kondo，K.，Habu，H.，Itoh，A.，Watanabe，M.，Hori，K.，Esashi，M.，2008. Test of B/Ti multilayer reactive igniters for a micro solid rocket array thruster. Sensor Actuator Phys. 144（2），361 - 366.

[36] Chaalane，A.，Rossi，C.，Estve，D.，2007. The formulation and testing of new solid propellant mixture（DB+x%BP）for a new MEMS - based microthruster. Sensor Actuator Phys. 138（1），161 - 166.

[37] Rossi，C.，Briand，D.，Dumonteuil，M.，Camps，T.，Pham，P. Q.，de Rooij，N. F.，2006. Matrix of 10 × 10 addressed solid propellant microthrusters：review of the technologies. Sensor Actuator Phys. 126（1），241 - 252.

[38] Liu，X.，Li，T.，Li，Z.，Ma，H.，Fang，S.，2015. Design，fabrication and test of a solid propellant microthruster array by conventional precision machining. Sensor Actuator Phys. 236，214 - 227.

[39] Zhang，K. L.，Chou，S. K.，Ang，S. S.，Tang，X. S.，2005. A MEMS - based solid propellant microthruster with Au/Ti igniter. Sensor Actuator Phys. 122（1），113 - 123. SSSAMW 04.

[40] Shen，Q.，Yuan，W.，Li，X.，Xie，J.，Chang，H.，2015. An orthogonal analysis method for decoupling the nozzle geometrical parameters of microthrusters. Microsyst. Technol. 21（6），1157 - 1166.

[41] Lewis，D. H.，Janson，S. W.，Cohen，R. B.，Antonsson，E. K.，2000. Digital micropropulsion. Sensor Actuator Phys. 80（2），143 - 154.

[42] Ru，C.，Wang，F.，Xu，J.，Dai，J.，Shen，Y.，Ye，Y.，Zhu，P.，Shen，R.，2017. Superior performance of a mems - based solid propellant microthruster（spm）array with nanothermites. Microsyst. Technol. 23（8），3161 - 3174.

[43] Briand，D.，Pham，P. Q.，Nicolaas，F.，deRooij，2007. Reliability of freestanding polysilicon microheaters to be used as igniters in solid propellant microthrusters. Sensor Actuator Phys. 135（2），329 - 336.

[44] Teasdale，D.，Milanovic，V.，Chang，P.，Pister，K. S. J.，2001. Microrockets for smart dust. Smart Mater. Struct. 10（6），1145 - 1155.

[45] Nakano，M.，Koizumi，H.，Watanabe，M.，Arakawa，Y.，2010. Laser ignition microthruster experiments on KKS - 1. Trans. Jpn. Soc. Aeronaut. Space Sci.，Aerospace Technol. Jpn. 8（ists27），Pb7 - Pb11.

[46] Levinsky，C. T.，Kobalter，G. F.，1968. Feasibility Demonstration of a Single - Chamber Controllable Solid Rocket Motor. Technical Report AFRPL - TR - 67 - 300.

第 4 章　液体推进剂微推力器

Kean How Cheah 博士[1]，Wai Siong Chai 博士[2]，Toshiyuki Katsumi 博士[3]

1 宁波诺丁汉大学理工学院航空航天助理教授，中国浙江宁波

2 哈尔滨工业大学机械工程及自动化系博士后，中国广东深圳

3 长冈工业大学机械工程系副教授，日本新潟长冈

4.1　历史背景和工作原理

4.1.1　历史背景

在火箭推进最广泛的分类中，化学推进系统是一种使用储存在推进剂中的化学能产生推力的系统，推进剂的主要物理形态可以是固体、液体或者二者的混合体。

液体推进剂推进系统发展的历史背景最早可以追溯到 19 世纪。文档记录表明，世界不同地区几乎同时独立提出和验证了液体推进剂推进系统。在俄国，一个数学教师康斯坦丁·齐奥尔科夫斯基（1857—1935）写了有关太空旅行、人造地球卫星和火箭推进的内容。1903 年，他出版了一个重要著作，名叫《利用火箭工具探索外层空间》（*Exploration of Outer Space by Means of Rocket Devices*），文中推导了著名的齐奥尔科夫斯基方程。液氧和液氢已被认为是多级火箭实现太空飞行的理想推进剂。在德国，赫尔曼·奥伯斯（1894—1989）基于他被拒的博士论文，出版了一本名叫《火箭进入行星空间》（*The Rocket into Planetary Space*）的书，书中详细描述了使用液体推进剂火箭进行太空旅行。这本书在德国业余火箭群体中得到很多关注。后来，他成为著名的“宇宙飞船协会”的成员，鼓舞了很多有热情的年轻成员。其中一位就是沃纳·冯·布劳恩（1912—1977），他是德国和美国火箭及空间技术发展的巨人和领军人物。

齐奥尔科夫斯基和奥伯斯前期工作主要集中在火箭数学理论，直到马萨诸塞州克拉克大学的一个教授罗伯特·H. 戈达德（1882—1945）的出现，他不但研究了数学理论，还对火箭开展了大量的设计和试验。1926 年 3 月 26 日，在马萨诸塞州奥本，他成为建造和发射火箭的第一人。

在那之后，从 1926 年至 1941 年，他和他的团队改进并发射了多枚火箭，最高飞行纪录达到 2.6 km。戈达德因对火箭工程的卓越贡献而广受赞誉，比如将陀螺仪用于可控飞行，使用涡轮泵输送推进剂，使用液氧冷却喷管。最终，他的火箭被授予 214 项专利。

如今，全世界几乎所有主要的运载火箭都在使用液体推进剂推进一级火箭，并使用捆绑式固体火箭助推器获得额外推力。这些火箭使用液氧或四氧化二氮作为氧化剂，使用液

氢或偏二甲肼作为燃烧剂。表 4－1 列举了一些主流运载火箭（非详尽清单）。

表 4－1 不同国家或组织的部分运载火箭

运载火箭名称	国家或组织	氧化剂	燃烧剂
Ariane 5	欧盟	液氧	液氢
Atlas V	美国	液氧	液氢
Delta Ⅳ	美国	液氧	液氢
Falcon 9	美国	液氧	RP－1[a]（煤油）
长征 2、3、4	中国	四氧化二氮	偏二甲肼
长征 5、6、7	中国	液氧	RP－1
联盟	俄罗斯	液氧	RP－1
质子	俄罗斯	四氧化二氮	偏二甲肼
H－IIA、B	日本	液氧	液氢
GSLV MK II	印度	四氧化二氮	偏二甲肼
PSLV	印度	固体推进剂：端羟基聚二丁烯（HTPB）	

注：[a] RP－1（火箭推进剂－1）精炼于煤油，用作火箭燃料。

除了用于一级火箭的发动机，液体推进系统通常还用于上面级。通过使用一系列阀门和调节器，液体推进系统可以重复开启和关闭。不但允许长时间点火，而且提供了固体推进系统中不可实现的节流优势。

航天器通常采用液体推进系统。推进主要功能（如变轨、机动和轨道面调整）和推进次要功能（如姿态控制、位置保持、反作用轮卸载和旋转控制等）有很好的继承性。现在，由 Aerojet Rocketdyne 公司、Moog 公司、IHI 航空航天公司和阿里安集团轨道推进中心研发了许多可用于商业的液体推进系统，提供了广泛的推进解决方案，以满足不同尺寸大小卫星的需求。例如，自 1966 年以来，阿里安集团已经给几个有挑战性且要求严格的任务生产了超过 100 套 25 N 肼单组元推力器。另外，超过 500 套小一些的 1 N 肼单组元推力器成功用于不同类型的任务。

4.1.2 工作原理

在典型液体推进系统中，液体推进剂从贮箱被输送到燃烧室。在高压燃烧过程中，化学能被释放并转化为气体产物的内能。超声速喷管包括一个一直收缩到喉部的收缩部分，接着是一个锥形或钟形的扩张部分，用于膨胀和加速热气体来获得高喷射速度。

根据推进剂的化学性质，推进系统可以分为双组元和单组元。双组元推进系统中，液体氧化剂和液体燃烧剂在反应腔中混合燃烧，原理图如图 4－1（a）所示。对于单组元系统，化学液体（可能是氧化剂与燃烧剂的混合物，或者是一种单一均质物质）在催化作用下分解成高温气体，如图 4－1（b）所示。

高压气体（压缩气体）常用于将液体推进剂从贮箱输送至燃烧室。对于大多数小量级、推力范围通常从 mN 到 N 级小推力的液体推进系统而言，这很简单。随着推力增加，

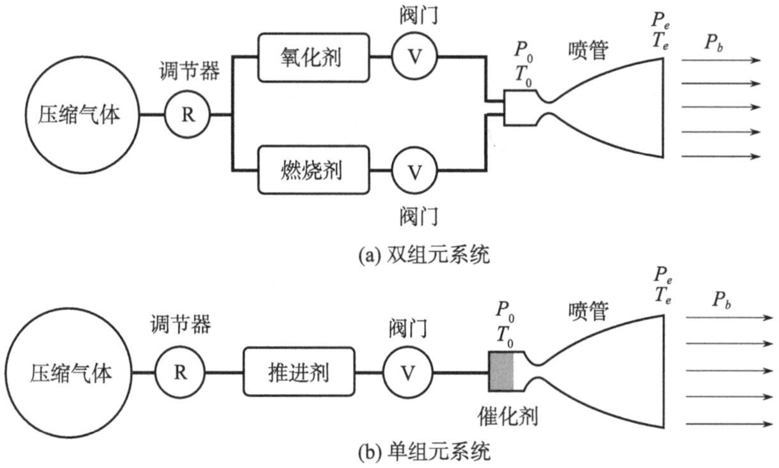

图 4－1　典型液体推进系统原理图

以要求的质量流率供给液体推进剂，所需的贮箱静态压力按比例增加。因此，需要厚壁重贮箱来承受如此之高的静压力。这就增加了推进系统干重，减小了质量比，影响推进系统总效率。或者使用一个包括推进剂泵、齿轮箱、高速涡轮和一些控制阀的比较复杂但高效的涡轮泵供给系统，将大量的液体推进剂输送至高推力液体推进系统燃烧室，如运载火箭的发动机。

4.2　液体推进剂

对不同液体推进剂特点和性质的掌握是至关重要的，因为所有液体推进剂推进系统的性能取决于推进剂（或混合物）的选择。根据定义，液体推进剂是指可以承受化学和热力学过程、产生热气态产物的各种液体。可以归类为如下 3 类。

1）氧化剂，常见例子如液氧、四氧化二氮、过氧化氢、硝酸。

2）燃烧剂，常见例子如液氢、煤油、偏二甲肼和甲基肼。

3）化合物（燃烧剂和氧化剂的混合物或一种单一均质物质），在催化剂作用下进行自我分解。常见例子如肼和过氧化氢。

4.2.1　推进剂性能

由牛顿运动定律可知，液体推进系统产生的推力如下

$$F = \dot{m} v_e \tag{4-1}$$

式中，$\dot{m}$ 是推进剂质量流率；v_e 是有效排出速度，与特征速度的关系如下

$$v_e = C_F c^* \tag{4-2}$$

式中，C_F 是推力系数，与喷管特性有关。特征速度 c^* 定义如下

$$c^* = \sqrt{\frac{RT_0}{\gamma M}\left(\frac{\gamma+1}{2}\right)^{\frac{\gamma+1}{\gamma-1}}} \tag{4-3}$$

式（4－3）证明，特征速度 c^* 是火箭推进的一个关键性能参数，是分子质量 M、排出气体的比热比 γ 和燃烧室温度 T_0（或者液体推进剂火焰温度）的函数。这些都与所选择的液体推进剂的燃烧紧密相关。燃烧产生的副产品组成决定了 M 和 γ 的值。燃烧过程中释放的化学能越多，火焰温度就越高。值得注意的是，特征速度与喷管特性无关，因此，这是一个对比不同液体推进剂推进系统性能的很好参数。一些推进剂组合的火焰温度和特征速度见表 4－2。

表 4－2 一些推进剂组合的性能对比[1]

氧化剂	燃烧剂	火焰温度/K	特征速度 c^* /(m/s)
O_2	H_2	3 251	2 386
F_2	H_2	4 258	2 530
O_2	RP－1	3 701	1 783
N_2O_4	MMH	3 398	1 724
N_2O_4	N_2H_4＋UDMH	3 369	1 731

显然，氟与氢的燃烧火焰温度最高，产生的特征速度最大。然而，由于氟有毒性和腐蚀性，对于液体推进剂推进系统而言很难处理和保存，因此，这种双组元组合仅用于实验室研究。

排出气体的分子质量对特征速度影响很大。液氧与煤油（O_2/RP－1）混合物的燃烧温度是 3 701 K，高于液氧与液氢（O_2/H_2）混合物的燃烧温度。燃烧火焰温度越高，定量推进剂释放的能量越多。然而，O_2/RP－1 推进剂燃烧产生的主要副产物为二氧化碳，与 O_2/H_2 推进剂燃烧的主要副产物 H_2O 以及没有反应的 H_2 或 O_2（取决于推进剂混合物的比值）相比，显著提高了排出气体的平均分子质量 M。最终结果是，O_2/H_2 混合物有更高的特征速度。

评估推进剂性能的另一个参数是比冲，定义如下

$$I_{sp}=\frac{F}{\dot{m}g} \tag{4-4}$$

式中，$\dot{m}$ 是推进剂消耗速率。

这是一个推进剂效率的评估方式。对于高性能推进剂，少量的推进剂（也就是小的 $\dot{m}$）消耗就能产生相同量级的推力。高比冲意味着推进系统性能好，推进剂消耗少。

4.2.2 从双组元到单组元

在双组元系统中，氧化剂和燃烧剂分别贮存，只有在需要产生推力的时候，才在燃烧室进行混合。

理论上，化学推进系统中，液体双组元推进系统比冲最高。液氟作氧化剂，液氢作燃烧剂，添加铍固体颗粒，已证明海平面比冲高达 480 s，真空比冲为 565 s[2]。然而，之前提到液氟和铍颗粒具有毒性，使用受限制，仅用于科学研究，没有进一步发展为实际应用。

从历史上看，液氧液氢（LOX/LH_2）无毒组合是一种理想的、高效的双组元选择；通常用于运载火箭助推器和上面级，其中推进剂性能是主要关注点和优先事项。当需要一套紧凑系统时，例如助推器，液氧和碳氢化合物的双组元推进剂是一个很好的选择。碳氢化合物被广泛用于许多工业领域，例如汽车、航空、机械等。高精炼形式的煤油命名为 RP－1，特别适合用作火箭推进系统中的碳氢燃料。与液氢相比，RP－1 密度更大（0.81 g/mL，液氢密度为 0.71 g/mL），允许更紧凑的贮箱设计。另外，RP－1 具有引人注意的优点，比如供应充足、成本低廉、常压稳定性高、爆炸风险低，容易处理和贮存。然而，这两种双组元推进剂组合仍存在液氧或液氢需要低温贮存的要求。

为实现推进剂长期简易贮存，过去曾采用四氧化二氮（N_2O_4）作为氧化剂，肼（及其衍生物）作为燃烧剂的推进剂组合。如果保存条件适当，例如使用相容材料密封容器，推进剂将无限期保持稳定。虽然，使用肼的衍生物（如偏二甲肼和甲基肼）在比冲方面性能稍低，但却比纯肼更加稳定，在高温条件下容易贮存。例如，偏二甲肼冰点温度低（215.9 K），沸点温度高（336.5 K）。另外，四氧化二氮/偏二甲肼的自燃特性（混合后自燃）使早期火箭发动机都使用四氧化二氮/偏二甲肼混合物作为推进剂。今天，这种推进剂组合仍然广泛用于各种火箭发动机、反作用控制发动机或推力器。部分双组元推进系统的性能对比见表 4－3。

表 4－3　部分双组元推进系统性能对比

推进剂	发动机	真空比冲 I_{sp}/s	海平面比冲 I_{sp}/s
LOX/LH_2	Vulcan 1	431	310
	RS－68	420	365
LOX/RP－1	RD－107	313	256
	Merlin	311	282
N_2O_4/UDMH	RD－253	316	285
	YF－21	289	259

单组元推进系统使用同时含有氧化剂成分和燃烧剂成分的化学物质。推进剂可以是多种成分的混合物，但多数情况下是一种均质化学物质，例如过氧化氢、肼、环氧乙烷、硝基甲烷等，来降低贮存和使用的复杂性。虽然单组元推进剂所含能量相对低于双组元推进剂所含能量，但推进系统设计简单，只需要一套推进剂贮供系统（双组元推进系统需要两套独立的贮供系统），所以也很有吸引力。理想情况下，单组元推进剂应当有好的化学稳定性，长时间贮存后几乎不变质，加热或催化激活后能快速分解为热气。由于上述特点，单组元推进系统配置合适的流体控制系统后，特别适用于姿态控制、轨道修正和轨道机动。

在所有试验后的单组元推进剂中，肼似乎最有竞争力和影响力。即使是现在，肼还广泛应用于航天器推进系统。作为一种优秀的可贮存单组元推进剂，肼有在密封容器内保存 15 年的非凡纪录[2]。当肼通过预热后的催化床，例如氧化铝支撑的金属铱，通过简化后的两步反应，直接分解成氨、氮气和氢气[2]：

$$3N_2H_4 \longrightarrow 4NH_3 + N_2 \qquad (R1)$$

$$4NH_3 + N_2H_4 \longrightarrow 3N_2 + 8H_2 \qquad (R2)$$

式（R1）是高放热反应，释放热量。相比之下，式（R2）中氨分解为氮气和氢气是一种吸热过程，吸收热量。通常，基于肼的单组元推进系统点火稍有延迟，标称比冲为220 s[2]。

4.2.3 从宏观到微观

毫无疑问，常规推进系统，不管是双组元还是单组元，在大至火箭发动机，小至推力器上都取得了非凡成就，在宏观应用上非常成功。但简单重复不会在微观应用中取得相同的成功，因为在纳卫星中正常使用液体推进系统之前，有很多新情况需要考虑。

液氧是一种非常优秀且无毒的氧化剂。但是，处理液氧需要非常小心。在有打火或点火源的情况下，液氧会触发和加速燃烧。如果液氧与油接触，或与有机物接触，就有可能发生爆炸。液氧的低温特性要求贮箱必须采用可以承受低温的材料制成。另外，液氧蒸发较快，不利于长期保存。同样，液氢与空气混合后有高度易燃性和易爆性。由于多数金属在低温条件下很脆，对于纳卫星而言，液氧和液氢管路系统和贮箱的制造及隔热代价很高。

双组元推进系统的特点是由于燃烧火焰温度高而带来的系统性能高。从使用的角度看，除采用合适的降温措施外，比如蓄能降温，喷管必须由高熔点的金属合金或陶瓷材料制成，来实现长时间点火。由于纳卫星体积很小，要求专门热管理阻止过多的热从双组元推进系统传递到其他分系统来避免过热问题，这就增加了设计复杂性，并因此增加纳卫星任务的研制成本。

虽然单组元推进剂肼（及其衍生物）携带能量的能力不如双组元推进剂高，燃烧室温度相对低（约 800 K），允许使用常见的工程材料，比如多数铝合金和不锈钢，用作推力器及其子组件的结构材料。尽管有此优点，也应该同时考虑肼的毒性及致癌性。长时间暴露于肼蒸气中，任何形式吸入、摄入或皮肤接触的量，应不超过 OSHA 标准，也就是 8 小时人体极限 0.1 ppm。以往任务的大量经验，积累了大量处理肼的安全操作规范。例如，在处理肼时，火箭动力学测试人员必须穿戴自带空气防护服（Self - Contained Atmospheric Protective Ensemble，SCAPE），并且遵循 25 步程序（发表于肼处理手册）[3]。此外，如果将大卫星单组元小推力器的成熟组件用于纳卫星任务主推进系统，则很少遇到集成问题。然而，主要障碍仍然是处理有毒推进剂需要足够的经验，因为许多纳卫星任务由缺少处理有毒单组元推进剂经验的研究机构实施。

4.2.4 绿色高能离子推进剂的出现

由于对成本和单组元推进剂肼带毒操作的日益关注，寻找肼替代物的动力不断加强。期望一种绿色单组元推进剂，不但适用于大航天器的常规推力系统，也适用于将来的微推进系统。已建立和推广三类品质因子来评估绿色推进剂的适用性：毒性，处理与运输，性能与材料相容性[4]。

高能离子液体（Energetic ionic liquids，EILs）、二硝酰胺（Ammonium Dinitramide，ADN）和硝酸羟胺（HydroxylAmmonium Nitrate，HAN），被广泛认为是有前景的肼替代物。化学推进剂毒性水平通常使用 LD_{50} 表征，代表试验对象出现一半死亡所需要的物质剂量（单位 mg）。通常，数值越小，物质越致命。简单来说，臭名昭著的沙林毒气的 LD_{50} 值低至 172 μg/kg，而水的 LD_{50} 的值为 90 000 mg/kg。表 4－4 列举了肼、二硝酰胺（ADN）和硝酸羟胺（HAN）LD_{50} 值的对比。肼的 LD_{50} 值为 59 mg/kg，而二硝酰胺（ADN）和硝酸羟胺（HAN）的 LD_{50} 值分别为 832 mg/kg 和 325 mg/kg。显然，二硝酰胺（ADN）和硝酸羟胺（HAN）毒性更低，甚至低到处理绿色推进剂时不再需要穿自带空气防护服（SCAPE）[5]，如图 4－2 所示。

表 4－4 肼与高能离子液体（EILs）间的关键参数对比

	肼	二硝酰胺	硝酸羟胺
化学结构	N_2H_4	$[NH_4]^+[N(NO_2)_2]^-$	$[NH_3OH]^+[NO_3]^-$
LD_{50}/(mg/kg)	59	832	325
密度/(g/cm^3)	1.021	1.81	1.85
熔点/℃	2	93	48
比冲/s	237	259(FLP－106) 256(LMP－103S)	257(AF－M315E)

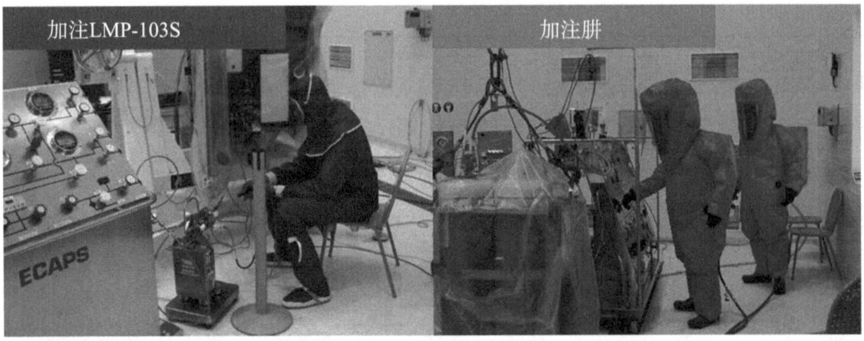

图 4－2 加注时人员衣着对比：左图是高能离子液体加注，右图是肼加注（见彩插）

来自 ECAPS AB。

高能离子液体（EILs）毒性低，简化了系统和组件设计。根据美军标 MIL－STD－882E（系统安全操作标准），相对于肼的灾难级别，高能离子液体（EILs）危险程度归类为关键级到不重要级。相较于灾难级别的风险，必须在贮供系统中采用隔离功能的仪器。危害风险低意味着，仅要求采用相对简单的双密封策略来抑制潜在的泄漏。

另外，高能离子液体（EILs）在水中的高溶解性是另一个优点，二硝酰胺（ADN）和硝酸羟胺（HAN）容易以水溶液的形式稳定贮存。例如，EURENCO Bofors 公司开发的 LMP－103 液体单组元推进剂（60%～65% AND，15%～20%甲醇，3%～6%氨，其余是水），被归类为联合国和美国 DOT 1.4S。LMP－103 的存贮包装采用聚乙烯容器，外部使用木质箱子，中间空隙塞满吸震材料，可采用商业航班进行运输。

二硝酰胺（ADN）和硝酸羟胺（HAN）都具有成为微推进系统下一代液体推进剂所需要的特性。在性能方面，二硝酰胺（ADN）和硝酸羟胺（HAN）混合推进剂的比冲比肼高 6%。高密度意味着：1）相同的体积可以加注更多的绿色推进剂；2）推进剂质量一定的情况下贮箱体积更小。与肼基推进系统相比，其脉冲密度最高提升 30%。

4.3 液体微推力器最新进展

4.3.1 肼推力器

通常，1 N 单组元肼推力器已经广泛用于大航天器的姿态控制，因此在许多任务中具有广泛的飞行继承性。表 4－5 给出了几个例子。将这些肼推力器直接集成到纳卫星平台中可能不太合适。

表 4－5　不同公司开发的 1 N 肼推力器

制造商	型号	推力	质量/kg	任务	参考文献
Aerojet Rocketdyne	MR－103	1 N	0.33	许多大型卫星与航天器	[8]
ArianeGroup	1 N		0.29		[9]
Moog	MONARC－1		0.38		[10]
IHI Aerospace	MT－9		—		[11]

然而，大家期望经过一些改进，将 1 N 推力级别的推力器作为纳卫星的主推力器。这可能是因为，过去经常使用已有的组件改进肼推力器系统，以满足不同任务的需要。

另外，现有的 1 N 肼推力器系统有变为纳推力器，并保证有合理的交货时间所需要的性质特征。例如，所有推力器都用与肼相容的材料制成，这就不需要寻找合适材料用于推力器体结构。推力器干重不大，适合集成到纳卫星平台，例如，阿里安集团 1 N 推力器为 290 g，Moog MONARC－1 推力器为 380 g。推力器功率需求也在常规纳卫星功率预计范围内。例如，Aeroject Rocketdyne 公司的 MR－103 推力器，催化床预热功率为 6.32 W，阀门功率为 8.25 W。推力器头部组件约 60 mm 长，已经相当小，而且可以进一步缩小，以集成到纳卫星平台。IHI 航空航天公司的 MT－9 推力器（图 4－3）可以根据客户要求，使用不受国际武器技术管制的材料进行建造，方便在任何国家进行发射。

4.3.2 高能离子液体基绿色推进剂推力器

4.3.2.1 1 N 高性能绿色推进系统（HPGP）

如前所述，加注有毒的肼推进剂所面临的技术挑战和费用，限制了纳卫星任务选用肼基推力器。开发一种替代肼基推进系统，并且性能更高、更加安全的绿色推进系统所做的

图 4 - 3　IHI 航空航天公司开发的 1 N MT - 9 推力器

来自 IHI 航空航天公司。

持续努力，终于在 2010 年首次取得突破。瑞典航天集团分支机构 ECAPS 在一个叫作“原型研究仪器和太空任务技术进步（PRISMA）”的任务中，研制了二硝酰胺（ADN）推力器，第一个成功完成在轨飞行验证。

PRISMA 任务包括两颗卫星（主卫星和目标卫星），主要实现两个任务目标[6]：

1）演示两颗卫星使用制导、导航、控制技术以及与其他机构合作开发的传感器进行编队飞行和交会对接；

2）演示基于绿色二硝酰胺（ADN）单组元推进剂的高性能绿色推进系统。

目标卫星是一个 50 kg 的卫星，无轨道控制能力，使用磁控制实现粗稳定。相比之下，主卫星是一个 150 kg 的卫星，配备了三种不同的推进系统，因此可以围绕目标卫星开展一系列的编队飞行和交会对接试验。主卫星的主推进系统包括 6 台经过飞行验证的 1 N 肼推力器，给卫星提供所必需的速度增量，来实现任务主要目标[12]。两个 1 N 高性能绿色推进剂推力器计划独立（独立于肼推力器）进行在轨演示。一旦完成了在轨演示，高性能绿色推进剂推力器将可以和肼推力器一同使用，给任务提供额外的速度增量，并在任务需要时作为备份。两套系统共提供 170 m/s 的速度增量，是 PRISMA 任务所要求速度的 2 倍多。第三套推进系统是另一套在轨演示用推进系统，该系统是基于 MEMS 的冷气推进系统。关于此系统更详细的介绍见第 3 章。

ECAPS 早期研发工作已确认二硝酰胺（ADN）是一种有前景的绿色单组元推进剂。自从 2000 年成立以来，ECAPS 已经测试了二硝酰胺（ADN）基多种不同的推进剂混合物。2004 年，ECAPS 发现了一种推进剂，命名为 LMP - 103S，包括 63% 的二硝酰胺（ADN），18.4%的甲醇，4.6%的氨和 14%的水，作为 PRISMA 任务 1 N 高性能绿色推进剂推力器合适的二硝酰胺（ADN）基推进剂。经过广泛测试，在燃烧、贮存稳定性、材料相容性、辐射敏感性等方面，LMP - 103S 显示了卓越性能。在某测试中，推进剂混合物贮存 12 年后，未显示出任何性能退化[7]。安全与危害研究确认，LMP - 103S 是一种非敏感性物质，可以使用木箱中的带有吸震材料的 5 L 聚乙烯罐进行盛装（图 4 - 4），用于航空运输。迄今为止，LMP - 103S 已经通过航空运输到世界各地的发射场和研究机构。LMP - 103S 完全燃烧的废气（50% 的水、23% 的氮气、16% 的氢气、6% 的一氧化碳和

5%的二氧化碳）对环境也是无害的。LMP-103S中不太强烈的氨味可以使用氨传感器检测到[7]，有助于及早发现系统出现的意外泄漏。

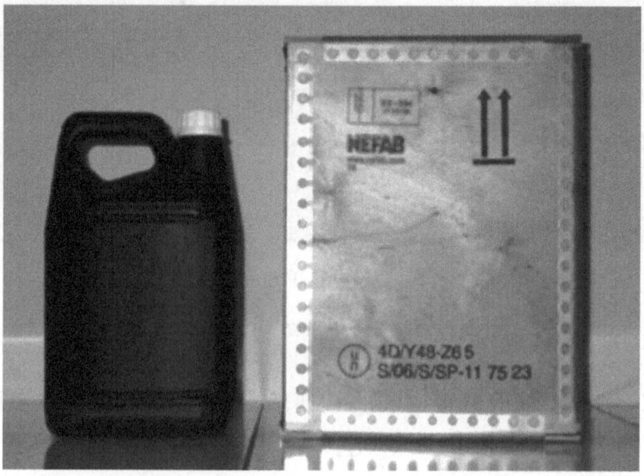

图4-4　LMP-103S空运包装

M. Persson，K. Anflo，P. Friedhoff，Flight heritage of ammonium dinitramide（ADN）based high performance green propulsion（HPGP）systems，Propellants，Explos. Pyrotech. 44（9）（2019）1073-1079.

由于LMP-103S显示出与推进系统中常见材料很好的相容性，在开发高性能绿色推进系统时，允许大量使用有飞行继承性的商用流体组件，特别是来自肼基推进系统，很少更改或者无更改。高性能绿色推进系统推进剂贮箱容积为4.5 L（大约5.5 kg的LMP-103S），使用隔膜隔开压缩气体氮气和液体单组元推进剂。压缩系统是落压型，其加压系统从寿命初期（BOL）压力2.2 MPa降低到寿命末期（EOL）的0.55 MPa。因此，产生的推力按相同比例从1 N（BOL）变化到0.25 N（EOL）[6]。一系列商用流体组件，例如服务阀、隔离阀、压力传感器和过滤器，用于控制0.25英寸抗腐蚀不锈钢管路中推进剂流体流量。高性能绿色推进系统流体控制原理如图4-5所示。

虽然，肼推进系统和高性能绿色推进系统在流体控制设计中有很多相似之处，但推力器燃烧室（TCA）的设计有很多差异。燃烧室和喷管使用铱/铼合金来承受LMP-103S燃烧时的高温，在稳态燃烧过程中其温度可高达1 600 ℃，如图4-6所示。肼推力器中使用的常规催化剂S405不适用于高性能绿色推进系统（HPGP），因此，ECAPS公司开发了一种专用的耐高温催化剂。

高性能绿色推进系统（HPGP）不能冷启动，必须将催化剂预加热到标称温度范围（340～360 ℃）。Thermalcoat公司制造的热控系统，配备了冗余加热元件和K型热电偶，用于控制和监控工作温度。除预加热外，只有温度低于350 ℃时才激活加热器，以节省能源。平均每个推力器功耗约为7.5 W。

2010年6月15日，原型研究仪器和太空任务技术进步（PRISMA）项目两颗卫星在俄罗斯亚斯尼/东巴罗夫斯基发射场，使用第聂伯-1火箭发射进入700 km太阳同步轨道。任务取得巨大成功，并可认为是高能离子液体（EILs）推进系统发展的分水岭。该任务在

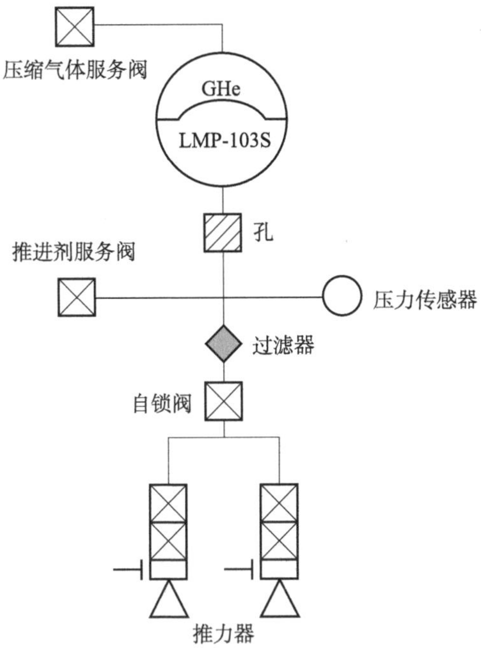

图 4 - 5　高性能绿色推进系统流体控制原理图

K. Anflo，R. Möllerberg，Flight demonstration of new thruster and green propellant technology on the PRISMA satellite，Acta Astronaut. 65 (9) (2009) 1238 - 1249.

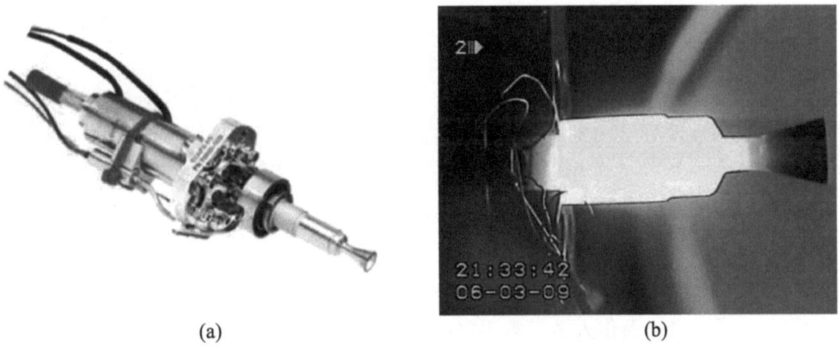

图 4 - 6　(a) 高性能绿色 1 N 推力器；(b) 高性能绿色 1 N 推力器稳态点火（见彩插）

K. Anflo，R. Möllerberg，Flight demonstration of new thruster and green propellant technology on the PRISMA satellite，Acta Astronaut. 65 (9) (2009) 1238 - 1249.

地面和太空取得了很多瞩目的成就。验证了之前所述的 LMP - 103S 单组元推进剂（总体上是 EILs 推进剂）与肼推进剂相比更加安全和易于使用。LMP - 103S 危害小，允许使用商业航空运输，简化发射前准备工作，如加注过程中不要求穿戴自带空气防护服(SCAPE)。任务总费用显著低于使用肼推进剂的任务费用。此外，原型研究仪器和太空任务技术进步（PRISMA）项目提供了肼推进剂和高性能绿色推进剂之间有意义的直接性能对比，因为它们推力都是 1 N，使用了相似的技术（除推力器燃烧室 TCA 外）。更重要的是，它们在相同的太空环境下使用相同的传感器（相同的卫星平台）。寿命初期（BOL），在轨稳态点火结果表明，高性能绿色推进剂相对于肼推进剂比冲提升 8%，在寿命末期（EOL）降低到 6%[7]。数据表明，在 5 年任务期内，每公斤高性能绿色推进剂相对于肼推进剂多提供 18%的速度增量。

在原型研究仪器和太空任务技术进步（PRISMA）项目中在轨验证后，高性能绿色推进 1 N 推力器被选择用于其他两个小卫星任务。SkySat 是一个由 24 颗卫星组成的对地观测卫星星座，将提供商业目的亚米级图像和视频。每个 SkySat 卫星推进系统包括 4 个高性能绿色推进 1 N 推力器，继承了 PRISMA 设计，并且扩展配置 3 个钛金属贮箱用于携带更多的 LMP－103S 推进剂，如图 4－7 所示。推进系统可以提供约 21 kNs 的冲量，来满足卫星间的相位保持、阻力补偿和碰撞预防。自 2016 年，13 颗带有 ECAPS 公司的高性能绿色推进系统的 SkySat 卫星已经发射升空并在轨服务。最后一批次带有相同推进系统的 6 颗 SkySat 卫星于 2020 年发射。美国国防部太空试验项目（Space Test Program）要求研制的 STPSat－5 卫星，是一颗重量为 115 kg 的小卫星，推进系统配置了 4 台高性能绿色推进 1 N 推力器，2018 年 12 月发射进入 LEO 轨道[13]。

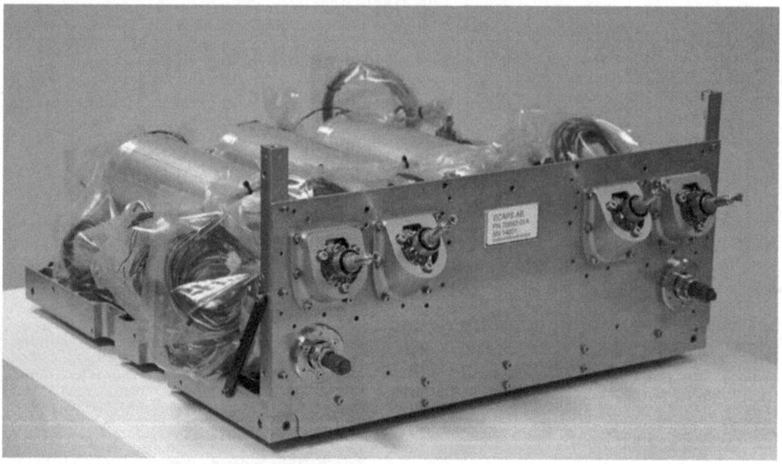

图 4－7　带有 3 个贮箱的 4 台高性能绿色推进 1 N 推力器推进系统

［注意：操作人员不需要穿戴自带空气的防护服（SCAPE）］

M. Persson，K. Anflo，P. Friedhoff，Flight heritage of ammonium dinitramide（ADN）based high performance green propulsion（HPGP）systems，Propellants，Explos. Pyrotech. 44（9）（2019）1073－1079.

4.3.2.2　1 N 绿色推进剂反作用控制系统

在日本，对硝酸羟胺（HAN）基推进剂的研究最早开始于 2000 年日本宇宙航空研究开发机构（JAXA）的空间及宇宙科学研究所（ISAS）和三菱重工（MHI）的一个合作项目[14]。推进剂混合物命名为 SHP163，包括 73.6%的硝酸羟胺（HAN），16.3%的甲醇，3.9%的氨和 6.2%的水。同其他高能离子液体（EILs）相比，SHP163 绝热燃烧情况下产生的比冲最高，达到 276 s；火焰温度更高，达到 2 401 K，使它成为比能量最高的绿色推进剂[15]。

SHP163 通过了一系列安全评估，并且最终被认为是绿色、安全的液体推进剂。2011 年，一个由无人太空试验自由飞行者（USEF，前身是日本太空系统）、空间及宇宙科学研究所（ISAS）和三菱重工（MHI）组成的联盟，联合推动开发绿色推进剂反作用控制系统（GPRCS）1 N 推力器。2005 年，绿色推进剂反作用控制系统（GPRCS）被选作快速创新演示卫星任务（RAPIS－1）的一个载荷（图 4－8）。RAPIS－1 是 JAXA 第一次将合同授予私人公司的任务，由 Axelspace 集团研制和管理整个卫星。为了降低任务复杂度，采用了绿色推进剂反作用控制系统（GPRCS）1 N 推力器作为技术演示试验的一部分，但不用于姿态和轨道控制的主反作用控制系统。

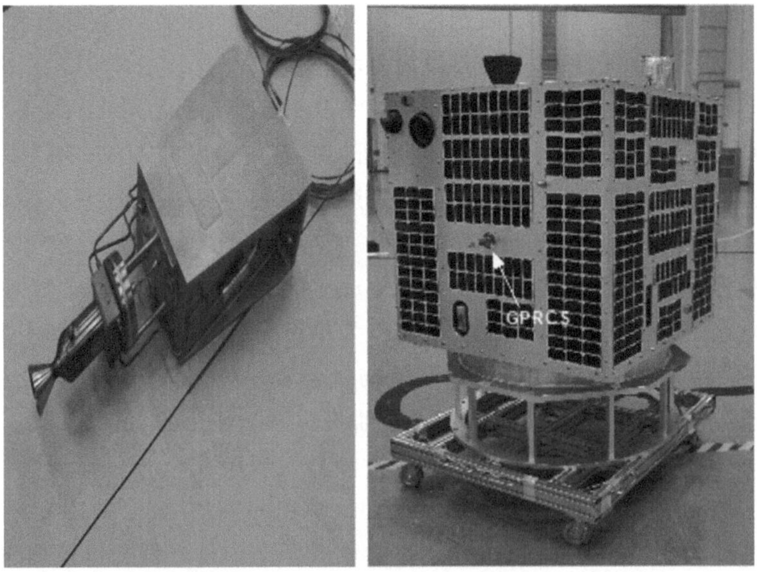

图 4－8　绿色推进剂反作用控制系统（GPRCS）1 N 推力器及其在 RAPIS－1 卫星中的安装

K. Hori，et al.，HAN－based green propellant，SHP163－its R&D and test inspace，Propellants，Explos. Pyrotech. 44 (9) (2019) 1080－1083.

绿色推进剂反作用控制系统（GPRCS）1 N 推力器的研发采用了与原型研究仪器和太空任务技术进步（PRISMA）相类似的策略，除推力器体无继承性外，其他广泛使用了经飞行验证的肼推力器的组件。它使用落压贮箱，寿命末期（EOL）压力为 0.9 MPa[16]。在发射场通过加排阀加注 SHP163 推进剂，加注时不需要穿戴自带空气防护服（SCAPE）。这再次证明了硝酸羟胺（HAN）基推进剂在地面操作时的绿色与安全性。

在联盟的长期项目两步研发计划中，第一步，PARIS－1 任务的绿色推进剂反作用控制系统（GPRCS）1 N 推力器使用常规的铱基催化剂 S405；第二步，研发一种耐热高性能催化剂，来提高整体性能。由于预计 S405 催化剂无法承受 SHP163 推进剂燃烧的高温，必须对系统的燃烧过程进行合理控制，以便控制流向催化剂的推进剂流率，确保温度不超过 S405 工作温度。这就导致系统性能低于 SHP163 理论性能。在第一阶段测试过程中，催化剂重量减轻，催化床上出现中毒和结构变形。然而，在工作 2 000 s 后，推力器的性能仍是稳定的，其中最长连续工作时间 200 s[17]。地面测试中，2014 年三菱重工记录累计测试时间达到 5 000 s。绿色推进剂反作用控制系统（GPRCS）1 N 推力器干重 5 kg，最大功耗 16 W 用于催化剂预热。

2019 年 1 月 18 日，RAPIS－1 卫星作为 Epsilon－4 火箭的主载荷和最大卫星（200 kg）在内之浦空间中心发射升空。2019 年 2 月 18 日，在第一次在轨操作时，推力器工作 20 s。催化床上热电偶温度升高证实了点火成功。卫星轨道半长轴增加证实了推力器推力产生[15]。任务有望实现累计 3 000 s 的点火时间和 10 000 次的脉冲点火。

4.3.2.3 1 N 绿色推力器

美国也出现了类似的替代肼推进剂的“绿色”革命。NASA 马歇尔航天飞行中心启动和管理了绿色推进剂推进任务（GPIM），由鲍尔航天与技术公司（Ball Aerospace and Technologies Corp）作为主合同商，基于 BCP－100 航天器平台对 HAN 基推进剂推进系统实施飞行演示[18]。任务旨在展示美国空军研究实验室开发的 HAN 基专用推进剂 AF－M315E 的高性能、低毒性和高安全性。一旦新绿色推进系统经过空间验证，就将作为 NASA 和商业飞行的有效和持久推进方案。

绿色推进剂推进系统配置 Aerojet Rocketdyne 公司生产的 5 个 1 N GR－1 推力器［图 4－9（a）］。推力器采用 AF－M315E 作为单组元推进剂。AF－M315E 实际成分仍处于保密状态。由于 AF－M315E 已被证实与钛合金 6A1－4V（一种广泛用于肼推力器的金属）相容，GR－1 推力器可以广泛继承肼推进系统使用的组件。绿色推进剂推进系统（GPIM）配置包括隔膜贮箱、自锁阀、过滤器、服务阀，充分继承飞行验证的肼推进系统（TRL9），如图 4－9（b）所示。例如，使用相同的 ATK80581 型落压式肼推进剂贮箱，压力范围 0.69～3.79 MPa[19,20]。自锁阀、压力传感器和过滤器与 AF－M315E 是相容的，不需要改动。

考虑到 AF－M315E 推进燃烧温度显著提高，GR－1 推力器采用独特的两片式加长支撑结构改进热隔离设计。耐热合金仅用于特别高热流组件，如燃烧室、喷管和隔热结构[20]。低热流组件使用更高性价比的镍合金。

Aerojet Rocketdyne 公司使用 LCH－240 催化剂替代了肼推力器所使用的工作温度低的 S405 催化剂，新催化剂使用 5%的铱包裹铪氧化物陶瓷结构[19,20]。该新获得专利的催化剂已被证明，用于 AF－M315E 推进剂分解时非常耐用，并将推力器寿命延长 15 倍以上[20,21]。新催化剂要求预热温度 315 ℃，导致加热功率达到 10 W。然而，AF－M315E 冰点温度（－80 ℃）很低，部分抵消了预热功耗的增加，不需要像肼推进剂那样消耗太多能源来保持贮存温度。

2019 年 6 月 25 日，绿色推进剂推进任务（GPIM）卫星由美国太空探索技术公司（SpaceX）重型猎鹰（Falcon Heavy）运载火箭发射进入了 722.3 km×711.1 km 的轨道。经过 4 天飞控，推进系统开始工作，并执行了一系列功能测试。发射 2 个月后，开展了碰撞规避机动，然后开展了预先计划的性能验证测试，如脉冲操作、航天器（SV）质量特性测量、推力器脉冲计数，以及演示姿态指向控制、翻滚和动量管理。

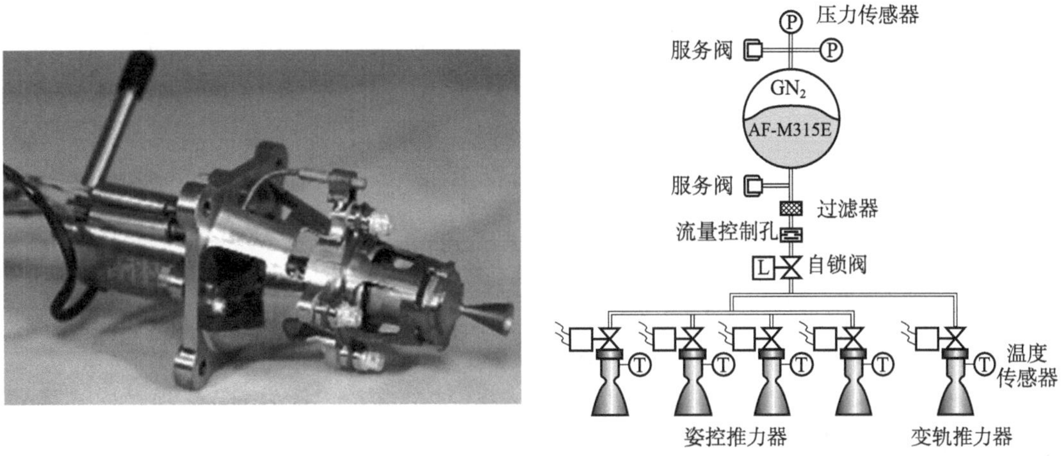

图 4-9　(a) 1 N GR-1 推力器；(b) 系统配置（见彩插）

R. K. Masse，R. Spores，M. Allen，AF-M315E advanced green propulsion - GPIM and beyond，in：AIAA Propulsion and Energy 2020 Forum，2020.

发射前几个月，绿色推进剂推进任务（GPIM）飞行计划已改为执行多次速度增量点火来降低航天器轨道高度，以获取低轨道高度上的科学数据[21]。同时，可以监测 ADCS 性能，收集的数据可以用于低高度的拖曳及再入建模。为适应新的飞行计划，计划分阶段 4 次近地点点火降低高度，从 720 km 到 575 km、300 km 和 180 km。执行降轨后，最后一次点火可以在 GPIM 航天器高度低于 180 km 前耗光剩余推进剂，然后，航天器在大气拖曳影响下两周内再入大气层，标志 GPIM 任务结束。

4.3.3　从小卫星到纳卫星

不同研究机构的 3 颗小卫星分别演示了高能离子液体（EILs）基绿色推进剂替代肼推进剂的潜质。从这些任务中获取的技术知识，给纳卫星绿色推进系统的发展奠定了坚实基础。表 4-6 汇总了绿色推进剂的发展情况，后续将详细介绍。

表 4-6　高能离子液体（EILs）基绿色推进剂推进系统发展情况汇总

推进剂	制造商	推力/N	任务	卫星重量	年度	参考文献
ADN(LMP-103S)	Bradford ECAPS	1	PRISMA	150 kg	2010	[6]
			STPSAT-5	115 kg	2018	[13]
			SkySat constellation	120 kg	2016—2020	[7]
HAN(SHP163)	USEF,ISAS,and MHI	1	RAPIS-1	200 kg	2019	[15]
HAN(AF-M315E)	Aerojet Rocketdyne	1	GPIM	180 kg	2019	[21]
ADN(LMP-103S)	NanoAvionics	0.3	LituanicaSAT-2	3 kg	2017	[22]
		0.1	M6P 1	6U[a]	2019	[23]
	Bradford ECAPS	0.1	ArgoMoon	14 kg	2021[b]	[24]

续表

推进剂	制造商	推力/N	任务	卫星重量	年度	参考文献
		1	ELSA - d	20 kg	2021[b]	[25]
		0.1	Lunar flashlight	14 kg	2021[b]	[26]
Water(LOX/LH_2)	Tethers unlimited	1.2	Pathfinder technology Demonstration	11 kg	2021[b]	[27]

a 文献中未披露准确的质量信息。M6P 是一个 6U 卫星。
b 文献中披露的预期发射日期。

4.3.3.1 立陶宛卫星 2 号（LituanicaSAT - 2）

立陶宛卫星 2 号是维尔纽斯大学开发的一个 3U 立方星。作为 QB50 项目的一部分，它是一个技术演示任务。任务目标之一是在轨演示一种新的高性能且环保型化学推进系统。纳电子设备公司开发的试验性使能推进系统（EPSS）原型使用 AND 基的 LMP - 103S 绿色推进剂（PRISMA 任务中飞行验证过），可以提供稳定的 0.3 N 推力，标称冲量 1 Ns，最多提供 200m/s 速度增量。试验性使能推进系统（EPSS）峰值功耗 9 W，系统干重 0.6 kg[22,28]。该微推进系统可用于多种用途，如姿态控制、拖曳补偿，而且推重比高，足够用于任何 3U 立方星的霍曼轨道转移和碰撞规避机动。

2017 年 6 月 27 日，3 kg 重的立陶宛卫星 2 号由印度 PSLV - C38 运载火箭发射进入 505 km 太阳同步近圆轨道，成为第一个使用化学微推进系统的纳卫星。

4.3.3.2 M6P

在立陶宛卫星 2 号上的成功飞行演示使试验性使能推进系统（EPSS）的技术成熟度达到 7 级，有希望进一步发展成为商业产品。在试验性使能推进系统（EPSS）验证基础上，纳电子设备公司使用模块化设计对系统进行了升级，其中机电组件已预先集成、测试，方便与纳卫星平台直接集成。贮箱容积可以根据客户需求进行调整以满足任务要求。

改进后的系统被命名为 EPSS C1，尺寸是 1U，如图 4 - 10 所示[29]。系统寿命初期（BOL）提供 1 N 推力，寿命末期（EOL）提供 0.22 N 推力。预热功率 9.6 W，干重 1 kg，都略微高于改进前的试验性使能推进系统（EPSS）。

试验性使能推进系统 EPSS C1 已被用于 M6P 卫星，该星是纳电子设备公司基于本公司新立方星平台开发的一个 6U 立方星。EPSS C1 不但像 EPPS 一样提供典型的推进能力，它还在任务末期用离轨操作来满足减少太空碎片的要求。2019 年 4 月 1 日，该 6U 立方星由印度 PSLB - QL 运载火箭发射升空。任务结束后，EPSS 将达到 9 级技术成熟度。

4.3.3.3 ELSA - d

Bradford Space 公司于 2017 年收购了 ECAPS，并将其命名为 Bradford ECAPS。成功研制的 1 N 级绿色推进（HPGP）推力器将应用于 Astroscale 公司即将开展的“终止生命服务”（ELSA - d）任务。ELSA - d 任务是天文尺度公司和萨瑞卫星技术公司之间的第一个合作项目，用于演示一些关键技术，诸如交会、对接和进近操作，来清除轨道上日益增加的空间碎片，从而确保空间环境持续可用[30]。

图 4-10　EPSS C1

A. E. S. Nosseir, A. Cervone, A. Pasini, Modular impulsive green monopropellant propulsion system (MIMPS-G): for CubeSats in LEO and to the moon, Aerospace 8 (6) (2021).

ELSA-d 任务包括“追逐者”小卫星（180 kg）和“目标”纳卫星（20 kg）。发射时，两颗卫星连接在一起，入轨后分离。任务计划包括捕获操作，也就是“追逐者”将定位“目标”，并将执行交会和对接操作[25]。Bradford ECAPS 提供的经过飞行验证的 1 N 高性能绿色推进剂推力器将给“目标”纳卫星提供所必需的推进能力。

ELSA-d 两颗卫星计划于 2021 年 3 月使用联盟-2-1b 微风 M 上面级运载火箭发射进入 550 km 太阳同步轨道。大约 6 个月后任务结束，两颗卫星将脱离轨道。

4.3.3.4　阿尔戈月球任务立方星和月球闪光灯

通过 PRISMA 任务中获得的 1 N 高性能绿色推进剂推力器的大量经验，Bradford ECAPS 已将推力器小型化，来满足更低量级的操作。随之而来的 100 mN 高性能绿色推进剂推力器，如图 4-11 所示，高度紧凑，使用无毒的 AND 基推进剂 LMP-103S，特别适于纳卫星任务。

阿尔戈月球任务立方星是一个服务深空任务的 6U 立方星。被 ESA 选中用于 NASA 猎户座探索 1 号任务（EM-1）的首飞。该任务将是欧洲国家研制的首颗离开地球轨道的立方星。在这个历史性的任务中，阿尔戈月球任务立方星将是第一个从太空发射系统（SLS）第二级分离的卫星[31]。14 kg 重的阿尔戈月球任务卫星使用专门的混合微推进系统（MiPS），围绕太空发射系统（SLS）第二级执行抵近操作，从而拍摄第二级的详细图像，并记录将猎户座送入月球轨道的历史时刻。

实现第一个任务目标后，寿命结束前，阿尔戈月球任务立方星将在几个月内进入一个远地点接近月球的大椭圆轨道，并对地月系统拍摄图像。为满足阿尔戈月球任务立方星姿态控制和轨道机动的多种需求，将 Bradford ECAPS 公司的 100 mN 的高性能绿色推进剂

图 4-11 Bradford ECAPS 公司的 100 mN 高性能绿色推进剂推力器

来自 ECAPS AB。

推力器和 VACCO 公司的 25 mN 冷气推力器合并组成了混合 MiPS 推进系统，混合 MiPS 推进系统体积 1.3 U。100 mN 化学推力器总共提供了 56 m/s 的速度增量和 783 Ns 的冲量，25 mN 冷气微推力器主要用于姿态控制[24]。

猎户座探索 1 号上携带的另一个 6U 立方星将被送往月球轨道。由喷气推进实验室和马歇尔航天飞行中心管理的 14 kg 重月球闪光灯，将是第一个抵达月球且使用 100 mN 高性能绿色推进剂推力器（使用 LMP-103S 推进剂）的立方星，标志着第一次在星际任务中使用绿色推进剂替代肼推进剂[26,32]。

4.3.3.5 道路发现者技术演示（PTD）

Tethers unlimited 公司研发了一种叫作 HYDROS（图 4-12）[33] 的新型微推进系统，使用水作为推进剂。改进后的 HYDROS-C 使用微重力状态下的质子交换膜电解槽，将水分解为氢气和氧气的效率达到 88%。两种气体分别存储在气瓶中，在需要的时候，将在双组元推力器中混合燃烧。系统功耗为 5～25 W，取决于需要产生气体的量。由于氢气和氧气的高效及洁净燃烧，推力器最大可以提供 1.2 N 推力，比冲达到 310 s[27]。

HYDROS-C 采用模块化设计方法，由于采用非加压水，允许使用不同形状、尺寸的简单贮箱来适应不同形状、规格的立方星（1～12 U）。虽然 HYDROS-C 被归类为化学微推进系统，但发射之前储能为零，因为推进剂水在轨电解前不是一种储能材料（相对于其他化学推进剂）。DYDROS-C 系统带来了极高安全性，不但降低了主载荷安全风险，还是大速度增量在轨机动所需要的高性能微推进系统。

至今，所有经飞行验证的化学微推进系统都使用高能离子液体（EILs）基单组元推进剂。HYDROS-C 将用于 6U 立方星任务——道路发现者技术演示（PTD），该卫星计划于 2021 年初发射。任务成功后，HYDROS-C 将成为第一个用于纳卫星平台的双组元微推进系统。

图 4-12　Tethers Unlimited 公司的 HYDROS 推力器（见彩插）

K. Lemmer，Propulsion for CubeSats，Acta Astronaut. 134（2017）231-243.

4.3.4　正在研发的系统

本节讨论仍未进行飞行验证的液体推进剂微推力器。一些推力器，特别是来自 Aerojet Rocketdyne 公司的推力器，已经达到了相当高的技术成熟度，正等待合适的发射机会。表 4-7 给出了一些推力器的汇总。

表 4-7　研发中的液体推进剂微推力器汇总

制造商	推进剂	型号	推力	参考文献
Aerojet Rocketdyne	Hydrazine	MR-140	1 N	[34]
		MPS-120	1 N	[35]
	HAN(AF-M315E)	MPS-130		[35]
		GR-1A	1 N	[20]
		GR-M1	500 mN	[20]
IHI	HAN(HNP225)	Pinot-G	500 mN	[36,37]
BUSEK	HAN(AF-M315E)	BGT-X1	100 mN	[38]
		BGT-X5	500 mN	[39]
VACCO	HAN(AF-M315E) ADN(LMP-103S)	GreenMiPS	100 mN	[40]
CU Aerospace	HTP/ethanol	MPUC	160 mN	[41]
Dawn Aerospace	N_2O/C_3H_6	PM200	500 mN	[42]

4.3.4.1 MR－140 肼推力器

由于冷气微推进系统的能力相对有限，早在 2011 年，Aerojet Rocketdyne 公司已经开始立方星肼基推力器的研发工作，努力提升总速度增量的能力。该公司利用丰富的肼推力器技术方面的经验，对推进系统组件小型化进一步开展了研发。以具有很多飞行经验的肼推力器 MR－103 为基线，完成了尺寸缩小 4 倍的 MR－140 推力器开发，其可产生 1 N 标称推力。一个叫作高比冲可适配单组元推进系统（CHAMPS）的立方星推进系统，使用了 4 个 MR－140 推力器。高比冲可适配单组元推进系统（CHAMPS）携带了 360 g 肼推进剂，产生大约 800 Ns 的总冲量[34]。

4.3.4.2 MPS－100 肼推力器和 MPS－130 绿色推力器

虽然高比冲可适配单组元推进系统（CHAMPS）已经完成了合格性测试，但肼的危险性限制了该系统的飞行机会。Aerojet Rocketdyne 公司继续发展使用高能离子液体（EILs）基推进剂的下一代模块化推进系统（MPS）生产线。一些新型增材制造技术，如电铸（EI－Form）、选择性激光熔融（SLM）、电子束熔融（EBM）和激光整形，用于优化制造流程和节约成本。例如，采用铱/铼合金电铸成型生产推力器燃烧室和喷管；采用选择性激光熔融（SLM）技术加工组件，如钛合金支架以及镍铬铁合金支架；采用电子束熔融（EBM）技术加工推进剂贮箱。新的模块化推进系统（MPS）生产线生产 MPS－120 肼推力器和使用 AF－M315E HAN 基推进剂的 MPS－130 绿色推力器。需要注意的是，两型推力器采用相同的设计和结构，推力级别为 1 N，但是使用不同的催化床。模块化方法允许 MPS 从 1U（图 4－13）很容易地扩展到 2U 构型，可以携带更多的推进剂，总的冲量增加 2 倍以上，如 MPS－130 推力器（使用 AF－M315E 推进剂）冲量从 1 130 Ns 增加到 2 720 Ns[35]。

图 4－13 MPS－120/130 的 1U 构型

K. Lemmer，Propulsion for CubeSats，Acta Astronaut. 134（2017）231－243.

4.3.4.3　GR－1A 和 GR－M1 推力器

由于要承受 AF－M315E HAN 基推进剂的火焰高温，推力器组件和喷管需要使用昂贵的耐高温材料来生产，造成在 GPIM 任务中取得成功的 GR－1 推力器单个生产成本高。为推动未来任务，特别是纳卫星，采用经过飞行验证的 GR－1 推力器，必须降低单个成本。Aerojet Rocketdyne 公司已着手启动相对于 GPIM 任务降低 50％费用的研发计划[20]。已经发现了几个可能的方式，例如简化催化床加热设计来简化装配和安装过程，在合适的情况下使用便宜材料替代推力器燃烧室的耐热材料，支架接口处使用陶瓷垫片减少热传递，增加层数来降低 30％的预热功率。图 4－14 是升级后 GR－1A 推力器的 CAD 设计。除了通过设计优化得到的性能改进，下一代的 GR－1A 推力器将有望受益于超高温催化床 LCH－240 A 的改进，其具有相同的催化性能，但生产成本低。用于飞行的 GR－1A 推力器计划于 2022 年进行验收测试。

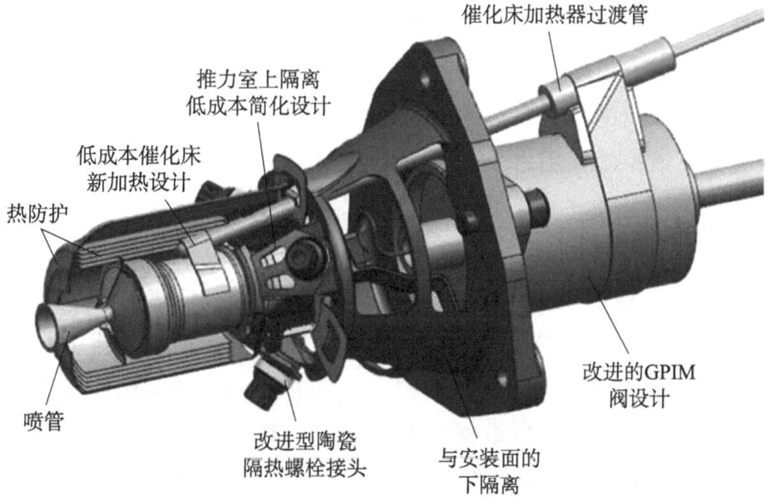

图 4－14　升级后的 GR－1A 推力器（见彩插）

R. K. Masse，R. Spores，M. Allen，AF－M315E advanced green propulsion GPIM and beyond，in：AIAA Propulsion and Energy 2020 Forum，2020.

并行研发的 GR－1 推力器已小型化到 500 mN 推力水平，如图 4－15 所示，称其为 GR－M1，使用了相同的设计方法，如采用耐高温催化剂和耐热金属制造的推力器燃烧室，有望用于立方星。为克服微小尺寸上的热管理困难，GR－M1 使用含有 10％水稀释后的 AF－M315E 推进剂。应当注意稀释后的 AF－315E 推进剂的比冲降低到 206 s（GR－1 推力器比冲为 231 s）[20]。推力器采用铬镍铁合金封装的钼铼箔多层隔热材料，减少过多的热从推力器燃烧室向卫星平台传递。最初原型当前正处于点火试验，为将来的飞行演示做准备。

4.3.4.4　Pinot－G

日本 IHI 航空航天公司已经从事 HAN 基绿色推进剂研究超过 15 年。相较于其他研

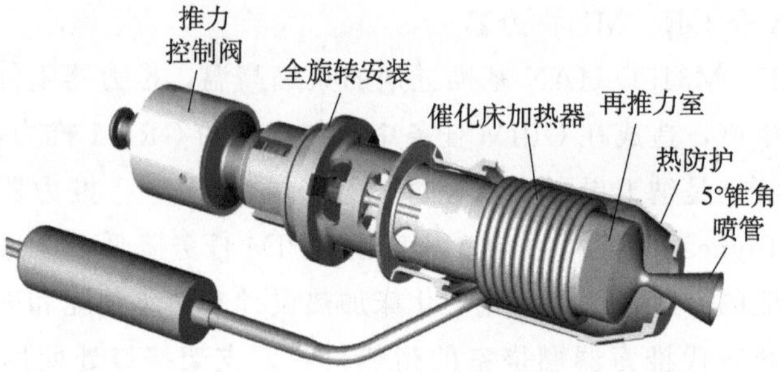

图 4－15　小型化的 GR－M1 推力器（见彩插）

R. K. Masse，R. Spores，M. Allen，AF－M315E advanced green propulsion GPIM and beyond，in：AIAA Propulsion and Energy 2020 Forum，2020.

究机构，IHI 航空航天公司努力从高能离子液体（EILs）基绿色推进剂获得最好的性能，正在研发一种新的绿色推进剂，其性能可能不是最优，但对于航天工业新参与者来说，如新的航天技术公司、研究机构、大学，是对肼的一种很好的替代。

为满足这些资金较少的新兴实体的要求，IHI 航空航天公司展示了一种高效费比的微推进系统解决方案，该系统使用由 HAN/HN/甲醇/水混合的推进剂，命名为 HNP225 绿色推进剂[36]。该绿色推进剂的真实混合比目前保密。

从安全角度，与其他的 EILs 基推进剂相比，HNP225 更加安全，操作更加简单。根据《联合国危险货物运输指南》，AF－M315E（联合国 1.3C 级）和 LMP103S（联合国 1.4S 级）都被归类为一级爆炸物质。经过日本海事检定协会理化分析中心的一系列测试，确认 HNP225 推进剂是非联合国一级爆炸物[37]，可以很容易地运输到终端用户。

根据 IHI 航空航天公司提供的数据（表 4－8），HNP225 推进剂是由之前的 HNP209 改进而来，新推进剂燃烧温度比肼更低。由于此原因，HNP225 理论比冲为 180 s，低于肼的比冲 215 s。但是，HNP225 的密度高于肼密度。综合两个因素，HNP225 相对于肼有 5％的密度比冲提升[36,37]。这就意味着 HNP225 基本等效于肼，但安全风险更小，从而显著简化了处理标准，降低了总费用。

表 4－8　HNP225 推进剂与肼及其他 HAN 基绿色推进剂的对比

	HNP225	肼	AF－M315E	LMP－103S
密度/(g/cm^3)	1.00	1.17	1.46	1.24
冰点/℃	1.5	≤10	≤80	≤6
比冲 I_{sp}/s	215	180	235	235
燃烧温度/℃	897	686	1 353	1 225

HNP225 燃烧温度低避免了推力器组件使用耐热材料制造的必要性，允许使用经过验证的、成本低的材料，如铬镍铁合金－625。为了进一步降低成本，IHI 航空航天公司使用 3D 打印技术制造 0.5 N 推力器，并采用肼推进系统常规催化剂［图 4－16（a）］。新推力

器进行了热点火，并且在约 700 ℃测量温度下稳定工作，在入口不同压力下产生推力 0.2～0.5 N。成功测试了 4 台 HNP225 基推力器集成到 Pinot - G 微推进系统，并将用于将来的纳卫星［图 4 - 16（b）］。

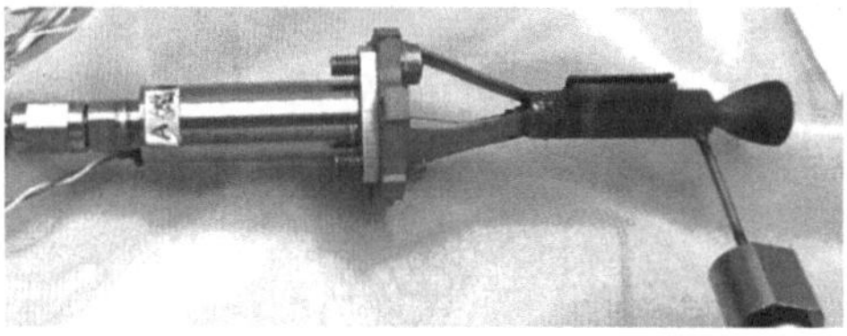

(a)

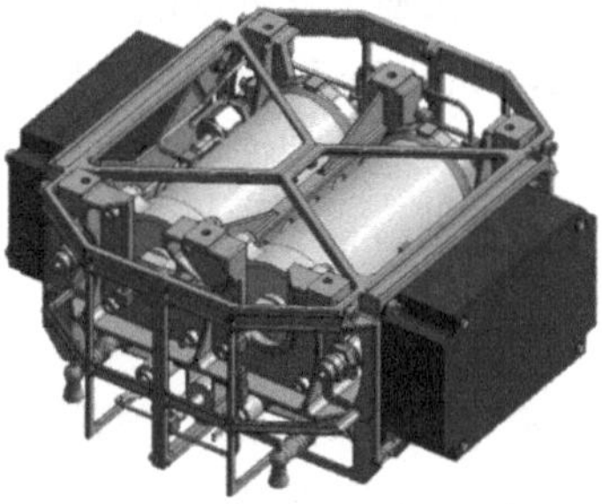

(b)

图 4 - 16　（a）IHI 航空航天公司 3D 打印的 0.5 N 推力器；（b）Pinot - G 微推进系统（见彩插）

来自 IHI 航空航天公司。

4.3.4.5　BGT - X1 和 X5

Busek 有限公司正在研发一种专门用于立方星的绿色推进剂微推进系统。立方星用先进单组元推进（AMAC），尺寸 1U，使用 AF - M315E 推进剂，如图 4 - 17 所示。在波纹贮箱、推力器组件、管路、阀体和垫片生产中，系统广泛使用与硝酸羟胺（HAN）基推进剂兼容的钛金属。AMAC 可以从两种推力器类型中选择，分别是 100 mN 的 BGT - X1 和 500 mN 的 BGT - X5。为适应 AF - M315E 推进剂燃烧较高的温度，Busek 公司研发了一种新的坚固耐用非颗粒催化剂。为确保 AF - M315E 推进剂稳定燃烧，催化床必须预热到 430 ℃，功耗为 20 W[38,39]。

图 4 - 17　AMAC 的 BGT - X5 推力器（见彩插）

K. Lemmer，Propulsion for CubeSats，Acta Astronaut. 134（2017）231 - 243.

立方星用先进单组元推进（AMAC）的一个显著特征是获得专利的发射后增压系统。在发射时，推进剂贮箱处于非增压状态，入轨后通过加热固态惰性材料至130 ℃产生气态CO_2实现增压。当压力低于阈值，该创新性方案可对贮箱再次加压，直到固体材料完全消耗，因此，可以在整个任务期间保持稳定的推力。

BGT－X5原型已经过测试，结果表明最大推力为425 mN，比冲为220 s。集成到1U体积后，系统可以精确、连续地点火和输出0.05 N的推力，并有望给4 kg重的立方星提供146 m/s的速度增量[38]。

4.3.4.6 绿色单组元微推进系统

在对阿尔戈月球任务立方星混合MIPS推进系统提供冷气微推进的同时，VACCO公司还研发了绿色推进剂微推进系统。VACCO公司的绿色MiPS推进系统使用4台100 mN推力器，尺寸为3U，携带2 kg绿色推进剂。绿色MiPS推进系统使用钛合金结构材料、高性能催化床，因此，与AF－M315E和LMP－103S推进剂兼容。

由于配备了专用的控制系统，绿色MiPS推进系统可以单独控制每一个推力器进行姿态控制和轨道机动。最大功耗为15 W，绿色MiPS推进系统有望提供3 320 Ns的总冲量，或者给14 kg立方星提供237 m/s的速度增量[40]。

4.3.4.7 立方星用单组元推进系统单元（MPUC）

CU航天公司使用一种新的绿色无毒推进剂研发了一种立方星用单组元推进系统单元（MPUC）。该公司倾向于在容易获取化学原料中发现一种单组元推进剂，从而收益更多，而且不会受限于现有的已经拥有众多高能离子液体技术的航天研究机构。初期研究结果表明，一种命名为CMP－8的化学混合物，包括45%的H_2O_2、10.2%的乙醇和44.8%的H_2O，比冲达180 s，火焰温度接近950 ℃[41]。火焰温度低，允许使用不锈钢替代昂贵的稀有金属。

新的推力器原型（CMP－X）研发时，新催化床中使用了内置CUA催化剂成分（CC－9）；在推力台上连续点火时间超过10 min，测量到峰值推力达到174 mN。MPUC是一个CMP－X线路板推力器，目前达到4级成熟度，如图4－18（a）所示。此推力器有望在2022年达到6级成熟度，可以集成到1U体积内。

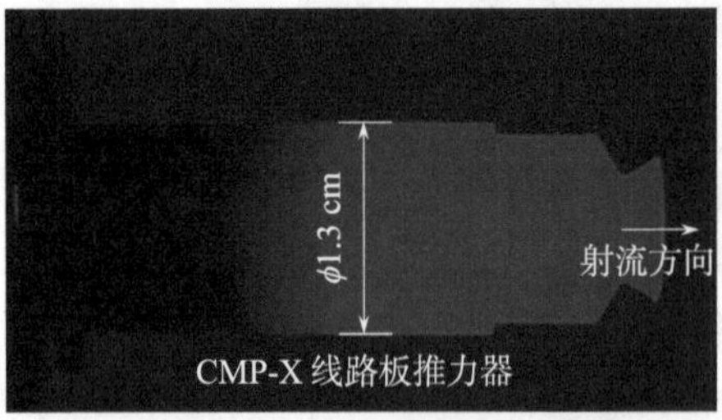

(a)

(b)

图4－18 （a）CMP－X试验板推力器点火测试；（b）MPUC 1U的概念设计（见彩插）

来自CUA。

4.3.4.8 PM200

Hyperion 科技公司和黎明航天公司开发了一种使用一氧化氮和丙烯的双组元推进系统。燃烧剂和氧化剂都是工业气体，在世界范围内都可用，没有出口限制。推进剂加注可以由 Hyperion 科技公司/黎明航天公司实施，或由用户实施。另外，推进剂都是自加压的，简化了系统设计，提高了安全性。

对于一个典型的 1U 构型，PM200 干重 1 110 g，可以产生标称推力 500 mN，比冲为 285 s（图 4 - 19）。系统有望给 4 kg 重的 3U 立方星提供 230 m/s 的速度增量[42]。另外，增材制造技术应用支持紧凑型设计，并易于适应不同构型，从而给更多任务提供更优的速度增量。

图 4 - 19 黎明航天公司的 PM200 双组元推力器（见彩插）

来自土卫七技术公司。

4.4 挑战与未来

4.4.1 双组元微推进系统

HDROS - C 和 PM200 双组元微推进系统所表现出的优异性能，激发了在该领域更多的研发热情。特别是无毒、易于操作的双组元组合，容易集成到纳卫星，因此备受追捧。

日本宫崎骏大学正在研究一套 0.4 N 的双组元微推进系统，如图 4 - 20 所示。一氧化二氮（N_2O）和二甲醚（DME）被选作双组元推进剂，理论真空比冲可以达到 290 s[43]。PM200 已证实一氧化二氮（N_2O）是一种有效的氧化剂。二甲醚（DME）的分子结构是 $CH_3—O—CH_3$，没有 C—C 键，在燃烧时比较清洁，几乎不产生烟尘。一氧化二氮（N_2O）和二甲醚（DME）都可以液态形式贮存，并通过蒸发产生自加压力，这简化了供给系统设计。一氧化二氮（N_2O）和二甲醚（DME）冰点分别为 141 K 和 131 K，贮箱和

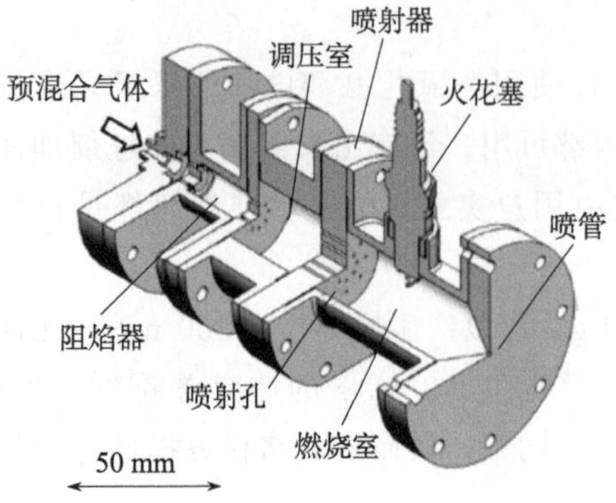

(a)

(b)

图 4-20 (a) 0.4 N 一氧化二氮（N_2O）和二甲醚（DME）推力器原型；(b) 推力器真空点火

A. Kakami，A. Kuranaga，Y. Yano，Premixing-type liquefied gas bipropellant thruster using nitrous oxide/dimethyl ether，Aero. Sci. Technol. 94 (2019) 105351.

管路不需要配置主动加热器来防止冷冻。在安全方面，一氧化二氮（N_2O）LD_{50} 浓度值为 3 000～500 000 ppm，二甲醚（DME）的 LD_{50} 浓度值为 164 000 ppm，都远高于肼的 570 ppm。0.4 N 推力器原型已经过测试，报告显示 c^* 效率为 68.7%，比冲为 135 s。

混合优化和有效燃烧将最终释放双组元推进系统的所有潜能，最终获得高推力和高比冲。显然，早期的研究表明，仍然需要投入更多的研究来提高双组元混合的效率。由于微推进系统使用的燃烧室尺寸较小，提高混合效率特别具有挑战性。发现一种创新的微混合方式将是一个关键的促成因素。或者，自燃推进剂将是下一个研究对象。历史上，自燃推进剂用于避免复杂的混合过程，因为这种推进剂一旦彼此接触就会燃烧。然而，在微尺度上控制自燃反应仍然是一个需要克服的技术挑战。

4.4.2 单组元微推进系统

从前述章节所引用的文献可知，高能离子液体（EILs）基单组元推进系统已经达到了很高的技术成熟度，将广泛用于将来众多纳卫星任务。

单组元微推进系统发展趋势有两种不同的路线。一个方向是，高能离子液体（EILs）基系统正经历各种优化实践，如提高催化床高温下的持久性，通过混合更多富能量燃料成分来获得更高能量的高能离子液体（EILs），使用更高性价比的耐高温结构材料，都将提高系统性能，并超过肼基推进系统。这些研发工作将有益于需要高性能微推进系统的高价值纳卫星任务，来执行大范围的太空机动。

在另一方向，更多研究基于低性能的高能离子液体（EILs）混合物研发单组元推进微推进系统，像 Pinot-G 和 GR-M1 系统所开创的那样。同时，容易获取的低毒性单组元推进剂混合物将获得更多关注和进一步研究，像 MPUC 系统中演示的那样。相对于性能稍低的高能离子液体（EILs），基于这种单组元推进剂新混合物成功研发一种液体推进系统具有更深远影响，因为更加广泛的航天领域（相关人员）可以接触到此单组元推进剂。

这些系统的技术门槛更低，允许新兴的和新的投资人更加广泛地将液体推进剂微推进系统用于纳卫星任务。

直到现在，经过飞行验证或即将具备飞行状态的最小推力的液体推进剂纳卫星微推进系统推力是 100 mN，例如 M6P1、BGT - X1、ArgoMoon 等。当冷气微推进系统放入图 4 - 21 中，可以看到微推进系统推力 25～100 mN，比冲超过 100 s 存在空白。

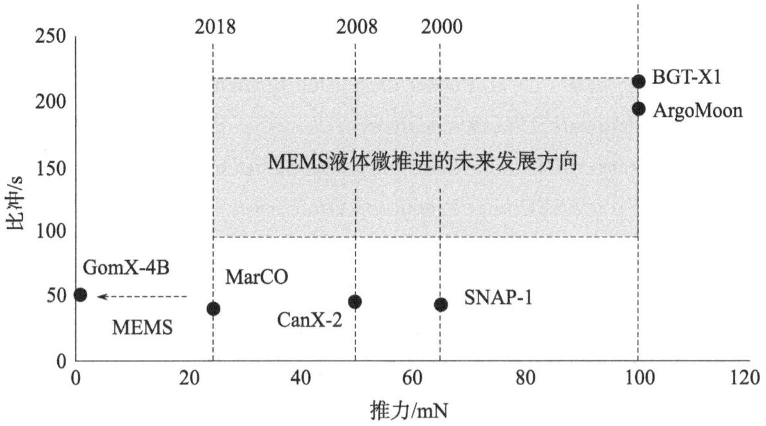

图 4 - 21　未来 MEMS 液体微推进系统的机遇窗口

制造技术的进步推动了冷气微推进系统推力水平降低。21 世纪初，使用微机加技术制造冷气微推力器 SNAP - 1 和 CANX - 1，分别产生了 65 mN 和 50 mN 的推力。2018 年，更先进的微制造技术将 MarCO 纳卫星的冷气微推力器的推力降低一半至 25 mN。MEMS 制造技术的应用进一步显著缩小冷气微推力器的尺寸到几十微米水平。从而促使 GomX - 4b 纳卫星 MEMS 冷气微推力器推力水平低至 1 mN。

从一个类似的 MEMS 计划中可以看到，液体推进剂微推进系统的推力水平将来会降低至 100 mN 以下，并将填补冷气微推进系统留下的空白。尽管如此，这仍然是一个谨慎乐观的情形，除非将来技术障碍完全克服。

直到今天，一些初步研究已经使用硅微制造技术来演示双组元推进剂[44,45] 以及单组元推进剂[46-48] 的推进系统在 MEMS 尺度上的使用。由于热传导加强和微尺度上的燃烧效率降低，系统效率相当低。已经使用替代材料替代高热导率的硅作为结构材料，如陶瓷[49-52] 和玻璃[48,53]。微尺度上的热损失抵消了单组元推进剂分解所需催化床的预热效率，因此，需要消耗更高的功率。已经测试多种分解技术来寻找新的、有效的替代手段，如电解[49,54] 和激光[55]。

许多研究仍处于概念验证阶段。从系统发展角度看，虽然微机电级别推进系统尺寸比较小，目前明显缺少一个成功且经过验证的方法，能将 MEMS 微推力器组件与支持子系统集成到一起，如流体处理和能源子系统。虽然期望采纳一些继承自成功 MEMS 冷气微推力器的 MEMS 组件，液体推进剂的燃烧高温要求额外考虑一些设计修改，以应对高温工作。

参考文献

[1] Turner, M. J. L., 2009. Rocket and Spacecraft Propulsion: Principles, Practices and New Developments, third ed. Springer.

[2] George, P., Sutton, O. B., 2001. Rocket Propulsion Elements, seventh ed. John Wiley & Sons.

[3] Hydrazine Handling Manual, 1961. Rocketdyne.

[4] Marshall, W. M., Deans, M. C., 2013. Recommended figures of merit for green monopropellants. In: 49th AIAA/ASME/SAE/ASEE Joint Propulsion Conference.

[5] Negri, M., 2015. Replacement of hydrazine: overview and first results of the H2020 project rheform. In: 6th European Conference for Aeronautics and Space Sciences (EUCASS).

[6] Anflo, K., Möllerberg, R., 2009. Flight demonstration of new thruster and green propellant technology on the PRISMA satellite. Acta Astronaut. 65 (9), 1238-1249.

[7] Persson, M., Anflo, K., Friedhoff, P., 2019. Flight heritage of ammonium dinitramide (ADN) based high performance green propulsion (HPGP) systems. Propellants, Explos. Pyrotech. 44 (9), 1073-1079.

[8] In-Space Propulsion Data Sheets, 2020. Aerojet Rocketdyne.

[9] Chemical Monopropellant Thruster Family Data Sheet, 2020. ArianeGroup.

[10] Monopropellant Thrusters Data Sheet, 2018. Moog.

[11] IHI Monopropellant Thrusters Data Sheet, IHI, 2020 Aerospace.

[12] Pokrupa, N., Anflo, K., Svensson, O., 2011. Spacecraft system level design with regards to incorporation of a new green propulsion system. In: 47th AIAA/ASME/SAE/ASEE Joint Propulsion Conference & Exhibit.

[13] Graham, C., et al., 2019. Balancing capability and cost on the STPSat-5 microsatellite mission. In: 33rd Annual AIAA/USU Conference on Small Satellites.

[14] Katsumi, T., et al., 2009. Combustion characteristics of a hydroxylammonium nitrate based liquid propellant. Combustion mechanism and application to thrusters. Combust. Explos. Shock Waves 45 (4), 442.

[15] Hori, K., et al., 2019. HAN-based green propellant, SHP163-its R&D and test in space. Propellants, Explos. Pyrotech. 44 (9), 1080-1083.

[16] Tanaka, N., et al., 2011. The "greening" of spacecraft reaction control systems. Mitsubishi Heavy Ind. Tech. Rev. 48 (4), 44-50.

[17] Uramachi, H., et al., 2019. Green propulsion systems for satellites-development of thrusters and propulsion systems using low-toxicity propellants. Mitsubishi Heavy Ind. Tech. Rev. 56 (1), 1-7.

[18] Deininger, W., 2013. Implementation of the green propellant infusion mission (GPIM) on a Ball Aerospace BCP-100 spacecraft bus. In: 49th AIAA/ASME/SAE/ASEE Joint Propulsion Conference.

[19] Spores, R. A., 2015. GPIM AF - M315E propulsion system. In: 51st AIAA/SAE/ASEE Joint Propulsion Conference.

[20] Masse, R. K., Spores, R., Allen, M., 2020. AF - M315E advanced green propulsion - GPIM and beyond. In: AIAA Propulsion and Energy 2020 Forum.

[21] McLean, C. H., 2020. Green propellant infusion mission: Program construct, technology development, and mission results. In: AIAA Propulsion and Energy 2020 Forum.

[22] Propulsion System EPSS C1. Technical Overview by, 2020 NanoAvionics.

[23] Main Technical Specifications. CubeSat Propulsion System EPSS by, 2020 NanoAvionics.

[24] Data Sheet of ArgoMoon Propulsion System, 2017. VACCO Industries.

[25] Blackerby, C., et al., 2019. The ELSA - d end - of - life debris removal mission: preparing for launch. In: 70th IAC (International Astronautical Congress).

[26] Lunar Flashlight Propulsion System Data Sheet, 2017. VACCO Industries.

[27] James, K., et al., 2015. Performance characterization of the HYDROS™ water electrolysis thruster. In: 29th Annual AIAA/USU Conference on Small Satellites.

[28] Buzas, V., 2016. Expanding Smallsat Capabilities & Making Them Affordable. SatMagazine.

[29] Nosseir, A. E. S., Cervone, A., Pasini, A., 2021. Modular impulsive green monopropellant propulsion system (MIMPS - G): for CubeSats in LEO and to the moon. Aerospace 8 (6).

[30] Blackerby, C., et al., 2018. ELSA - d: an in - orbit end - of - life demonstration mission. In: 69th IAC (International Astronautical Congress).

[31] Tana, V. D., et al., 2018. ArgoMoon: challenges and design solutions for the development of A deep space small satellite. In: 69th IAC (International Astronautical Congress).

[32] Vinckier, Q., et al., 2018. System performance modeling of the lunar Flashlight CubeSat instrument. In: 49th Lunar and Planetary Science Conference.

[33] Lemmer, K., 2017. Propulsion for CubeSats. Acta Astronaut. 134, 231 - 243.

[34] Schmuland, D., Carpenter, C., Masse, R., 2012. Mission applications of the MRS - 142 CubeSat high - impulse adaptable monopropellant propulsion system (CHAMPS). In: 48th AIAA/ASME/SAE/ASEE Joint Propulsion Conference & Exhibit.

[35] Masse, R. K., et al., 2013. CubeSat high - impulse adaptable modular propulsion system (CHAMPS) product line development status and mission applications. In: 49th AIAA/ASME/SAE/ASEE Joint Propulsion Conference.

[36] Igarashi, S., Matsuura, Y., 2017. Development status of a hydrazine alternative and lowcost thruster using HAN - HN based green propellant. In: 53rd AIAA/SAE/ASEE JointPropulsion Conference.

[37] Igarashi, S., et al., 2019. Safe 0.5 N green monopropellant thruster for small satellite propulsion systems. In: AIAA Propulsion and Energy 2019 Forum.

[38] Parker, K. I., 2016. State - of - the - Art for small satellite propulsion systems. In: Aerospace Systems Conference of the National Society of Black Engineers.

[39] BGT - X5 Green Monopropellant Thruster Data Sheet. BUSEK Space Propulsion and, 2021 Systems.

[40] Green Propulsion System (MiPS) Data Sheet, 2019. VACCO Industries.

[41] King, D., et al., 2016. Development of H_2O_2 - based monopropellant propulsion unit for cubesat (MPUC). In: 63rd JANNAF Propulsion Meeting.

[42] PM200 Date Sheet. Dawn, 2021 Aerospace.

[43] Kakami, A., Kuranaga, A., Yano, Y., 2019. Premixing - type liquefied gas bipropellant thruster using nitrous oxide/dimethyl ether. Aero. Sci. Technol. 94, 105351.

[44] London, A. P., et al., 2001. Microfabrication of a high pressure bipropellant rocket engine. Sensor Actuator Phys. 92 (1), 351 - 357.

[45] Wu, M. - H., Lin, P. - S., 2010. Design, fabrication and characterization of a low temperature co - fired ceramic gaseous bi - propellant microthruster. J. Micromech. Microeng. 20 (8), 085026.

[46] Hitt, D. L., Zakrzwski, C. M., Thomas, M. A., 2001. MEMS - based satellite micropropulsion via catalyzed hydrogen peroxide decomposition. Smart Mater. Struct. 10 (6), 1163 - 1175.

[47] Yuan, T., Li, A., 2009. Design and fabrication of a MEMS - based milli - Newton level hydrazine thruster. In: 45th AIAA/ASME/SAE/ASEE Joint Propulsion Conference & Exhibit.

[48] Huh, J., Kwon, S., 2014. Design, fabrication and thrust measurement of a micro liquid monopropellant thruster. J. Micromech. Microeng. 24 (10), 104001.

[49] Wu, M. - H., Yetter, R. A., 2009. A novel electrolytic ignition monopropellant microthruster based on low temperature co - fired ceramic tape technology. Lab Chip 9 (7), 910 - 916.

[50] Khaji, Z., et al., 2017. Endurance and failure of an alumina - based monopropellant microthruster with integrated heater, catalytic bed and temperature sensors. J. Micromech. Microeng. 27 (5), 055011.

[51] Cheah, K. H., Low, K. - S., 2014. Fabrication and performance evaluation of a high temperature co - fired ceramic vaporizing liquid microthruster. J. Micromech. Microeng. 25 (1), 015013.

[52] Cheah, K. H., Chin, J. K., 2014. Fabrication of embedded microstructures via lamination of thick gel - casted ceramic layers. Int. J. Appl. Ceram. Technol. 11 (2), 384 - 393.

[53] Huh, J., Seo, D., Kwon, S., 2017. Fabrication of a liquid monopropellant microthruster with built - in regenerative micro - cooling channels. Sensor Actuator Phys. 263, 332 - 340.

[54] Chai, W. S., et al., 2019. Calorimetric study on electrolytic decomposition of hydroxylammonium nitrate (HAN) ternary mixtures. Acta Astronaut. 162, 66 - 71.

[55] Alfano, A. J., Mills, J. D., Vaghjiani, G. L., 2009. Resonant laser ignition study of HANHEHN propellant mixture. Combust. Sci. Technol. 181 (6), 902 - 913.

第 5 章　电热微推力器

Angelo Cervone 博士[1]，Dadui Cordeiro Guerrieri 博士[2]，
Marsil de Athayde Costa e Silva 博士[2]，Fiona Leverone 博士[2]

1 代尔夫特理工大学航天工程系助理教授，荷兰代尔夫特
2 代尔夫特理工大学航天工程系，荷兰代尔夫特

5.1　历史背景和工作原理

电热推进可以看作电推进和化学推进之间的中间概念，原理如图 5－1 所示。推进剂通常在压缩-膨胀喷管中通过电热加热并热力加速。推进剂通常通过电阻（电阻加热式推力器）或者电火花（电弧推力器）加热。由于本章将讨论极端小型化应用，截至目前，电阻加热式推力器是电热推力器最常见的形式。

理论上，推进剂能贮存于任何形态（液态、固态或气态），而实际上，液态推进剂应用最为广泛。所谓的温气体推进是液体推进的一种替代，其本质上是冷气系统，并在喷管加速前对气体推进剂额外加热。

图 5－1 列举的电热推力器系统（特别是电阻加热式推力器）组成和工作特点与冷气推力器非常相似：推进剂贮存在贮箱，通过高压气体加压（液体状态的推进剂），通过电磁阀注入到加热室。该类系统特别是在小型化版本中，通常不使用压力调节器。这意味着系统采用典型的落压工作模式，即系统提供的压力（和推力）在寿命期内不断下降。由于入口温度高，比冲高于冷气推进系统。但因为受限于加热功率以及所能达到的最高温度，比冲仍然有限。

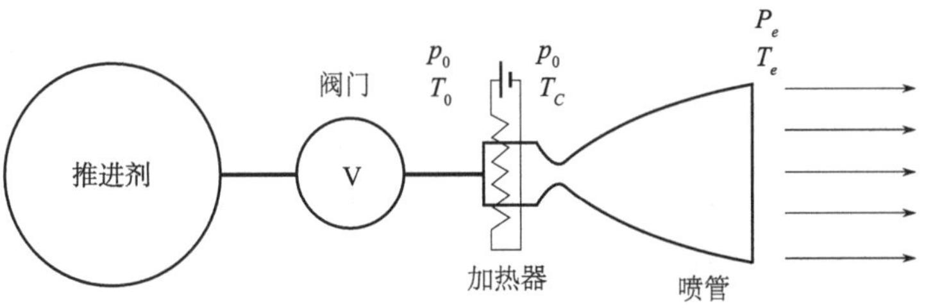

图 5－1　典型电热推进系统原理图

当电阻加热式推力器被报道用于维拉卫星[1] 后，从 20 世纪 60 年代开始，电热推力器已用于多个航天器。1968 年的一个会议论文中，Mickelsen 和 Isley 详细描述了电阻加热式推力器当时现状[2]。特别重点关注了 1965 年 TRW 型单喷管电阻加热式推力器在维拉Ⅲ卫星上的成功应用。该推力器使用气态氮气，提供推力 187 mN、比冲 123 s、输入功

率 42 W。1967 年，多喷管版本的电阻加热式推力器成功应用于先进维拉卫星，比冲 132 s，每喷管推力 89 mN，每喷管输入功率 17 W。通用电气研发了一种新型电阻加热推力器，使用液态氨作为推进剂。1967 年，该类推力器应用于某 NLR（近程激光测量）航天器。每个喷管提供 44 mN 推力，需要 3.2 W 的输入功率。使用液体推进剂的代价是比冲略微降低，比冲降低到 100 s。20 世纪 60 年代，其他先进的电热推力器概念研究包括：使用小型化的针形装置加速、加热推进剂；向喷管中超声速推进剂流提供额外热量；使用放射性同位素热源替代电阻加热推进剂（所谓的同位素加热推进）；或者甚至在载人航天器中，使用生物废料推进剂供给小电热推力器，用于阻力补偿和姿态控制[2]。

虽然，电热推力器概念得到了大量研究，但此类型推力器未广泛用于航天器。20 世纪 80 年代，有些关于商业卫星应用电热推力器的报道，如 INTELSAT - V 项目的第一批卫星。现在，Aerojet Rocketdyne 公司向市场提供了几种电热推进产品，包括电阻加热推进（MR - 501）和电弧推进（MR - 509、MR - 510、MR - 512），这些已经在许多 GEO 卫星和所有的铱星卫星上得到应用，这些产品都使用肼作为推进剂[3]。

另一方面，电热推力器小型化的研究仍处于起步阶段，尚未产生大量符合飞行要求的概念。本章后续部分将详细介绍，有些大学、公司和研究机构正对不同类型的微电阻加热式推力器开展广泛的研究。这种推进系统概念的内在简单性，对各种推进剂的广泛适应性，以及相对于其他电动微推进概念表现出的高推力能量比，使得该推进技术对小卫星及甚小卫星是一种有效选择，特别是推力范围为 1～100 mN，这是常规小型化电推进及化学推进的推力范围空白。

5.2 电热微推进现状

Lemmers[4] 对现有的电热推进系统概念进行了很好的综述，本章参考了相关内容。本章展现的一些不常见的观点，主要基于本章作者在荷兰代尔夫特理工大学的研究。然而，不得不注意的是，这一部分所展示的许多概念仍处于发展的早期阶段，需要在轨飞行验证。因此，在性能、效率和潜在的应用范围等方面仍存在研发空白。

5.2.1 常规电阻加热微推力器

使用“常规”微推力器这个概念，这里是指加热气体的推力器，即气体推进剂在推力器中加热后从喷管喷出；或者是蒸发液体的电阻加热微推力器（VLM），即液体加热蒸发后从喷管中喷出。

一种最早加热气体微机电推进模块通过 Nanospace/GOMSpace 的一颗 3U 小卫星进行在轨演示[5]。此推进系统使用丁烷作为推进剂，提供总冲量 40 Ns，推力 10 μN，功耗 2 W，总重量 350 g，体积 $10\times10\times5\ cm^3$（占立方星体积一半）。此推进系统不对推进剂做任何加热，可以完全用作冷气推进系统；或工作于加热气体模式，通过加热气体来提升推进性能。完整系统包括 4 个 1 mN 推力器，工作压力 2～5 bar，通过内嵌的微流量控制阀实现推力器闭环控制。TW－1 卫星星座对其进行了在轨演示，据报道该系统用于编队飞行，支持 0.5 km 控制窗口内的轨道构型保持。

立方星高冲量推进系统（CHIPS）是 CU 航天公司和 VACCO 公司联合开发的电阻加热微推进系统[6,7]。此系统的最初版本[6] 使用制冷剂 R134a 作为推进剂，比冲 82 s，推力 30 mN，功耗 30 W。据报道，后续版本[7] 使用制冷剂 R236fa 作为推进剂，比冲降到 68 s，推力 20 mN，功耗 25 W。虽然新推进剂的性能不如 R134a，但 R236fa 仍被选作替代推进剂，因为此推进剂对贮箱压力要求低，而且与国际空间站过滤器相容，增加了从空间站释放时的安全性。该系统的一个典型特点是，系统包括中心主推力器和四个姿态控制推力器。在此种情况下，可以使用此系统作为冷气推进系统，或通过超级加热筒加电成为电阻加热推进系统。超级加热筒是推进剂到达喷管前的一段小直径管道。通过加热此筒薄壁，可以提供推进剂在喷管加速前所需要的热量。

Busek 公司开发了一种相似的电阻加热微推进系统，但使用氨作为推进剂，比冲显著增高[8]。系统提供了一套集成的推力器：主推力器（推力 2～10 mN，比冲 150 s）和几个小的姿态控制推力器（推力 0.5 mN，比冲 80 s）。据报道，系统功率需求范围从 3 W 到 15 W。系统已在实验室验证可用于其他几种推进剂（包括制冷剂 R134a 和 R236fa），并且将用于 1U 立方星星体。虽然在公开文献中没有该系统相关的飞行演示，但据声明，此系统具备飞行状态。

RAMPART 推进系统是一种令人感兴趣的自加压电阻加热微推进方案，由阿肯色州大学使用 3D 打印制造技术研发[9]。系统推力达到 500 mN，使用 R134a 作为推进剂。与上述例子相似，此推进系统可以用于冷气，比冲 67 s，或者用于温气，比冲增加到 90 s。在此系统中，推进剂贮箱带有多孔微通道的 MEMS 膜，通过表面张力将液体和气体分离开。通过该方式，可使用贮箱的蒸发压力压缩推进剂，而不需要任何额外的压缩气体。喷管及其集成的加热器使用几层硅片制造，也采用微机电制造技术。

东京大学研发的 AQUARIUS，是一种采用水作为推进剂的电阻加热微推进系统，用于日本 6U 深空立方星 EQUULEUS[10]。该系统是 VLM 基本型，但有一个创新，其在一个独立蒸发室对水推进剂进行预蒸发，使蒸发室和燃烧室完全分开。虽然增加了复杂度（因为需要在蒸发室和推力器之间安装额外一套阀门），但显著简化了加热过程，其不再出现在推力器处的实时加热。可以在蒸发室提前进行加热，蒸发完成后再将推进剂加速喷出。反过来，这又消除了燃烧室中复杂高动态两相流体（不稳定性、流体振荡、微气泡的超声速破裂）带来的动态复杂性。另外，此电阻加热微推进系统另一个设计特点是，使用卫星通信组件的废热作为蒸发室热源，因此减少了系统能源需求，提高了内在效率。

AQUARIUS 系统使用常温常压的水推进剂，在蒸发室内加热到 393 K，压力为 4 kPa。标称推力 4 mN，比冲 70 s，功耗 20 W。2019 年，从国际空间站释放的 3U 立方星 AQT－D 已经成功在轨演示验证了 AQUARIUS 系统的原型[11]。

东京大学正在研发的双配置是此概念一个有意思的替代应用。水推进剂用于两种不同的推进单元：一个与 AQUARIUS 相同设计的电阻加热微推进和一个离子微推力器，推力

0.25 mN，比冲 415 s，功耗 45 W[12]。

如上所述，AQUARIUS 和其他正在研发的 VLM 系统的主要差异是蒸发过程和加速过程分离。相反，多数 VLM 系统在喷管上游直接加热两相蒸发流。加热器可以是内置的（悬在流体中直接加热推进剂），通常是外置的，也就是通过管道壁提高整个管道温度，从而加热并最终蒸发管道中的推进剂。

印度理工大学研制的单通道推力器是这种 VLM 电阻加热微推力器的一个实例[13,14]，如图 5-2（左图）所示，其经历了大量试验，最大功率 3.6 W，输出推力 1 mN，喷管喉部面积 130×100 μm^2。此推力器基于 MEMS 硅芯片，其中一层包括加热通道和压缩-膨胀喷管，层的另外一面包含单晶硅中由硼扩散制成的曲折线电阻微加热器。另一个例子是清华大学研制的脉冲微推力器[15]，如图 5-2（右图）所示，通过脉冲加热工作，平均功耗 30 W，产生 1 s 多的推力，总冲量 0.2 μNs。该电阻加热微推力器 MEMS 芯片是硅晶圆和用作电阻及内部电线的 200 nm 厚钛合金的组合。与之前的概念不同，这是面外构型（推进剂入口和出口与晶圆垂直），而不是面内构型（推进剂入口和出口在晶圆内）。经试验测量，此电阻加热微推力器推力范围从 0.82 μN 到 0.86 μN，脉冲频率 30 Hz，脉冲宽度从 500 μs 到 900 μs。图 5-2 中的两种推力器都使用水作为推进剂。

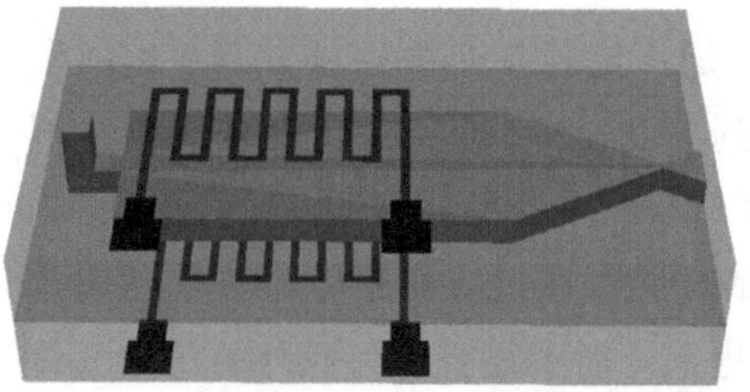

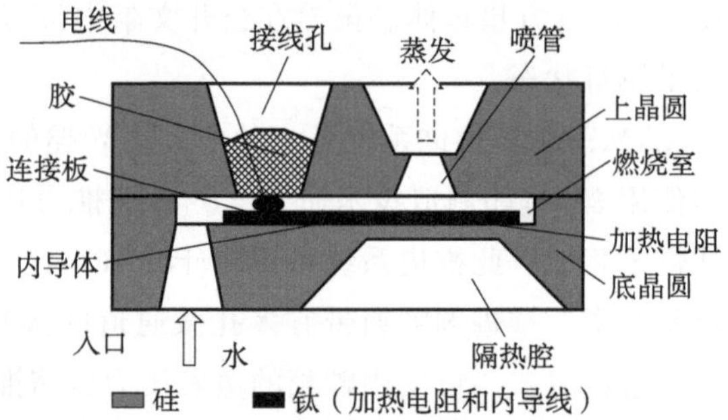

图 5-2　左：印度技术研究所研制的单通道微机电电阻加热推力器的三维原理图[14]；
右：清华大学研制的微机电电阻加热推力器原理图[15]（见彩插）

电阻加热微推力器的研究工作最早可以追溯到 20 世纪末加州理工大学[16,17] 喷气推进实验室和加州大学戴维斯分校开展的工作[18]。如图 5-3 所示为后者呈现的两种电阻加热微推力器 MEMS 芯片，一种面内的和一种面外的。用水作为推进剂，用于表征推力器试验特征，获得最大推力接近 0.19 mN，功耗 6.7 W。该推力器可以被认为是第一个基于 MEMS 技术制造的电阻加热微推力器概念的实验室演示。

代尔夫特理工大学正在开发用于小卫星的 MEMS 电阻加热微推力器，并以液态水为推进剂[19,20]。基于模块法制造推力器（图 5-4）的方法允许在同一 MEMS 晶圆中，基于加热通道（蛇形或菱形）与喷管的不同组合来制造不同的推力器。推力器由金属钼加热器加热，设计推力 0.6～1 mN，比冲超过 100 s，腔体压力 5 bar。该 VLM 概念经历了几次测试，再次证明功耗对腔压的极端敏感性，以及使用加热器电阻来准确测量腔壁温度的可能性[21]。

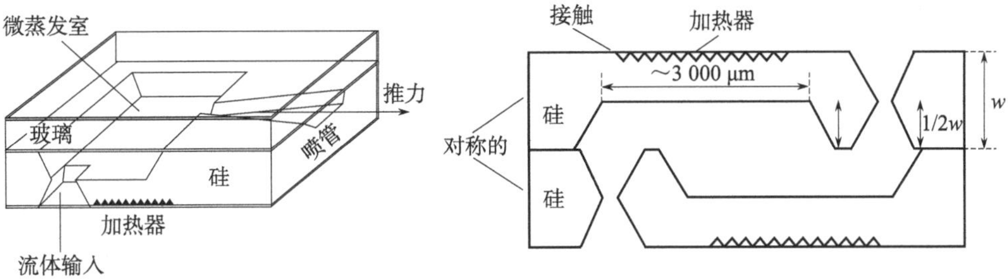

图 5-3　加州大学戴维斯分校展示的面内的（左）和面外的（右）电阻加热微推力器构型[18]

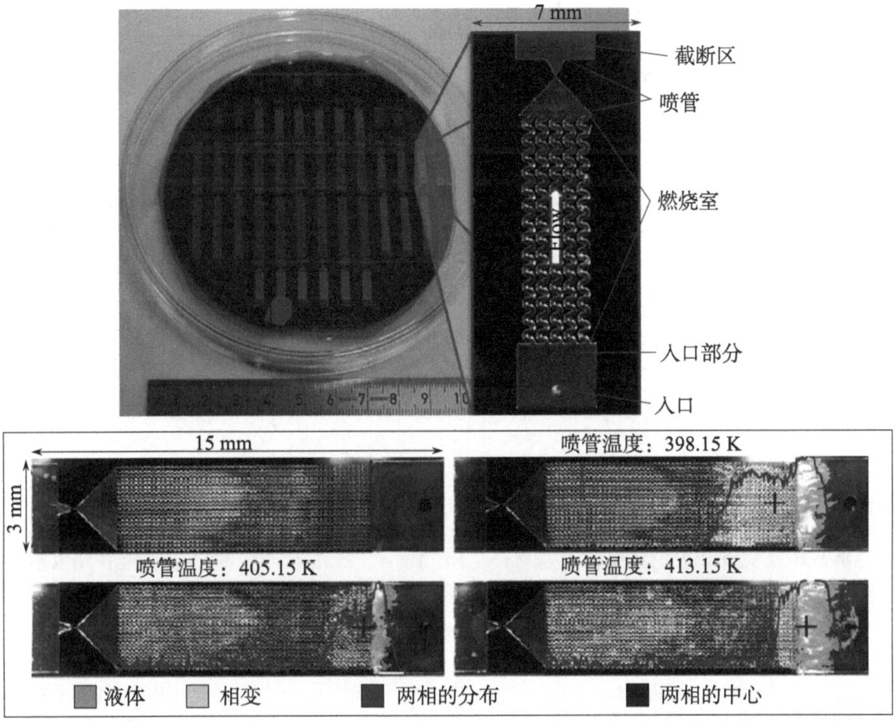

图 5-4　上：代尔夫特理工大学研发的带有不同类型 VLM 推力器的微机电晶圆和一个带有蛇形加热通道的推力器；下：加热腔不同温度下推力器内的汽化流型（见彩插）

MEMS 和硅基制造方法并不是 VLM 电加热微推力器的仅有选择。过去曾有人对共烧陶瓷进行过一些研究，比如在新加坡国立大学[22] 和南洋理工大学[23]。虽然前者是证明使用新材料替代硅带来优势的第一个研究团队（特别是花费低和相对简单的加工工艺），后者通过采用一种多层结构和铂加热器的高温设计，进一步拓展了这一概念（图 5-5）。推力器经过广泛测试，与基于硅的相似特性的 VLM 相比，功耗降低 21%，但在 0.63 mN 推力下，比冲仅 31 s。

本章提出的 VLM 电热微推力器的总结见表 5-1。表格包括每种概念的一般信息，以及主要性能参数（推力、比冲、功耗），这些信息都来自公开文献资料。该项调查并不是

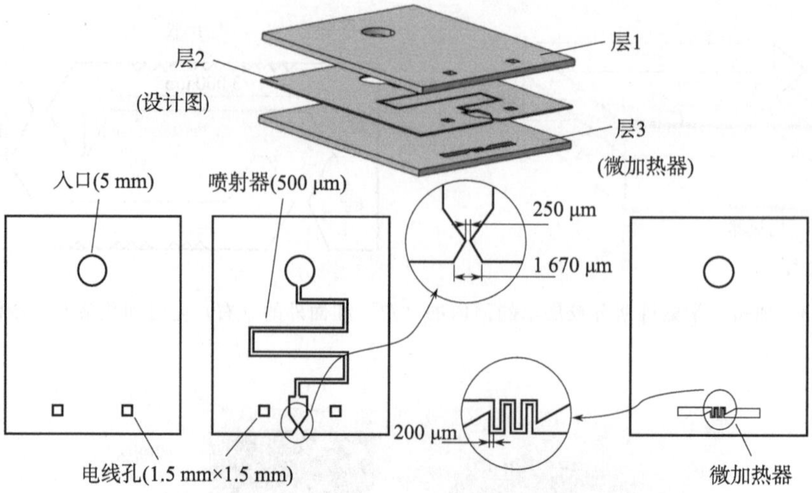

图 5-5　南洋理工大学展示的高温共烧陶瓷 VLM 原理图

全面的和深入的，但它提供了 VLM 概念发展到当前的一个很好概述，以及该类型推力器预期可以达到的性能水平。

表 5-1　本章介绍的 VLM 微推力器概述（灰色行：商业可用/或经过飞行验证的；白色行：仍处于原型级）

名称	研发商(推进剂)	推力/mN	比冲/s	功率/W	备注
单喷口微电阻加热推力器	TRW 公司(氮气)	187	123	42	已应用于维拉三号卫星
多喷口微电阻加热推力器	TRW 公司(氮气)	89	132	17	已应用于高级维拉卫星
微电阻加热推力器	通用电气(氨气)	44	100	3.2	已应用于 NLR 航天器
MR-501	航空喷气-洛克达因(肼推进剂)	370	303	493	已应用于 BSAT-2 卫星
3U 立方星推进模块	NanoSpace/GOMSpace(丁烷)	1	不适用	2	已应用于 TW-1 卫星星座，兼作冷气推进
CHIPS	CU Aerospace/VACCO(R236fa 制冷剂)	20	68	30	兼作冷气推进
微电阻加热系统	Busek 公司(氨气)	0.5～20	80～150	3-15	含姿控推力器
RAMPART	阿肯色大学(R134a 制冷剂)	500	90	不适用	3D 打印制造，兼作冷气推进
AQUARIUS	东京大学(水推进剂)	4	70	20	已应用于 AQT-D 立方星
单通道 MEMS 电阻加热推力器	印度理工学院(水推进剂)	1	不适用	3.6	单加热通道硅芯片结构

续表

名称	研发商(推进剂)	推力/mN	比冲/s	功率/W	备注
脉冲式 MEMS 电阻加热推力器	清华大学(水推进剂)	0.8～2.9 ($\times10^{-3}$)	不适用	30	专为脉冲模式设计
MEMS 电阻加热推力器	加州大学戴维斯分校(水推进剂)	0.19	不适用	6.7	全球首个 MEMS 电阻加热推力器
VLM 型 MEMS 电阻加热推力器	代尔夫特理工大学(水推进剂)	0.6－1	>100	不适用	模块化设计，多并联加热通道
共烧陶瓷 VLM 推力器	南洋理工大学(水推进剂)	0.63	31	不适用	铂加热器多层结构

VLM 电阻加热微推力器的主要技术挑战在于加热腔中存在本质不稳定的两相流，导致推力器控制困难。另一个挑战与微喷嘴的使用需求有关，本书第 3 章已讨论，当喷管雷诺数小于 1 000 时，流体将出现显著的流动损失，而这是 mN 级推力电阻加热微推力器的典型情况。

因此，研究 VLM 电阻加热微推力器的加热和推力室内复杂流体动力学，对于更好设计及理解这些推力器具有非常重要的意义。中国台湾应用研究实验室[24] 资助的研究在这方面做出了重要贡献，该研究在单通道加热室 VLM 上进行了广泛的分析和探索。他们最先发现了 VLM 推力器中质量流速、压力、加热功率（详见 5.4 节）之间的清晰关系：对于给定加热功率推力器，质量流速（也就是推力）是加热室压力的直接函数。这就意味着，当出现压力振荡（例如两相流导致的不稳定），如果输入功率保持不变，会产生推力振荡；如果期望保持稳定的推力水平，则需要连续控制输入功率作为压力的函数。参考文献［24］中的流体图像显示推力器中 4 种不同的流动模式，每种模式都有各自的特点，这取决于质量流速、压力、通道形状。中国科学院[25] 进一步拓展了该研究，试验活动主要集中在具有多个平直通道的 VLM 推力器上，这使得能够在推力器微尺度下表征几种可能的流体现象，例如在加热不足情况下喷管中出现的液滴，推力器不规则性周围产生蒸汽晕，逐渐变成大液滴（有时退化为破裂），当输入功率过高时，甚至出现爆炸性沸腾（图 5－6）。所有这些现象通常导致显著的压力振荡，反过来这又导致推力器控制更加困难。

上述考虑表明了准确模拟 VLM 电阻加热微推力器内部流体的重要性，要及时识别早期设计阶段与流体振荡和不稳定相关的任何风险。在这方面，萨兰托大学（University of Salento）的研究成果尤为突出[26,27] ——其提出的模型虽结构简洁，却展现出卓越的预测能力。文献［26］提出的一维模型基于对加热腔内稳态流动与微喷管中非理想流动的耦合分析，其核心特征是在理想火箭理论方程基础上引入半经验公式，用于量化存在黏性损耗时的流量系数。结果表明，多通道加热腔和平行直通道 VLM 推力器的推力、比冲计算结果与实验结果吻合较好，相对误差小于 10％。

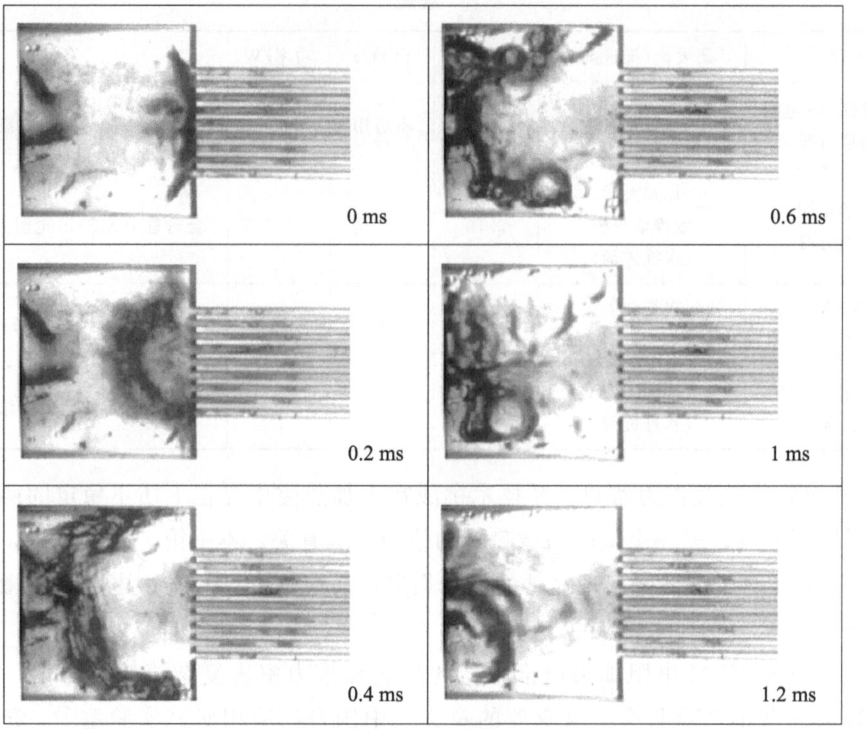

图 5-6　由于输入功率过大，在具有平行直通道的 VLM 推力器进气道发生爆炸沸腾的光学图像，进气室宽度 2 mm，微通道宽度 80 μm[25]

5.2.2　一个非常规选择：低压电阻加热微推力器

如前所述，小型化的 VLM 电阻加热微推力器一个主要问题是微喷管的使用，当雷诺数变得特别低时，微喷管与流体显著损失有着内在联系。规避该问题的一个方法是在很低的压力下使用电阻加热微推力器，在稀薄或过渡流体状态下工作。此概念，在文献中被称为自由分子电加热微推力器（FMMR）或低压电加热微推力器（LPM），允许完全不用常规的压缩-膨胀喷管，只通过与膨胀槽的高温壁碰撞对低压室中推进剂粒子进行加速。此概念的另一个优点是：它允许两用，可以作为电加热微推力器或者冷气推力器，因为可以在不加热膨胀槽的情况下使用。

FMMR 想法最初是由空军研究实验室和南加州大学在 21 世纪初提出和研究的[28-31]。设计概念最初基于一个装置，其加热面与膨胀槽分离（图 5-7 左），后来改进为膨胀槽壁也用作加热面的一种形状（图 5-7 右）。此类推力器使用多种推进剂（氦、氮、氩、二氧化碳）进行测试，结果显示气体压力从 50 Pa 到 300 Pa，推力水平 0.1～1.6 mN，比冲 40～140 s，加热壁温度 325～525 K。后来使用水蒸汽进行测试，结果表明，可以提供 0.13 mN 推力，比冲 79 s[32]。

LPM 概念最近被代尔夫特理工大学的研究[33-35] 赋予了新的生命，提出了该类电阻加热微推力器的改进设计，并进行了分析和测试。此类推力器倾向于采用水蒸气作为推进

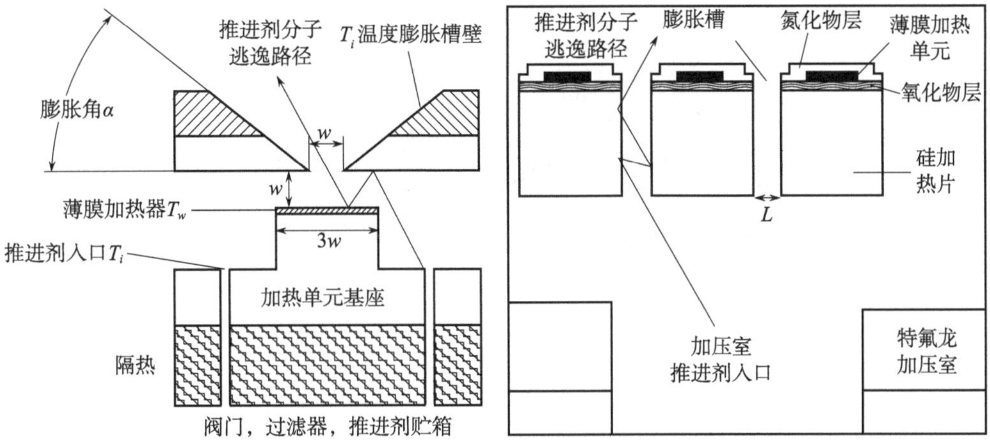

图 5-7　左：空军研究实验室展示的最初 FMMR 概念，加热器与膨胀壁分离[29]；
右：改进的 FMMR 概念，使用膨胀槽壁作为加热面[30]

剂，使用 MEMS 推力器芯片和钼加热器，采用矩形或圆形作为膨胀槽截面（图 5-8 上）。该概念经过广泛的测试，显示出推力范围从 0.2 mN 到 1.4 mN，比冲范围从 15 s 到 40 s，加热片温度范围从环境温度到 149 ℃，气体压力范围从 200 Pa 到 400 Pa。

此概念也被提出用于固态存储的水（冰），压力低于三相点直接升华为水蒸气（图 5-8 下）。这个想法非常有前景，因为它把推进剂固态存储的优势与推进室中加速稀薄气体的优势结合了起来。然而，为了使之成为一个可行选择，必须解决几个挑战，特别是从发射到在轨操作整个过程中如何确保推进剂处于冷冻状态。

5.2.3　一个更非常规选择：太阳能热推进

太阳能热推进（STP）是电热推进的一种替代类型，其中聚光器，如镜子或透镜，用于将阳光直接聚焦到推进剂或热交换器或接收器中（图 5-9）。光纤可将集中的太阳能从聚光器传输到接收器。由于太阳能热源较高的能量密度，原则上，在这种系统中推进剂温度可以升到 3 000 K 以上；然而，接收器也可以作为能量存储系统（例如基于相变材料）来更加缓慢地释放这么大量的能量，并允许稍微降低推进剂温度。

从 21 世纪初开始，由于光线和热能存储技术的进步，以及将他们集成于双模推进与能源系统的可能性[36]，STP 系统最近被提出用于小规模应用。让小型化的 STP 系统真正适用于太空应用仍有几个现实挑战，与聚光器和接收器技术相关。对于聚光器，需要更高效率、更轻、更小、更高效的光学器件，以及可控性和可展开性。对于接收器，仍待解决的主要问题是密封性、热循环寿命和液体容纳问题。最后，需要轻质隔热材料来减少热传导到航天器热敏感组件。

小型化 STP 系统的现有试验结果表明，使用石墨或铼等高温材料，在 2 bar 燃烧室压力、推进剂温度高于 2 000 K 的情况下，推力水平可以达到 1 N[37,38]。

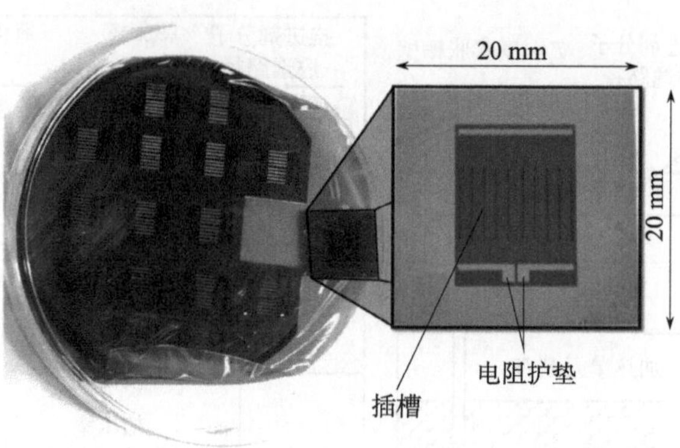

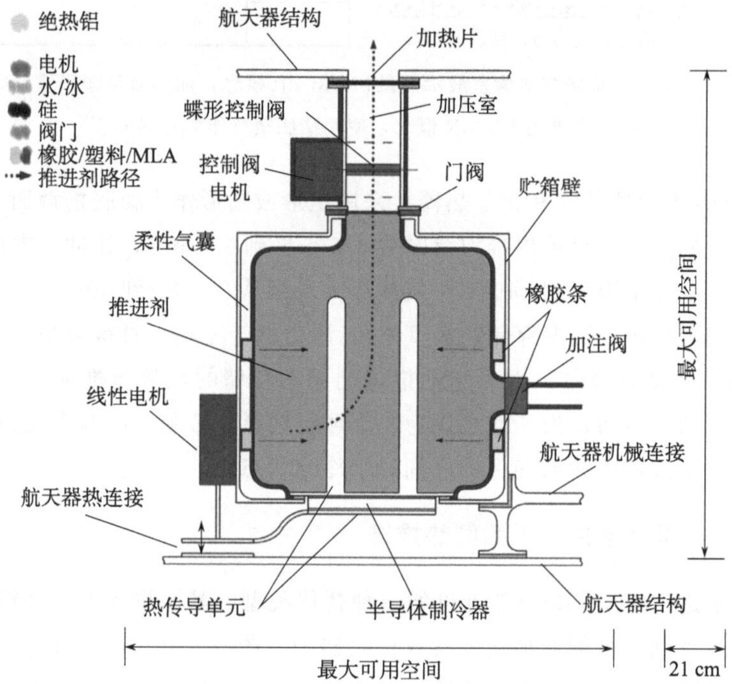

图 5-8　上：代尔夫特理工大学研发的带有不同 LPM 推力器芯片的微机电晶圆和一个基于矩形膨胀槽的推力器芯片[33]；下：基于 LPM 概念的冰升华推进系统草图（见彩插）

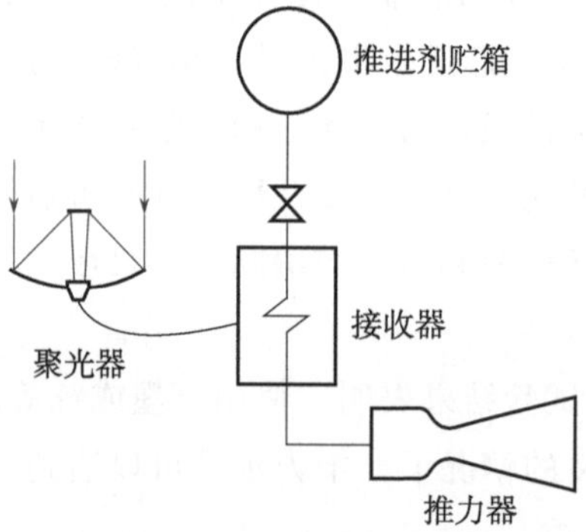

图 5-9　一种典型太阳能热推进系统的原理图

5.3　电热微推力器的推进剂选择

如前所述，电热推进一个主要优点是可以使用任何推进剂，因为仅需向推进剂提供热并最终使推进剂汽化。然而，除了一些特定情况（例如 LPM 推力器使用冰升华的非常规想法，见 5.2 节），将优先选择可液态存储的推进剂，因为其有足够的密度，且不像气态存储的推进剂需要极端的压力。

本章作者在参考文献［39］中详细分析了电阻加热微推力器的推进剂选择。共对适用于 VLM 和 LPM 的 95 种不同的推进剂进行了分析和排序。第一，在环境温度下，压力不超过 10 bar 条件下以液态或固态形式存在，才纳入考虑。剩下 63 种推进剂，根据安全性（易燃性、不稳定性、健康危害）、性能（比冲）和密度进行排序。基于专家对于相对重要性的意见，通过 Pugh 矩阵对这些标准赋予权重。最终排序如图 5－10 所示，不仅显示了平均分数（基于所有专家每个标准的平均权重），而且还显示了统计偏差。更具体地说，图中每个格子的中间红线是中位数，格子上边界和下边界分别是上下四分点，顶部和底部线分别是最大和最小值，十字是异常值。从这些结果可以清楚看到，在不考虑标准权重的情况下，9 种液体的分值高于其他液体，分别是丙酮、氨、丁烷、环丙烷、乙醇、异丁烷、甲醇、丙烯和水。

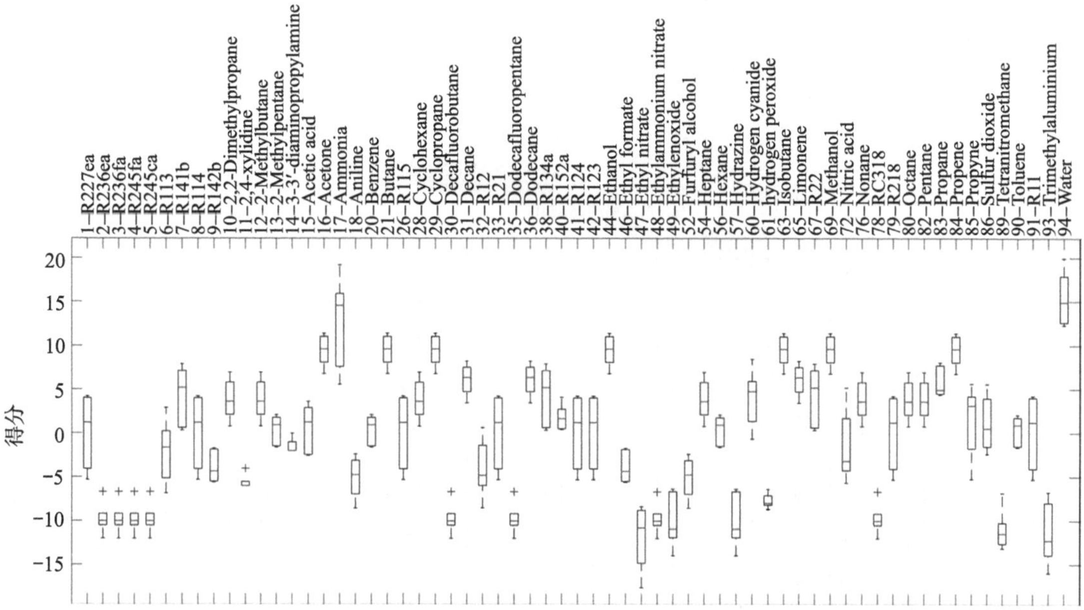

图 5－10　基于 Pugh 矩阵权重标准的 63 种电阻加热微推力器推进剂的整体排序[39]（见彩插）

最后，使用代尔夫特理工大学开发的 VLM 和 LPM 装置的设计和要求作为基线计算案例，对 9 种推进剂进行了评估。至少在推进剂的相对比较方面，分析结果（图 5－11 和图 5－12）可认为是通用的，而且适用于其他设计。

对于每种推进剂，根据基线推力器要求的全部温度和压力范围，计算了推进剂理论比冲和单位容积速度增量，作为所需功率的函数。类似于本章 5.4 节，基于理想简化方程计算了性能参数。

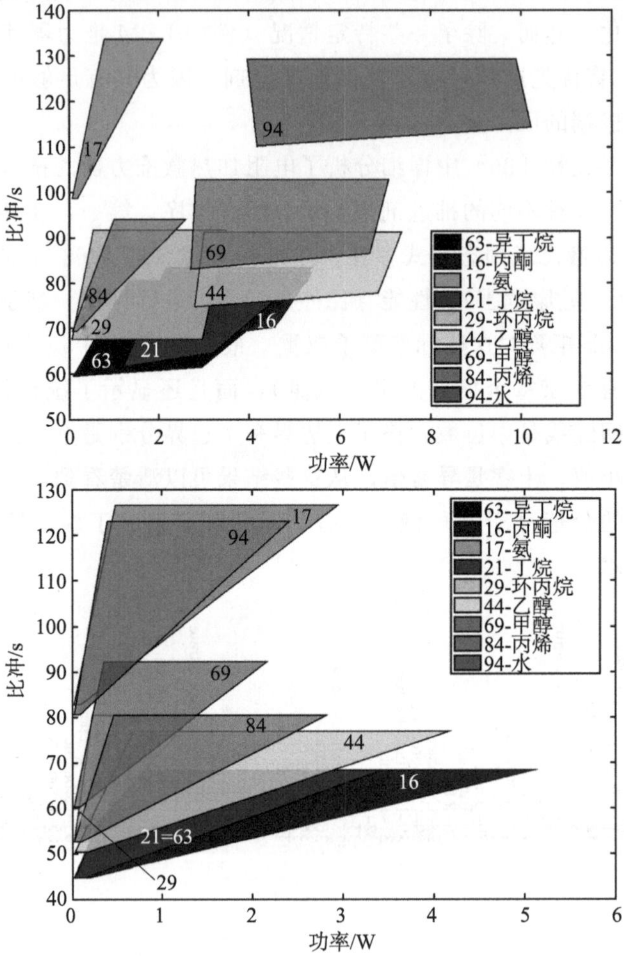

图 5-11 在代尔夫特理工大学研发的装置许可的压力和温度范围内，对于 VLM（上）和 LPM（下）两种情况，9 种最佳推进剂比冲与输入功率的函数关系[39]（见彩插）

结果清楚表明，两种性能最好的推进剂为氨和水。两种推进剂比冲较高，主要是因为分子质量小，相同的能量能将小质量的分子加速到更高速度。然而，由于水的汽化潜热值高，在 VLM 中反应需要更多的输入功率。LPM 概念中不存在这个问题，注入推力器的推进剂已处于汽化状态，因此不需要将膨胀槽中用于推进剂分子加速的加热器用于液体汽化。然而，在这两种推进剂中，由于水的液体密度较高，在 VLM 和 LPM 两种情况下，单位体积水的速度增量更高。因此，特别是体积约束与质量约束一样重要，甚至更重要的应用中（在小卫星和立方星中经常出现），水可能是安全、性能、质量和体积等约束下的最好折衷方案。

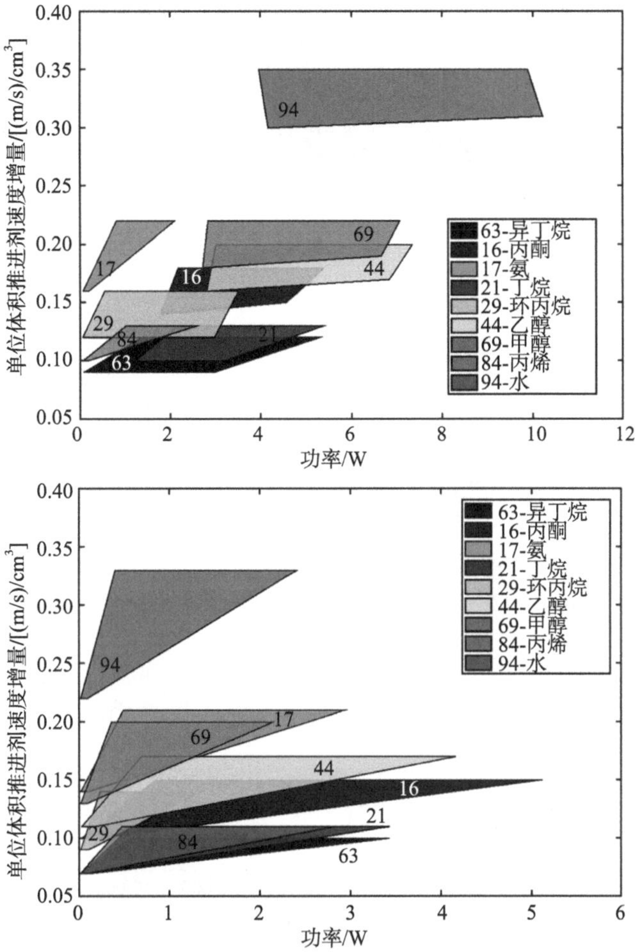

图 5-12 在代尔夫特理工大学研发的装置许可的压力和温度范围内，对于 VLM（上）和 LPM（下）两种情况，9 种最佳推进剂单位体积推进剂速度增量与输入功率的函数关系[39]（见彩插）

在参考文献 [36] 中，作者对 STP 系统进行了类似的研究，尽管选择的推进剂种类有限（水、氢和氨）。在这种情况下，分析考虑了典型的 STP 系统实际的温度范围（1 000～2 500 K）和推力（0.5 mN～2 N），该系统的喷管扩张比为 100，腔体压力为 2 bar。

这种情况下，结果具有不确定性，不同的决定性参数给出不同的优选结果，取决于选择的是比冲，还是单位体积推进剂速度增量（图 5-13）。由于氢的分子质量非常低，因此，从比冲角度看，氢显然是非常好的选择，但同时从单位体积推进剂速度增量看，氢性能非常差。单位体积速度增量的现实替代是氨和水，这与 VLM 应用情况类似，在这种情况下，水似乎代表了所有可能的选择标准之中的最佳折中选择。

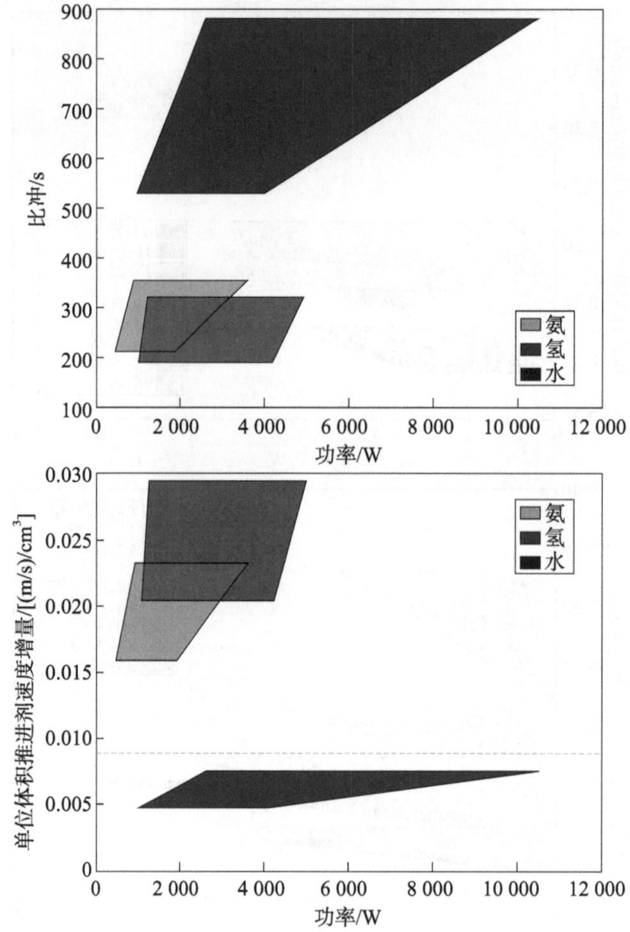

图 5-13　在 STP 系统典型压力和温度范围内，三种推进剂的比冲（上）、单位体积推进剂速度增量（下）与输入功率的函数关系（见彩插）

5.4　常规电阻加热微推力器理论分析

由于 VLM 电阻加热推力器能通常基于收缩-膨胀喷管原理对推进剂加速，可以使用简化的理想火箭理论方程进行性能分析。这些方程所依据的假设已在第 3 章介绍，可以概括如下：

1）喷管中的流体是完美的、热理想气体，化学成分均匀；

2）流体是稳定的、等熵的、单维的，纯轴向速度；

3）喷管内的气流无摩擦或其他外力。

喷管是收缩-膨胀型的，进口段流体被认为处于停滞状态（速度忽略），喉部处于声速，排出部处于典型的高超声速。

尽管进行了大量的假设和简化，在评估喷管性能时，理想火箭理论依然惊人的准确，其结果通常与实际结果的误差保持在 10%～15%以内。

根据原理图 5-1，假设液体推进剂进入加热腔时温度为 T_0，压力为 p_0。推进剂温度升高到 T_C（气态），同时假设加热腔压力未出现下降，也就是压力保持在 p_0。然后，流体在喷管中加速并喷出，压力为 p_e、温度为 T_e、喷出速度为 v_e。

在理想火箭理论假设下，可以推导如下喷射速度方程

$$v_e = \sqrt{\frac{2\gamma}{\gamma - 1} \cdot \frac{R_A}{M_W} \cdot T_C \cdot \left[1 - \left(\frac{p_e}{p_0}\right)^{\frac{\gamma-1}{\gamma}}\right]} \tag{5-1}$$

式中，R_A 是通用气体常数 [$R_A = 8\ 314$ J/(K · kmol)]，M_W 和 γ 分别是喷管中气流的分子质量和比热比。

式（5-1）表明：通过选择能使燃烧室加热温度更高且喷管内气流分子质量更低的推进剂，可实现更高的喷气速度（在化学发动机中，该气流是燃烧室内化学反应产物的混合物）。

对于质量流量 $\dot{m}$，下列方程成立

$$\dot{m} = \frac{p_0 \cdot A^*}{\sqrt{\frac{R_A}{M_W} \cdot T_C}} \cdot \sqrt{\gamma \cdot \left(\frac{1+\gamma}{2}\right)^{\frac{1+\gamma}{1-\gamma}}} \tag{5-2}$$

式中，A^* 是喷管喉部面积。

前面章节已经提到，推进系统产生的推力可以通过如下方程进行计算

$$F_T = \dot{m} \cdot v_e + (p_e - p_a) \cdot A_e = \dot{m} \cdot v_{eq} \tag{5-3}$$

式中，p_a 是外部环境压力，A_e 是推进剂排气面积。式（5-3）表明，推力由两种不同的部分组成，动量项（推进剂和航天器之间的实际动量交换）和压力项（排出的推进剂和外部环境之间的压力差）。为更紧凑地写出推进方程，通常定义等效喷射速度，用式（5-3）中的 v_{eq} 表示，同时包含了方程中的动量项和压力项。

比冲的定义：发动机产生的总冲量（推力在燃烧时间上的积分）与用来产生冲量的推进剂重量的比值。通常使用秒度量，其给出了表示系统推进剂消耗效率的一种度量：高比冲意味着相同的推进剂质量产生更高的冲量（或者使用更少的推进剂产生相同的冲量）。如果等效喷射速度在时间上是常值，比冲可以简写如下

$$I_{sp} = \frac{v_{eq}}{g_0} = \frac{F_T}{\dot{m} g_0} \tag{5-4}$$

式中，g_0 是海平面上的地球重力加速度（$g_0 = 9.81$ m/s^2），不论火箭或航天器在哪里飞行。

最后，速度增量（当给定质量的推进剂喷出后，推进系统所属航天器经历的理想速度变化）通常使用火箭方程进行计算，即

$$\Delta v = v_{eq} \cdot \ln\left(\frac{M_0}{M_0 - M_P}\right) \tag{5-5}$$

当质量为 M_P 的推进剂以等效喷射速度 v_{eq} 喷出后，火箭方程给出了初始质量为 M_0 的航天器的速度变化。然而，这只在一些假设下才成立：没有外力作用在航天器上（如重力

或大气阻力)，等效喷射速度不随时间变化，推进剂喷射方向与飞行方向相反。当至少一个假设不满足时，通过火箭方程计算的速度增量不再是航天器的速度变化。然而，它仍然是推进系统将能量传递给航天器的一个很好指标，尽管只有部分能量确实用于增加航天器实际动能。

在 VLM 系统中，方程（5－2）中的质量流量必须与下述关系结合起来，这些关系表征了液体推进剂的汽化与加热。

$$P_h = \dot{m} \cdot [c_{pL} \cdot (T_{boil} - T_0) + L_h + c_{pG} \cdot (T_C - T_{boil})] \tag{5-6}$$

式中，P_h 是加热功率；T_{boil} 是推进剂沸点温度（也是加热腔压力的函数）；L_h 是推进剂汽化潜热；c_{pL} 和 c_{pG} 分别是推进剂液相和气相的常压比热，通常也都是温度的函数。然而，在简化模型中，在相应的范围内，它们被认为是常数，等于平均值。综合式（5－2）和式（5－6），可以得到如下关系

$$P_h = \frac{p_0 \cdot A^*}{\sqrt{\frac{R_A}{M_W} \cdot T_C}} \cdot \sqrt{\gamma \cdot \left(\frac{1+\gamma}{2}\right)^{\frac{1+\gamma}{1-\gamma}}} \cdot [c_{pL} \cdot (T_{boil} - T_0) + L_h + c_{pG} \cdot (T_C - T_{boil})] \tag{5-7}$$

尽管来自极端简化理论，式（5－7）清楚表明了不仅加热功率和腔温（正如预期）直接相关，而且加热功率和推进剂压力也直接相关。虽然结果来自理想火箭理论方程，因此没有损失存在，但当存在损失时，通常仍然认为结果有效。这说明，推进剂必须达到给定温度，而达到该温度所需的加热功率又是推进剂压力的函数。因此，在没有压力调节器的系统中，功率需求将随系统寿命而变化。此外，压力振荡和流体不稳定，如 5.2 节提到的典型两相沸腾流体，直接导致需要对加热功率进行相应控制。这使控制电子元件的设计变得复杂，同时，额外限制了可以达到的推力和比冲水平。

由于 LMP 电阻加热微推力器中的稀薄流体条件使理想火箭理论（基于连续流体的假设）不再适用，这个特殊概念推力器的模型方程明显不同。参考文献［40］中提出了一组简化的模型方程，简要总结如下。

这个模型方程假设 LPM 腔体内部热力平衡，从麦克斯韦分布出发得到了热力平衡中的分子热速度。在这种情况下，可以证明下面的方程适用于质量流率

$$\dot{m} = \alpha p_0 \sqrt{\frac{m_a}{2\pi k T_0}} \cdot A_e \tag{5-8}$$

式中，m_a 是单个气体分子质量；k 是玻耳兹曼常数；A_e 是膨胀槽出口总面积。在此类系统中，式（5－8）中的参数 α 叫作发射系数，非常关键。其定义为喷出膨胀槽的分子实际质量流率与自由分子极限中理想质量流率的比值；或者，也就是说，从膨胀槽中排出的分子实际质量流率与进入膨胀槽的分子质量流率的比值。两种质量流率不相同，因为部分分子进入膨胀槽后被弹回，未被喷出返回腔体。

发射系数是 LPM 推力器一个重要损失因素，因为，尽管分子在膨胀槽内部分受到激励，但是没有被喷出，因此不能产生推力。该系数取决于膨胀槽的几何形状（特别是圆形

和矩形的)，其半经验公式可以在参考文献［40］中找到。固定面积膨胀槽的系数范围介于 0.15 和 0.2 之间，但对于扩张性膨胀槽，发射系数可以增加到超过 0.7[34]。

LPM 系统中的喷射速度和出口压力可以表示如下

$$v_e = \sqrt{\frac{\pi k T_{tr}}{2m_a}} \tag{5-9}$$

$$p_e = \frac{\alpha p_0}{\pi}\sqrt{\frac{T_{tr}}{T_0}} \tag{5-10}$$

式中，T_{tr} 是气体平动动力学温度，取决于比热比和膨胀槽内的壁温 T_W，即

$$T_{tr} = \left(\frac{6\gamma}{\pi + 6\gamma}\right) T_W \tag{5-11}$$

将上述方程合并成一般形式求解推力和比冲，见式（5－3）和式（5－4），最终可以得到真空推力（$p_a = 0$）和真空比冲的表达式，即

$$F_{T\_vac} = \alpha p_0 A_e \frac{\pi + 2}{2\pi}\sqrt{\frac{T_W}{T_0}\left(\frac{6\gamma}{\pi + 6\gamma}\right)} \tag{5-12}$$

$$I_{sp\_vac} = \frac{\pi + 2}{g_0}\sqrt{\frac{kT_W}{2\pi m_a}\left(\frac{6\gamma}{\pi + 6\gamma}\right)} \tag{5-13}$$

式（5－12）和式（5－13）表明，即使在 LPM 微推力器非常不同的流体动力学条件下，与基于连续流体的常规推力器采用相类似的考虑：推力水平与腔体压力和膨胀槽面积成正比，比冲主要取决于壁温和分子质量。然而，一个值得注意的差异是，壁温直接影响推力水平，而它对传统的 VLM 电阻加热微推力器几乎无影响，见式（5－1）、式（5－2）与式（5－3）。最后，发射系数直接影响推力，但对比冲无直接影响。

5.5　结论和未来挑战

为更好地将电热微推力器，特别是电阻加热微推力器放在适当位置，有必要将其最新性能与其他微推进系统相比较。图 5－14 至图 5－16 展示了基于各种综述文献[4,41-46] 获取的数据信息，提供了微推进系统的概述，包括推力、比冲、输入功率和推力-功率比。

从对比可清楚看到，电阻加热微推力器提供了与冷气推进相同的推力范围，但比冲更高(相对于冷气推力器，比冲是其 2～3 倍)。当然，这是以加热推进剂所需的电能为代价的。

图 5－14 清楚表明电阻加热微推力器在比冲方面与其他电推力系统差距较大，因此，在推进剂消耗效率方面不具有竞争力。从图 5－15 和图 5－16 可以清楚看到，电阻加热微推力器是迄今为止推力能量比最高的电推进系统，也就是使用电能向推进剂提供能量的系统。也就是说，虽然推进剂消耗效率低，电阻加热微推力器是给定输入功率条件下产生最高推力的一种方式。

总之，在通用性是优势的情况下，从推力和推进剂选择的角度看，小型化电加热推力器是一个理想应用。如果要求推力为 1～100 mN，功率为 10 W 或更低（小卫星，比如 3U 立方星，典型平均功率量级)，电阻加热微推力器将是唯一选择。

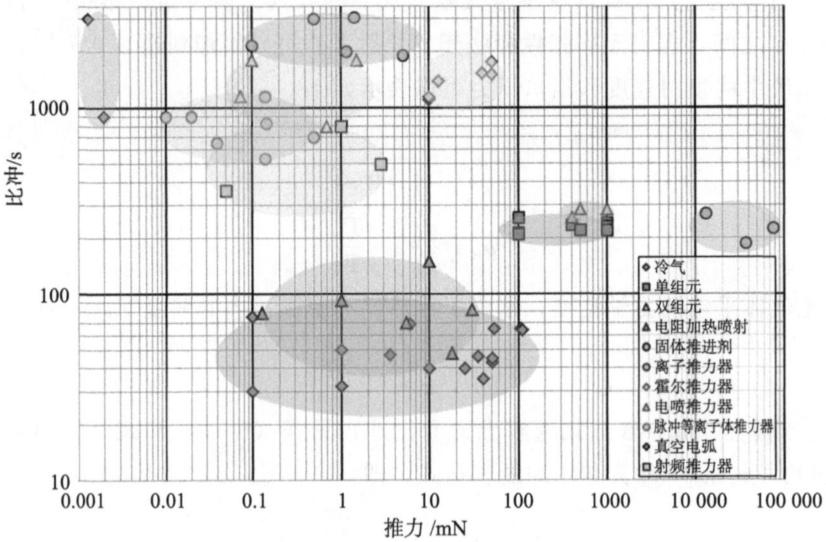

图 5-14　各种类型的微推进系统的现状（推力和比冲）（见彩插）

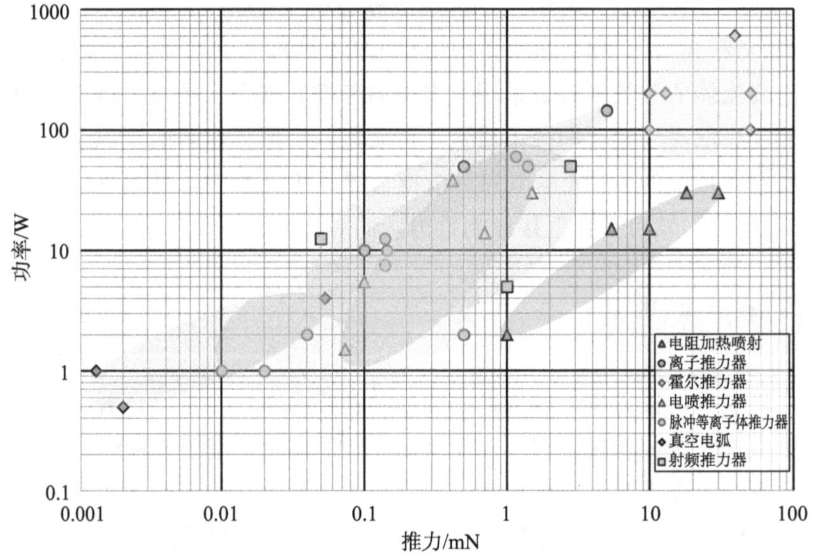

图 5-15　各种类型的微推进系统的现状（推力和输入功率）（见彩插）

正如本章所展示，电热微推进系统的发展状态非常活跃，多个大学、研究中心和商业公司正对几个方向和概念进行研究。

此种类型的推进系统的主要优点在于通用性，特别是它几乎可用于任何状态的任何推进剂（固态、液态或气态）。

反过来，在传统电阻加热微推力器设计中，推进剂在收缩-膨胀喷管中被汽化加速，主要挑战是加热室中的两相流本质上流体不稳定和压力振荡，以及对推力器可控性的影响。推进系统热效率本质上受限于尺寸小和使用的材料，在喉部雷诺数小于 1 000 情况

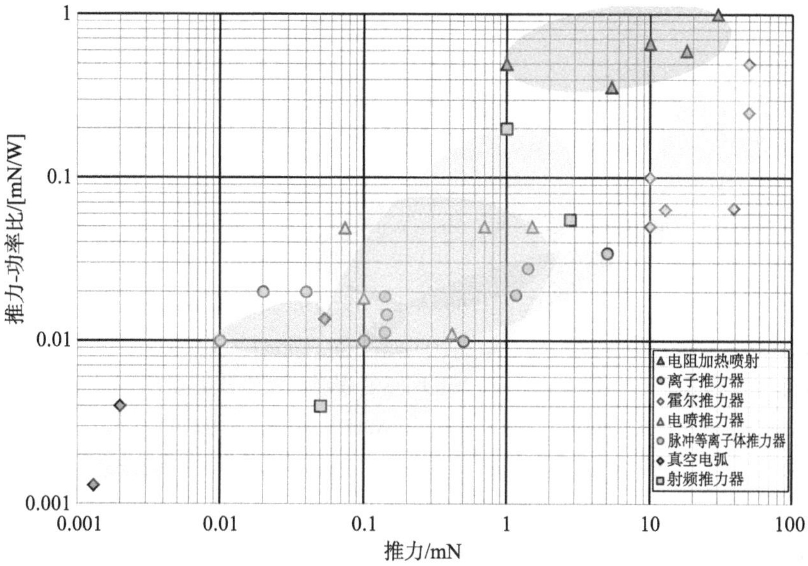

图 5-16　各种微推进系统现状（推力和推力-功率比）（见彩插）

下，通常在 mN 量级推力水平时，喷管的流体损失变得非常严重。这些不足可以考虑用其他电阻加热微推力器概念部分克服，比如采用独立的蒸发腔减少两相流带来的问题，或者在 LPM 中，低压和稀薄流体允许不再使用常规的压缩-膨胀喷管。

一般来说，小型化的电热推进系统展现了令人感兴趣的优点，值得进一步研究，但目前仍处于孵化阶段。在不久的将来，这一领域肯定有更多发展，在 5～10 年内，有很大可能开发出有竞争力的技术。

参考文献

[1] NASA Goddard Spaceflight Center, Vela 5 A, https://heasarc.gsfc.nasa.gov/docs/heasarc/missions/vela5a.html.

[2] Mickelsen, W.R., Isley, W.C., 1968. Auxiliary electric propulsion - status and prospects. In: Proceedings of the 5th Symposium on Advanced Propulsion Concepts.

[3] Aeroject Rocketdyne, 2019. Electric Propulsion Systems. Available at: www.rocket.com.

[4] Lemmer, C., 2017. Propulsion for CubeSats. Acta Astronaut. 134, 231 - 243.

[5] Palmer, K., Li, Z., Wu, S., 2016. In - orbit demonstration of a MEMS - based micropropulsion system for CubeSats. In: Small Satellite Conference (Logan, Utah, USA).

[6] Hejmanowski, N.J., et al., 2015. CubeSat high impulse propulsion system (CHIPS). In: Proceedings of the 62nd JANNAF Propulsion Meeting.

[7] Hejmanowski, N.J., et al., 2015. CubeSat high impulse propulsion system (CHIPS) design and performance. In: Proceedings of the 63rd JANNAF Propulsion Meeting.

[8] Hruby, V., 2012. High Isp CubeSat Propulsion, 1st Interplanetary CubeSat Workshop, Cambridge, MA, USA.

[9] Moore, G., et al., 2010. 3D printing and MEMS propulsion for the RAMPART 2U CubeSat. In: Small Satellite Conference (Logan, Utah, USA).

[10] Asakawa, J., et al., 2017. Development of the water resistojet propulsion system for deep space exploration by the CubeSat: EQUULEUS. In: Small Satellite Conference (Logan, Utah, USA).

[11] Asakawa, J., et al., 2019. AQT - D: demonstration of the water resistojet propulsion system by the ISS - deployed CubeSat. In: Proceedings of the 33rd Annual AIAA/USU Conference on Small Satellites.

[12] Koizumi, H., et al., 2019. Assessment of micropropulsion system unifying water ion thrusters and water resistojet thrusters. J. Spacecraft Rockets 56 (5), 1400 - 1408.

[13] Maurya, D., et al., 2005. Silicon MEMS vaporizing liquid microthruster with internal microheater. J. Micromech. Microeng. 15 (5).

[14] Kundu, P., et al., 2012. Design, fabrication and performance evaluation of a vaporizing liquid microthruster. J. Micromech. Microeng. 22 (2).

[15] Ye, X., et al., 2001. Study of a vaporizing water microthruster. Sensors Actuators A Phys. 89 (1 - 2).

[16] Mueller, J., et al., 1997. Design, analysis and fabrication of a vaporizing liquid microthruster. In: 33rd AIAA/ASME/SAE/ASEE Joint Propulsion Conference and Exhibit.

[17] Mueller, J., et al., 1998. Proof - of - concept demonstration of a vaporizing liquid microthruster. In: 34th AIAA/ASME/SAE/ASEE Joint Propulsion Conference and Exhibit.

[18] Mukerjee, E., et al., 2000. Vaporizing liquid microthruster. Sensor. Actuator. A 83 (1).

[19] Silva, M.A.C., et al., 2017. Vaporizing liquid microthrusters with integrated heaters and

temperature measurement. Sensor. Actuator. A Phys. 265.

[20] Silva, M. A. C., et al., 2018. A comprehensive model for control of vaporizing liquid microthrusters. IEEE Trans. Control Syst. Technol. 99, 1 - 8.

[21] Pallichadath, V., et al., 2019. In - orbit micro - propulsion demonstrator for pico - satellite applications. Acta Astronaut. 165, 414 - 423.

[22] Karthikeyan, K., et al., 2012. Low temperature Co - fired ceramic vaporizing liquid microthruster for microspacecraft applications. Appl. Energy 97.

[23] Cheah, K., et al., 2015. Fabrication and performance evaluation of a high temperature Co - fired ceramic vaporizing liquid microthruster. J. Micromech. Microeng. 25 (1).

[24] Chen, C. C., et al., 2010. Simulation and experiment research on vaporizing liquid micro - thruster. Sensor. Actuator. A Phys. 157 (1).

[25] Cen, J., et al., 2010. Performance evaluation and flow visualization of a MEMS based vaporizing liquid micro - thruster. Acta Astronaut. 67, 468 - 482.

[26] De Giorgi, M. G., et al., 2019. A novel Quasi - one - dimensional model for performance estimation of a vaporizing liquid microthruster. Aero. Sci. Technol. 84, 1020 - 1034.

[27] De Giorgi, M. G., et al., 2019. Preliminary evaluation of a MEMS - based water propellant vaporizing liquid microthruster for small satellites. In: XXV International Congress, Italian Association of Aeronautics and Astronautics.

[28] Ketsdever, A., et al., 1998. A free molecule micro - resistojet: an interesting alternative to nozzle expansion. In: 34th AIAA/ASME/SAE/ASEE Joint Propulsion Conference and Exhibit.

[29] Ketsdever, A., et al., 2001. Gas - surface interaction model influence on predicted performance of microelectromechanical system resistojet. J. Thermophys. Heat Tran. 15 (3), 302 - 307.

[30] Ketsdever, A., et al., 2005. Performance testing of a microfabricated propulsion system for nanosatellite applications. J. Micromech. Microeng. 15 (2), 2254 - 2263.

[31] Ahmed, Z., et al., 2005. Numerical analysis of free molecule micro - resistojet performance. J. Propul. Power 22 (4), 749 - 756.

[32] Lee, R. H., et al., 2007. Performance characterization of free molecule micro - resistojet utilizing water propellant. In: 43rd AIAA/ASME/SAE/ASEE Joint Propulsion Conference and Exhibit.

[33] Guerrieri, D. C., et al., 2017. Fabrication and characterization of low - pressure microresistojets with integrated heater and temperature measurement. J. Micromech. Microeng. 27, 12.

[34] Guerrieri, D. C., 2016. Analysis of non - isothermal rarefied gas flow in diverging microchannels for low pressure micro - resistojets. ASME J. Heat Transfer 138, 11.

[35] Cervone, A., et al., 2015. Conceptual design of a low - pressure micro - resistojet based on a sublimating solid propellant. Acta Astronaut. 108, 30 - 39.

[36] Leverone, F., et al., 2019. Cost analysis of solar thermal propulsion systems for microsatellite applications. Acta Astronaut. 155, 90 - 110.

[37] Kennedy, F. G., et al., 2002. Preliminary design of a micro - scale solar thermal propulsion system. In: 38th AIAA/ASME/SAE/ASEE Joint Propulsion Conference and Exhibit.

[38] Sahara, H., et al., 2003. Single - crystal molybdenum solar thermal propulsion thruster. Trans. Jpn. Soc. Aeronaut. Space Sci. 46, 180 - 185.

[39] Guerrieri, D. C., et al., 2017. Selection and characterization of green propellants for micro - resistojets. ASME J. Heat Transfer 139, 10.

[40] Guerrieri, D. C., et al., 2018. An analytical model for characterizing the thrust performance of a low pressure micro - resistojet. Acta Astronaut. 152, 719 - 726.

[41] Levchenko, I., et al., 2018. Space micropropulsion systems for cubesats and small satellites: from proximate targets to furthermost frontiers. Appl. Phys. Rev. 5 (1).

[42] Tummala, A. R., et al., 2017. An overview of cube - satellite propulsion technologies and trends. Aerospace 4 (4), 58.

[43] Krejci, D., et al., 2018. Space propulsion technology for small spacecraft. Proc. IEEE 106 (3), 362 - 378.

[44] Silva, M. A. C., et al., 2018. A review of MEMS micropropulsion technologies for Cube - Sats and PocketQubes. Acta Astronaut. 143, 234 - 243.

[45] Parker, K. I., 2016. State - of - the - Art for small satellite propulsion systems. In: Proceedings of the 4th NSBE Aerospace Systems Conference.

[46] Leomanni, M., et al., 2017. Propulsion options for very low Earth orbit microsatellites. Acta Astronaut. 133, 444 - 454.

拓展阅读

[1] Sutton, G. P., Biblarz, O., 2001. Rocket Propulsion Elements, seventh ed. John Wiley & Sons.

第 6 章　静电微推力器

Gabe Xu 博士[1]，Kristina Lemmer 博士[2]

1 阿拉巴马大学亨茨维尔分校机械与航天工程副教授，美国阿拉巴马

2 西密西根大学机械与航天系副教授，美国密歇根卡拉马祖

6.1　背景

静电推进系统可以说是当今最知名的电推进系统。深空一号（NASA）、黎明号（NASA）、隼鸟 1 号和隼鸟 2 号（JAXA）、SMART - 1（ESA）、BepiColombo（ESA）和 DART（NASA）等深空科学任务发射中使用了格栅离子推力器，让它们进入了公众视野。三种主要类型的静电推力器包括格栅离子推力器、霍尔效应推力器和电喷推力器。每种类型的例子如图 6 - 1 所示。它们都使用高电场来加速离子，通常是带正电离子，使其速度达到数千米每秒。然而，质量流率非常低，特别是小型或微型推力器，流率大约是 μg/s 至 mg/s。小型推力器出口速度高导致比冲非常高，超过 1 000 s，但推力小，低于 10 mN。

图 6 - 1　左：NASA NEXT 任务的格栅离子推力器[1]；中：NASA HERMeS 任务的霍尔效应推力器[2]；右：布塞克离子液体电喷推力器[3]（见彩插）

左：https：//www. nasa. gov/centers/glenn/multimedia/imagegallery/if _ 89 _ ionthruster. html＃. YdzRdP5BzIU.

中：https：//www. nasa. gov/image - feature/hall - effect - rocket - with - magnetic - shielding - hermes - technologydevelopment - unit - 1/.

右：https：//www. nasa. gov/sites/default/files/thumbnails/image/ieps _ nasa. jpg.

第一个记录关于离子加速推进概念的讨论来自现代火箭之父康斯坦丁·齐奥尔科夫斯基。在 1911 年的文章中，他简要地讨论了“使用电能让火箭喷出的离子获得高速度”的潜力。文章下一句提到了阴极射线以及电子如何获得 30 000～10 000 km/s 的速度。在那时，只有电子被认为可以达到高速度，而更重的带正电离子的概念仍存在争议。与齐奥尔科夫斯基同时代的罗伯特·哥达德也提出了将电用于太空推进的想法。1907 年，他最先

意识到需要对羽流进行中和。1913 年和 1917 年，哥达德提交了两项专利，形成了静电加速器的第一个技术概念。1913 年的第一份专利，描述了使用磁场将电子限制在气体中从而提高电离碰撞概率来产生带电粒子的一种方法，与现在电子轰击格栅离子推力器使用的磁约束很像。1917 年，在第二份专利中，哥达德描述了可以产生电离气体的三种装置。最后一个设计是第一个记录在案的用于推进的静电离子加速器。有很多电推进先驱为科学技术做出了贡献。读者可以查阅有关电推进历史的论文[4]，以获取更多信息。

第一个使用静电加速器或格栅离子推力器的航天器是 1964 年 NASA 的太空电火箭测试（SERT-1）任务。SERT-1 携带两种类型的格栅离子推力器，一个是铯接触推力器，一个是汞电子轰击推力器。由于电路短路，铯推力器点火失败。汞推力器成功工作了 31 min。SERT-1 的汞推力器是 NASA 刘易斯研究中心，也就是现在的格伦研究中心研发的一种电子轰击推力器。在 20 世纪 50 年代和 60 年代，NASA 物理学家哈罗德·考夫曼（Harold Kaufman）领导了这种推力器的研发，因此，电子轰击格栅离子推力器有时被称为“考夫曼或考夫曼型离子推力器”。整个 20 世纪 60 年代和 70 年代，美国和苏联都对静电推力器进行了大量研究。美国致力于格栅离子推力器研发，而苏联致力于霍尔效应推力器（HET）研发。1971 年，霍尔效应推力器在苏联陨石号航天器上第一次飞行。1992 年，NASA 和美国空军的一个电推进科学家与工程师小组访问了俄罗斯同行，评估了 SPT-100 霍尔效应推力器，随后美国引入了霍尔效应推力器。如今，数以百计的格栅离子推力器和霍尔效应推力器已用于飞行，最初用于地球轨道卫星南北位保。如前所述，其中一些被用于前面提到的深空科学与探测任务。随着小卫星的出现和发射能力的不断提升，人类正在研究小型化的静电推力器，以便为一系列可能的任务提供高比冲空间推进。

6.2 工作原理

静电推力器包括三个主要功能：等离子体产生、离子加速、离子束中和。格栅离子推力器、霍尔效应推力器和电喷推力器原理图如图 6-2 所示。假设推进剂是中性气体，推力器第一个功能是将推进剂电离来产生带电离子。电喷推力器在这个功能上与众不同，因为它的推进剂是液体形式，离子液体或液态金属，包含正/负粒子。因此，在电喷推力器中没有传统的电离或离子产生。或者，我们可以认为液体推进剂已处于电离状态，含有带电粒子。

在电离和形成等离子体后，推力器的第二个功能是利用强电场加速带电离子到高速度。在格栅离子推力器中，这是一组对齐的栅极，一个屏格栅，一个加速格栅，称作离子光学。两个格栅电压不同，存在千伏级的电压差。栅极距离仅数毫米，这就产生了很强的静电场来加速离子。在霍尔效应推力器中，离子不是由物理栅极加速，而是由于存在一个径向捕获电子的磁场。该磁场抑制了电子横向迁移运动能力，或者是抵达阳极的能力。这导致阳极和阴极之间的外加电压沿着通道的轴向分布，产生了实现加速的轴向电场。磁场

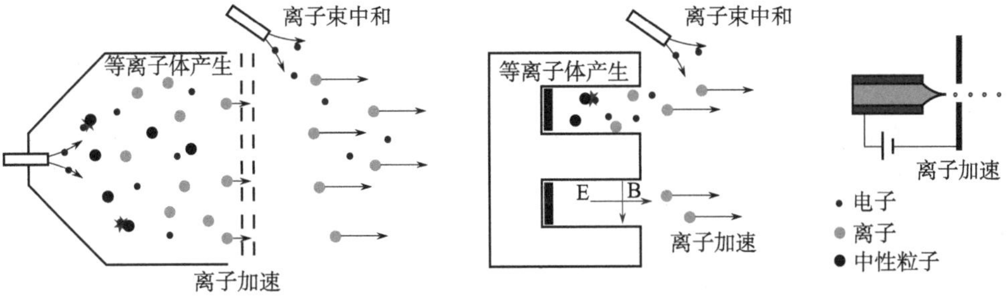

图 6－2　三种类型静电推力器的功能（从左至右：格栅离子推力器、霍尔效应推力器和电喷推力器）（见彩插）

通常在推力器出口平面达到最大，在阳极降为接近零。磁场有压缩最大电压变化的作用，因此，最强电场出现在出口磁场最强处。

静电推力器的最后一个主要功能是离子束中和。静电推力器和其他类型电推进的一个主要区别是需要对离子束进行中和，因为通过一个出口只能射出一种带电粒子，正离子或负离子。如果推力器仅射出一种电荷，例如正离子，推力器和航天器将很快变得具有非常强的负电性。这将导致严重的放电危害和短路，损毁航天器。为防止电荷累积，在由正离子构成离子束的情况下，静电推力器发射自由电子到等离子体羽流中，来保持系统电荷平衡。最常见的电子源是空心阴极或简单的钨丝。研究人员还发明了一种巧妙方法来避免对独立电子源的需求。例如使用两个推力器，一个加速正离子，另一个加速负离子。另一个有趣的解决方案是 PEGASES 推力器，其使用可产生正离子和负离子的推进剂（SF_6）。加速器格栅电压可以在正压与负压之间切换，交替提取正离子和负离子，从而避免配置独立的中和器。许多离子液体电喷推力器也是采用这种方法中和羽流。切换格栅极性，使正离子和负离子交替加速。

静电推力器理论建立在大量推力器实际工作基础上，同样适用于小型推力器。然而，需要对额外因素和小尺寸下的低效率进行讨论。

6.2.1　电离及等离子体产生

由于电喷推力器使用离子态的液体推进剂，不需要电离和等离子体发生的组件。对于格栅离子推力器和霍尔效应推力器，等离子体发生器能量效率对于推力器的使用非常重要。使用或研究的静电推进气体电离主要有三种方法：直流电子轰击、射频（RF）电离、电磁表面波。

图 6－2 显示了直流电子轰击格栅离子推力器放电腔和霍尔效应推力器放电通道的简化原理图。在电子轰击电离中，中性推进剂气体充满放电腔。然后，能量远大于推进剂第一电离能的高能电子被注入腔体。一些带有足够能量的电子将与气体原子碰撞，碰出价电子，从而产生带正电离子和两个电子。离子产生率如下

$$\frac{\mathrm{d}n_i}{\mathrm{d}t}=n_e n_0\langle\sigma_i v_e\rangle \tag{6-1}$$

式中，n_i、n_e、n_0 分别是离子、电子和中性原子的数量密度；σ_i 是电离截面；v_e 是电子速

度；⟨⟩ 项是电离速率，括号表示截面是电子速度分布函数上的平均值。对于电子平均能量 10 eV 的氙气，电离速率接近 $3.9\times10^{-14}\ m^3/s$[5]。虽然这个数字看起来很小，考虑到电子和原子的密度分别是 $10^{16}\ m^3/s$ 和 $10^{18}\ m^3/s$，离子产生速率可以达到 $10^{20}\ m^3/s$。然而，这并不是产生等离子体的全部过程。离子产量被重组、推力器离子提取和壁中和等损失抵消。在小型推力器中，后一项占主导地位，因为放电腔或放电通道的体积面积比减小。为增加高能电子与中性原子碰撞概率，电子轰击格栅离子推力器和霍尔效应推力器使用磁场约束电子。格栅离子推力器通常在放电腔边界周围使用一套足够强的尖角磁场来反射电子。霍尔效应推力器在径向磁场线上捕获电子。

射频电离是一种用于射频格栅离子推力器的技术。射频电离在放电腔外缠绕一套射频线圈，替代提供高能碰撞电离用电子的放电阴极。线圈由低频射频信号驱动，频率通常为 13.46 MHz。通过腔体外的线圈，腔内产生了电感耦合等离子体（ICP）。外部线圈和电感耦合等离子体是优选构型，避免了等离子体溅射和损坏线圈，因此延长了推力器寿命。在电感耦合等离子体中，射频电流与等离子体不直接作用，因而是“感应”的。而且，射频电流在线圈外产生了一个时变磁场。根据麦克斯韦方程，时变磁场在放电腔内产生了一个方位性电场。电场加速电子激发碰撞性电离，并产生电子雪崩形成等离子体。一旦形成等离子体，时变磁场将在等离子体中形成与射频线圈中电流反向的涡流。涡流产生相反磁场，从而屏蔽某些等离子体。因此，射频能量仅能穿透等离子体一定深度，称为表皮深度。表皮深度是压力和射频频率的函数。对于射频格栅离子推力器，为获得最优的射频能量沉积，表皮深度应与放电腔半径同一量级。

接触电离是一种常被忽视的电离方法，曾在 SERT-1 任务中失败的铯接触发动机上进行了测试。在接触电离中，低能液态工质（如液态铯）流过加热的多孔钨床。与铯相比，钨有更高的功函数，导致电子从铯转移到钨，从而产生铯离子。然后，铯离子静电加速产生推力。从 1968 年到 1974 年，铯接触推力器在 ATS-4 到 ATS-6 卫星上进行了多次测试。

6.2.2　离子加速

虽然也存在三格栅系统，但对于格栅离子推力器，最普通类型的离子装置是双格栅系统。电喷推力器通常使用单提取格栅电极，而霍尔效应推力器使用磁化电子产生电场。离子的射速可以通过离子动能与电能的能量守恒进行计算

$$\frac{1}{2}m_i v_i^2 = qV_b \tag{6-2}$$

$$v_i = \sqrt{\frac{2qV_b}{m_i}} \tag{6-3}$$

式中，m_i 和 v_i 分别是离子质量和射出速度；q 是离子电荷；V_b 是离子加速所施加的电压。因此，静电性能计算相对直接，只需知道电荷状态和电压。式（6-3）表明，粒子质量和速度成反比。对于相同的加速电压 V，质量小的粒子（如氢和氦）将达到比质量大的粒子（如氙）更高的射出速度。因为比冲是射出速度的直接函数，$I_{sp}=v_e/g_0$，其中

$g_0 = 9.80\ \mathrm{m/s^2}$；高比冲时需要选择轻质推进剂。另一方面，产生的推力与粒子质量有如下关系

$$T = I_b \sqrt{\frac{2m_i V_b}{q}} \tag{6-4}$$

式中，I_b 是离子束电流。式（6-4）源于离子质量流率与离子束电流的函数关系，即：$\dot{m} = I_b m_i / q$ 。将式（6-3）代入火箭方程，可以得到式（6-4）。比较式（6-3）和式（6-4），可以明显看出，粒子质量对比冲和推力的作用相反。

6.2.3 离子束中和

迄今为止，静电推力器主要加速正电荷离子。因此，离子束中和器必须提供电子。为避免电荷累积，中和器电流必须与离子束电流相等。SERT-1 格栅离子推力器使用了最简单的电子源，一种加热的钽丝，类似于白炽灯泡的钨丝。灯丝中和器工作原理简单，就是热电离发射。热电离发射是充分加热材料时释放电荷的一种过程。这是因为，热能可以克服材料的功函数。功函数是从固体表面去除电子所需要的最小能量。虽然所有固体都有功函数，但多数功函数温度高于熔点。可以使用理查森方程（也称为理查森-杜什曼方程），计算一种材料的发射电流密度 J

$$J = AT^2 \mathrm{e}^{\frac{-e\phi}{kT}} \tag{6-5}$$

式中，A 是理论常数［120 A/（$\mathrm{cm^2 \cdot K^2}$）］；T 是温度，单位为 K；e 是基本电荷；ϕ 是功函数，单位为 J；k 是玻耳兹曼常数（1.38×10^{-23} J/K）。试验发现，常数 A 随温度变化，因此，可以使用材料比常数 D 和温度修正的功函数 $\phi = \phi_0 + \alpha T$ 来修正理查森方程，其中，ϕ_0 是经典功函数，α 是试验确定的常数。

$$J = DT^2 \mathrm{e}^{\frac{-e\phi_0}{kT}} \tag{6-6}$$

根据上述方程（电推进使用的普通热电子材料的常数参考文献［6］），对于给定材料，可以确定用于产生中和离子束电流所需电子电流的灯丝长度。

虽然灯丝简单，但如果灯丝长度不合理，很难提供超过 1 A 的高电流。当电流大时，空心阴极中和器是最常见的中和器。空心阴极包括圆柱状难熔金属，内部包含圆柱状热电离材料。空心阴极从阴极内的等离子体中提取电子流，可以形成很大的电流。气态推进剂流过管道时被电离为阴极等离子体。阴极气流是推力器主气流的一小部分，约 1%～3%量级。虽然，这种流动是空心阴极工作所必需的，但没有加速产生推力，应被当作性能损失。根据理查森-杜什曼方程，热电离材料通过发射电子产生电离。为达到热电离所需的温度，需要在阴极管外包裹电阻加热线圈，或者在圆柱内安装电弧等离子体，二者都有缺点和优点。电阻加热阴极需要专门的数安培加热电源，并在热电离材料发射电子前需要加热十几分钟以上。加热线圈的大电流将导致线圈损耗，最终导致阴极失效。电弧加热阴极，也称作电弧启动或瞬间启动阴极，可以在一分钟内，甚至某些情况下数秒内激发电子发射。然而，高电流电弧加热热电离材料会溅射和损伤热电离材

料，导致失效。

当热电离电子发射并电离气体时，热电离材料表面形成鞘层。鞘层是一个电压或电位边界层，使离子朝表面加速，使电子远离表面。这样，发射出的电子加速后有足够的能量去电离气体。等离子体离子被加速碰撞表面，并向热电离材料提供碰撞热。在足够的电流和阴极等离子体密度条件下，离子轰击足以维持热电离材料温度，空心阴极变为自热，此时，外部加热器可以关闭。阴极等离子体的电子通过阴极圆筒末端的小孔被提取出来。孔的大小不同，通常随着提取电流的增加而增大。在电学上，小孔、阴极体和热电离材料电位相同，远低于推力器阳极电位。这允许提取电子电流，同样也吸引来自推力器羽流的离子，从而将损害孔和阴极材料。因此，通常在小孔外放置一个保持器或分离电子极，采用带大孔的另一孔板形式，此电极保持器有轻微的正电偏置。保持器通过提取小电流来帮助激活阴极放电，并保护小孔免受离子的直接轰击。保持器将承受离子直接轰击，其孔将随时间变大，最终导致失效。

用于承受数百安培电子电流的空心阴极已经完成开发及测试。要达到如此高的电流需要更大的阴极和填充物，这是由于电子只能从热电离材料的表面发射出来。因此，如果热电离材料可以发射 20 A/cm^2 的电流，10 A 电流仅需要 0.5 cm^2 的发射面积。然而，如果发射 500 A 的电子电流，将需要 25 cm^2 的发射面积。假设热电离圆筒直径相同，则热电离发射长度将增加 50 倍。大电流空心阴极另一个考虑因素是空间电荷限制热电离发射。被等离子体接收的发射电子密度如下

$$J_e = \frac{1}{4} n_e e \sqrt{\frac{kT_e}{m_e}} \tag{6-7}$$

因此，对于 20 A/cm^2 的电流，为避免空间电荷发射限制，当电子温度为 1 eV 时，等离子体的电子密度需要达到 $1\times10^{13}/cm^3$。

6.3 推进剂选择

电推进（EP）系统的推进剂包括三种状态：固体、液体和气体。对于需要离子化的等离子系统，例如格栅离子推力器和霍尔效应推力器，要求推进剂为气体。然而，一些汽化温度低的固态和液态推进剂也得到了应用。最早用于太空推力器的推进剂是 SERT-1 任务中使用的铯和汞。当前，在轨飞行的格栅离子推力器和霍尔效应推力器通常使用氙气推进剂，除了 SpaceX 公司星链卫星霍尔效应推力器使用氪。电喷推力器使用液态金属或者离子液体作为推进剂，因此，电喷推力器不需要离子化和等离子体发生器。现代固体可凝推进剂包括碘、铋和镁等元素。

6.3.1 气体

氙气是格栅离子推力器和霍尔效应推力器最常用的推进剂。推进剂选择主要基于三个因素：1）电离能；2）原子质量；3）安全性。在格栅离子推力器和霍尔效应推力器中，

最大的能量沉积是用于产生放电等离子体的能量或功率。推力器磁场有助于减少高能电子在电离碰撞前的能量损失，从而减少能量损耗，但电离成本的主要因素是推进剂的固有电离能。因此，推进剂第一电离能越低，产生加速用的等离子体和离子所需的能量就越低。第二个因素，原子质量影响推力；如前述讨论，原子质量大将导致推力大。电推进系统推力可以使用式（6－4）计算。虽然电推进的主要优点是高比冲，但有些轨道机动要求小量级推力。对于轨道转移和星际飞行，推力越大，飞行速度越高。推进剂选择时的最后一个因素是安全性。用氙气取代汞，因为处理汞时对人的健康造成危害。表 6－1 给出了惰性气体和汞、铯的一些数据。

表 6－1　一些电推进推进剂的第一电离能、原子质量和安全性对比

气体	第一电离能/eV	原子质量/(g/mol)	安全性
氦	24.59	4.003	惰性
氩	15.76	39.948	惰性
氪	13.99	83.798	惰性
氙	12.13	131.293	惰性
氡	10.75	222.018	放射性
汞	10.40	200.590	有毒
铯	3.89	132.905	与空气和水剧烈反应

该表清楚地说明了为什么氙气通常作为首选气体推进剂。氙气是电离能最低、质量最高的惰性气体。也说明了为什么尽管存在安全风险和操作危害，但一开始使用铯和汞进行测试。格栅离子推力器和霍尔效应推力器也对氩和氪进行了测试，它们比冲高、推力小，需要更多的能量来产生等离子体。SpaceX 公司的星链卫星小型化霍尔效应推力器使用氪推进剂，因为氪比氙气廉价，而且由于原子质量小、比冲高，有利于保持 LEO 星座轨道。

6.3.2　液体

在 SERT－1 飞行的第一个格栅离子推力器使用液态汞作为推进剂。在该应用中，汞先汽化，然后在离子发生器中电离。此后，格栅离子推力器和霍尔效应推力器已大量转向使用惰性气体推进剂。如今，尽管方式不同，液体推进剂主要用于电喷推力器。电喷推力器的设计需要带有离子成分的液态推进剂，需要使用离子液体或液态金属。离子液体推力器有时称为胶体推力器或电喷推力器，而液态金属推力器通常被称为场发射电推力器(FEEP)。

离子液体是一种熔融的或液态盐。虽然，所有的盐在高温下都可以达到熔融状态，但用于推进的是室温离子液体。与盐水中盐溶解在溶液里不同，在离子液体中，盐分子本身就是液体。有多种人造的离子液体已用于电推进测试[7-9]。在激光干涉太空天线（LISA）探路者任务中，第一个在太空使用的是 1－乙基－3－甲基咪唑亚胺（三氟甲基磺酰亚胺）液体推进剂。离子液体电喷不需要额外的电子中和器，因为提取格栅的极性可以翻转，交替提取正负离子。

场发射电推力器（FEEP）使用液态金属为推进剂。这些金属室温下通常是固态，通过加热变为液态。由于熔点低，铟和铯已用于场发射电推力器（FEEP）。与离子液体电喷推力器不同，场发射电推力器（FEEP）只提取正电荷金属离子，因此仍然需要羽流中和器。

6.3.3 固体

电推进使用的第一种固体推进剂可能是洛伦兹力加速器（LFA）中用到的锂。LFA是一种使用洛伦兹力加速等离子体产生推力的电磁推进装置。由于仍然需要气态等离子体，在注入推力器前，需要将锂加热汽化。此后，实验室中对其他可凝推进剂进行了测试，2021 年，北航空事-1 卫星搭载的 ThrustMe 公司的 NPT30-I2 小型格栅碘离子推力器第一次在轨飞行。可凝推进剂是室温为固体的气体。测试的元素包括碘[10-13]、铋[11,14,15]、锌[11,16] 和镁[11,16]。可凝推进剂的主要优点是固态密度高，与压缩的氙气相比降低了推进剂贮箱所需要的容积和质量。例如，固态碘的密度是 4.933 g/cm^3。氙在高度冷却和压缩的液体状态下的密度仅为 2.942 g/cm^3。由于在太空中缺少合适的冷却能力，飞行器不能将氙保存在低温液体状态。普通贮箱的载干比介于 2.5%～14%，载干比也就是氙的质量与贮箱质量的比[17-19]。另外，因为可凝推进剂可以常温常压保存，对贮箱要求很低，只需要一套加热器来汽化推进剂。

可凝推进剂面临的最大挑战：表面附着和流量控制。为保持推进剂颗粒处于气态，需将温度保持在汽化温度以上。在推进剂贮供系统中，通过电阻加热器来实现推进剂气态。当加速喷出到推力器外后，离子将冷却转变为固态。这给地面测试设施和在轨使用带来了问题。在地面真空室中，推进剂将覆盖真空室内部，并可能影响真空泵。如果推进剂未发生化学反应，测试后，可对真空室进行清洗。对于在轨操作，气态离子可能凝结在航天器表面，覆盖在关键组件表面，如太阳翼、相机、辐射器。通过合理放置推力器和卫星其他组件，可将喷出的羽流对航天器表面的影响最小化。表面附着问题也是推力器本身的一个问题。当推力器关闭后，管路和推力器中将剩余气态推进剂。这些颗粒将固化在最近的表面上。大多情况下，贮箱和管路无须关注；然而，对于放电腔或放电通道、阀门和阴极，需要关注推进剂附着。可凝推进剂在阀门上附着后，可能导致阀门无法关闭。导电金属锌在霍尔效应推力器表面的凝结将改变推力器的性能。影响最大的是空心阴极热电离表面的附着物。空心阴极需要洁净的放电材料用于产生初始电子来启动推力器。如果可凝推进剂覆盖了足够的发射表面，或者与足够的表面发生了化学反应，阴极将无法使用。因此，在使用可凝推进剂的试验中，通常使用氙供给阴极，只在主推力器中使用可凝推进剂。ThrustMe 碘离子格栅推力器使用灯丝阴极替代热离子空心阴极。

可凝推进剂的第二个挑战是精确测量推进剂的质量流率。早期通过使用热控贮箱控制这类推进剂的流量速度。这种控制方式的优点是简单、可靠，缺点是波动大、流率不确定。在轨飞行时，精确测量质量流率对于在轨操作非常重要。碘推进剂的质量流率电子控制器已经得到开发和测试[13,20]。

6.4 最新进展

“小型”或“微型”推力器是一种宽松的分类。目前还没有一个普遍接受的定义，我们将其定义为体积小于数 U、功率小于 200 W 的卫星使用的推力器。边长 10 cm 的正方体为 1U，该术语来自立方星尺寸标准定义。由于小卫星领域的增长在过去的 10～20 年才有所发展，因此对星载推进系统的需求仍在不断增加。然而，这并不能阻止世界各地的研究小组对电推进系统的研究和测试。

6.4.1 经飞行验证的系统

第一个在轨飞行的小型静电推力器可能是 1992 年阿里安集团 EURECA 航天器上携带的 RIT-10 推力器。RIT-10 推力器是一种射频格栅离子推力器，格栅直径 10 cm，推力 5 mN，比冲 1 900 s，功率 145 W。RIT-10 推力器在 2001 年 ARTEMIS 任务中再次飞行。

第一个在轨飞行的小型霍尔效应推力器是 2006 年 Busek 公司 TACSAT-2 卫星携带的 BHT-200 推力器。该推力器后来用于 FalconSat-5（2010）卫星和 FalconSat-6（2018）卫星，现在用于 NASA 的 iSAT 任务，用于演示验证霍尔效应推力器在轨使用碘推进剂。推力器在 200 W 功率下产生推力 13mN，功率在 100～300 W 之间可调。

SPT-50 推力器是俄罗斯 OKB Fakel 公司开发的 200 W 量级的推力器，在 2012 年的 Canopus-V 任务中首次飞行，工作功率范围 100～700 W，推力 7～35 mN，比冲 800～1 700 s[21]。该型号推力器飞行时产生推力 14 mN，比冲 850 s，功率 317 W[22]。

离子推力器和冷气推力器的联合推进系统（I-COUPS）是东京大学开发的格栅离子推力器和冷气推力器的组合，并于 2015 年 PROCYON 任务中在轨飞行。I-COUPS 系统的格栅离子推力器推力 300 μN、比冲 1 080 s、功率 33 W[23]，冷气推力器推力 22 mN，比冲 24.5 s，功率 7 W。I-COUPS 格栅离子推力器的独特在于中和器并非空心阴极，而是一个从等离子体中分离电子的独立网络离子引擎（图 6-3）。

图 6-3 I-COUPS 推力器头上方带有 4 孔中和器[23]（见彩插）

J. Rovey, C. Lyne, A. Mundahl, N. Rasmont, M. Glascock, M. Wainwright, S. Berg, Review of multimode space propulsion, Prog. Aero. Sci. 118 (2020) 100627.

离子电喷推进系统（iEPS）是一种使用离子液体的电喷推力器，于 2015 年用于 IMPACT 或 AeroCube8 任务的在轨飞行。iEPS 系统最初由麻省理工学院（MIT）开发，后来由初创公司 Accion System 商业化研发，并更名为离子液体电喷平铺推力器（TILE）。IMPACT 任务中飞行的版本包含一个 8 推力器头的推进模块，每个推力器头包括 480 个微发射器[24]。推进模块推力 50 μN、比冲 1 250 s、功耗 1.5 W。通过增加模块，离子液体电喷平铺推力器可以产生更高推力。例如，图 6 - 4 展示的 TILE5000，设计推力 1.5 mN，比冲 1 500 s，功耗 30 W。

图 6 - 4　单个 iEPS 模块包含 8 个推力器头[24]（见彩插）

M. Jenkins，D. Krejci，P. Lozano，CubeSat constellation management using ionic Liquid Electrospray Propulsion，Acta Astronaut. 151（2018）243e252

IFM 纳推力器，也被称为 FEEP，是第一种在轨飞行的液态金属电喷推力器。该推力器由 FOTEC/ENPULSION 公司研制，2018 年在某立方星上进行首次在轨演示飞行。推力器工作状态在推力 0.25 mN、比冲 5 000 s、功率 30 W 与推力 0.42 mN、比冲 3 200 s、功率 40 W 之间可变[25]。更大尺寸的推力器可以产生更大量级的推力[26]（图 6 - 5）。

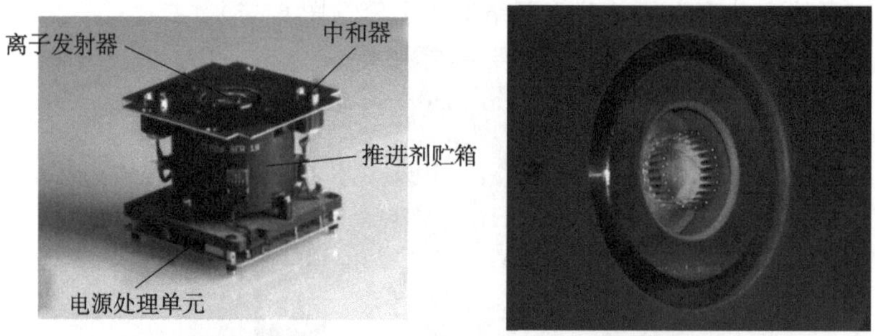

图 6 - 5　IFM 纳推力器[26] 和工作中的推力器头[25]（见彩插）

D. Krejci，V. Hugonnaud，T. Schönherr，B. Little，A. Reissner，W. Neustadt，B. Seifert，Q. Koch，E. Borra's，and J. del Amo，Full performance mapping of the IFM nano thruster，including direct thrust measurements，JoSS 8（2）（2019）881 - 893.

2015 年，Busek 胶体微牛推力器在 LISA Pathfinder 任务中成功发射。每个推力器单元含有 4 个发射头，每个发射头含有 9 个发射针。每个发射针产生 0.1～3 μN 推力，比冲 500～1 500 s[3]。

最晚飞行的小型静电推力器是 SpaceX 公司的星链霍尔效应推力器。目前，没有太多关于这些推力器规格和性能的信息。这是 SpaceX 公司开发的使用氪推进剂的环形霍尔效应推力器。截至 2020 年年底已发射 900 颗星链卫星，而且星座计划发射 1440 颗卫星，这将是历史上规模最大的电推进应用，无论是微型的还是其他类型的。

6.4.2　开发中的系统

虽然少数小型静电推力器经历过飞行，但政府机构、工业界和学术界仍在研发许多推力器。本部分将尽可能广泛地列举仍未飞行的已知小型静电推力器。这些推力器大多数仍处于实验室阶段，没有适于航天器集成用的电源处理器、推进剂贮箱和阀门系统。为限制此领域当前研究范围，将仅考虑有实验室装配原型的推力器。不对整个电推力器、而是只对小型静电推力器新组件进行的研究将不包含在内。为组织目录，系统将被分为格栅离子型、霍尔效应型、电喷型和其他。

6.4.2.1　小型格栅离子推力器

随着 RIT－10 的成功，2007 年，阿丽亚娜集团开发了更小版本的 RIT－μX[27]。RIT－μX 是 RIT－10 的缩小版本，可以产生推力 50～500 μN，比冲 300～3 000 s，功率小于 50 W[28]。推力器可用于小于 1U 的卫星，重量 440 g。

小型氙离子推力器（MiXI）是最初由加州理工大学和 NASA 喷气推进实验室（JPL）于 2001 年开发的一种直径为 3 cm 的格栅离子推力器[29]。后来，推力器研发转移到加州大学洛杉矶分校与 NASA 喷气推进实验室（JPL）[30,31]。MiXI 是一种永磁电子轰击格栅离子推力器，末端是 3 环或 5 环结构。推力器推力 0.1～1.5 mN、比冲 1 700～3 200 s，功率 14～43 W[31]（图 6－6）。

BIT－1 和 BIT－3 推力器是 Busek 公司开发的射频格栅离子推力器。BIT－1 推力 185 μN，比冲 1 600 s，功率 28 W。大一点的 BIT－3 格栅直径 2.5 cm，推力 1.15 mN，比冲 2 100 s，功率 75 W。BIT－3 推力器已发展为完整的子系统，与碘推进剂集成到 6U 立方星[32]（图 6－7）。

海王星格栅离子推力器是小型射频驱动推力器，由法国 ThrustMe 公司、巴黎工业学院等离子体物理实验室和巴黎-萨克雷 SATT（科技孵化器）共同研发。推力器的特别之处在于离子提取格栅的能量来自射频电压而不是直流电流。振荡的栅极电压通过同一格栅提取离子和电子，在没有专用阴极的情况下实现羽流中和。已经使用氙进行过测试，正在测试使用碘作为推进剂。预期推力 0.2～0.7 mN、比冲超过 1 000 s、功耗 30～60 W[33]。推力器体已集成到 1U 卫星结构。

基森大学在 RIT－10 基础上小型化研制了 μNRIT－2.5 推力器，格栅直径 2.5 cm[34]。也测试了许多不同尺寸的格栅和孔的前置单元。与 RIT－10 相同，μNRIT－2.5 推力器也

图 6-6　MiXI 推力器格栅直径 3 cm[31]（见彩插）

E. Dale，B. Jorns，A. Gallimore，Future directions for electric propulsion research，Aerospace 7（120）（2020）.

图 6-7　6U 立方星的集成飞行单元[32]（见彩插）

https：//commons. wikimedia. org/wiki/File：Busek%27 s _ BET - 3 _ Ion _ Thruster. jpg.

是射频格栅离子推力器。推力器推力 0.575 mN、比冲 2 860 s、功率 34.4 W[34]。

μ1 格栅离子推力器是由东京大学和 JAXA 联合开发的。推力器使用 4.2 GHz 射频电离方案进行电子回旋共振（ECR），格栅直径 16 mm。推力器推力 297 μN、比冲 1 100 s、功率 15.1 W[35]。一个 μ1 推力器使用常规阴极中和器进行测试，另一个 μ1 推力器通过极性反转来提取电子。

宾夕法尼亚州立大学研发了小型射频离子推力器（MRIT）[36] 和小型微波频率离子推力器（MMIT）[37]。MRIT 放电腔直径 1 cm，工作在 1～1.5 MHz。推力器推力 59 μN，比冲 5 480 s，射频输入功率 15 W，使用氩推进剂。MMIT 放电腔直径 2 cm，工作在 4.2 GHz ECR 模式。推力器推力 250 μN，比冲 5 500 s，使用氙推进剂，射频输入功率 1 W，格栅功率 6 W。

阿拉巴马大学亨兹韦尔分校研制了开口谐振环离子推力器（SSRIT）[38]。该推力器是使用 890 MHz 射频/微波产生表面等离子体的一种离子推力器。使用氩推进剂，该推力器能产生最大 3.46 μN 的推力，比冲 3800 s，功耗 20.5 W（图 6-8）。

图 6-8　开口谐振环表面等离子体、SSRIT 和工作中的推力器[38]（见彩插）

小型差分格栅离子推力器（MiDGIT）是一种比较与众不同的设计，在放电腔正对两侧使用两种提取格栅[39]。该推力器是由英国南安普顿大学和 QinetiQ 公司共同研制的。此射频离子推力器工作于 5.25 MHz，前向射频功率 13～18 W，推力 250～480 μN，比冲 600～1 100 s。两种离子束的差分控制允许精细调节净推力输出。

中国兰州物理研究所研制了兰州射频诱导推力器（LRIT-40）和兰州电子回旋共振推力器（LECR-50）[40]。LRIT-40 是一种 50 W 量级的格栅离子推力器，格栅直径 40 mm，工作于 MHz 频率、推力 1～2 mN、比冲 2 600 s。LECR-50 是一种 150 W 量级的格栅离子推力器，工作于微波频段的电子回旋共振，格栅直径 50 mm，推力 2.3 mN，比冲 4 010 s。

最后一种格栅离子推力器是惯性静电约束（IEC）推力器。惯性静电约束最初是一种聚变反应的概念，自带一对内嵌金属线的球，对离子向球心进行加速来产生聚变反应，通常称为聚变器。通过改变几何形状，可将加速后离子束指向同一方向，从而产生推力。许多研究小组对这些装置进行了研究[41,42]，尽管没有一个能达到详细推力性能测量的阶段。温特计算出，在功率 60 W 时推力为 0.75～1 mN[42]。

6.4.2.2　小型霍尔效应推力器

HT-100 霍尔效应推力器是由意大利的 Alta Spa 公司，即现在的 Sitael Spa 公司开发的。推力器设计功率小于 200 W，推力 2～11mN，比冲 300～1 000 s[43]。

Halo 霍尔效应推力器由美国商业公司 ExoTerra 开发。可以使用一系列的气体推进剂和碘。经测试，推力 4～33 mN，比冲 700～1 500 s，功耗 74～450 W[44]。

虽然大多数霍尔效应推力器采用环形设计，但一些小型霍尔效应推力器采用圆柱设计，没有内壁，减少了壁面，因此降低了壁面损失。然而，如果没有内壁和磁极，圆柱形霍尔效应推力器的磁场变化很大。普林斯顿等离子体物理实验室（PPPL）、多伦多大学[47]、大阪大学[48] 和其他机构[49～51]，对这些设计进行了研究[45,46]，功率一般低于 200 W。PPPL 的推力器推力 3～6 mN，比冲 1 100～1 650 s，功率 90～185 W（图 6－9）[51]。

ExoMG 霍尔推力器是由法国商业公司 Exotrail 生产的，推力器推力 1.5 mN，比冲 800 s，功耗 50 W（图 6－10）[53]。

图 6－9 PPPL 的圆柱霍尔效应推力器（左）[52] 和圆柱霍尔效应推力器工作状态（右）[47]（见彩插）

Left and Right：A. Diallo，S. Keller，Y. Shi，Y. Raitses，S. Mazouffre，Time－resolved ion velocity distribution in a cylindrical Hall thruster：Heterodyne－based experiment and modeling，Rev. Sci. Instrum. 86 033506 (2015).

图 6－10 立方星[55] 中的 ExoMG 设计[54]（见彩插）

E. Dale，B. Jorns，A. Gallimore，Future directions for electric propulsion research，Aerospace 7 120 (2020).

斯坦福大学研制了一套霍尔效应微推力器，环形放电槽宽度 0.5 mm。推力器使用钐钴永磁体在通道中产生径向磁场。通过稀土永磁和小通道在通道内产生了 0.7～1 T 的超强磁场。推力器推力 0.5～1.6 mN，比冲 300～850 s，功率 10～40 W[56]。

麻省理工学院研制了分歧末端场霍尔推力器[57,58]。与圆柱霍尔效应推力器类似，此推力器也没有内壁和中心磁极。与电子轰击格栅离子推力器类似，使用永磁体产生的多末端场来约束电子。电压 550 V 时效率最高，阳极功率 242 W，推力 13.4 mN，比冲 1 650 s[58]。

萨瑞大学研制了四边形约束推力器（QCT）[59,60]，与传统的圆柱和圆环霍尔效应推力器不同，在方形放电通道中产生了四套末端磁场，在外阴极和后阳极间产生了轴向电场。洛伦兹力驱使电子涌向通道中心，产生高密度放电。该推力器阳极功率 200 W，产生推力 2～3 mN，比冲 200～400 s，使用氪推进剂（图 6-11）[59]。

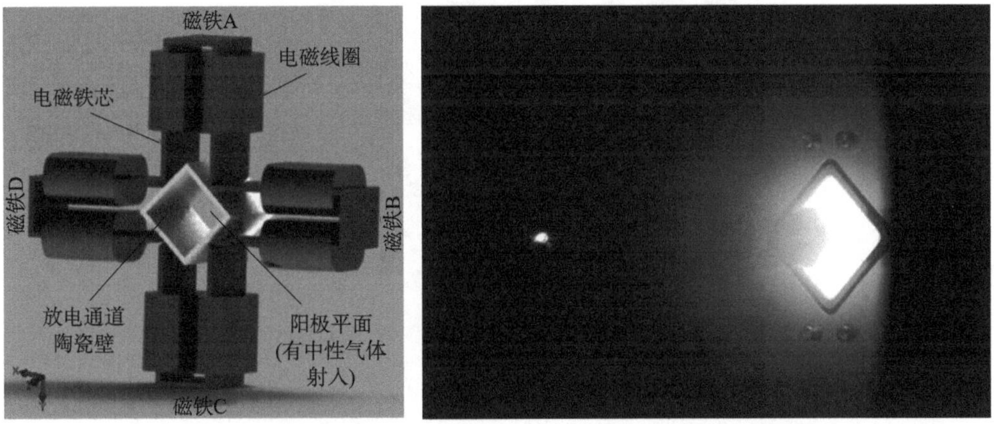

图 6-11　四边形约束推力器设计图[60] 和工作情况（见彩插）

Left and Right：A. Fabris，C. Young，A. Knoll，E. Azevedo，M. Cappelli，Evidence of a free-space ion acceleration layer in the plume of a quad confinement plasma source，J. Appl. Phys. 131 013302（2022）.

磁屏蔽小型霍尔效应推力器（MaSMi）是加州大学洛杉矶分校（UCLA）和喷气推进实验室（JPL）研制，加州 Apollo Fusion 公司制造的一种小型霍尔效应推力器[61-63]。该推力器是亚千瓦级星际推进系统（ASTRAEUS）项目的一部分，旨在研制一种优化的小型电推进系统，用于星际小卫星开发。推进系统包括电源处理器、氙流控制器和矢量调节机构，MaSMi 设计功率 150～1 000 W，推力 9～70 mN，比冲 900～1 600 s，效率 20%～55%，标称放电电压 300 V[62]。磁屏蔽设计是指霍尔效应推力器磁场应用特殊的拓扑结构，阻止磁场线穿过放电通道壁，如图 6-12 所示。假设磁场线磁化并捕获电子，因此也是力的等势线，使低能电子更靠近壁面，降低了高能粒子撞击和腐蚀放电通道壁的次数，延长了推力器的寿命。Apollo Fusion 公司也生产 Apollo 星座霍尔效应推力器，但功率量级达到了 400 W，超出了本书范围。

密歇根州的轨道离子空间技术（Orbion Space Technology）研制了极光霍尔效应推力器，推力器功率 150～300 W，推力 5.7～19 mN，比冲 950～1 370 s[64,65]，也是一种磁屏蔽推力器。

法国科学研究中心研发了一种新型标准霍尔效应推力器，也叫作无壁霍尔推力器。无壁构型将阳极和磁极放置在放电通道出口。这种设计将高温的等离子体电离区域远离通道壁，因此减少了壁面腐蚀。200 W ICARE 小型可定制推力器（ISCT－200）也采用了无壁设计。目前，暂无 ISCT－200 推力器相关的性能数据。1.5 kW 量级的无壁推力器试验，可用于小量级的无壁推力器的推力、比冲的类比计算（图 6－13）[66]。

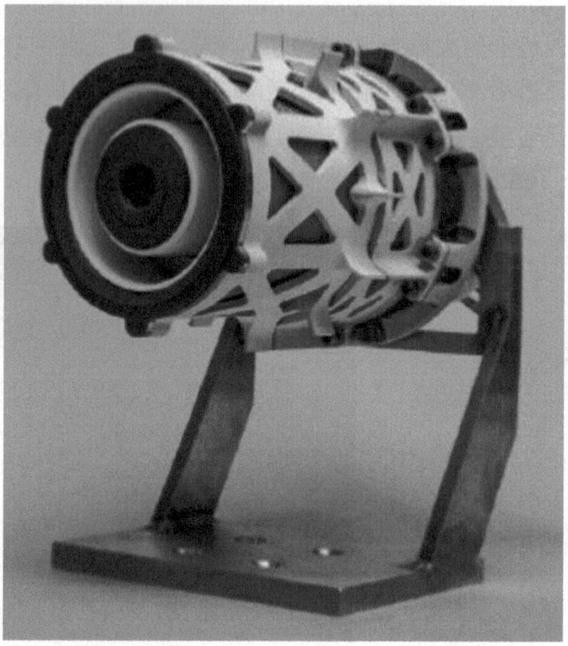

图 6－12　Apollo Fusion 公司制造的 MaSMi 霍尔效应推力器的工程样机和磁屏蔽概念的概念图

E. Dale，B. Jorns，A. Gallimore，Future directions for electric propulsion research，Aerospace 7 120（2020）.

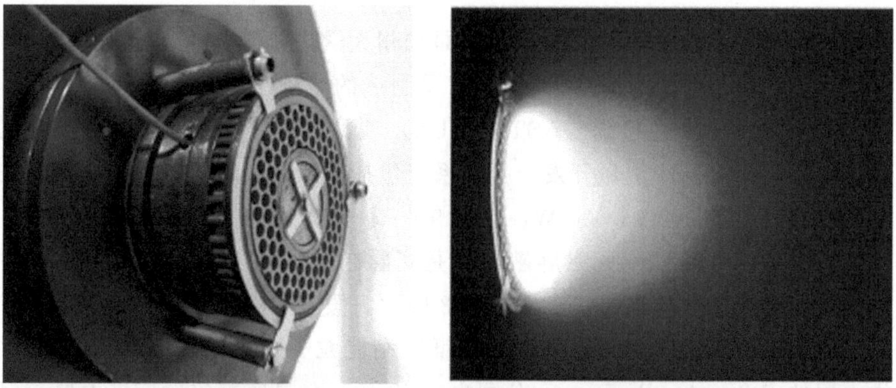

图 6－13　在通道出口平面处带有格栅阳极的 ISCT－200 无壁霍尔推力器[67]（见彩插）

Left：K. Matyash，R. Schneider，S. Mazouffre，S. Tsikata，L. Grimaud，Rotating spoke instabilities in a wall－less Hall thruster：Simulations，Plasma Sources Sci. Technol. 28 044002（2019）.

6.4.2.3　电喷推力器

喷气推进实验室（JPL）研制了一种使用铟推进剂的微流控电喷推进（MEP）推力器。试验表明，推力器推力 120 μN，比冲>3 100 s，功率<5 W，提取电压 1 470 V，净重 26 g，体积 9 cm^3[68]。试验中采用深离子蚀刻技术加工了 400 个独立的发射头（图 6-14）[69]。

美国 Busek 公司研发了 BET-300-P 电喷推力器，该推力器是 LISA 任务中使用的由 Busek 公司研制的推力器的后续产品。BET-300-P 使用 9 行喷射头，1 个提取电极。推力器最大推力 150 μN，峰值功耗 2.64 W[70]，比冲 840～1 050 s。

IFM 微推力器是奥地利 ENPULSION 公司研制的 IFM 纳推力器的放大版。推力器推力 0.2～1.7 mN，比冲 1 000～6 000 s，功耗 20～100 W[71]。与 IFM 纳推力器类似，IFM 微推力器可以通过阵列产生更大推力。

密歇根理工大学研发了离子液体磁流体微推力器，这是一种使用离子液体的电喷推力器。其独特之处在于利用铁磁流体和磁场形成针状结构，离子液体覆盖于针状结构表面。铁磁流体是一种由纳米级铁磁颗粒（如铁）悬浮于黏性溶液中形成的胶体，布朗运动可防止纳米颗粒沉降。铁磁流体在外加磁场作用下会形成锥形峰。在此推力器中，通过电磁铁可精确控制锥形峰的数量。单峰性能参数经测算为：推力 0.38 mN，比冲 1 385 s[72]。

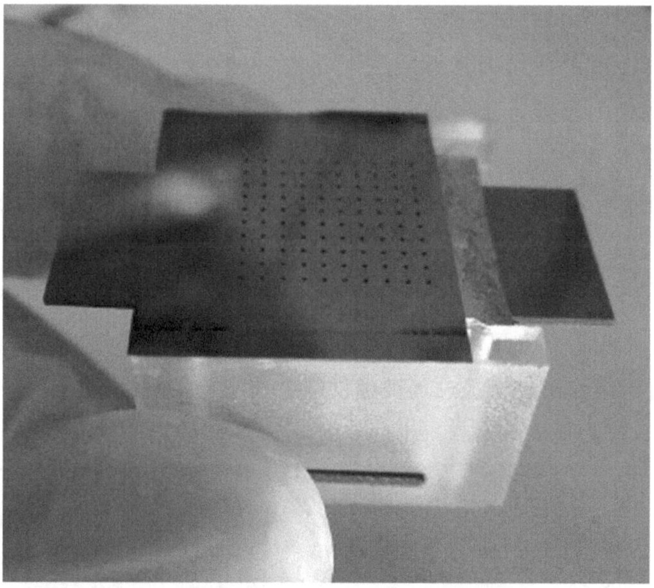

图 6-14　喷气推进实验室的 MEP 推力器[68]

https://www.nasa.gov/sites/default/files/atoms/files/fs_gcdpo_160413_0.pdf.

多模式集成单组元电喷（MIME）推力器由密苏里科技大学[73]和伊利诺伊大学[74]研发，并由 Froberg Aerospace 公司商业化生产[75]。该推力器是双模推力器，使用单组元推进剂可工作于电喷模式或者工作于化学燃烧模式。推力器使用毛细管形成泰勒锥，而不是针。当加热离子到推进剂可以点燃时，管体材料也起到催化作用（图 6-15）。

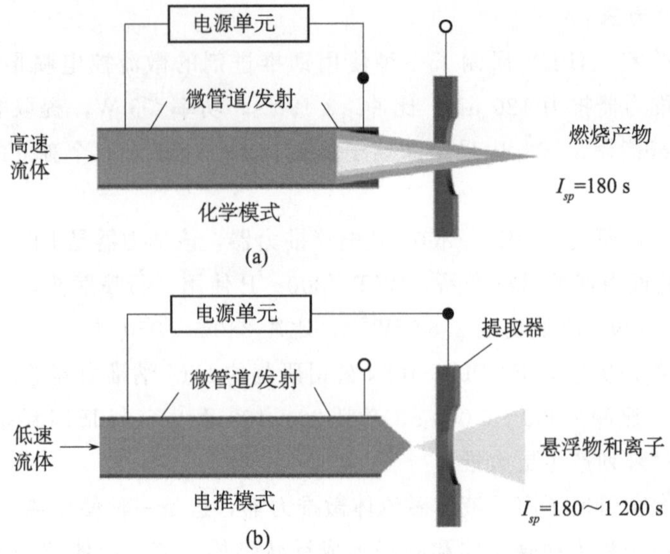

图 6－15　Froberg Aerospace 公司的 MIME 推力器

J. Rovey，C. Lyne，A. Mundahl，N. Rasmont，M. Glascock，M. Wainwright，S. Berg，Review of multimode space propulsion，Prog. Aero. Sci. 118（2020）100627.

FT－150 场发射推力器（FEEP）由意大利 Alta SpA 公司（也就是现在的 Sitael SpA 公司）研发。FT－150 是使用刀片形成发射器的一种线性几何场发射推力器。作为 LISA 探路者任务的潜在推力器进行研发和测试[76]。FT－150 推力 0.1～150 μN，比冲 3 000～4 500 s，标称功率 6 W[77]。

欧洲空间局研发了铟液体金属场发射推力器 In－FEEP[78,79]。推力器使用充满液态金属铟的钽毛细管针[80]。一个发射头推力 1～100 μN，比冲 1 600～1 800 s，功耗 13 W[78]。

纳场发射推力器（NanoFEEP）是德勒斯顿大学研发的一种小型化的场发射推力器[81,82]，目前在研制中，并将用于立方星 UVE－4 和 SNUSAT－2。纳场发射推力器使用多孔钨针形成泰勒锥，并通过毛细作用进行推进剂被动供给。在飞行件研制中使用镓作为推进剂。推力器很小，重量 6 g，推力最大 22 μN，比冲 6 000 s，功率量级是数 W（图 6－16）。

图 6－16　左：NanoFEEP 与 1 欧元硬币的对比；右：推力器测试（见彩插）

Left and Right：D. Bock，M. Tajmar，Highly miniaturized FEEP propulsion system（NanoFEEP）for attitude and orbit control of CubeSats，144（2018）422－428.

英国南安普顿大学研发了一个多孔发射头电喷推力器（PET－100），发射头由硼硅酸盐玻璃珠数控加工而成，推力估计 5～223 μN，比冲 6 000～8 500 s，最大功耗 14 W[83]。

6.5　挑战与未来

商业规模的微型静电推进系统面临的挑战是需要可以承受非常小的推力和非常高的比冲。小型冷气/热气或单组元推力器可以满足大多数典型小卫星进入低地球轨道对有限速度增量的需求。这些卫星寿命通常最多几个月到几年。轨道保持所需要的速度增量很低，通常选择继承性好的化学推力器。大的静电推力器已用于寿命超过 15 年的地球轨道卫星，或者用于深空探索火星任务。在两种情况中，总的速度增量需求驱使推进系统向高比冲发展来减少推进剂质量。SpaceX 公司的星链卫星是一个使用静电推力器的特例。也就是说，在非常低的轨道上，大气阻力是一个不可忽略的因素，推进系统必须不断提供维持力来克服外界小阻力。用于深空任务的小卫星是另一个可能的方向，虽然这些任务的抗辐射加固技术尚未得到证实。

在技术方面，小型静电推力器的未来挑战是优化和效率。二者在航天器系统层面是高度耦合的，必须一起考虑。

6.5.1　优化

优化通常指性能优化。对于静电推力器，可以通过多种方式来定义，这取决于所期望的结果。性能优化常见指标如比冲、推力-功率比、推力器总效率。对于很多不同种类的小型格栅离子推力器和霍尔效应推力器，提高这些指标的途径是相同的，只有一个除外。因为，格栅离子推力器和霍尔效应推力器都通过“体积”电离产生等离子体，也就是通过电子碰撞气体内中性原子，推力器尺寸越小电离效率越低。约束电子的磁场不随推力器的尺寸变化而变化，因此，小尺寸电子轰击离子推力器难以适合布置磁极磁场，以有效捕获来自放电阴极的初级电子。小霍尔效应推力器使用电磁产生径向磁场，电磁线圈面临太多的电阻热所带来的挑战，因为过热会导致绝缘体融化和磁场失效。由于该原因，并且电磁需要能源，许多小霍尔效应推力器使用永磁体。

在格栅离子推力器和霍尔效应推力器优化中的第二个需要考虑的因素是面积-体积比。电离速度是体积的函数，但中和或损失的速度是放电腔/通道面积的函数。因此，随着放电腔收缩，面积-体积比随之变小。例如，圆柱的面积-体积比与半径 R 和长度 L 的关系如下

$$\frac{A}{V}=\frac{2\pi R^2+2\pi RL}{\pi R^2 L}=\frac{2}{L}+\frac{2}{R} \tag{6-8}$$

因此，随着推力器尺寸 L 和 R 变小，面积-体积比的值在增加。

对于环形霍尔效应推力器，由于内壁和外壁的存在，面积-体积比增加更为严重。表面中和度高，降低了电离效率和推力器功率效率。

另一个电离考虑的因素是电子源，也就是阴极。热电离材料阴极发射所需的温度低。

启动阴极的功率需求高，可能超过推力器其他部分的功率需求。在大的格栅离子推力器和霍尔效应推力器中，放电电流足够大，阴极可以自热，意味着可以关掉加热器，因而系统功率效率高。然而，在小型推力器中，很少形成 1 A 的放电电流，不能实现热电离阴极自热。通常需要阴极加热功率，而且是电功率的主要部分，虽然所产生的推力可以忽略。阴极寿命取决于孔口腐蚀或热电材料的损失/损毁。小阴极更在乎后者，因为发射头更小，遭受更少的溅射和污染后将不可用。由于这些原因，特别是加热器功率，一些小的格栅离子推力器和霍尔效应推力器使用简单的钨丝阴极。这些发光金属灯丝，与白炽灯泡中使用的类似。通过电流加热后，灯丝发出电子用于电离和中和。灯丝阴极最大不足是寿命不长。灯丝很细，直径是毫米量级。由于蒸发，热灯丝慢慢损失材料，直到出现破裂导致灯丝失效。

最后一种独立电子源是电子或负离子提取推力器。微型格栅离子推力器可以通过改变格栅极性提取电子。为最大化电子提取，需要重新设计格栅孔。在这种方式下，一对微型格栅可以成为一个完整的推力器，一个提取离子产生推力，另一个提取电子用于离子束中和。这假设放电腔中通过射频功率或者其他方法，而不是电子轰击产生等离子体，因此不需要放电阴极。这类射频中和器已用于隼鸟 2 格栅离子推力器[84] 和 RIT - μX[27]。

参考文献

[1] NASA，2018. NASA's Evolutionary Xenon Thruster - Commerical (NEXT - C).

[2] Hofer，R. R.，et al.，2015. Development approach and status of the 12.5 kW HERMeS Hall thruster for the solar electric propulsion technology demonstration mission. In：34th Int. Electr. Propuls. Conf. IEPC - 2015 - 186.

[3] Ziemer，J.，et al.，July 2005. Colloid Micro - Newton Thruster Development for the ST7 - DRS and LISA Missions，pp. 1 - 9.

[4] Choueiri，E. Y.，2004. A critical history of electric propulsion：the first 50 years (1906 - 1965). J. Propul. Power 20 (2)，193 - 203.

[5] Goebel，D. M.，Katz，I.，2008. Fundamentals of Electric Propulsion：Ion and Hall Thrusters. Jet Propulsion Laboratory，Pasadena.

[6] Goebel，D. M.，Watkins，R. M.，Jameson，K. K.，2007. LaB6 hollow cathodes for ion and Hall thrusters. J. Propul. Power 23 (3)，552 - 558.

[7] Chiu，Y. H.，Dressler，R. A.，2007. Ionic liquids for space propulsion. ACS Symp. Ser. 975 (August 2007)，138 - 160.

[8] Garoz，D.，et al.，2007. Taylor cones of ionic liquids from capillary tubes as sources of pure ions：the role of surface tension and electrical conductivity. J. Appl. Phys. 102 (6).

[9] Berg，S. P.，Rovey，J. L.，2013. Assessment of imidazole - based ionic liquids as dualmode spacecraft propellants. J. Propul. Power 29 (2)，339 - 351.

[10] Szabo，J.，et al.，2012. Performance evaluation of an iodine vapor Hall thruster. J. Propul. Power 28 (4)，848 - 857.

[11] Szabo，J.，Robin，M.，Paintal，S.，Pote，B.，Hruby，V.，August 2012. High density Hall thruster propellant investigations. In：48th AIAA/ASME/SAE/ASEE Joint Propulsion Conference & Exhibit，pp. 1 - 15.

[12] Dankanich，J. W.，Polzin，K. A.，Calvert，D.，Kamhawi，H.，2014. The iodine satellite (iSAT) Hall thruster demonstration mission concept and development. In：50th AIAA Joint Propulsion Conference，pp. 1 - 13.

[13] Polzin，K. A.，Peeples，S.，2014. Iodine Hall thruster propellant feed system for a Cube - Sat. In：50th AIAA/ASME/SAE/ASEE Jt. Propuls. Conf.，pp. 1 - 10.

[14] Massey，D.，Kieckhafer，A. W.，Sommerville，J.，King，L. B.，2004. Development of a vaporizing liquid bismuth anode for Hall thrusters. In：40th AIAA Joint Propulsion Conference. AIAA 2004.

[15] Kieckhafer，A.，Massey，D.，King，L. B.，July 2007. Performance and active thermal control of a 2 - kW Hall thruster with segmented electrodes. J. Propul. Power 23 (4)，821 - 827.

[16] Makela，J. M.，Washeleski，R. L.，Massey，D. R.，King，L. B.，Hopkins，M. A.，2010.

Development of a magnesium and zinc hall - effect thruster. J. Propul. Power 26 (5), 1029 - 1035.

[17] Jones, R. M., 1984. Comparison of potential electric propulsion systems for orbit transfer. J. Spacecraft Rockets 21 (1), 88 - 95.

[18] Beattie, J. R., Williams, J. D., Robson, R. R., 1993. Flight qualification of an 18 - mN xenon ion thruster. In: 23rd International Electric Propulsion Conference.

[19] Welle, R., 1991. Propellant storage considerations for electric propulsion. In: International Electric Propulsion Conference.

[20] Gartner, W., Zschatzsch, D., Holste, K., Klar, P. J., 2017. Characterization of the operation of RITs with iodine. In: 35th Int. Electr. Propuls. Conf., pp. 1 - 7.

[21] Saevets, P., Semenenko, D., Albertoni, R., Scremin, G., 2017. Development of a longlife low - power Hall thruster. In: 35th Int. Electr. Propuls. Conf., no. 8 - 12 October. IEPC - 2017 - 38.

[22] Germany, W., 2011. Vernier propulsion system for small earth remote sensing satellite 'Canopus - V'. System 1 - 8.

[23] Kawahara, H., Asakawa, J., Yaginuma, K., Koizumi, H., Funase, R., Komurasaki, K., 2015. Ground Experiment for the Small Unified Propulsion System: I - COUPS Installed on the Small Space Probe: PROCYON, pp. 1 - 13.

[24] Krejci, D., Mier - Hicks, F., Fucetola, C., Lozano, P., Schouten, A. H., Martel, F., 2015. Design and characterization of a scalable ion electrospray propulsion system. In: Jt. Conf. 30th ISTS, 34th IEPC 6th NSAT. Hyogo - Kobe, Japan, pp. 1 - 11.

[25] Krejci, D., et al., May 2018. Demonstration of the IFM Nano FEEP thruster in low earth orbit. In: 4S Symp. 2018.

[26] Enpulsion, 2019. IFM Product Family [Online]. Available: www. enpulsion. com/order/.

[27] Leiter, H., et al., July 2007. RIT - μx—the new modular high precision micro ion propulsion system. In: 30th Int. Electr. Propuls. Conf., pp. 1 - 12.

[28] Leiter, H. J., Altmann, C., Porst, J. - P., Lauer, D., Berger, M., Rath, M., 2017. Six decades of thrust - the arian group radiofrequency ion thrusters and systems family. In: 35th Int. Electr. Propuls. Conf. IEPC - 2017 - 027.

[29] Wirz, R., Polk, J., Marrese, C. M., Mueller, J., Escobedo, J., Sheehan, P., 2001. Development and testing of a 3 cm electron bombardment micro - ion thruster. In: 27th Int. Electr. Propuls. Conf., pp. 1 - 12.

[30] Dankongkakul, B., Wirz, R. E., 2016. Design of miniature ring - cusp ion thrusters via analysis of discharge EEDF and plasma parameter mapping. In: 52nd AIAA/SAE/ASEE Jt. Propuls. Conf., pp. 1 - 14.

[31] Wirz, R. E., 2015. Miniature Ion Thrusters: A Review of Modern Technologies and Mission Capabilities, pp. 1 - 11.

[32] Tsay, M., Model, J., Barcroft, C., Frongillo, J., Zwahlen, J., Feng, C., 2017. Integrated testing of iodine BIT - 3 RF ion propulsion system for 6U CubeSat applications. In: 35th International Electric Propulsion Conference.

[33] Rafalskyi, D., Aanesland, A., 2017. A Neutralizer - Free Gridded Ion Thruster Embedded into A 1U Cubesat Module, pp. 1 - 8.

[34] Feili, D., Lotz, B., Bonnet, S., Meyer, B. K., Loeb, H. W., August 2009. μNRIT - 2.5 — a New Optimized Microthruster of Giessen University. IEPC 2009, pp. 1 - 9.

[35] Koizumi, H., Kuninaka, H., 2011. Performance evaluation of a miniature ion thruster u1 with a unipolar and bipolar operation. In: 32nd International Electric Propulsion Conference.

[36] Trudel, T. A., Bilen, S. G., Micci, M. M., 2009. Design and performance testing of a 1 - cm miniatureradio - frequency ion thruster. In: 31st International Electric Propulsion Conference, pp. 20 - 25.

[37] Lubey, D. P., Micci, M. M., Taunay, P., Student, U., Design, E., 2011. Design of the Miniature Microwave - Frequency Ion Thruster, pp. 1 - 8.

[38] Yamauchi, T., Xu, K. G., 2018. A miniature gridded ion thruster using split ring resonator microplasma. In: 2018 Jt. Propuls. Conf., pp. 1 - 7.

[39] Collingwood, C. M., Corbett, M. H., Jameson, P., Scientist, E. P., Group, E. P., Manager, P., 2009. The MiDGIT Thruster: Development of a Multi - mode Thruster, pp. 1 - 13.

[40] Yanhui, J., Tianping, Z., Chenchen, W., Yujun, K., 2017. The Latest Development of Low Power Electric Propulsion for Small Spacecraft, pp. 1 - 6.

[41] Chan, Y. - A., Herdrich, G., 2017. Characterization of an IEC plasma thruster plume by a nude - type faraday probe. In: 35th Int. Electr. Propuls. Conf., pp. 1 - 10.

[42] Winter, M., Koch, H., 2017. Inertial electrostatic on finement plasma devices - potential thruster technology for very accurate attitude control systems. In: 35th International Electric Propulsion Conference, pp. 1 - 17.

[43] Dignani, D., Ducci, C., Cifali, G., Rosseti, P., Andrenucci, M., Alta, 2011. HT - 100 Hall thruster characterization tests results. In: 32nd Int. Electr. Propuls. Conf., pp. 1 - 12. IEPC Paper 2011 - 191.

[44] ExoTerra, 2019. Halo Hall - Effect Thruster, pp. 1 - 3.

[45] Raitses, Y., et al., July 2001. Studies of non - conventional configuration closed electron drift thrusters. In: 37th Joint Propulsion Conference and Exhibit.

[46] Smirnov, A., Raitses, Y., Fisch, N. J., 2004. Electron cross - field transport in a low power cylindrical Hall thruster. Phys. Plasmas 11 (11), 4922.

[47] Pigeon, C. E., Orr, N. G., Larouche, B. P., Tarantini, V., Bonin, G., Zee, R. E., 2015. A low power cylindrical Hall thruster for next generation microsatellites. In: 29th Annu. AIAA/USU Conf. Small Satell., pp. 1 - 9.

[48] Shirasaki, A., Tahara, H., 2007. Operational characteristics and plasma measurements in cylindrical Hall thrusters. J. Appl. Phys. 101 (7), 073307.

[49] Nakano, R., Xu, K. G., 2018. Development of a metronome thrust stand for miniature electric propulsion. In: 2018 Jt. Propuls. Conf., pp. 6 - 12.

[50] Liang, S., Liu, H., Yu, D., 2019. Effect of permanent magnet configuration on discharge characteristics in cylindrical Hall thrusters. Phys. Lett. A 383.

[51] Polzin, K. A., et al., 2007. Performance of a low - power cylindrical Hall thruster. J. Propul. Power 23 (4), 886 - 888.

[52] Diamant, K., Pollard, J., Raitses, Y., Fisch, N. J., July 2008. Low power cylindrical Hall thruster performance and plume properties. In: 44th AIAA Joint Propulsion Conference, pp. 1 - 11.

[53] Exotrail，2019. Exotrail - Product [Online] . Available：https：//exotrail. com/product/.

[54] Henri，D.，2018. Exotrail ExoMG Thruster Ignition [Online] . Available：https：//vimeo. com/270366157.

[55] Adamowski，J.，September 2018. French space startup raises $4.1 million to develop smallsat electric thruster technology，software. Space News.

[56] Ito，T.，Gascon，N.，Crawford，W. S.，Cappelli，M. A.，September 2007. Experimental characterization of a micro - Hall thruster. J. Propul. Power 23 (5)，1068 - 1074.

[57] Courtney，D. G.，Lozano，P.，Martinez - Sanchez，M.，2008. Continued investigation of diverging cusped field thruster. In：44th AIAA Joint Propulsion Conference，vol. AIAA 2008 -. Hartford，CT.

[58] Courtney，D. G.，Martínez - Sánchez，M.，2007. Diverging cusped - field Hall thruster (DCHT). In：30th Int. Electr. Propuls. Conf. IEPC - 2007 - 39.

[59] Harle，T.，Knoll，A.，Lappas，V. J.，Bianco，P.，2013. Performance measurements of a high powered Quad confinement thruster. In：33rd Int. Electr. Propuls. Conf.，pp. 1 - 5.

[60] Fabris，A. L.，et al.，2017. Ion Acceleration in a Quad Confinement Thruster，pp. 1 - 8.

[61] Conversano，R. W.，Goebel，D. M.，Hofer，R. R.，Mikellides，I. G.，Katz，I.，Wirz，R. E.，2015. Magnetically shielded miniature Hall thruster：design improvement and performance analysis. In：34th Int. Electr. Propuls. Conf.，pp. 1 - 12. IEPC - 2015 - 100.

[62] Conversano，R. W.，Lobbia，R. B.，Kerber，T. V.，Tilley，K. C.，Goebel，D. M.，Reilly，S. W.，2019. Performance characterization of a low - power magnetically shielded Hall thruster with an internally - mounted hollow cathode. Plasma Sources Sci. Technol. 28 (10).

[63] Conversano，R. W.，Reilly，S. W.，V Kerber，T.，Brooks，J. W.，Goebel，D. M.，2019. Development of and acceptance test preparations for the thruster component of the ascendant sub - kW transcelestial electric propulsion system (ASTRAEUS) . In：Proc. 36th IEPC. IEPC - 2019 - 283.

[64] Orbion Space Technology，2019. Aurora Datasheet.

[65] Sommerville，J.，2019. Performance of the Aurora low - power Hall - effect thruster. In：36th Int. Electr. Propuls. Conf.，pp. 1 - 7.

[66] Mazouffre，S.，Vaudolon，J.，Tsikata，S.，Harribey，D.，Rossi，A.，2015. Optimization of the Design of a Wall - Less Hall thruster. In：34th Int. Electr. Propuls. Conf.，pp. 1 - 11. IEPC - 2015 - 182.

[67] Matyash，K.，Schneider，R.，Mazouffre，S.，Tsikata，S.，Grimaud，L.，January 2019. Rotating spoke instabilities in a wall - less Hall thruster：simulations. arXiv.

[68] Marrese - Reading，C.，et al.，2016. Microfluidic electrospray propulsion (MEP) thruster performance with microfabricated emitter arrays for indium propellant. In：52nd AIAA/SAE/ASEE Joint Propulsion Conference.

[69] Rouhi，N.，et al.，2015. Fabrication of 3 - D silicon microneedles using a single - step DRIE process. J. Microelectromech. Syst. 24 (5)，1409 - 1414.

[70] Courtney，D. G.，Alvarez，N.，Demmons，N. R.，2018. Electrospray thrusters for small spacecraft control：pulsed and steady state operation. In：2018 Jt. Propuls. Conf.，pp. 1 - 15.

[71] Enpulsion，2018. IFM Micro thruster，pp. 1 - 2.

[72] Jackson，B. A.，King，L. B.，2018. Derived performance metrics and angular efficiency of an ionic liquid ferrofluid electrospray propulsion concept. In：2018 Jt. Propuls. Conf.，pp. 1 - 10.

[73] Berg，S. P.，Rovey，J. L.，Prince，B. D.，Miller，S. W.，Bemish，R. J.，2015. Electrospray of an energetic ionic liquid monopropellant for multi - mode micropropulsion applications. In：51st AIAA/SAE/ASEE Jt. Propuls. Conf.，pp. 1 - 12.

[74] Wainwright，M. J.，Rovey，J. L.，Miller，S. W.，Prince，B. D.，Berg，S. P.，2019. Hydroxy - lammonium nitrate species in a monopropellant electrospray plume. J. Propul. Power 35 (5)，922 - 929.

[75] Froberg Aerospace，2019 [Online]. Available：www. frobergaerospace. com.

[76] Ceccanti，F.，et al.，2009. 3200 hours endurance testing of the lisa pathfinder. In：31st International Electric Propulsion Conference，pp. 1 - 9.

[77] Paita，L.，et al.，2009. Alta's FT - 150 FEEP microthruster：development and qualification status. In：31st Int. Electr. Propuls. Conf.，vol. 186，pp. 1 - 9.

[78] Tajmar，M.，Genovese，A.，Steiger，W.，2004. Indium field emission electric propulsion microthruster experimental characterization. J. Propul. Power 20 (2)，211 - 218.

[79] Nicolini，D.，Nicolini，D.，Chesta，E.，Chesta，E.，Amo，J. G.，Amo，J. G.，2001. Plume characteristics of the indium needle emitter (InFEEP) thruster. Society 15 - 19.

[80] Tajmar，M.，January 2015. Overview of indium LMIS for the NASA - MMS mission and its Suitability for an In - FEEP Thruster on LISA，pp. 1 - 9.

[81] Bock，D.，et al.，2017. In - plume thrust measurement of NanoFEEP thruster with a force measuring probe using laser interferometry. In：35th Int. Electr. Propuls. Conf.，pp. 1 - 9.

[82] Bock，D.，Tajmar，M.，2018. Highly miniaturized FEEP propulsion system (NanoFEEP) for attitude and orbit control of CubeSats. Acta Astronaut. 144，422 - 428.

[83] Ma，C.，Ryan，C. N.，May 2018. The design and characterization of a porous - emitter electrospray thruster (PET - 100) for interplanetary CubeSats. In：Proceeding 7th Interplanet. CubeSat Work，pp. 1 - 9.

[84] Nishiyama，K.，Hosoda，S.，Ueno，K.，Tsukizaki，R.，Kuninaka，H.，2016. Development and testing of the Hayabusa2 ion engine system. Trans. Japan Soc. Aeronaut. Space Sci. Aerosp. Technol. Japan 14 (ists30)，Pb _ 131 - Pb _ 140.

第7章 电磁微推力器

Kristina Lemmer 博士[1]，Gabe Xu 博士[2]

1 西密西根大学机械与航天系副教授，美国密歇根卡拉马祖

2 阿拉巴马大学亨茨维尔分校机械与航天工程副教授，美国阿拉巴马

7.1 背景

电磁推进是电推进的一种形式，使用交叉电场 $\boldsymbol{E}$、自感或外加磁场 $\boldsymbol{B}$ 共同产生的洛伦兹力 $\boldsymbol{F}$，来电离推进剂产生推力。

$$\boldsymbol{F}=q(\boldsymbol{E}+\boldsymbol{v}\times\boldsymbol{B}) \tag{7-1}$$

式中，q 是粒子电荷，$\boldsymbol{v}$ 是粒子在场中的瞬时速度。电磁推力器是传统大功率（几千瓦到几百千瓦）的系统，包括反向磁场构型（FRC）推力器、磁等离子体动力（MPD）推力器、脉冲电感推力器（PITs）和螺旋推力器，例如可变比冲磁等离子体推力器（VASIMR）。由于这些系统功率需求大、尺寸大、质量大，不适于小卫星，也不被认为是微推力器的形式。其他适于小卫星的电磁推力器包括脉冲等离子体推力器（PPTs），微脉冲电感推力器（μPIT）和真空电弧推力器（VATs）。另外，使用磁喷嘴加速的微推进系统也包含在此类别内。图 7-1 列举了大量电磁推力器的例子。由于磁等离子体动力（MPD）推力器、脉冲电感推力器（PITs）、可变比冲磁等离子体推力器（VASIMR）和反向磁场构型（FRC）推力器不适于微推进，如果读者感兴趣，鼓励读者查阅参考文献［3-9］。

虽然静电推进和电热推进最早在 20 世纪初火箭时代就已出现和广泛讨论，但电磁推进概念直到 20 世纪下半叶才出现[10]。20 世纪 60 年代和 70 年代，电磁系统快速发展，第一个在太空成功使用的电推进系统是 1964 年苏联的 ZOND-2 航天器用于姿态控制的脉冲等离子体推力器（PPT）[3,11]。磁等离子体动力（MPD）推力器、脉冲等离子体推力器（PPTs）和真空电弧推力器（VATs）都有飞行经历，然而，只有 PPT 和 VAT 用于操作航天器，而 MPD 用于飞行演示任务，其中大部分处于亚轨道[3,12-14]。

对于小卫星，最早使用的电推力器类型之一是电磁推力器。由于与小卫星兼容，以及发射过程中附带载荷约束，固态推进剂脉冲等离子体推力器（PPT）和真空电弧推力器（VAT）得到了广泛应用，这些约束包括卫星允许存储的能量，腐蚀性推进剂的运输风险，压缩气体的限制等。脉冲等离子体推力器（PPT）可以使用惰性固态推进剂，因此，不存在储能、腐蚀性液体和压缩气体的问题。脉冲等离子体推力器（PPT）和真空电弧推力器（VAT）是脉冲系统，可以通过调整推力器脉冲比例突破小卫星限制。一个没有可展开太阳翼的 3U 立方星的功率极限一般是 15 W。2021 年 1 月，Phase Four 公司的第一

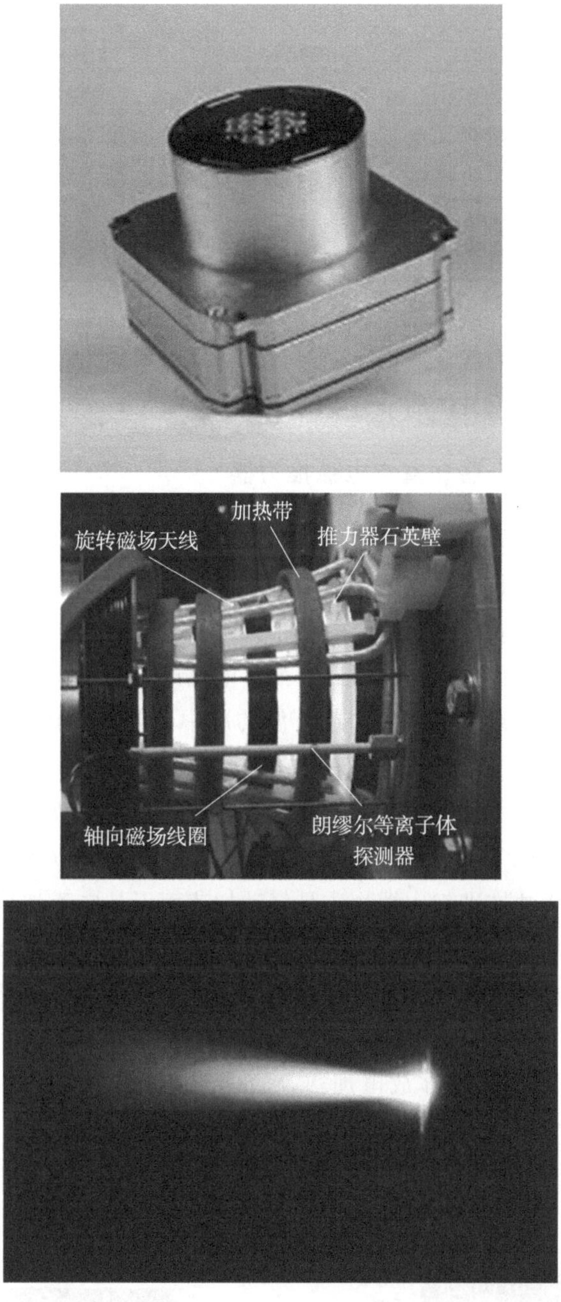

图 7－1　上：MPD 推力器羽流；中：无电洛伦兹力［ELF］推力器[1]；
下：Busek 公司脉冲等离子体推力器[2]（见彩插）

上：来自 NASA。

个磁喷嘴微推力器 Maxwell 发射升空，但仍没有在轨数据。到目前为止，微脉冲电感推力器（μPIT）仍没有经历飞行，然而，学术界正在对该技术进行大量研究。

7.2　推力器类型

虽然所有电磁系统依赖交叉电场和磁场基本原理来加速等离子体，不同类型推力器采用不同的技术途径来实现性能目标。所有静电推力器都遵循电离、加速、中和的原则，而电磁推力器一般将电离和加速合并为一个过程，而且没有中和阶段。电磁推力器产生的等离子体被认为是准中性的，也就是有相同数量的离子和电子。由于通过洛伦兹力对推进剂进行加速，离子和电子都将被加速。这与仅依赖电位差进行加速的静电推力器不同。下述章节将与前述的静电微推力器章节不同，因为这些推力器的工作原理差别很大。与其讨论不同的工作机理，不如讨论具体的推力器类型。

7.2.1　脉冲等离子体推力器和真空电弧推力器

固体推进剂的脉冲等离子体推力器（PPT）和真空电弧推力器（VAT）采用相同的工作原理。固体推进剂［在脉冲等离子体推力器中通常是聚四氟乙烯（PTFE），在真空电弧推力器中通常是导电金属］是弹簧进给的。小火花引发放电和推进剂烧蚀，并在阳极和阴极之间形成一条电弧，电弧电离烧蚀的推进剂。电弧产生的瞬间强电流的能量沉淀到与电流正交的自感磁场中，导致洛伦兹力加速下游的准中性等离子体，如图 7-2 所示。对于真空电弧推力器（VAT），推进剂是阴极材料，电流通过阴极表面升华的蒸汽进行传导。阳极通常是阴极推进剂周围的电极，二者之间有绝缘体，如图 7-2 所示[15]。固体推进剂脉冲等离子体推力器（PPT）和真空电弧推力器（VAT）效率从 8%到 55%[3]。效率变化范围大是因为大部分烧蚀推进剂中性物质是气动加速而不是电磁加速，这取决于推力器设计和使用条件。在脉冲等离子体推力器（PPT）的废气中发现了金属和含氟中性粒子[16]，金属粒子可能来自电极烧蚀。关于含氟中性粒子的出现，一个假说是等离子体的紫外线被聚四氟乙烯（PTFE）推进剂吸收，导致在聚四氟乙烯表面下方产生高压蒸汽。含氟中性粒子另一个假说是由于等离子体放电加热，聚四氟乙烯（PTFE）推进剂循环蒸发形成粒子[17,18]。

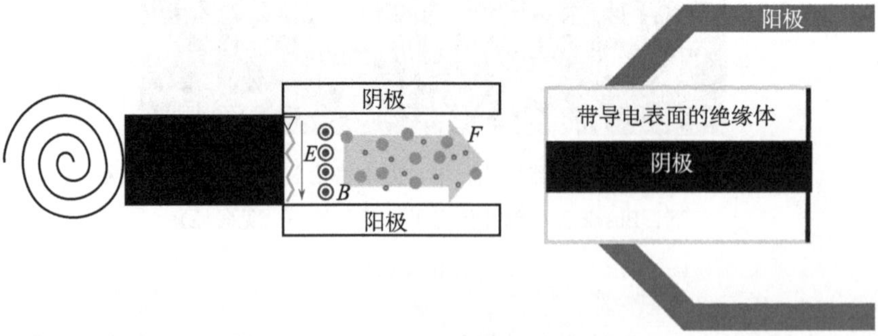

图 7-2　左：脉冲等离子体推力器和真空电弧推力器工作原理；
右：真空电弧推力器电极结构示意图（见彩插）

来自许多不同外形和电路设计的脉冲等离子体推力器（PPT）和真空电弧推力器（VAT）的性能测试结果形成了性能趋势经验模型。一般情况下，脉冲动量（推力器每次放电带来的总冲量）和比冲随着电容能量增加而增加。在脉冲等离子体推力器（PPT）中，通过改变电容电极距离和固体推进剂进给方法和方向，可以改变推力器性能，例如，改变放电暴露的推进剂表面积。当推进剂表面积超过输入功率给定面积，推进剂烧蚀更多，导致脉冲动量增加而比冲下降[19]。请注意，脉冲等离子体推力器缺少第一性原理分析，主要由于脉冲动量与电容存储的能量之间的定量关系对等离子体初始条件和加速器壁上的场边缘效应非常敏感等。

脉冲等离子体推力器（PPT）中的加速通常使用电路分析进行建模，其中电弧快速运动被算作可变电感。图 7－3 是脉冲等离子体推力器等效电路的示意图。使用该模型，标准电路分析技术可用于确定作为时间函数的电弧位置。当电弧穿过下游时，电感会迅速变化；放电的动态特性，会导致电感电压下降。脉冲等离子体推力器（PPT）和真空电弧推力器（VAT）加速过程建模的最大障碍来自如何利用等离子体特性预测等离子体的时变电阻 R_p 和电弧的时变电感 L_p[3]。

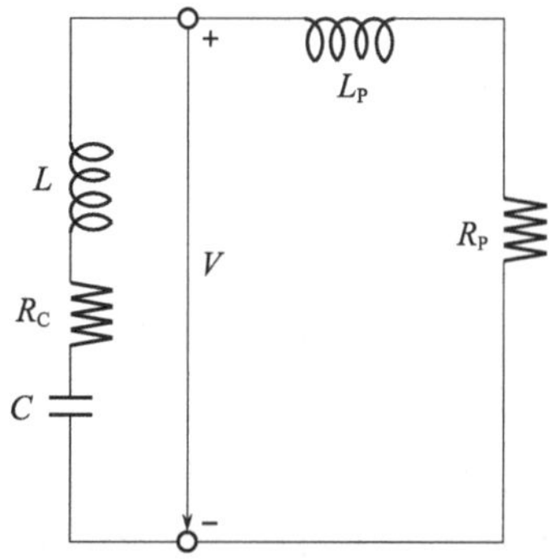

图 7－3　脉冲等离子体推力器（PPT）等效电路（L 是电容电感，R_C 是电容电阻，C 是电容，L_p 是电弧的时变电感，R_p 是等离子体的时变电阻）

7.2.1.1　脉冲等离子体推力器（PPT）和真空电弧推力器（VAT）的替代技术

固体推进剂脉冲等离子体推力器（PPT）常遭受晚烧蚀和热喷射大颗粒问题，导致效率低至 15%[17]。其他问题包括脉冲动量不稳定、小质量流量控制和推进剂污染。因此，学术界开发和测试了可以使用液体和气体推进剂的脉冲等离子体推力器。这些系统的优点和缺点都源自引入了推进剂进给系统。供给系统显著复杂了推力器设计，同时限制了用于电离和加速的推进剂的加注量。因此，通过精细控制可以实现对脉冲动量的控制，而且脉冲之间关闭质量流导致效率明显提升。另外，因为使用惰性气体或液体，污染风险低。已经测试过的一些液体推进剂包括全氟聚醚、乙醇和二甲醚[20]。使用气体的脉冲等离子体推力器提供了更高的效率和脉冲动量控制，但这增加了系统复杂性，因为需要存储压缩气体。测试过的气体包括氢气、氮气、氩气和氙气。

为了提升效率，脉冲等离子体推力器（PPT）和真空电弧推力器（VAT）已经设计了外部磁场来提升加速度、减少羽流发散[3,21]。外加磁场降低了脉冲动量，可能是加速场内磁场增强后，电弧在推进剂表面的停留时间减少导致[22]。

7.2.1.2 寿命和飞行考虑因素

对于放电功率在几焦耳的小推力情况，推力器寿命取决于可用推进剂的量。在这些情况下，没有明显的寿命限制因素。然而，当每脉冲能量达到几百焦耳时，阳极烧蚀成为非常严重的问题[23]。减少电弧在出口平面的停留时间可以减少阳极融化和烧蚀，通过延长电极长度可以实现。在保持电极长度不变的情况下增加放电能量，将导致电弧在电容未完全放电的情况下到达电极末端，从而增加电弧在出口平面的停留时间[24,25]。因此，脉冲等离子体推力器（PPT）和真空电弧推力器（VAT）设计必须确保电容完全放电之前电弧未穿过完整电极。

虽然阳极烧蚀是航天器污染必须考虑的问题，但脉冲等离子体推力器（PPT）和真空电弧推力器（VAT）最严重的问题是推力器放电过程中的高压和瞬时电流带来的电磁干扰问题（EMI）。在立方星中，航天器体积非常有限，电磁干扰可能难以避免，必须使用必要的屏蔽技术。

7.2.2 磁喷嘴推力器

磁喷嘴推力器是一类综合了高效电离过程和磁喷嘴膨胀加速的推力器。2021 年 1 月，第一个磁喷嘴类型的推力器完成了在轨飞行。该推力器由 Fhase Four 公司设计和制造，功率 300～500 W，不在通常认为的微推力器范围内。业界目前正在进行广泛的研究来研制更小的磁喷嘴推力器。正在研究的电离过程包括电子回旋共振加热、电感耦合等离子体生成、回旋等离子体生成。这些方法都是电磁（EM）波形式，无电极，使用射频和微波范围内的交变电流电场。使用电磁波电离避免了许多电推进系统中常见的寿命限制因素。虽然磁喷嘴不是最有效的等离子体加速方法，但由于磁喷嘴中不存在现有的其他微推力器（如电喷推力器、格栅等离子体推力器、霍尔效应推力器、脉冲等离子体推力器和真空电弧推力器等）中存在的烧蚀问题，因此，磁喷嘴仍有吸引力。这就意味着，这类推力器没有众多静电推力器的推进剂类型限制。因此，磁喷嘴对于原位资源应用技术有重要意义。正在开发的系统包括那些可以使用水、甲烷和其他在太空环境探索中可以获取的推进剂。

当入射的射频频率与电子绕磁场转动的频率相同时，会出现电子回旋共振（ECR）。电子回旋共振（ECR）是一种有效利用电子回旋频率 ω_{ce} 和微波源入射频率共振的电离方法。

$$\omega_{ce}=\frac{eB}{m_e} \tag{7-2}$$

式中，e 是元电荷，B 是磁场强度，m_e 是电子质量。对于微波频率 2.45 GHz，磁场强度 875 G，当微波的交变电场与自由电子回旋周期同步时，自由电子动能增加。如果这些电子与中性粒子碰撞就会产生电离。图 7－4 显示了带磁喷嘴的电子回旋共振（ECR）推力器。

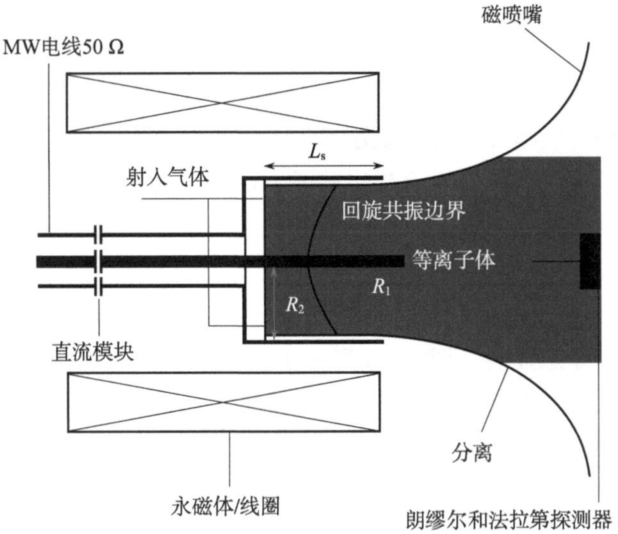

图 7-4　带永磁喷嘴的微波供能电子回旋共振推力器示意图[26]（见彩插）

磁喷嘴推力器中替代电磁电离的方法包括电感耦合等离子体源和回旋等离子体源（图 7-5），都使用射频频率的交变电流电场。回旋等离子源还有外加磁场，使得电场几乎与电流垂直。与电感耦合等离子体源相比，回旋等离子体源和电子回旋共振等离子体源效率更高，然而，对微小卫星而言，增加外部磁场的功率以及复杂性抵消了收益。

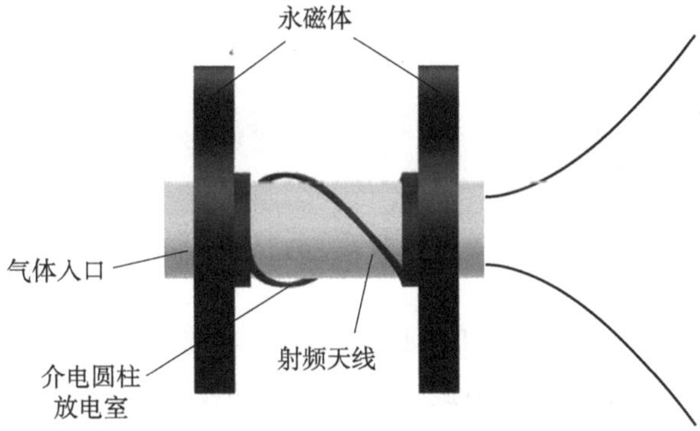

图 7-5　回旋电离磁喷嘴推力器示意图（见彩插）

7.3　最新进展

如前所述，很少电磁微推进系统有飞行经历。事实上，有飞行经历的只有脉冲等离子体推力器（PPT）和真空电弧推力器（VAT）。还没有磁喷嘴推进系统用于已经发射的小型航天器。2021 年 1 月，第一个磁喷嘴推进系统发射。如前所述，该系统的功率超过了小卫星的范畴。目前，有几种类型的磁喷嘴系统正在研发之中。

7.3.1　经飞行验证的系统

美国最早飞行的电推进系统是脉冲等离子体推力器，引领了早期的发展。另外，脉冲等离子体推力器（PPT）和真空电弧推力器（VAT）简单而且使用固体推进剂，使之成为微小卫星采用较多的推进系统。需要指出的是，已经发射的大多数系统都是由大学研制，并不是大规模生产。推力器为指定任务定制开发。如果一颗卫星重量小于 50 kg，下述系统具备飞行经历。

2007 年 FalconSat-Ⅲ卫星发射，携带了 Busek 公司的脉冲等离子体推力器（PPT），用于技术演示验证和姿态控制。图 7-6 展示了 FalconSat-Ⅲ卫星，这是一颗 50 kg 重的卫星，其由美国空军学院设计、制造和使用。脉冲等离子体推力器得到成功应用，演示了对航天器姿态的控制能力。

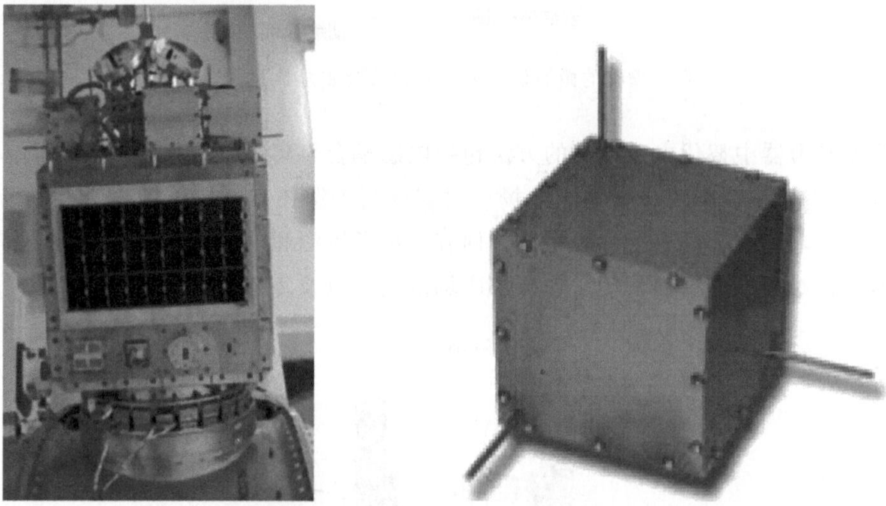

图 7-6　FalconSat-Ⅲ卫星（左）携带脉冲等离子体推力器（右，Busek 公司网页）用于姿态控制（见彩插）

弹道通信增强卫星（BRICSat-P）是美国海军学院研制的 1.5U 立方星（图 7-7），演示验证真空电弧推力器用于卫星消旋。乔治·华盛顿大学（GWU）研究人员设计的阴极电弧微推力器（μCAT）最先在该卫星上测试。质心周围安装了 4 台推力器完成了消旋任务[28]。由于推力器附加了磁场增强技术，因而认为可以用于韩国 2.7 kg 2U 立方星 CANYVAL-X 的编队飞行和轨道维持。很不幸，卫星在轨工作失效。2019 年 6 月 25 日，弹道通信增强卫星（BRICSat-2）发射，目前仍在轨工作。4 台升级外部磁场的阴极电弧微推力器用于姿态控制和轨道维持，目前无公开的在轨数据可查。

2017 年，新加坡南洋理工大学（NTU）和日本九州理工大学联合研制的 AOBA VELOX-Ⅲ卫星，从国际空间站成功释放。卫星携带了南洋理工大学研制的双轴脉冲等离子体推力器（PPT），成功演示了通过轨道维持增加任务时间。脉冲等离子体推力器（PPT）还用于姿态控制[29,30]。图 7-8 展示了 AOBA VELOX-Ⅲ卫星使用的脉冲等离子体推力器（PPT）。

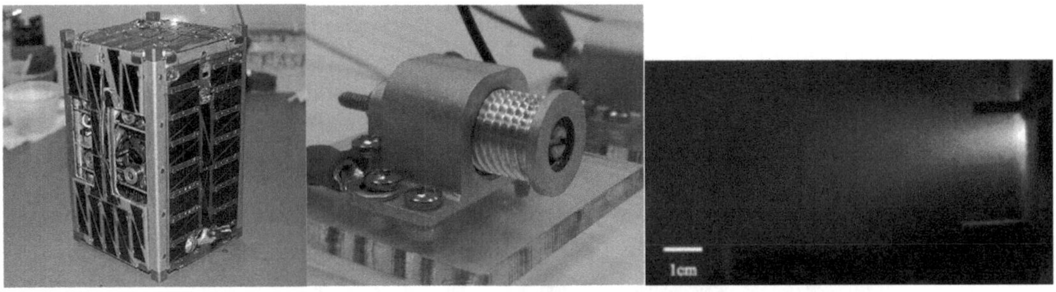

图 7-7 弹道增强通信卫星（BRICSat-P）（左）携带乔治·华盛顿大学的阴极电弧微推力器（μCAT）（中）用于消旋，阴极电弧微推力器（μCAT）在乔治·华盛顿大学真空罐中的点火试验（右）[27]（见彩插）

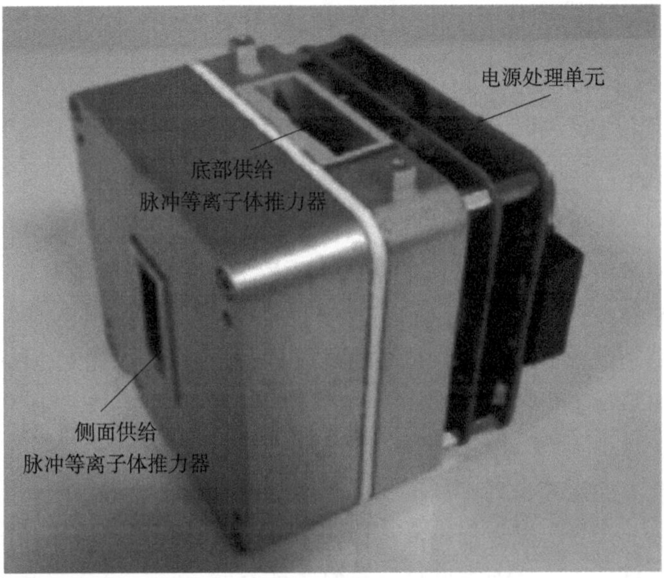

图 7-8 用于 ABOBA VELOX-Ⅲ卫星的南洋理工大学（NTU）研制的双轴脉冲等离子体推力器（PPT）[30]（见彩插）

2020 年 1 月 31 日，华盛顿大学研制的硫磺推进剂脉冲等离子体推力器用于 3U 立方星 HuskySat-1。硫磺推进剂提供了两倍于特异性聚四氟乙烯的比推力。至今，没有公开发布的在轨数据。脉冲等离子体推力器如图 7-9 所示。

7.3.2 研发中的系统

在互联网上搜索脉冲等离子体推力器（PPT）和真空电弧推力器（VAT），可以发现有几种可用于小型航天器。实际上，已经发射了许多等离子体推力器（PPT）和真空电弧推力器（VAT），但携带这些推力器的卫星因为某些原因在轨失效了。为推动技术进步，这里列举和讨论了一些例子，也讨论一些使用无电极电离、磁喷嘴加速的方法，但这些系统与脉冲等离子体推力器（PPT）和真空电弧推力器（VAT）相比，距离在轨演示验证更远。

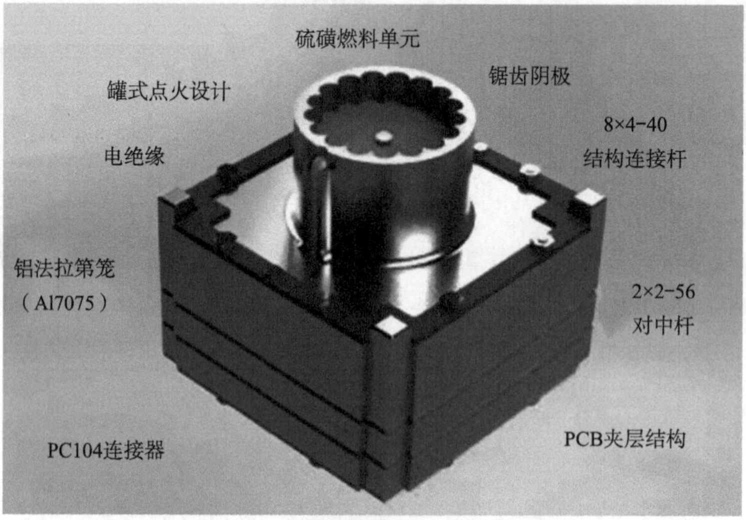

图 7－9　华盛顿大学研制的硫磺脉冲等离子体推力器（PPT）（见彩插）

基于 AOBA VELOX－Ⅲ上的双轴脉冲等离子体推力器（PPT）和在轨飞行经历，南洋理工大学（NTU）研发了 4 头脉冲等离子体推力器（PPT），并搭乘 AOBA VELOX－Ⅳ在轨验证。该任务用于演示验证月球研究的应用技术。脉冲等离子体推力器（PPT）用于轨道维持和反作用轮卸载[29]。

其他脉冲等离子体推力器（PPT）系统包括 Clyde Space 公司和 Mars Space 公司研发的立方星脉冲等离子体推力器（PPT），比冲 650 s、脉冲动量 45 μNs、功率 2 W；Fotec 公司的脉冲等离子体推力器（PPT），比冲 900 s、脉冲动量 3.5～10 μNs[31-34]。两种系统都使用固态特异性聚四氟乙烯推进剂。

如前所述，因为可以得到更加精准的脉冲动量和更高效率，液体和气体脉冲等离子体推力器（PPT）值得关注。正在研发的一个例子是 QuintScience 公司与波兰物理和激光微熔融研究所共同研制的液体脉冲等离子体微推力器（LμPPT）。推力器使用液态全氟聚醚，一种性能与特异性聚四氟乙烯相似的无害液体。在实验室测试中，推力器脉冲动量 10～25 mNs、比冲 1 000～1 400 s[35]。另一种液体推进剂脉冲等离子体推力器原型由数字固态推进公司（Digital Solid State Propulsion）设计和测试，使用自行研发的羟基硝酸铵为单组元推进剂（GEM）。推力器展示出 100 个脉冲，平均脉冲动量 0.3 mNs，估计比冲 214～384 s。推力器采用多模式推进系统思想，既可以运行在化学推进模式，也可以运行在电推进模式。

乔治·华盛顿大学研究人员通过使用加速电极对阴极电弧微推力器（μCAT）进行性能提升。这种两级磁等离子体动力推进器（μCAT－MPD）相较于传统 VAT 推力器，在推力上提升近两倍，同时提高了推力功率比[36]。图 7－10 展示了 μCAT－MPD 的结构示意图与设计简图。

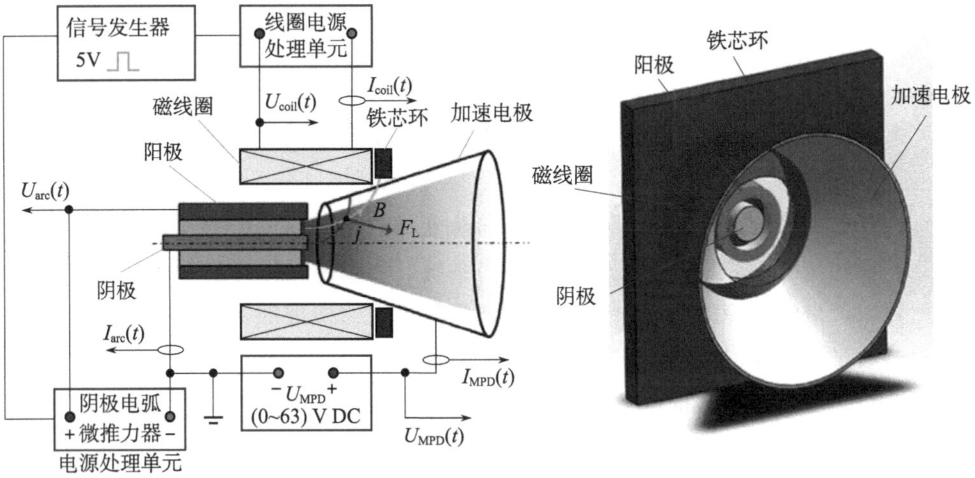

图 7－10　加速电极、磁强化的磁等离子体动力学阴极电弧微推力器[36]（见彩插）

过去一些研究致力于使用回旋电离研发微推力器，然而，小型化回旋电离源仍未成功验证。因此，这里只讨论电子回旋共振（ECR）推力器。法国航空航天国防实验室（Onera）的一个研究小组研发了电子回旋共振（ECR）推力器，并且发布了设计方法[26]。几个研究机构正在开展进一步研究。图 7－11 展示了密歇根大学研制的电子回旋共振（ECR）推力器概念。

图 7－11　密歇根大学研制的电子回旋共振（ECR）推力器（见彩插）

7.4　挑战与未来

小型电磁推进面临双重挑战。与静电推进类似，小型卫星任务虽可适配极低推力但高比冲的推进系统，但实际应用场景严重受限。大多数进入 LEO 的小卫星寿命是几个月，最长几年。在如此短寿命期内用于轨道维持的速度增量不高，不需要使用高效的电推进系统。因此，首选传统的简单的冷气或化学推进系统。可以预见，深空探测是电磁推进一个重要应用领域。带磁喷嘴的电磁电离可以使用多种类型的推进剂，无须担心电极氧化或烧蚀。因此，通过此类推力器可以实现对原位推进剂的利用。

对于带有磁喷嘴的电磁推进系统，缩小尺寸是个问题。磁喷嘴越小，需要容纳和加速等离子体的磁场就越强。使用永磁体可降低功率需求，但当热负荷超标时，永磁体性质会变化。永磁体热极限与电磁激励中的热负荷基本相当。

静电推进章节中讨论的优化问题对于电磁推进系统并不适用。在诸如脉冲等离子体推力器（PPT）、真空电弧推力器（VAT）和磁喷嘴推力器中，大多没有离子碰撞电离方法的体积限制。另外，洛伦兹力不区分粒子电荷，推力器工作时不需要中和器，使推进系统复杂度和功率需求都很低。但是，射频和微波的电力电子设备小型化比较困难。正在对小型航天器推进系统中电力系统的改进开展研究。

参考文献

[1] Kirtley, D., Pancotti, A., Slough, J., Pihl, C., 2012. Steady operation of an FRC thruster on martian atmosphere and liquid water propellants. In: 48the AIAA/ASME/SAE/ASEE Joint Propulsion Conference and Exhibit. AIAA, pp. 2012 - 4071.

[2] Legge, R. S., Clements, E. B., Shabshelowitz, A., 2017. Enabling microsatellite maneuverability: a survey of microsatellite propulsion technologies. In: 2017 IEEE MTT - S International Microwave Symposium (IMS), pp. 229 - 232.

[3] Myers, R. M., 1993. Electromagnetic propulsion for spacecraft. In: Aerospace Design Conference. AIAA, pp. 93 - 1086.

[4] Jahn, R. G., 1996. Physics of Electric Propulsion. Dover Publications, Inc.

[5] Slough, J., Kirtley, D., Weber, T., 2009. Pulsed plasmoid propulsion: the elf thruster. In: 31st International Electric Propulsion Conference, pp. 1 - 24.

[6] Niemela, C., Kirtley, D., 2008. Initial results on an annular field reversed configuration plasma translation experiment. In: 55th JANNAF Propulsion Meeting/4th Liquid Propulsion Subcommittee/3rd Spacecraft Propulsion Subcommittee/6th Modeling and Simulation Subcommittee Meeting, vol. 12, p. 704.

[7] Polzin, K. A., 2011. Comprehensive review of planar pulsed inductive plasma thruster research and technology. J. Propul. Power 27 (3), 513 - 531.

[8] Díaz, F. R. C., 2000. The Vasimr rocket. Sci. Am. 283, 90 - 97.

[9] Cassady, L., et al., 2010. VASIMR performance results. In: 46th AIAA/ASME/SAE/ASEE Joint Propulsion Conference & Exhibit.

[10] Choueiri, E. Y., 2004. A critical history of electric propulsion: the first 50 years (1906—1965). J. Propul. Power 20 (2), 193 - 203.

[11] Nickolay, N. A., Popov, G. A., Kazeev, M. N., 2013. Ablative pulsed plasma thrusters R&D in Russia since the beginning of the 90 s. In: 33rd International Electric Propulsion Conference. IEPC, pp. 2013 - 2068.

[12] Gorshkov, O. A., Shutov, V. N., Kozubsky, K. N., Ostrovsky, V. G., Obukhov, V. A., 2007. Development of high power magnetoplasmadynamic thrusters in the USSR. In: 30th International Electric Propulsion Conference. IEPC, pp. 2007 - 2136.

[13] Lemmer, K., 2017. Propulsion for CubeSats. Acta Astronaut. 134, 231 - 243.

[14] Lev, D., Myers, R. M., Lemmer, K. M., Kolbeck, J., Koizumi, H., Polzin, K., 2019. The technological and commercial expansion of electric propulsion. Acta Astronaut. 159, 213 - 227.

[15] Polk, J. E., Sekerak, M. J., Ziemer, J. K., Schein, J., Qi, N., Anders, A., 2008. A theoretical analysis of vacuum arc thruster and vacuum arc ion thruster performance. IEEE Trans. Plasma Sci. 36 (5), 2167 - 2179.

[16] Spanjers, G., Lotspeich, J., McFall, K., Spores, R., 1998. Propellant losses because of particle emission in a pulsed plasma thruster. J. Propul. Power 14 (4), 554 - 559.

[17] Spanjers, G., McFall, K., Gulczinski Ⅲ, F., Spores, R., 1996. Investigation of propellant inefficiencies in a pulsed plasma thruster. In: 32nd Joint Propulsion Conference.

[18] Spanjers, G., Malak, J., Leiweke, R., Spores, R., 1998. Effect of propellant temperature on efficiency in the pulsed plasma thruster. J. Propul. Power 14 (4), 545 - 553.

[19] Palumbo, D. J., Guman, W. J., 1975. AIAA Paper. Effects of Propellant and Electrode Geometry on Pulsed Ablative Plasma Thruster Performance, vols. 75 - 409.

[20] Sasha, W., Miller, C. S., Ingersoll, J. E., Yost, B. D., Agasid, E., Burton, R., Carlino, R., et al., 2018. State of the Art: Small Spacecraft Technology. NASA Technical Publication. Document ID: 20200001421.

[21] Keidar, M., et al., 2005. Magnetically enhanced vacuum arc thruster. Plasma Sources Sci. Technol. 14 (4), 661 - 669.

[22] Takegahara, H., Ohtsuka, T., Kimura, I., 1984. Effect of applied magnetic fields on a solid - propellant pulsed plasma thruster. In: International Electric Propulsion Conference. IEPC 84 - 50.

[23] Palumbo, D. J., 1979. Solid Propellant Pulsed Plasma Propulsion System Development for N - S Station Keeping, vols. 79e2097. AIAA Paper.

[24] Vondra, R. J., 1979. US Air Force Programs in Electric Propulsion, vols. 79 - 2123. AIAA Paper.

[25] Eckbreth, A. C., 1968. Current Pattern and Gas Flow Stabilization in Pulsed Plasma Accelerators. Princeton University.

[26] Cannat, F., Lafleur, T., Jarrige, J., Chabert, P., Elias, P. Q., Packan, D., 2015. Optimization of a coaxial electron cyclotron resonance plasma thruster with an analytical model. Phys. Plasmas 22 (5).

[27] Keidar, M., 2016. Micro - cathode arc thruster for small satellite propulsion. In: 2016 IEEE Aerospace Conference, pp. 1 - 7.

[28] Kolbeck, J., et al., 2016. μCAT micro - propulsion solution for autonomous mobile onorbit diagnostic system. In: 30th Annual AIAA/USU Conference on Small Satellites. SSC16 - V - 7.

[29] Bui, T. D. V., et al., 2018. Design and development of AOBA VELOX -Ⅳ nanosatellite for future lunar horizon glow mission. In: 32nd Annual AIAA/USU Conference on Small Satellites. SSC18 - WKIX - 02.

[30] Tran, Q. - V., Lim, W. - S., Bui, T. - D. - V., 2019. Kay - soon low, and Bingyin Kang, "development of a dual - axis pulsed plasma thruster for nanosatellite applications. J. Small Satell. 8 (2), 837 - 847.

[31] Guarducci, F., Coletti, M., 2011. Design and testing of a micro pulsed plasma thruster for cubesat applicaion. In: 32nd International Electric Propulsion Conference. IEPC, pp. 2011 - 2239.

[32] Coletti, M., Guarducci, F., Gabriel, S. B., 2011. A micro PPT for Cubesat application: design and preliminary experimental results. Acta Astronaut. 69 (3 - 4), 200 - 208.

[33] Krejci, D., Mier - Hicks, F., Fucetola, C., Lozano, P., Schouten, A. H., Martel, F., 2015. Design and characterization of a scalable ion electrospray propulsion system. In: 34th International Electric Propulsion Conference. IEPC, pp. 2015 - 2149.

[34] Krejci, D., Seifert, B., Scharlemann, C., 2013. Endurance testing of a pulsed plasma thruster for nanosatellites. Acta Astronaut. 91, 187 - 193.

[35] Barral, S., et al., 2015. Time - of - flight spectrometry and performance of a pulsed plasma thruster with non - volatile propellant. In: 34th International Electric Propulsion Conference.

[36] Zolotukhin, D. B., Daniels, K. P., Bandaru, S. R. P., Keidar, M., 2019. Magnetoplasmadynamic two - stage micro - cathode arc thruster for CubeSats. Plasma Sources Sci. Technol. 28 (10), 105001.

拓展阅读

[1] Nishiyama, K., Hosoda, S., Ueno, K., Tsukizaki, R., Kuninaka, H., 2016. Development and testing of the Hayabusa2 ion engine system. Trans. Japan Soc. Aeronaut. Space Sci. Aerosp. Technol. Japan 14 (ists30), Pb_131 - Pb_140.

[2] Leiter, H., et al., 2007. RIT - μX - the new modular high precision micro ion propulsion system. In: 30th Int. Electr. Propuls. Conf., pp. 1 - 12.

第 8 章　推力测量

Akira Kakami 博士

东京都大学航空航天系副教授，日本东京日野

太空推进装置，如电推进和化学推进，产生的推力范围从几牛到几千牛，重量范围从几克到几千克，一些推力器的推重比小于 1。对于推重比低的推力器，推力通过推力台进行测量。一般采用钟摆式，因为推力方向与重力方向垂直，消除了推力器重量的负面影响。本章将介绍位移和零天平法，阐述其原理和动力学特性。

本章还将讨论推力靶方法，当推力台因推力水平或推力器重量不适用时，这是一个替代方案。推力靶阻挡推力器排出的尾气，通过摆臂位移幅值计算推力和脉冲。另外，将介绍校准方法的理论和实例。

8.1　引言

推力台，有时称为推力天平，是用于测量空间推进装置推力的仪器。图 8 - 1 列举了一种典型的水平钟摆型推力台。从太空时代伊始，业界已开始研发此类型的推力台[1-6]；图 8 - 2 中可以看到已经形成基础设计，这是 1971 年的一份专利中一个示意图[7]。参考文献 [8] 介绍了与此专利相关的推力台技术。使用钟摆让推力方向垂直于重力，因此，推力器重量对测量的影响很小。摆臂的位移和振幅分别用于测量连续推力和冲击推力。通过高中物理可以理解测量原理，位移和振幅分别与外力和冲击力成正比。虽然原理简单，因为一些外部因素，比如阻尼器，仍有必要基于振动理论开展设计和分析。阻尼器通常用于抑制振荡。如果没有阻尼器，摆臂在真空中将保持振荡，因为摆臂铰链的摩擦力可以忽略不计。即使在空气环境中，振荡通常保持很长时间，因为空气产生的阻尼力很小。有时，在推力器对面放置配重来减少机械噪声。甚至在静音实验室，真空泵和人的走动也会引起振动，并传递到摆臂上。当摆臂重心不在转动轴上，外部振动将引起摆臂振荡。然而，重心位于转动轴上可以消除机械噪声的传递。因此，推力台偶尔使用配重，特别是测量低推重比推力器。

零天平法，即平衡天平原理，也适用于性能评估。在经典的平衡天平中，待评估质量在横梁一侧，已知质量的砝码放在另一侧，直到横梁水平。质量由砝码质量及其到支点的距离决定。在推力测量时，质量叠加和选择由控制器完成，已知质量由驱动器替代。该方法称为零天平法，可适配高分辨率非线性位移传感器。零天平法测量在推力台中的应用也已授权专利[7]，并被报道[8]。8.3 节将对该方法和理论进行讨论。

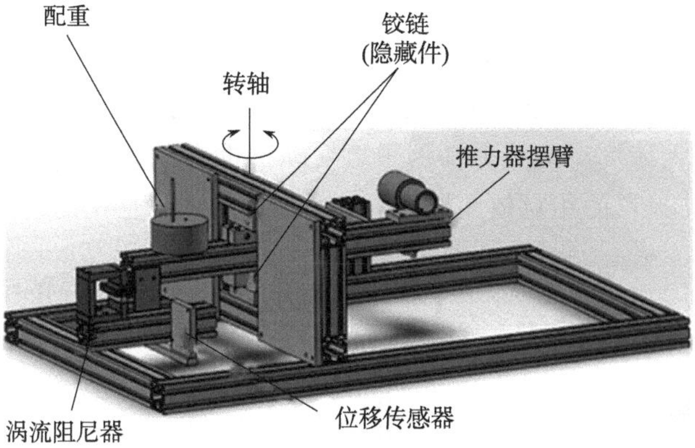

图 8-1　推力台

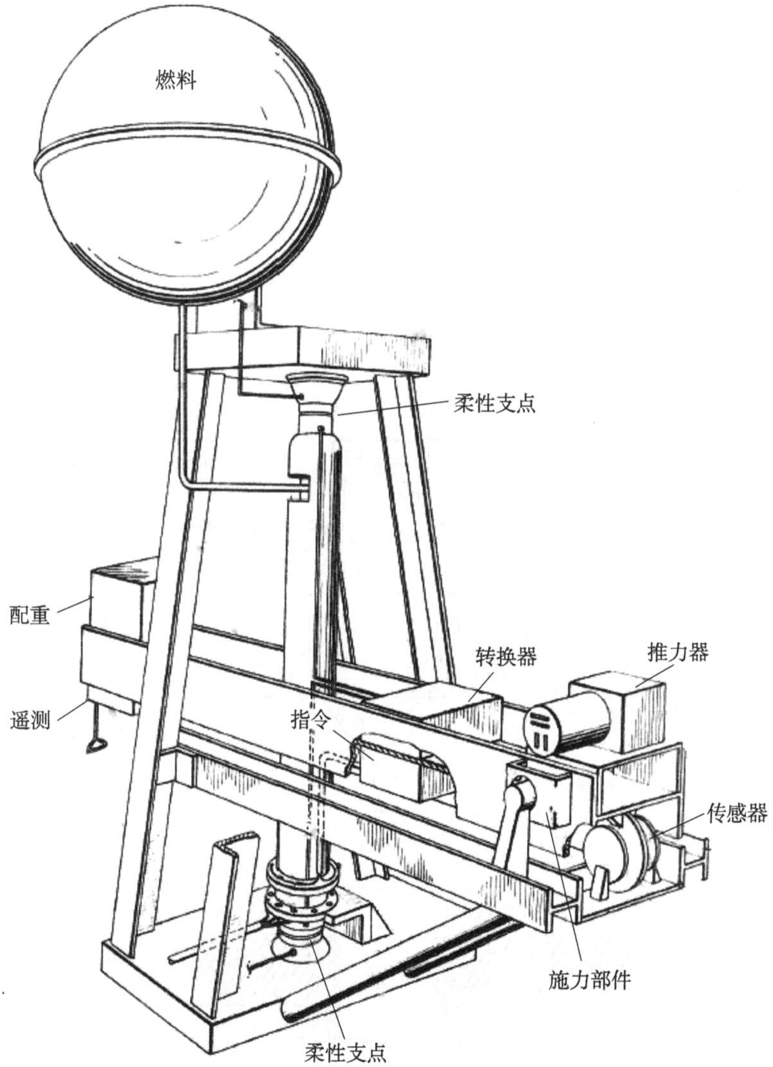

图 8-2　参考文献［7］中的钟摆型推力台

在运载火箭和探空火箭使用的高功率发动机中，常使用负载传感器测量推力，此时使用应变计或压电/电阻计测量推力导致的材料变形。负载传感器有很多特点，比如简单、紧凑、价格低。直接影响动力学响应的刚度，可以采用高弹性模量的材料直接进行加强。图 8-3 展示了一个火箭发动机推力台例子，发动机推力远大于推力台重量[9]。除了这些发动机，一些用于航天器的相对较大推力的推力器，性能评估用的也是负载传感器。

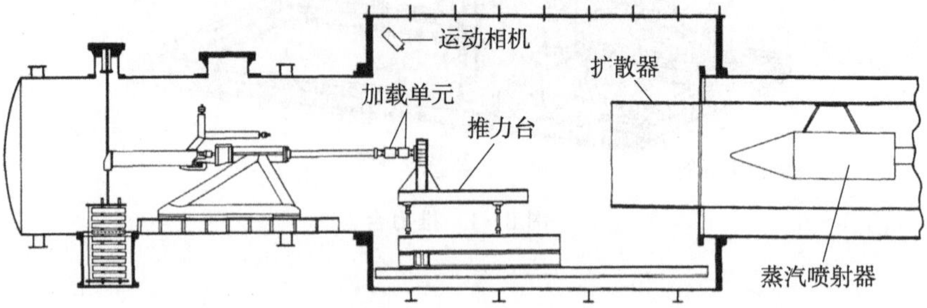

图 8-3　一个用于高推力火箭发动机负载传感器基推力台的例子

为阿波罗任务研制并安装在登月舱和服务舱上用于反作用控制的 R-4D 双组元推力器，于 20 世纪 60 年代完成原型研制和测试。推力器质量 3.6 kg，推力 490 N，比冲 290 s，因此推重比接近于 10。推力器通过如图 8-4 所示的推力台进行性能评估[10]，并通过振动质量块竖直悬挂。高刚度半导体负载传感器测量连续和脉冲推力。推力台通过二级负载传感器进行周期性校准。

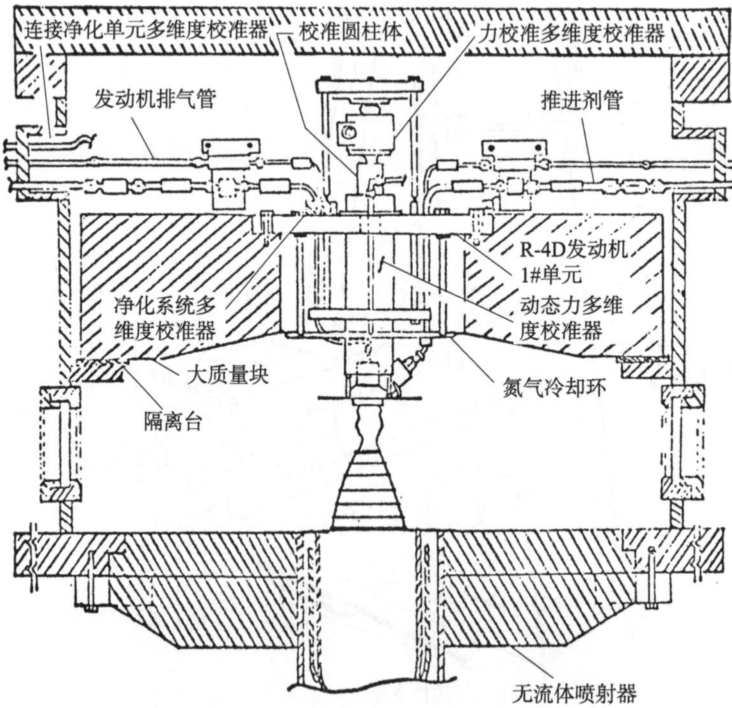

图 8-4　用于 R-4D 双组元推力器的推力台

可能有人认为，这些推力台的简单小型化就可用于小推重比的推力器（常用于航天器典型推进）的性能评估。然而，重力的存在不允许直接使用这种方法。对于相对低的推力，就需要量程小的负载传感器，因为线性度或分辨率通常是全量程的 0.1%。由于负载传感器的推力强烈依赖于测量范围，所以需要一些机构来消除重力的负面影响。因此，引入钟摆对星载推进进行评估。

8.2　位移法

竖直型和水平型推力台都可用于确定各种空间推进装置的推力[4,8,11]。图 8－5 展示了使用位移法的水平钟摆式推力台的示意图。从动力学角度看，竖直摆与水平摆几乎相同，只是源自重力的复位力需要考虑。一些研究小组使用线圈悬挂推力器，这些线圈悬挂型可以归类为竖直型。典型推力台包括支撑臂、柔性铰链、配重、位移传感器，理论上与水平型或绕柔性铰链振荡的弹道摆相同。虽然并不总是需要配重，但是，它能降低由于真空燃烧室振动带来的机械噪声（后面会提到）。本节介绍了位移法推力台原理及其频率响应。

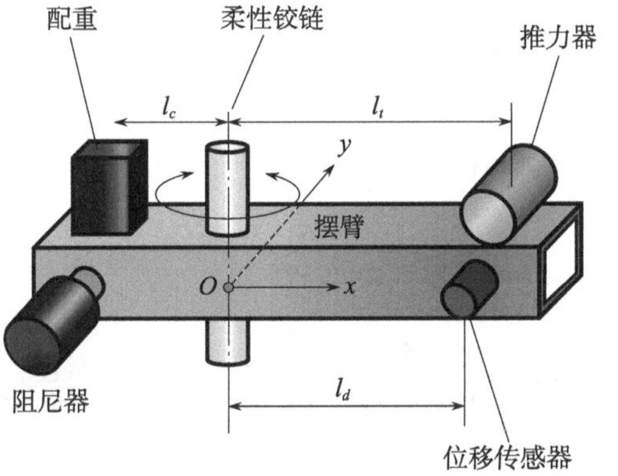

图 8－5　位移法推力台的动力学模型（见彩插）

8.2.1　稳定推力

位移法通过钟摆位移测量推力。只要角位移小到 $\sin\theta \approx \theta$、$\cos\theta \approx 1$，水平钟摆和竖直钟摆理论上相同，两种摆产生的位移与外力成正比。图 8－5 中展示的模型的角运动方程可以表达如下

$$I\ddot{\theta} + c\dot{\theta} + k\theta = l_t T \tag{8-1}$$

$$y_d = l_d \theta \tag{8-2}$$

式中，θ 是摆臂转动角度，I 是转动惯量，c 是阻尼系数，k 是弹簧常数，y_d 是位移传感器位移测量值。需要注意，对于水平钟摆，k 是柔性铰链的扭转弹簧常数；对于竖直钟摆，k 由机械弹簧刚度叠加重力矩作用共同构成。钟摆是配重、摆臂、推力器和与臂相连物体的集合。因此，转动惯量 I 包括推力器和配重的惯量。

对于稳态，θ 的时间变化可以忽略，推力可以采用如下公式计算

$$T=\frac{k}{l_t l_d}y_d \tag{8-3}$$

$$\text{灵敏度(m/N)}=\frac{l_t l_d}{k} \tag{8-4}$$

因此，降低弹性常数可提高灵敏度。然而，这导致响应速度慢，而快速变化的推力需要快速响应。换句话说，灵敏度和响应相互影响，用振动理论分析可以揭示动力学响应和灵敏度之间的关系。在此，阶跃响应和频率响应将用于解释其特点。

式（8－1）和式（8－2）可使用阻尼比 ξ 和自然角度频率 ω_n 写成一般形式

$$\ddot{y}_d+2\xi\omega_n\dot{y}_d+\omega_n^2 y_d=\frac{l_t l_d}{I}T \tag{8-5}$$

$$\omega_n=\sqrt{\frac{k}{I}} \tag{8-6}$$

$$\xi=\frac{c}{2}\sqrt{\frac{I}{k}} \tag{8-7}$$

在初始条件（$y_d(0)=0$，$\dot{y}_d(0)=0$）下，当施加阶跃（大小为 T_0）推力后，位移可以表达如下

$$y_d=\begin{cases}\dfrac{l_d l_t T_0}{k}\left[1-\exp(-\xi\omega_n t)\left(\dfrac{\xi}{\sqrt{1-\xi^2}}\sin\sqrt{1-\xi^2}\,\omega_n t+\cos\sqrt{1-\xi^2}\,\omega_n t\right)\right] & (0\leqslant\xi<1)\\ \dfrac{l_d l_t T_0}{k}\left[1-(1+\omega_n t)\exp(-\omega_n t)\right] & (\xi=1)\\ \dfrac{l_d l_t T_0}{k}\left[1-\exp(-\xi\omega_n t)\left(\dfrac{\xi}{\sqrt{\xi^2-1}}\sinh\sqrt{\xi^2-1}\,\omega_n t+\cosh\sqrt{\xi^2-1}\,\omega_n t\right)\right] & (\xi>1)\end{cases} \tag{8-8}$$

$\xi<1$、$\xi=1$ 和 $\xi>1$ 分别指欠阻尼振动、临界阻尼振动和过阻尼振动。如果没有阻尼，也就是 $\xi=0$，振动就不会衰减，如图 8－6 所示。对于 $\xi=0.2$，振幅缓慢减小；$\xi\omega_n$ 增加后，衰减时间变短，因为衰减是以 $e^{\xi\omega_n t}$ 的指数形式衰减的。ξ 的增加减慢了上升时间，因而振荡衰减很快。

对于 $\xi\geqslant1$，推力台不产生振动，但延长了上升时间以降低响应。因此，在需要完全抑制振动时，似乎优选临界阻尼（$\xi=1$），因为在无振动情况下，上升时间最短。但是，临界阻尼在相位延迟中产生损失，最优的 ξ 需要进一步讨论，后面将会提到。如图 8－6 所展示的时间曲线提供了一些有益的观点，利于讨论超调和上升时间，但对推力测量准确度和频率上限只提供了很少的信息。相反，频率响应提供了很多有用的见解。

图 8－7 和图 8－8 说明了灵敏度和相移的频率响应。负相移意味着测定的推力滞后于实际值。使用 0 Hz［式（8－4）］灵敏度和固有频率分别对灵敏度和推力变化频率进行归一化，理想情况下，灵敏度和相移应当为 1 和 0°。然而，对于较低频率，灵敏度和相移保持在理想值；随着频率增加，灵敏度表现出不统一性，相移开始从零减小，也就是推力台

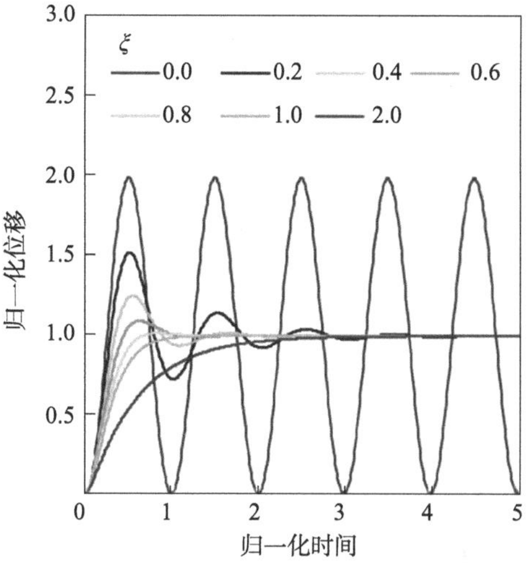

图 8-6　位移法时间曲线［时间用 $2\pi/\omega_n$（$\xi=0$ 的周期）归一化］（见彩插）

出现相位延迟增加的趋势。对于 $\xi<1$ 和 $\xi\geqslant1$，灵敏度分别表现出峰值和单调下降。由图 8-7 可以确定可测频率上限。

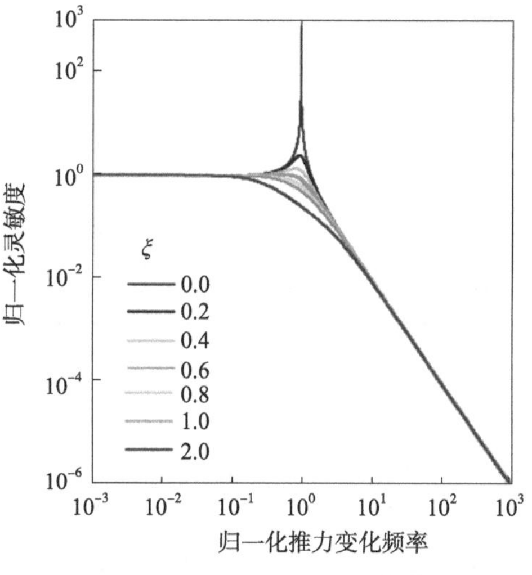

图 8-7　位移法的动力学响应（灵敏度）（推力变化频率通过固有频率归一化，归一化灵敏度超过 1 意味着高估）（见彩插）

表 8-1 汇总了每个可接受灵敏度误差的可测频率上限。可测频率上限在 $\xi\approx0.7$ 处有最大值。对于 $\xi\leqslant0.6$，谐振频率增加超调来限制可测频率上限；而对于 $\xi>0.7$，阻尼器抑制超调，导致结果低估。因此，从可测频率的角度看，ξ 好像在 0.7 附近有最优值。然而，在既需要相位又需要灵敏度时，ξ 应该小些。因为，在 $\xi=0.7$ 时，相位滞后达到了 21.6°。相比之下，在 $\xi=0.3$ 时，当推力变化频率是固有频率的 10%时，相位滞后和灵敏度误差均小于 1%。进一步降低 ξ，缩短了响应时间，但是增加了瞬时周期，延长了获得

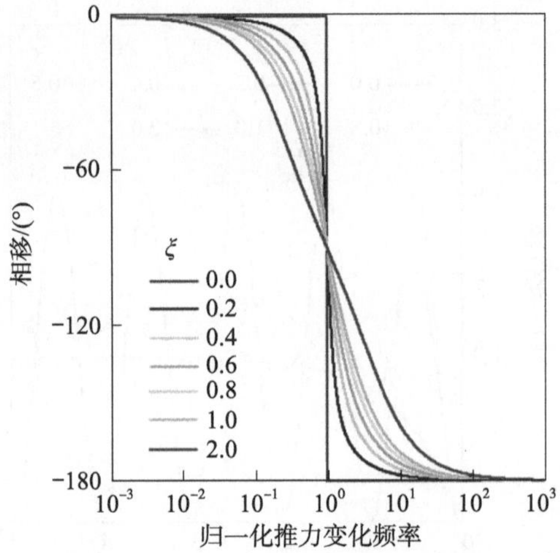

图 8-8　位移法的动力学响应（相移）（推力变化频率通过固有频率归一化，相移的负值表明出现了滞后）（见彩插）

平均推力所需的时间。从讨论可知，响应和准确度是相互制约的关系，需要根据测量的具体要求来确定 ξ 的值。

表 8-1　从灵敏度的角度可测变推力的频率上限，频率上限是通过固有频率归一化后的值

可接受灵敏度误差	ξ										
	0	0.1	0.2	0.3	0.4	0.5	0.6	0.7	0.8	0.9	1.0
1%	0.097	0.098	0.101	0.107	0.121	0.146	0.195	0.263	0.059	0.040	0.032
3%	0.169	0.174	0.177	0.188	0.209	0.247	0.368	0.294	0.090	0.069	0.055
10%	0.301	0.305	0.316	0.337	0.378	0.473	0.769	0.396	0.185	0.127	0.101

当推力器呈现出随时间变化，需要检查频率响应。一些论文使用 $\xi < 1$ 的推力台，将超调量作为推力对待，导致高估。在其他情况下，使用钟摆位移评估点火延迟，结果高估了延迟，低估了推力。因此，如果在点火或中断时，推力随时间呈现出快速上升或下降，必须考虑频率响应。

理论上，负载单元推力测量和位移法相同，其位移传感器和弹簧由内部的应变片替代。与负载单元的使用条件相比，推力器质量降低了负载单元推力台的固有频率，即使推力器直接安装在负载单元上而不使用任何额外的臂。负载单元类型的频率响应也需要讨论。永远不要盲目相信目录中可测频率限制。可以使用振动理论分析负载单元推力测量系统。一些制造商提供了负载单元的刚度，因此可以预测固有频率和可测频率上限。

有意思的是，虽然时间历程未知，但可以评估包含高频分量的脉动推力。脉冲推力是在产生推力宽度远小于固有频率倒数的情况下确定的。接下来的部分将讨论脉冲推力的测量。

8.2.2　脉冲推力

脉冲推力也可以使用位移法测量，只是历程未知[11,12]。在钟摆周期 $T=2\pi/\omega_n$ 远长于推力持续时间的情况下，脉冲推力可以当作是冲击力。在冲击力假设下，点火后钟摆的初始速度变为

$$\dot{\theta}(0+)=\frac{l_t I_t}{I} \tag{8-9}$$

为简化起见，假设 $\theta(0)=0$，式（8-1）和式（8-2）的解可以表达如下

$$y_d=\begin{cases}\dfrac{l_d l_t I_t}{I\omega_n\sqrt{1-\xi^2}}\exp(-\xi\omega_n t)\sin(\sqrt{1-\xi^2}\,\omega_n t)(0\leqslant\xi<1)\\ \dfrac{l_d l_t I_t}{I}t\cdot\exp(-\omega_n t)(\xi=1)\\ \dfrac{l_d l_t I_t}{I\omega_n\sqrt{\xi^2-1}}\exp(-\xi\omega_n t)\sin(\sqrt{\xi^2-1}\,\omega_n t)(\xi>1)\end{cases} \tag{8-10}$$

等式表明冲击力 I_t 与位移幅度成正比，因此，冲击力 I_t 可以由位移幅度确定。推力台通常采用欠阻尼条件来提高灵敏度。为进一步提高灵敏度，弹簧系数 k 、转动惯量 I 和阻尼系数 c 要尽可能小，因为分母中有 $I\omega_n=\sqrt{KI}$ 和 $\sqrt{1-\xi^2}$ 。阻尼系数 c 变小后，钟摆运动衰减周期变长，延长了下次点火的等待时间。因此，在不影响灵敏度的情况下，通过调整阻尼系数来缩短衰减周期将非常有益：在测量时和测量后分别弱化和强化阻尼系数。

8.3　零天平法

零天平法可用于推力台[13-16]。总体上说，这与平衡天平的原理是一样的。调整已知质量砝码的数量直到天平水平，目标物体的质量可由已知砝码的质量和位置进行评估。该方法涵盖了各种类型的传感器：加速度计和力传感器。在推力测量时，重量和总质量等效于驱动器和控制器的输出（驱动器驱动电流或电压）。本部分介绍了频率响应评估的理论、实践和案例研究。

8.3.1　理论

如图 8-9 所示，使用钟摆模型的零天平法角运动方程可以表示为

$$I\ddot{\theta}+c\theta+k\theta=l_t\dot{T}+l_a F(\theta,u) \tag{8-11}$$

$$y_d=l_d\theta \tag{8-12}$$

式中，F 和 u 分别是驱动器的驱动力和控制器的输出。因为电磁驱动器简单、可靠，可以在宽泛范围内产生不同大小的力，所以假设使用的是电磁驱动器。如果零位控制将钟摆限制在目标位置附近，那么驱动力与驱动电流成正比，因此，$F=F_0 i$ ，则

$$I\ddot{\theta}+c\theta+k\theta=l_t T+l_a F_0 i \tag{8-13}$$

当控制器将位移调零时，可以评估推力如下

$$T = -\frac{F_0 l_a}{l_t} i \tag{8-14}$$

灵敏度 S（A/N）为

$$S = -\frac{l_t}{F_0 l_a} \tag{8-15}$$

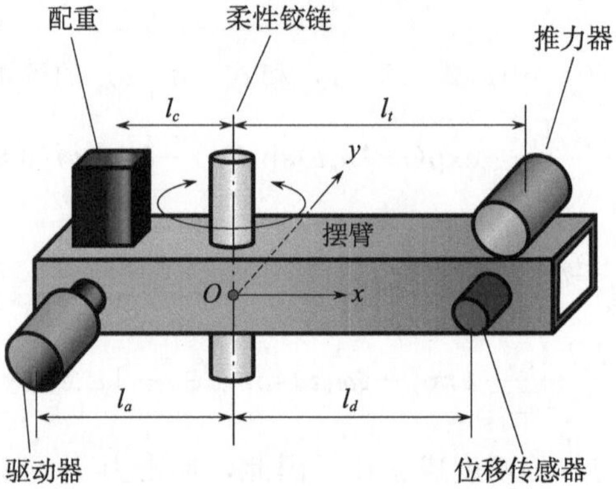

图 8-9　零天平法的动力学模型

该方法特点如下：

1）执行器可同时实现弹簧与阻尼器的功能，因此无须额外配置机械式阻尼器和弹簧，此类机械元件在某些工况下会引入迟滞效应，影响系统响应精度。

2）钟摆的频率响应、灵敏度和零推力位置可以通过控制器灵活调节，尽管位移法有时需要更换弹簧、铰链和机械阻尼器。

3）即使采用了非线性位移传感器，推力台仍保持推力与控制器输出（驱动器驱动电流）之间的线性关系。尽管部分非线性位移传感器的价格更低，但其分辨率反而优于线性位移传感器。通过应用零天平法，系统的测量精度与分辨率可显著提升。

8.3.2　控制器设计

通常使用经典的比例-微分-积分（PID）控制进行位移调零。当使用电压驱动器时，控制电压确定如下

$$V = k_P\theta + k_D\dot{\theta} + k_I\int\theta \mathrm{d}t \tag{8-16}$$

根据基尔霍夫定律

$$V = L_a \frac{\mathrm{d}i}{\mathrm{d}t} + R_a i \tag{8-17}$$

式中，目标位置设置在 $x=0$，L_a 和 R_a 分别为电磁驱动器的等效电感和电阻。因此，推力取决于 V。当放大器调节电流时，电流表达如下

$$i = k_P\theta + k_D\dot{\theta} + k_I\int\theta \mathrm{d}t \tag{8-18}$$

电压控制产生的动态响应好像比电流控制产生的稍慢，因为电感电阻电路（LR 电路）产生一阶延迟。然而，由于驱动器的时间常数小，这种差异可以忽略不计。对于电压控制电磁驱动器，时间常数是 L_s/R_s ，L_s 和 R_s 量级分别是 10 mH 和数 Ω，所以时间常数的量级是 ms。另外，在零天平控制下，推力台钟摆的固有频率在 10 Hz 附近。因此，驱动器电路响应更快，所以 LR 电路一阶延迟可以忽略。

在设计中，需要确定系数 k_P 、k_D 和 k_I 来稳定零控制。不合适的系数将产生不稳定的控制系统，比如钟摆保持振荡或位移发散。有时使用增益和相位裕度作为稳定性实用准则。回路传递函数的 Bode 图提供了裕度，并给出控制系统动力学展望。式（8－13）至式（8－18）很简单，通过手工计算就可绘制 Bode 图。而对于复杂的计算过程，使用 MATLAB 和 Scilab 仿真软件是实用方式。

D 元件需要使用低通滤波器，能够稳定控制系统。传感器信号本身包含噪声，信号微分通常会放大高频噪声，导致零位移控制失效。因此，低通滤波器是稳定控制的必要条件。低阶模拟滤波器很容易制作，只需要几个运算放大器、电容器和电阻器。然而，具有陡坡滚降的高性能滤波器电路设计复杂。

除了模拟滤波器，计算机也可以过滤传感器信号。从稳定、设计简单和各滤波器之间的计算成本等方面看，有限冲击响应（FIR）滤波器是一种很有前景的选择。N 阶滤波器可以表示为

$$y[n]=\sum_{i=0}^{N-1}b_i x[n-i] \tag{8-19}$$

式中，$x[n]$ 是输入（最新信号），$x[i]$ $(i<n)$ 是过去的采样信号，$y[n]$ 是输出。通过改变 b_i 的值，滤波器可以变成低通、带通和高通滤波器。许多方法可以用来确定滤波系数 $b_i(0\leqslant i\leqslant N)$ ，而且 MATLAB 和 Scilab 提供了专门用于计算滤波系数的函数。

带滤波的 PID 控制器可以通过带运算放大器的模拟电路实现。然而，当需要进行高阶低通滤波等复杂信号处理时，电路就会变得很复杂。这种情况下，就需要借助计算机。非线性补偿和高阶低通滤波等复杂计算可使用软件或现场可编程门阵列（FPGA）实现。另外，计算机和 FPGA 的使用支持灵活调整 PID 控制和滤波器的参数。

当使用笔记本或台式计算机时，要注意时间抖动。Windows 是广泛使用的操作系统（OS），但它不是一个实时操作系统，也不能保证周期性处理的准确性。换句话说，在严格的程序控制中，使用 Windows 操作系统的计算机有时会产生不可接受的抖动，并且通常是不可预测的。因此，对于更高的响应频率和准确性，应该采用实时操作系统。Linux 内核衍生的操作系统，如 RTAI、Xenomai 和 Preempt－RT 等是有前景的开源软件。对于 1 ms 的周期性程序，抖动小于 40 μs。据说商业实时操作系统可以提供更小的抖动，但需要额外的费用。

控制器也可使用嵌入式系统的尖端微处理器。最近的技术发展支持嵌入式 CPU 带浮点单元（FPU），可以快速计算浮点数。被称为片上系统（SoC）的设备不光有 CPU 和 FPU，还有各种接口（模拟接口和通信端口）。SoC 用于制造各种商品，因此价格合理，而且功能、性能足够确定控制器输出和控制驱动器电流。这些设备很有前景。

如本节所述，控制器的设计和实现需要控制理论和电路的一些知识，但也要有一些辅助设计工具。在这些工具和开源软件的帮助下，很容易突破控制器设计的障碍。

8.3.3 动态响应

零天平法灵敏度产生的频率响应与位移法相似。虽然使用广义化参数 ξ 和 ω_n 有助于深入理解系统动力学本质，但由于实际工程中参数耦合的复杂性，难以建立普适模型，本节使用案例研究。图 8－9 和表 8－2 分别展示了理论模型和构型配置。音圈电机（VCM）规格与作者测量推力矢量六分量的磁悬浮推力台原型的 VCM 规格相同[17]。调整配重质量使钟摆（推力器、配重和臂）的质心位于铰链上。如后面提到，调整质心可以抑制外部振动带来的误差。结合该模型，利用 Scilab 软件进行了数值仿真。

表 8－2 推力台构型配置

摆臂	几何形状	方形管
	尺寸/m^3	0.05×0.5×0.75(5mm 厚)
	材料	硬铝
音圈电机	电阻/Ω	2.5
	电感/mH	10
	位置 X_a/m	0.5
	推力-电流比 F_0 /(N/A)	1.0
推力器	质量/kg	0.5
	位置 X_t /m	0.5
控制器	类型	数字控制
	采样率/Hz	1 000
	K_P	1 000
	K_D	10
	K_I	10
配重	位置 X_c /m	−0.25

图 8－10 展示了推力变化幅度为 1 N 时的钟摆位移幅度。在 7.1 Hz 处，源于共振最大位移幅值约为 1.1×10^{-3} m/N。在 PID 控制中，k_P 、k_D 分别起到弹簧和阻尼的作用，因此，零天平法存在与位移法产生幅度峰值相似的频率响应。在另一方面，在低频区域，位移幅值随着推力变化频率的减小而减小。减小的原因是因为转动惯量 I 有助于减小位移的残余误差，特别是在较低频率范围内。

低于共振频率时，位移范围从 2.67×10^{-4} m/N 到 1.1×10^{-3} m/N。由于分辨率大约 10 μm 的激光位移传感器价格合理，推力台可以使用激光位移传感器。在频率高于 500 Hz 时，谷值和峰值分别出现在 500 Hz 和 1 000 Hz，而且每 1 000 Hz 出现一次。变化源自数字控制，1 000 Hz 的间隔来自采样速率。如后面所示，峰值和谷值频率都高于可测频率，因此，对推力测量没有影响。

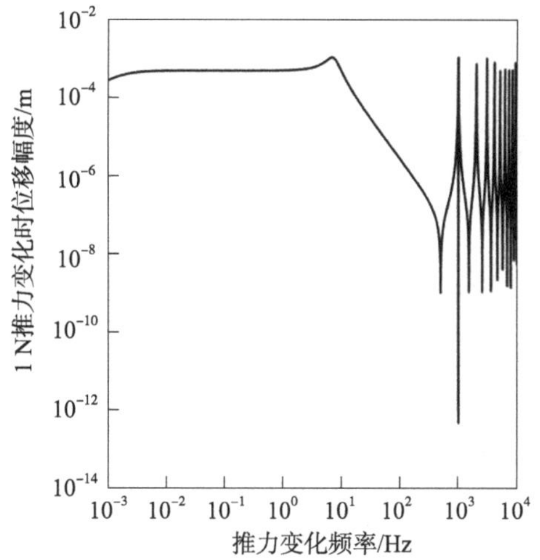

图 8-10　1 N 推力变化时位移频率响应

使用相移和归一化灵敏度（推力测量值与真实值的幅值比）讨论准确度，0°和统一是理想值。图 8-11 和图 8-12 分别展示了归一化灵敏度和相移的频率响应，可测量的频率范围汇总于表 8-3。与 $\xi<1$ 的位移法相同，灵敏度的频率响应有峰值和谷值。推力变化频率低于 0.759 Hz 时，推力台灵敏度误差和相位延迟分别小于 1%和 0.165°。灵敏度误差和相位延迟随着推力变化频率的增加而增加。如果可以接受的灵敏度误差分别为 3%和 10%，则可测量的频率上限分别为 1.29 Hz 和 2.29 Hz，相应的相位延迟分别为 0.374°和 1.25°。因此，在实际应用中，0.759～2.29 Hz 将是可测的上限频率。此后，灵敏度误差随着推力变化频率不断增加，并在 7.1 Hz 处达到第一个峰值，相位延迟持续增加。高于 500 Hz 时，每增加 1 000 Hz，灵敏度都会有峰值和谷值。但峰值和谷值对推力测量没有影响，因为这些频率已超过可测量频率范围。另外，随着推力变化频率增加，相位延迟单调增加。

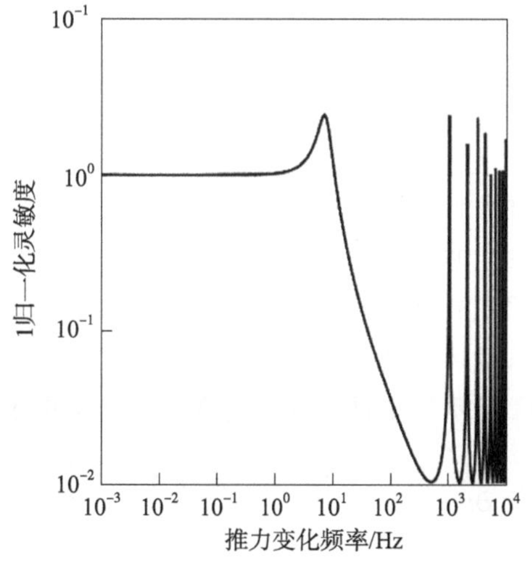

图 8-11　归一化灵敏度

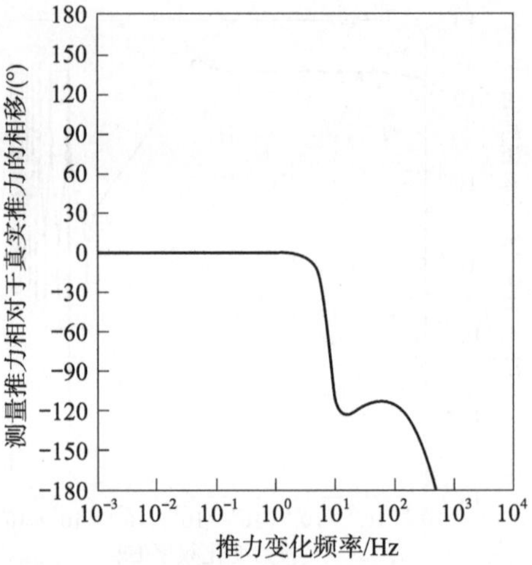

图 8-12　测量推力相对于实际推力的相移

表 8-3　零天平法可测频率上限（图 8-9 和表 8-2）。使用 0 Hz 的值进行灵敏度归一化，归一化灵敏度超过 1 表示过估计

灵敏度可接受误差	可测频率上限/Hz	对应相移/(°)
1%	0.759	−0.165
3%	1.29	−0.374
10%	2.29	−1.25

上述结果表明，零天平法可以评估推力，但有可测量频率上限。调整控制器（调整 PID 参数）可以拓展频率范围，因为增强 P 和 D 可以提高响应。但是，这提高了来自控制的共振频率，因此需要控制器具有更高的采样速率。钟摆位移变小，导致稳态控制需要更高分辨率的位移传感器。另外，推力台零件的刚度需要更高，因为控制器粗调驱动器可能导致弹性振动。因此，实际上，可测频率上限将限制在几十赫兹以内。将加速度计应用于零天平法是为了拓展频率范围[18]，将在 8.7 节进一步介绍。

8.4　推力靶

当推重比太小，导致推力台无法测量推力，或者管路和电缆太僵硬导致摆臂位移滞后或减小到无法测量的程度时，就会使用推力靶[19-21]。图 8-13 是一种典型的推力靶示意图。该方法利用弯曲铰链固定推力靶，并与推力器排出的气流碰撞，产生振荡。下述内容，从理论上探讨了该方法的可行性。

推力靶建模如图 8-14 所示。质量和动量的守恒定律可以表示为

$$\frac{\partial}{\partial t}\int \rho\vec{u}\,\mathrm{d}V + \int \rho\vec{u}\,(\vec{u}\cdot\vec{n})\,\mathrm{d}A = \sum\vec{F} \tag{8-20}$$

$$\frac{\partial}{\partial t}\int \rho\,\mathrm{d}V + \int \rho\vec{u}\cdot\vec{n}\,\mathrm{d}A = 0 \tag{8-21}$$

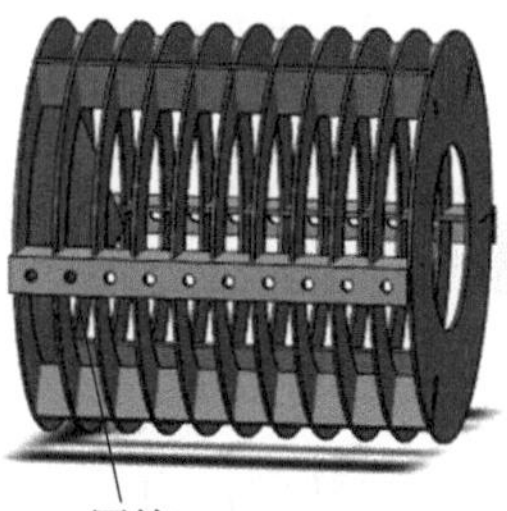

图 8-13　推力靶

式中，V 是控制体的体积，A 是控制面，$\vec{n}$ 是小控制面 dA 的单位法向量，$\vec{u}$ 是喷射速度，ρ 是质量密度。假设控制面上的黏性可忽略，推力靶向喷射流提供的力为 F'_{tp}，式（8-20）可以变为

$$\frac{\partial}{\partial t}\int \rho\vec{u}\,dV + \int \rho\vec{u}(\vec{u}\cdot\vec{n})\,dA = \vec{F}'_{tp} - \int p\vec{n}\,dA \qquad (8-22)$$

式中，p 是压力。对于稳定推力推力器，消除了左侧第一项，为简化起见，假设系统是轴对称的。Z 轴分量为

$$-\rho_R u_R^2 A_R \cos\theta - \rho u_e^2 A_e = \vec{F}'_{tp} + p_e A_e + p_a(A_b - A_e) - p_a A_b \qquad (8-23)$$

$$-\rho_R u_R A_R \cos\theta - \rho_e u_e A_e = 0 \qquad (8-24)$$

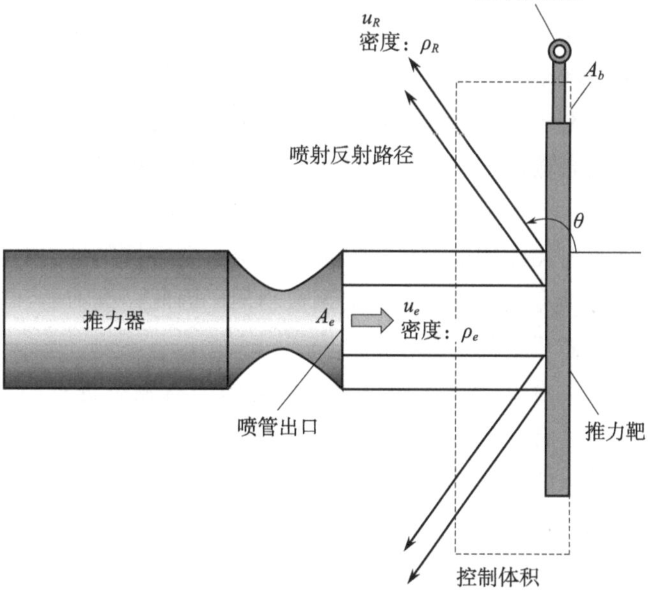

图 8-14　推力靶模型

根据作用力和反作用力定律，$F_{tp,z} = -F'_{tp,z}$，因而

$$F_{tp,z} = \rho u_e^2 A_e + A_e(p_e - p_a) - \rho_e u_e A_e u_R \cos\theta \qquad (8-25)$$

推力器推力是动量推力和压力推力的和

$$T=\rho u_e^2 A_e + A_e(p_e - p_a) \tag{8-26}$$

可以得到

$$F_{tp,z}=T-\rho_e u_e A_e \cos\theta \tag{8-27}$$

因此，推力靶获得的冲力等于 $\theta=90°$（沿半径方向的喷射）或者 $u_R=0$（射流减速到0）时的脉冲推力。因为难以实现 $u_R=0$，实际采用 $\theta=90°$。图 8-14 中的推力靶有锥形和环形结构，以实现垂直排气[19]。如果射流回弹到推力器，也就是 $\theta>90°$，推力的评估值将偏大。最差情况是，射流被推力靶理想的弹性碰撞弹回，并保持相同的速度，也就是 $\theta=180°$，$u_R=u_e$。在这种情况下，测量值是真实值的 2 倍。

另外，高速射流冲击推力靶，其中部分可能会蒸发。蒸发后的推力靶会膨胀产生气动力并引起误差。靶的射流撞击和蒸发过程复杂，给误差分析造成了困难。因此，应尽可能使用推力台，而推力靶是第二手段。

8.5 元件

8.5.1 材料

8.2 节和 8.3 节在讨论时假设材料为刚性，包括摆臂的材料，忽略了弹性。然而，任何实际零件都能产生弹性振动。例如，臂上的推力器和配重等效于悬臂梁上的重物，这将导致横向和扭转振动。摆臂有时使用线悬挂，导致纵向、横向和扭转振动。由于线的直径比梁直径小，因此固有频率低。

有时，这种振动不利于测量。如果固有频率接近推力变化频率或者控制器采样频率，弹性振动将叠加到推力台输出，成为机械噪声。另外，弹性振动可能会破坏零天平法的零位控制稳定性。注意，step 函数和 delta 函数包含宽频分量。推力有时脉冲宽度为 ms，甚至稳态工作也存在点火时突然增加，关机时突然下降。数字控制推力台反复调整螺线管以产生一系列脉冲力，脉冲宽度与采样频率的倒数相同。因此，推力器和数字零位控制提供步进脉冲力，并可激发意想不到的弹性振动。

从讨论可知，在推力台设计时，有必要对振动的固有频率进行模态分析或者理论计算，一些研究小组开展了有限元（FEM）仿真[22,23]。图 8-15 展示了使用有限元（FEM）软件和计算机辅助设计（CAD）软件进行模态分析的一个例子。推力器建模为刚体管，框架使用中空硬铝梁，安装两套弯曲铰链。虽然框架安装了支撑盘，一阶固有频率才 70 Hz。一般情况下，弹性振动的固有频率低至 10 Hz。形状和弹性模量对固有频率的影响，应加以考虑。在参考文献［22］中，使用有限元分析来确保弯曲板铰链的弹簧系数足够小，框架刚度比弯曲板铰链刚度高。

另一方面，重量是另一个重要因素，与固有频率成反作用关系。因此，无论是轻量化和刚度化，都需要进行模态分析和重量评估。在设计时，一些开源 CAE 软件，如 Salome 和

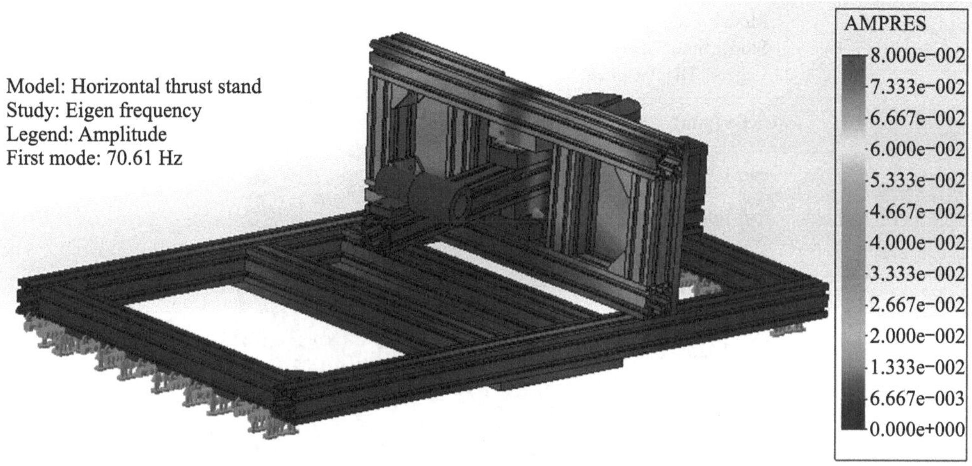

图 8-15　推力台有限元振动分析结果（见彩插）

Elmer，或者 3D-CAD 软件自带的 CAE 功能，都可提供有益的分析。即使没有有限元工具，假设每部分都是带质量点的弹性梁，可以精确计算重量，以及确定固有频率的近似值。

8.5.2　铰链

推力台通常使用铰链，但铰链会产生滞后和摩擦。因为滞后和摩擦会影响准确性，因此应认真选择铰链。弯曲铰链（指弯曲轴承、弯曲枢轴或柔性铰链）是一种选择。如图 8-16 所示，铰链包括 2、3 个轴筒和平板弹簧，轴筒通过平板弹簧连接，这种设计产生的回弹力无滞后或非线性。此类铰链承受了摆臂和推力器重量导致的弯矩，可用于真空环境。然而，有一些铰链使用铁磁材料，如果推力器带有磁场，将产生测量误差。

(a) 弯曲铰链

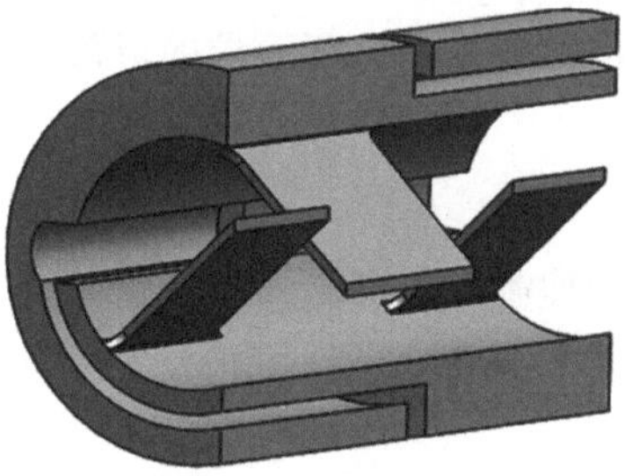
(b) 内部结构

图 8-16　弯曲铰链

注意，此类弯曲铰链展示出自带的横向柔性。图 8-17 展示了使用静力有限元法进行的典型变形分析。这意味着推力台臂可能引起横向共振，影响推力测量[23]。横向振动可能不利于脉冲推力的测量。另外，由于力矩垂直于转轴，弯曲铰链改变了弹簧系数。当质心远离转轴，将产生力矩并改变弹簧系数。只要力矩在许可范围内，就不会对铰链产生损坏，但却改变了摆臂的固有频率。

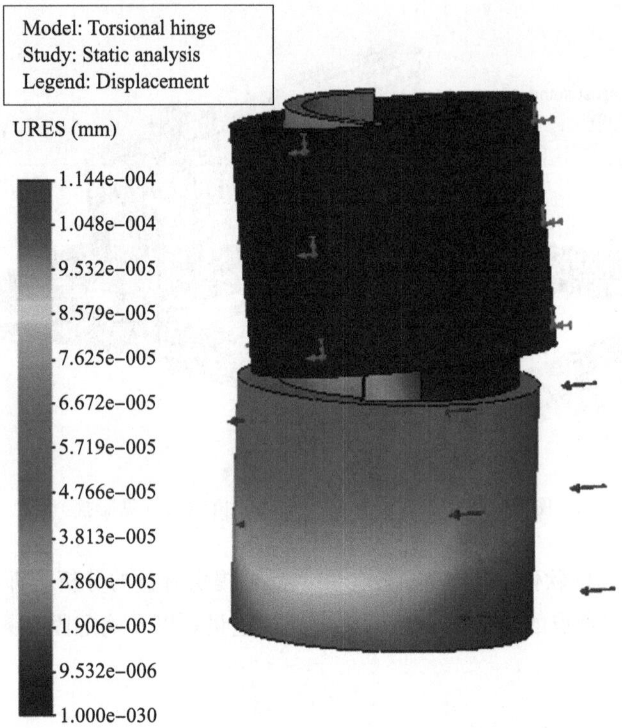

图 8-17　弯曲铰链有限元分析结果[23]（见彩插）

刀口铰链摩擦力小，结构简单有效，适用于竖直钟摆推力台。虽然此铰链没有产生回弹力矩的柔性元件，但是重力可提供回弹力。使用刃口三角棱或刀形板是因为容易加工。另外，与使用弯曲铰链相比，摆臂式结构简单。然而，推力或者试验装置安装过程中产生的力可能移动转轴，而且与弯曲铰链相比，此类推力台有不易处理配重问题。因此，铰链的选择取决于推力器重量、所要求的灵敏度和准确度（配重的必要性）。

8.5.3　阻尼器

阻尼器用于抑制推力突然变化导致的钟摆振荡。因为真空中没有阻力或高端铰链中没有摩擦力，如果没有阻尼器，推力台的摆臂将保持振动。因此，推力测量使用多种阻尼器。

油阻尼器可以提供足够大阻尼力，甚至允许推力台用于欠阻尼振动中。阻尼器通常有一个活塞和气缸，理论上阻尼系数可以预测。阻尼系数取决于活塞和气缸间隙、活塞长度和油的黏度。当在真空室中测量推力时，油的蒸发压力应当低于真空室的压力，或者将阻尼器密封，但这将导致滞后和摩擦。另外，强化阻尼将加剧滞后和非线性。因此，阻尼器是一个可靠选择，但需要在真空中和强阻尼的情况下小心使用。

测量推力时也使用被动式磁阻尼（图 8-18）。阻尼器使用静磁场中移动的导体产生的涡流，通过磁场与涡流相互作用对导体施加阻尼力。由于没有接触，阻尼器不产生摩擦。导体通常固定在推力台摆臂上，因为磁线圈质量更大，磁线圈放在摆臂外。由于价格和高电导率，铜是一种比较有前景的金属材料，因为电导率增加会增强阻力。由于磁力强，钕磁铁也被用到。磁阻尼不需要电或控制系统，不产生摩擦力。精细设计需要一些复杂的数值仿真，这里提供了一些简化的理论公式。

图 8-18　涡流阻尼器实例（见彩插）

利用驱动器和位移或速度传感器的主动阻尼器可以提供阻尼力。当使用了位移传感器时，传感器的输出信号对时间微分得到速度，需要对其滤波，因为测量值微分放大了噪声。驱动器的驱动电流或驱动电压与速度成正比。阻尼器无滞后，但当阻尼系数或滤波不适当时，阻尼器会产生振荡发散。计算时，模拟电路和计算机都可用于微分和滤波。驱动器的特点将在 8.5.5 节进行讨论。

8.5.4　位移传感器

钟摆位移是使用位移法和零天平法的必要因素，其传感器有如下特点：热稳定、准确、高分辨率、无摩擦和低滞后。线性并不总是必要的，但非线性有时需要认真对待。基于以上因素，激光位移传感器、线性可变差分变换器（LVDT）和涡流传感器已用于推力测量。

由于特性匹配，激光位移传感器已得到应用，有各种类型：三角测量型、光学刀刃型、干涉测量型和飞行时间型。从价格、实用性、可用性角度看，三角测量型应用广泛。对于激光位移传感器，半导体激光器发射激光束，线阵列传感器（如 CCD）接收反射的激光波束。距离取决于接收到反射激光束的线阵列传感器位置。空间分辨率从 nm 到 mm，测量范围从 mm 到 m，采样速率是 ms 量级。非接触测量允许灵活选择传感器固定点，而且只要物体能够反射激光束，反射物体可以自由选择。因此，激光位移传感器是一个合适的选择。发光二极管（LED）型位移传感器也得到了应用，因为这些传感器拥有与激光位移传感器相同的特点，并且价格更低。但是，LED 型位移传感器的分辨率比激光的差。

线性可变差分变换器（LVDT）有一些优点，如图 8-19 所示。该传感器是一个变换器，有可动磁铁芯，没有放大器等用电器件，可靠并适用于寒冷真空环境。初级线圈由 1～20 kHz 的交流电驱动，次级电压幅值与圆柱磁铁芯成正比。一些 LVDT 信号调节器对二级交流电进行平滑处理，以输出与位移成正比的电压或电流。这种传感器分辨率达到微米级并不少见。在选择时，应当考虑线圈和磁芯之间的间隙，因为磁芯需要插入到线圈中。

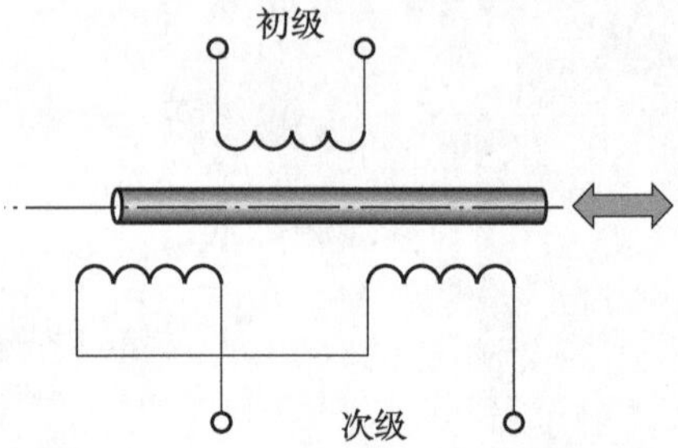

图 8-19　线性可变差分变换器

涡流传感器利用涡流检测位移。该传感器利用线圈产生高频磁场，然后在正对的金属中产生涡流。涡流改变了线圈阻抗，改变程度取决于传感器和金属之间的间隙。传感器的输出被信号调节器调节，以电压或电流信号输出。采样速率高达 40 000 Hz，空间分辨率可以达到 nm 量级。需要注意，正对的物体应是金属。

激光干涉测量用于脉冲推力测量[24]。如图 8-20 所示，激光干涉测量系统空间分辨率达到 10 nm，超过其他传感器的分辨率。由于光路不同引起的干涉改变了合束强度，合束强度依赖于推力器和光学器件（棱镜和分束器）之间的距离，因此可以通过强度评估距离。该分辨率足够用于评估脉冲等离子体推力器性能，推力器脉冲推力约 10 μNs 量级。

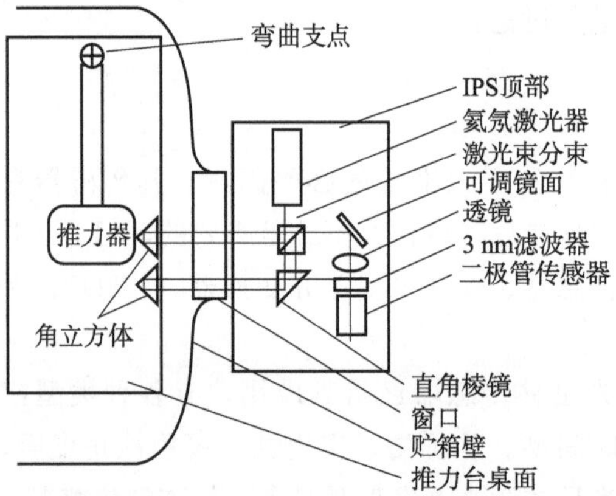

图 8-20　一种依赖位移的激光干涉测量位移传感器[24]（参考文献［8］使用的传感器空间分辨率为 25 nm）

电容位移传感器因其线性度优异、响应速度快及分辨率精细（图 8-21）而被采用。电容器的电容量与极板间距成反比关系。部分传感器通过施加正弦交变电流激励，在电容器两端产生与位移量成正比的交流电压幅值信号。

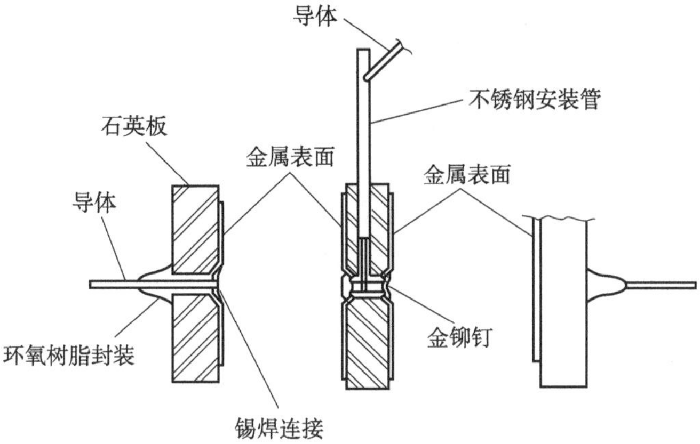

图 8-21　电容式位移传感器[25]

除前述传感器外，非线性传感器因价格更低且具备纳米级分辨率，可成为优选方案。此类传感器通过电感-电容振荡电路与金属靶物相互作用，依据振荡频率变化评估距离。尽管在位移测量法中，此类传感器的非线性特性看似不便，但采用零天平法可维持推力与输出电流间的严格线性关系。该机制有效规避了非线性误差，从而显著提升系统测量精度与频率响应特性。

8.5.5　电驱动器

电驱动器的使用可以减少一些机械部件：弹簧、阻尼器、调整钟摆平衡位置的调节器，因此，适用于位移法和零天平法。在校准过程中驱动器可以产生参考推力。驱动器应具备快速响应、无接触摩擦，以及足够的力。

音圈电机（VCM）是一种由磁轭（定子）和音圈构成的电磁执行器（结构见图 8-22）。推力与驱动电流成严格正比关系，且与音圈-磁轭间气隙距离无关；响应速度极快，得益于音圈轻量化设计；若接受降低推力-电流比（即单位电流的输出力），可增大定子与音圈间气隙，显著提升推力测量台架的装配容差。VCM 的磁路可通过有限元法（FEM）高效设计。开源/免费工具如 FEMM（Finite Element Method Magnetics）和 QuickField，不仅可预测磁场分布，还能精确计算力-电流比，电感和电阻。

螺线管式驱动器可以产生比 VCM 驱动器更强的力。该驱动器有多种结构：永磁体插入螺线管，铁磁芯插入螺线管。虽然，力是磁体与螺线管间隙的非线性函数，但与驱动电流是线性关系。非线性相关会使零天平法的控制失稳，会使位移法中的钟摆位置时序发生畸变。与 VCM 驱动器类似，有限元软件可以模拟驱动力对间隙和电流的变化规律。

除了这些驱动器，如果推力器足够小，也可以使用静电驱动器。该驱动器利用电容器电极相互吸引的现象，结构和原理简单，驱动力随电压调节。静电校准将在 8.6 节介绍。

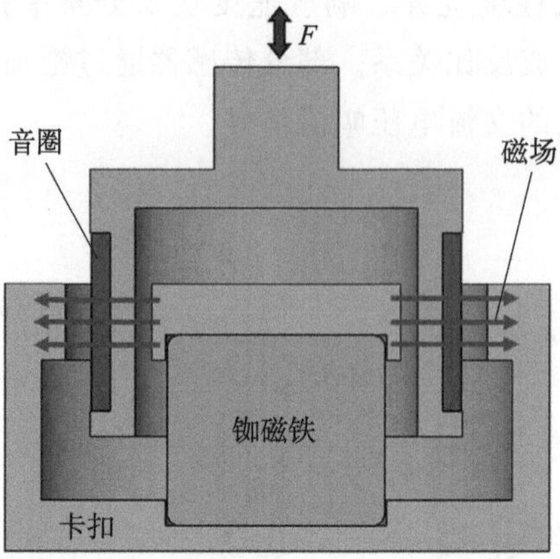

图 8－22　音圈电机示意图（见彩插）

8.5.6　配重

通常使用配重调整摆臂质心位置，使之位于铰链（转轴）上。调整质心位置可以抑制外部振动引起的、并在真空室或台面传播的机械噪声。本节讨论配重的作用。当推力台被真空室或工作台，以加速度（a_x，a_y）进行振动时，用质心位置（x_G，y_G）、角度 θ_0，以及质心与铰链间的距离将角运动方程（包含产生的惯性力）表示为

$$x_{G0} = l_G \cos\theta_0 \tag{8-28}$$

$$y_{G0} = l_G \sin\theta_0 \tag{8-29}$$

$$I\ddot{\theta} + c\dot{\theta} + k\theta = l_t T + l_a F_0 i + m[l_G \sin(\theta + \theta_0) a_x - l_G \cos(\theta + \theta_0) a_y] \tag{8-30}$$

式中，m 为钟摆总质量，也就是摆臂、推力器和配重的质量和。式（8－30）表明，惯性力对推力测量有负面影响，消除偏置 l_G 可以消除相互影响。换句话说，配重块可以将旋转运动和平移运动区分开来。因此，配重位于推力台钟摆的另一端，如图 8－5 所示。

如果推力很小，配重位置需要很细心的调整，因为质心位置小的误差将导致不可忽视的测量噪声。在调整质心位置时一个主要问题是，没有一个明确和直接的方法来评估质心位置的偏置情况。在外部施加推力台钟摆固有频率 $\frac{1}{2\pi}\sqrt{k/m}$ 的振动将揭示质心偏置情况，因为当质心不在转轴上时，钟摆就会产生位移。然后就调整配重位置，直到不再产生转动。如果可以接受这样的误差，一个简单方法就是倾斜推力台。若质心位置存在偏置，摆臂将离开平衡位置。然后，调整配重的质量和位置，直到倾斜摆臂也不会出现移动。

8.6　校准（标定）

标定是推力测量中不可缺少的环节。虽然理论上灵敏度是可预测的，但质心位置的变化，管路、电缆等柔性元件施加的外力等影响，使实际灵敏度与预测的不同。因此，应在点火测试相同的条件下对推力台进行标定，再进行灵敏度评估。施加经过认证仪器所确定

的参考力，并变化增加到待测推力器的最大推力。标定方法有很多种。本部分讨论标定仪器和方法（表 8-4）

表 8-4　标定方法

力源	可用推力	评估参考力
重力	稳态	质量天平
钟摆式 脉冲锤	脉冲	负载单元，测速仪，机械能守恒
电磁	稳态/脉冲 时变	质量天平，负载单元
静电	稳态/脉冲 时变	质量天平，负载单元
喷气	稳态/脉冲	喷管理论

8.6.1　稳态推力

重物和滑轮常用于标定。如图 8-23 所示为一个基于重物的标定器，其中标定重物（参考重量）用绳绑着，并通过滑轮与摆臂相连。活动台举起参考重物，通过调整活动台高度可以调节施加参考力的重物数量。该方法在理论和实践上都很简单，易于实施。一系列的参考重物和升降机用于改变参考推力。

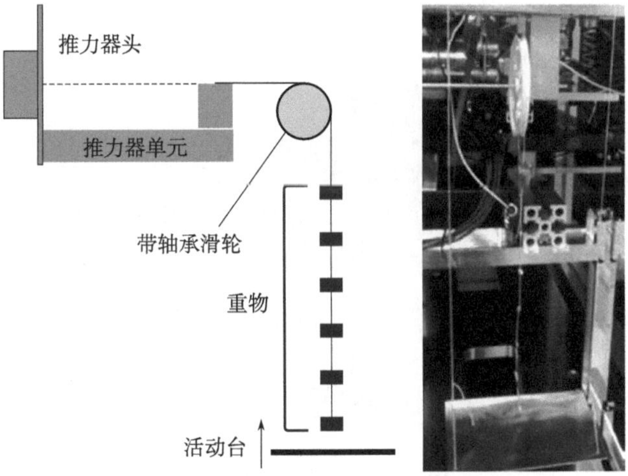

图 8-23　滑轮和重物标定器实例（见彩插）

电磁驱动器也用于提供参考力，见参考文献 [8]。图 8-24 和图 8-25 分别展示了电磁标定器 w 和 w/o 负载传感器。与重物型不同，该标定器可以提供稳态和脉冲推力，因此可以用于稳态和脉冲推力的测量。另外，应用时变的参考力可以评估频率响应。这些电磁驱动器运动与静止的部件没有接触，消除了摩擦和滞后。通过调整驱动电流和螺线管圈数可以直接调节参考力，标定器可以覆盖大范围推力。结构和原理简单，因此设计相对容易。使用有限元软件如 FEMM 和 Elmer 进行磁分析，可以预测性能，以辅助设计。

如图 8－24 所示，一些标定器使用永磁体和螺线管，依赖于标定器与推力台之间的间隙。负载单元的使用消除了对间隙的担心。作者设计了标定器（图 8－24）来评估六分量推力矢量的测量[17]。标定器不光施加了高达 1 N 的参考推力，还施加了正弦变换的推力，标定结果表明，原型机使用足够的线性度和高达 3 Hz 的推力变化评估了六分量推力矢量。

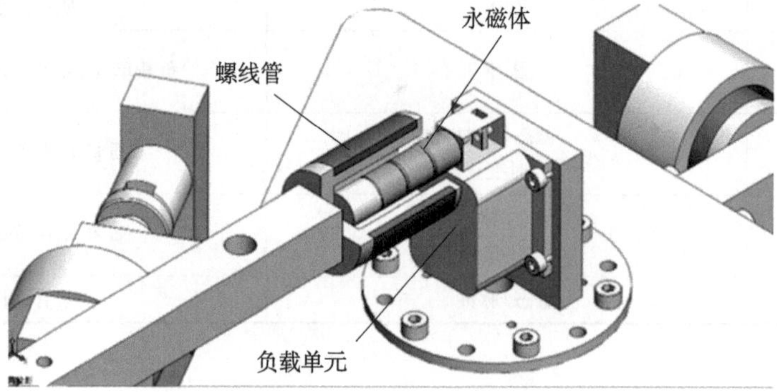

图 8－24　永磁体螺线管标定器[17]（见彩插）

标定器也用 VCM（图 8－25），其力与轭及音圈之间的间隙无关，与驱动电流成正比。因此，如果钟摆在参考力作用下移动，由于力与间隙无关，标定器可以保持施加相同的力。Lam 等人设计并测试了 VCM 型标定器，结果表明标定器可以提供参考力范围为 30～23 000 μN，最大不确定度为 18.47%[27]。

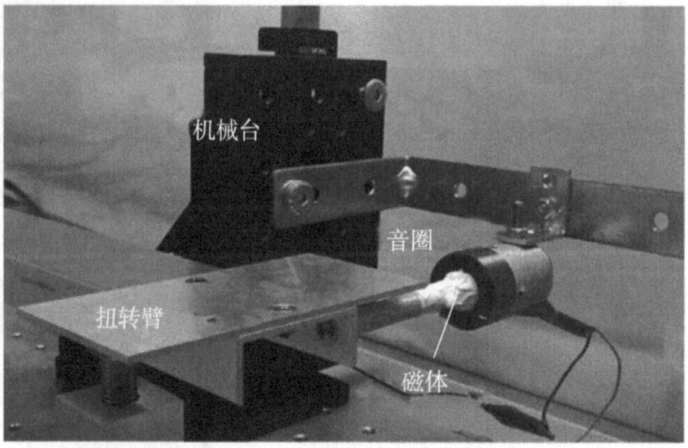

图 8－25　音圈电机标定器

从可追溯的角度看，标定器本身必须被已认证的仪器标定，比如质量天平，虽然力-电流比在理论上可预测。部分原因是因为螺线管需要整齐切口，否则，力-电流比不同于理论值。

静电驱动器也用作标定器[12,28,29]。驱动器通过向电极施加电压来形成电容，从而产生力。参考力通过调整驱动电压来调节，因为静电力取决于施加电压的平方。可以像电磁驱动器一样通过电压灵活调节。

有各种电极构型，平行板是一种最简单的构型。J. Lun 和 C. Law 设计了一种评估 μN

稳态推力和 μNs 脉冲推力的推力台[28]。标定器使用静电盘提供参考。使用此标定器标定的推力台可以测量稳态推力 27～600 μNm，这相当于 1～100 Hz 点火频率下 0.27～600 μNs 的重复推力冲量。GameroCastano 设计了用于 μN 级推力器的 μN 推力台原型，分辨率优于 0.03 μN，使用平行板电极标定，测量结果表明推力台测量范围 2～13 μN，噪声水平低于 0.1 $\mu N/\sqrt{Hz}$[12]。标定器产生正弦参考推力，表明推力台共振频率为 0.25 Hz，频率响应接近 0.4 Hz 的截止频率。

一些研究小组设计了翅片型电极原型。Cheal 等人设计了翅片型静电标定器原型，如图 8-26 所示，通过施加 150～900 V 电压，可提供 30～3 400 μN 的稳态参考力，偏差小于 2%[29]。文章说明了静电力与翅片数量的关系，以及力与电极间隙的关系。

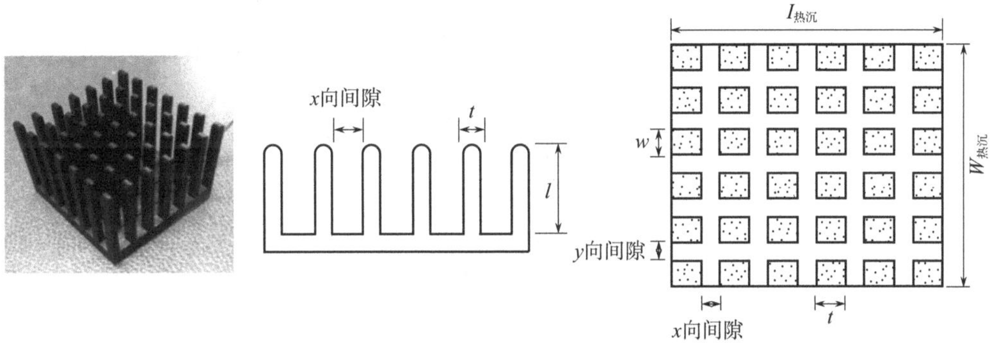

图 8-26　翅片型静电力标定器

喷气也被用于 nN 量级推力的标定器[30]。图 8-27 和图 8-28 展示了喷气标定器和注入喷气的小孔示意图。使用直接蒙特卡洛仿真（DSMC）和自由分子流假设下无扩张自由喷射理论评估来标定。采用自由分子流假设的理论计算得到了与 DSMC 相同的结果，因此，可以作为参考推力。另外，测试结果表明线性可变差分变换器（LVDT）的输出与气体射流的滞止压强成正比。推力台测量推力 86.2 nN 时估计准确度为 11%，712～1 000 nN 时，估计准确度为 2%。喷气标定器与静电标定器进行比较[31] 发现，在 35～1 000 nN 范围内，喷气与静电驱动器的脉冲差异在 8%以内。

8.6.2　脉冲推力

通过多种方法提供参考推力脉冲：冲击锤、电磁驱动器和静电驱动器。钟摆锤是一种选项，参考推力幅值通过初始高度和摆锤质量实现可调[25,32]。其结构和原理简单易于设计，但有些方面需要注意。摆锤可以通过撞击反弹回去，因此可以引起多次撞击。在这种情况下，在撞击点附加一些柔性材料可以有效防止重复撞击。

如图 8-29 所示，速度计可以测定摆锤的冲击。Haag 使用了一种光电干涉仪类型的速度计；速度计通过移动光栅和静止光栅对白炽灯光进行干涉，使用光电干涉仪测量强度变化，通过强度变化历程评估速度[25]。也可以使用高速相机替代光电干涉仪，但这是一个比较枯燥的工作，因为视频中包含太多的无用信息。

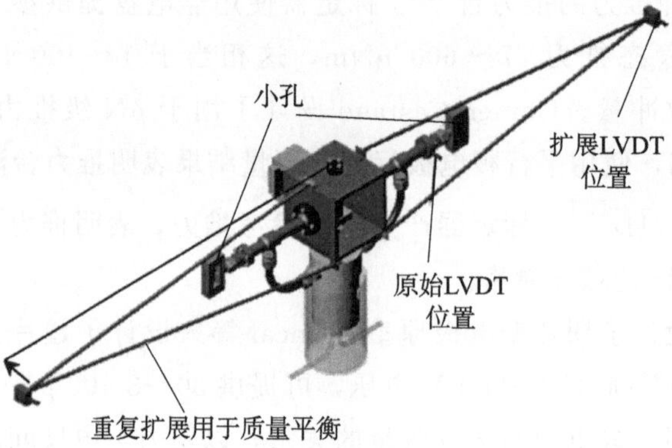

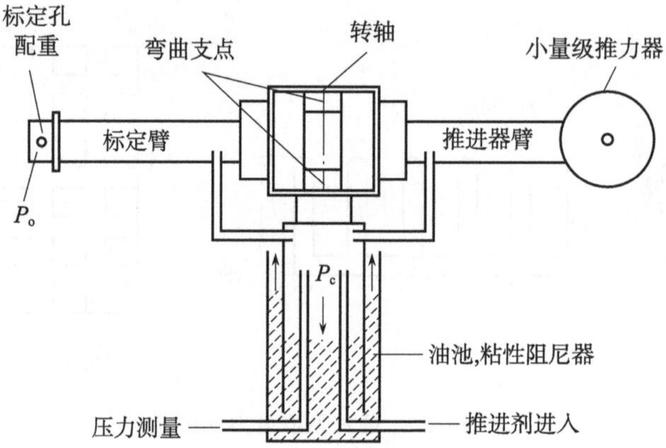

图 8－27　喷气标定器

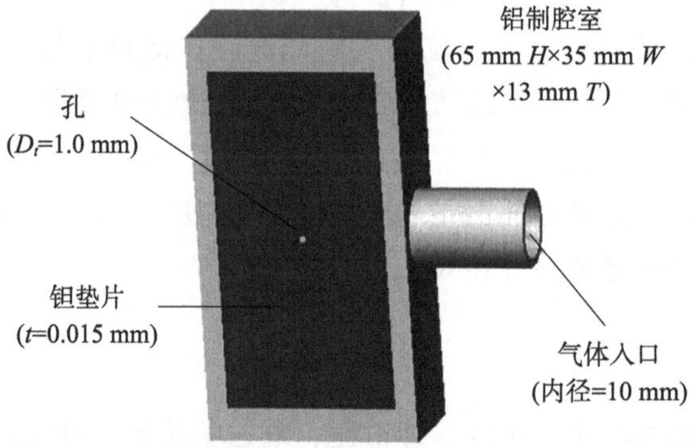

图 8－28　喷气标定器小孔

压电式载荷传感器凭借其高刚度特性（源于压电材料的高弹性模量），可精准捕获 10 kHz 高频冲击力的时程变化，性能显著优于应变式传感器。通过对瞬时力的积分，可确定参考冲量。如图 8－30 和图 8－31 所示，此类传感器可改装为冲击锤，用于推力台的动态标定。磁等离子体动力推力器与脉冲等离子体推力器的元冲量（单次脉冲推力）即通过该推力台测得，其校准过程依托装载压电传感器的冲击锤完成[33,34]。

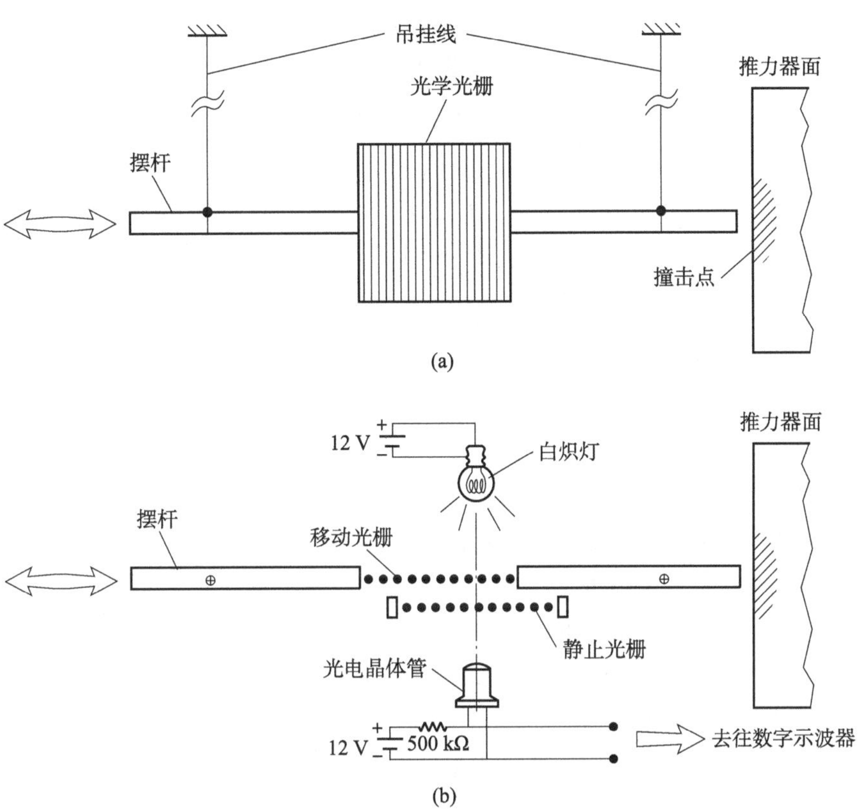

图 8-29　带速度计的冲击锤标定器

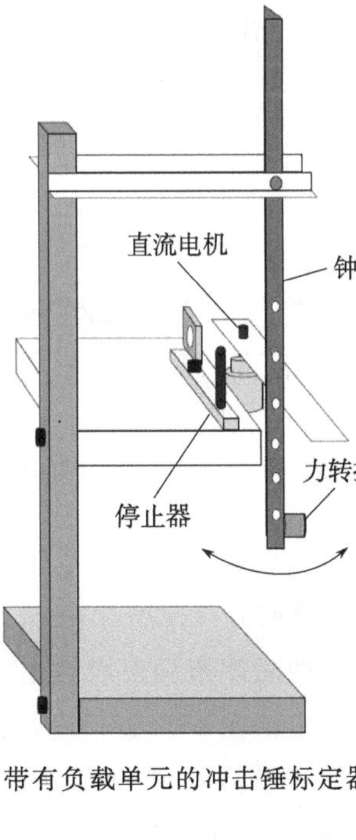

图 8-30　带有负载单元的冲击锤标定器[34]（见彩插）

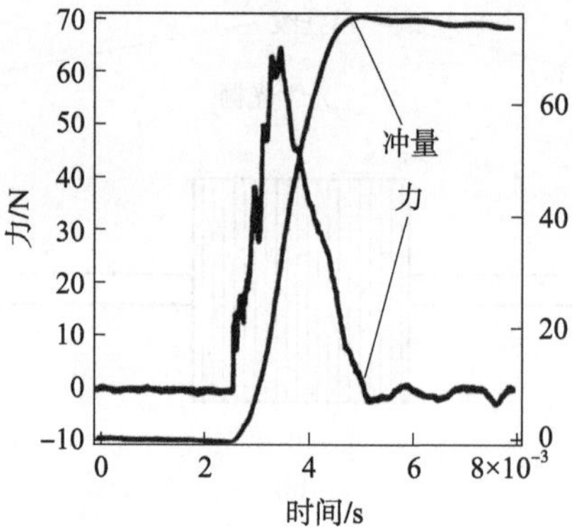

图 8-31　带有负载单元的钟摆锤标定器的参考推力时间历程[33]

为简化起见，采用机械能量守恒原理计算撞击前的速度。当撞击的重物很小时，空气阻力是可以忽略的，速度很容易计算。在该方法中，对推力台施加了黏附力，以捕获撞击的重物，不用测量撞击后的速度。

图 8-24 和图 8-25 所示的电磁驱动器也可以提供冲击力。参考冲击的幅值可以通过驱动电流和脉冲宽度进行调节。这种开关可以直接使用典型场效应晶体管开关电路实现。图 8-32 展示了开启周期为 1 ms 的参考脉冲推力时间历程。在时间原点施加了方形电压，由于螺线管的电感和电阻作用，参考推力呈三角形变化。标定器提供 5～100 μNs 的推力冲量。

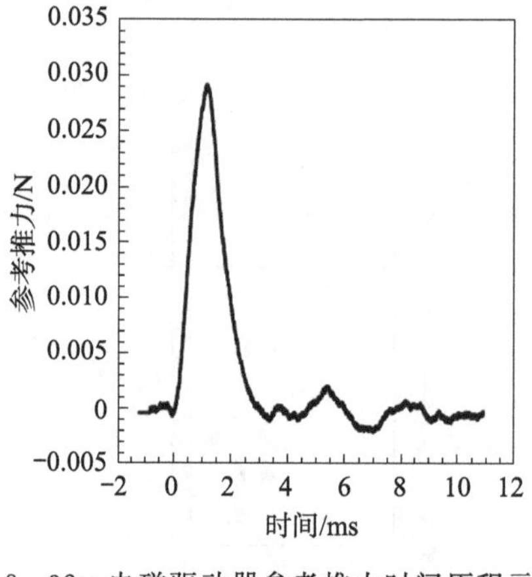

图 8-32　电磁驱动器参考推力时间历程示例

Lam 等人使用如图 8-25 所示的 VCM 标定器标定脉冲推力[27]。标定器提供了脉冲参考推力范围为 12～668 μNs，结果表明推力台原型存在 11.38％的不确定度。Tang 等人设计了一种新的标定器，其使用改进后的磁体布局来均匀化磁场[35]。图 8-33 展示了新设计的标定器。此标定器使用质量天平标定，在 95％置信度情况下存在 10 μNs 的不确定量。

Wong 等人应用电磁标定器评估重复点火脉冲推力器的平均推力[36]。如式（8-10）所示，虽然单独一次脉冲通常导致振荡，但一系列脉冲点火形成了周期变化的准静态位

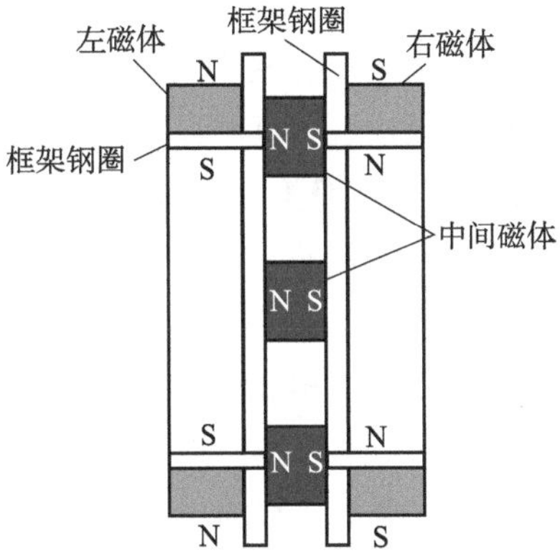

(a)

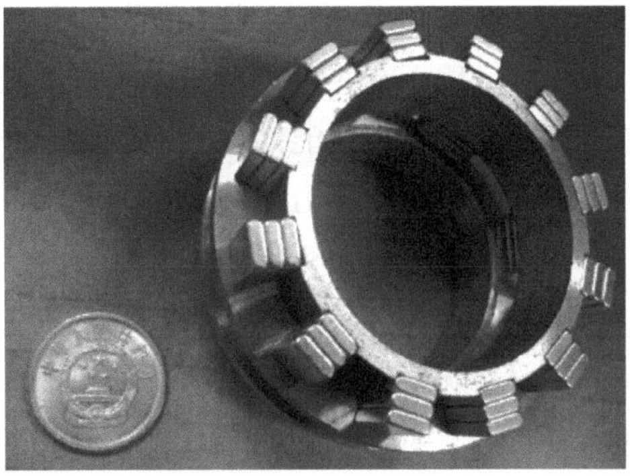

(b)

图 8－33　磁体布局改进后的电磁驱动器

移。在测试中，电磁驱动器重复提供脉冲宽度 50 ms 的 mNs 级脉冲参考力。平均变形与频率和脉冲推力成正比。试验结果表明，重复点火脉冲推力器的平均推力可以使用位移进行评估。

静电驱动器也可用于脉冲推力标定。图 8－26 所示的标定器也可产生脉冲参考力。Cheah 等人使用翅片型（图 8－26）标定器用于脉冲推力标定[29]。该标定器通过精确控制高压脉冲产生了 7～340 μNs 的脉冲推力。25 μNs 以上的推力误差小于 5%。Gamero－Castano 设计了 μN 级推力台原型，使用平行板电极进行标定，结果表明，推力台可以对 3.45～39.3 μNs 的推力进行评估，激发时间间隔 20～80 ms[12]。Pancotti 等人使用冲击锤方法对静电标定器标定脉冲推力的准确性进行了验证[37]。

注意，向负载单元附加线圈或磁体会破坏其固有频率。在这种情况下，需要用附加物体的质量和负载传感器的弹簧系数计算实际的固有频率，有些制造商发布了对应的产品数据。另外，因为漏电，压电负载单元不能用于稳态推力标定；脉冲宽度上限约 1 s 或更小，因为放电的典型时间常数小于 10 s。相反，应变计型负载单元因为刚度比压电型小，可以用于稳态推力标定，但不适用于脉冲推力标定。

8.7　最新进展

本节论述了前沿的理论和实践活动。为提升准确性和拓展测量范围，实现更可靠和实用的仪器，业界开展了大量的研究工作。尽管成功提高了推力台性能，但仍需要各种努力以摸清推力器特点。本节将介绍推力测量的最新进展：亚 μN 推力、比冲、推力变化和推力矢量。

8.7.1　亚 μN 和 μNs 的推力测量

电推进的推力通常在 mN 级或者亚 mN 级，其推力测量得到了大量的研究。由于纳卫星任务的出现，微推力器吸引力重新恢复，这一趋势推动了对 μN 推力评估需求的增长。这种水平的推力使用位移法[26,38-40] 和零天平法[16] 进行确定。有些文献讨论了 nN 级别分辨率的 μN 推力测量。有些推力器产生的推力低至亚 μN 级（μNs），且有些研究小组设计并验证了可以评估 μN 级性能的推力台。本节介绍部分亚 μN 级推力测量的研究。

推力靶已用于亚 μN 推力评估[41]。如图 8-34 所示，将传感板（一个 130 μm 厚度的薄铝板）连接到 MEMS 电容力传感器（100 μN 额定力，5 nN 分辨率，50 N/m 的弹簧系数）。推力器射流冲击传感板，将力传递给力传感器。通过锁相放大器对输出进行监测，工作频率介于设备振动频率和传感板固有频率之间以获得高分辨率。推力靶通过冷喷气评估 μN 级推力。对于 30 μN 以上或以下的推力，推力标准偏差分别为 10 nN 和 20 nN。低于 3 μN 的电喷装置也使用推力靶进行了测试，结果表明，推力低于 50 nN 时推力靶仍是可以测量的。

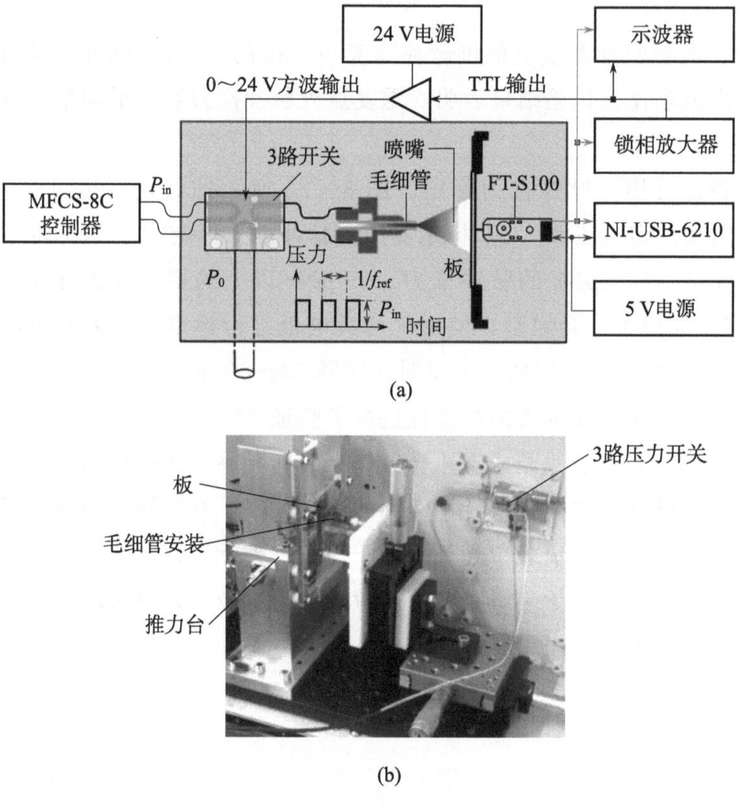

(a)

(b)

图 8-34　使用板变形的推力靶

Jamison 等人设计和测试了含油阻尼器的水平摆推力台[30]。图 8-27 展示了喷气标定器，其已在 8.6.2 节介绍过。在低于 1 μN 时，在距离推力台旋转中心 25 cm 的摆臂上拓展长度来放大位移。位移使用灵敏度为 260mV/mm 的 LVDT 进行评估。喷气标定表明，推力台推力测量范围为 86.2～712 nN，在 86.2 nN 和 712 nN 处误差分别为 10.7% 和 2%。

D'Souza 等人设计了使用含油阻尼器和 LVDT 位移传感器的水平摆推力台，传感器灵敏度为 1 453 V/m[42]，摆臂振动周期 T 为 2.49 s。参考脉冲推力的脉冲宽度 τ 是变值，$\tau/T=10^0\sim10^{-5}$。静电标定器可由阶跃信号（突变上升－长尾衰减）和方波脉冲信号驱动，如 8.6.2 节所述。当静电标定器提供参考脉冲推力范围在 7.25 nNs～24.2 μNs 时，对于 $\tau/T\leqslant0.1$ 时推力台输出准确结果，但当 $\tau/T>0.1$ 时推力台给不出合理结果。因此，推力器点火的脉冲宽度应当小于钟摆周期的 1/10。推力台在 7nNs 时，误差最大为 4.5%，并在数百 μNs 范围内呈现出线性。

8.7.2　固体推力器推力和推进剂消耗的同时评估

一些研究小组提出可同时评估固体推力器推力和推进剂消耗的推力台。固体推力器内部带有推进剂，难以测量推进剂的瞬时消耗，因为这需要一种二维力矢量测量。因此，通常采用平均推进剂消耗速率进行性能评估，平均速率取决于点火前后的质量差异。然而，为更进一步了解推力器特性，比如瞬时比冲，有必要得到实时或近实时消耗速率。

因此，一种可测量脉冲推力和推力器重量的竖直钟摆得到了研发[43]。推力台竖直转动，因此受到推力器重力和脉冲推力的作用。推进剂消耗量可以通过平衡点的偏移量来测量，冲击力可以使用位移幅值评估，因为推力台臂按照式（8－10）移动，即使平衡点因静力（也就是推力器重量）变化而漂移。使用激光烧蚀推力器的试验表明，原型机比冲评估值约 200 s，每次点火推进剂消耗约 15 μg，脉冲推力约 30 μNs。

Yoshikawa 等人为重复点火脉冲等离子体推力器（PPT）研制了一种标定方法，可以同时评估推进剂消耗、脉冲推力和平均推力[44]。对于脉冲推力标定，已知质量同时投射出去，来模拟 PPT 推力器脉冲，如图 8－35 所示。另外，如图 8－36 所示，伺服电机转动盘子，并从推力台臂释放已知质量来评估推进剂消耗，也就是使用相对于平衡位置的臂漂

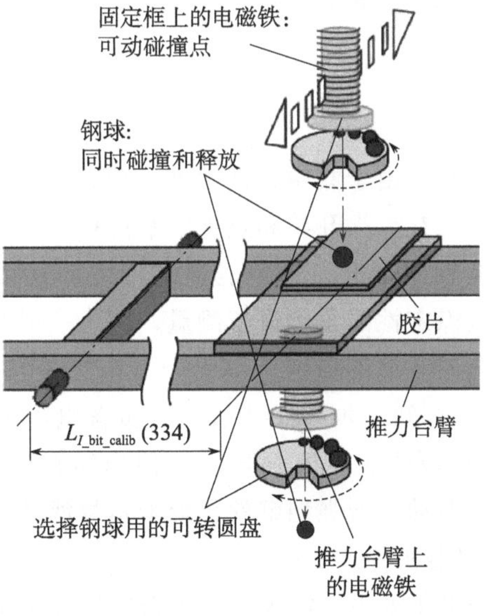

图 8－35　用于比冲测量的推力台及微质量天平（脉冲推力标定型）（见彩插）

移进行测量。向臂投下已知质量模拟步进推力，并来评估重复脉冲点火过程中的平均推力。在脉冲推力和累计质量损失分别为 0～800 μNs 和 100～450 mg 的情况下对推力台进行了标定。对 PPT 推力器的测量结果表明：1 000 次点火累计质量损失（推进剂消耗）50～80 mg，误差 1%～17%；通过 1 000 次点火，脉冲冲量从 550 μNs 降低到 300 μNs。

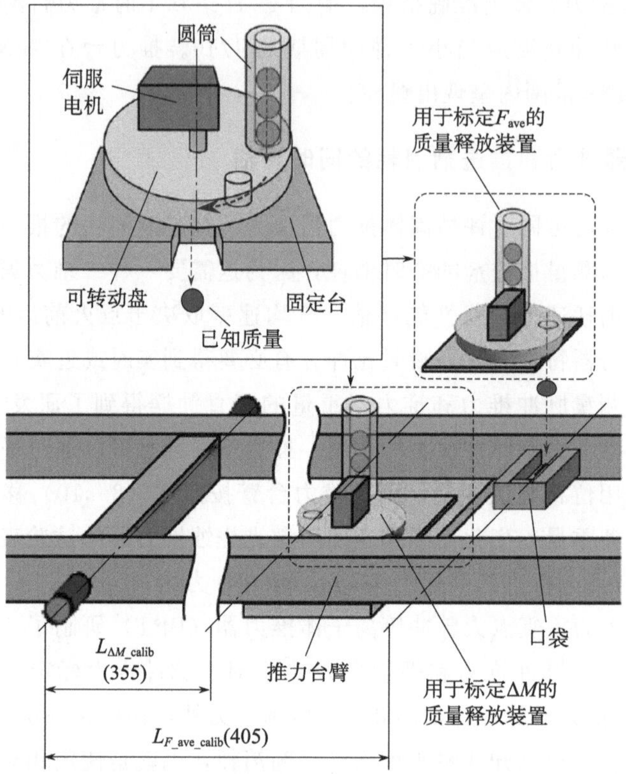

图 8-36 用于比冲测量的推力台和微质量天平（推进剂消耗和平均推力标定）[44]（见彩插）

8.7.3 高频推力变化

如 8.2 节和 8.3 节中提到，由于共振，常规推力台有可测频率极限。然而，在稳定点火过程中，推力有时会变化。在点火开始和点火中断过程中，推力迅速改变并包含高频分量，单方形脉冲傅里叶变换表明，推力台不能追踪推力的起伏，导致评估延迟。推力变化，包括点火延迟，需要从稳定性的角度进行测量，因为一般情况下，驱动器的变化和延迟会阻碍系统控制，有时会使系统不稳定。

Ahlfeld 应用增强型状态空间卡尔曼滤波器，对包含电噪声的推力台臂响应的推力解卷积分，并用于评估 10 N 量级的液体推力器[45]。使用固有频率 150 Hz 的推力台模型进行数值仿真，产生了欠阻尼振动。增强型解卷积分卡尔曼滤波器成功对 2 ms 上升/下降和 30 ms 开/关时间的力变化解卷积分。

如图 8-37 所示，对于更小推力，零天平推力台使用加速度测量来补偿共振引起的误差[23,46]。在零天平法中，合理设置控制器参数可以使式（8-11）中 $c\theta + \dot{k}\theta \approx 0$，因此，

推力由 $\ddot{\theta}$ 和驱动器驱动电流 i 来评估。如果能接受 10%的误差，加速度计应用后可以将最大可测频率从 3 Hz 拓展到 80 Hz。频率限制归因于弯曲支点移动灵活性。如 8.5.2 节中所述，弯曲铰链具有移动灵活性（图 8－17）。钟摆（臂、推力器和配重）质量和铰链柔性组成了质量-弹簧系统，固有频率为 150 Hz。

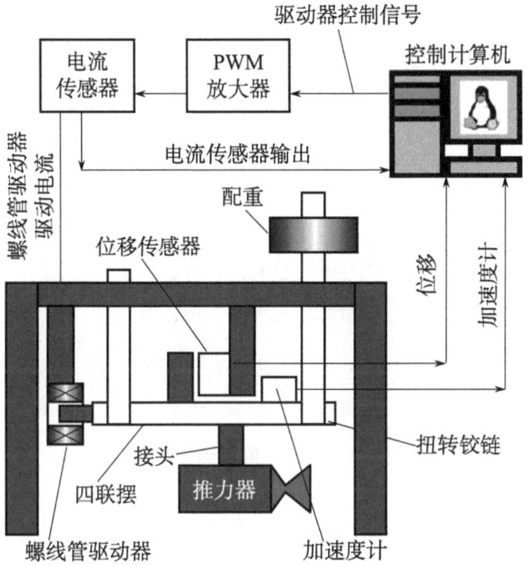

图 8－37　用于推力变化测量的零天平式推力台（单点加速度测量型）[46]

平移共振加剧了频率响应。因此，在质心位于铰链（转动轴）的条件下，作者提出了一种两点加速测量法来评估转动加速度和移动加速度[47]。在高达 350 Hz 范围内，除 20～180 Hz 外，成功评估了推力变化；在 20～180 Hz 区间，推力台测量误差为 50%。

8.7.4　推力矢量

推力矢量的评估需借助专用推力台完成。由于侧向推力与力矩远小于主轴向推力，其精确测定是项复杂工作。为此，研究者有时会采用羽流诊断法间接计算推力矢量[48]。Kami 与 Herron 设计并测试了一种水银悬浮式推力台，用于评估离子推力器的推力矢量[49] 特性。尽管相关研究数量少于主轴向推力测量，但推力矢量评估技术仍在持续发展。

Hughes 和 Oldfield 使用如图 8－38 所示的钟摆对 mN 级推力矢量的三分量进行了测量[50]。这是一个三摆，轴相互垂直。其中一个形成了倒立竖直摆，用于测量主推力。推力台三条臂通过控制器进行位移调零，用驱动器上所施加的电压对推力矢量进行评估。测试表明，推力台评估力范围从 0 到 13 mN，分辨率小于 10 μN，主精度和正交精度分别为满量程的 1.2%和 1%。

Nagao 等人将零天平法用于 20 mN 级霍尔推力器的两分量推力矢量测量[14]（图 8－39）。推力台有双刀口铰链，组成了双钟摆。钟摆位置通过简单的 VCM 和位零控制进行调零，并且通过 VCM 驱动电流对两分量推力矢量进行评估。标定结果表明，推力矢量的主分量

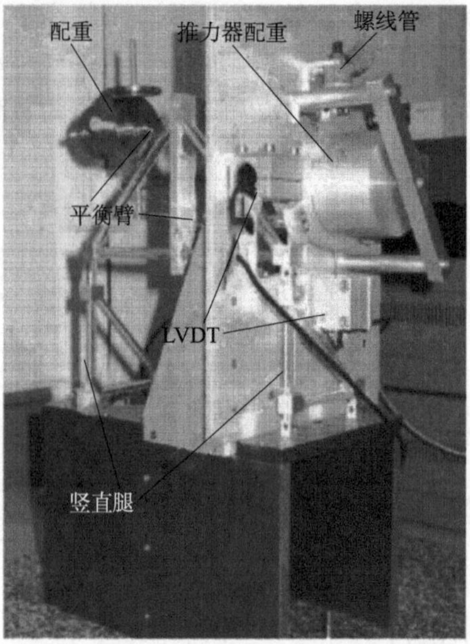

图 8-38 三分量零天平推力台

和横向分量与 VCM 电流呈线性关系，误差分别为 0.25 mN（2.1%）和 0.09 mN（1.4%）。利用推力台对 0.5 kW 级 20 mN 霍尔推力器进行测试，结果表明，通过调整推进剂质量流和分布可以对推力矢量进行控制。推力台原型测得推力矢量主分量 17 mN、横向分量 1 mN，以及推力矢量角 2.3°，误差 0.2°。

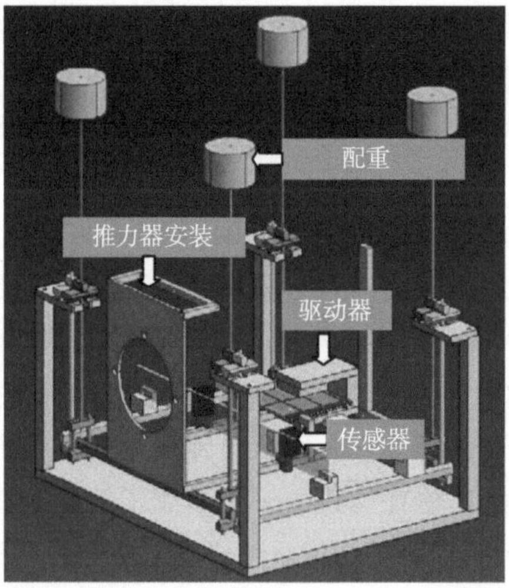

图 8-39 两分量零天平推力台[4]（见彩插）

Kakami 研发了一种磁悬浮推力台，用于评估 0.5 N 量级推力矢量的六分量[17]。多分量测量使结构变得复杂，因为至少需要 6 套摆臂和铰链。因此，推力台引入磁悬浮技术来消除铰链和摆臂。图 8-40 展示了推力台的示意图。安装推力器的三角形悬浮器由六个

VCM 通过磁性支撑在目标位置。试验表明，零天平控制将悬浮器悬浮在目标位置。残余位移在 nm 级，变化量可达 2 μm（均方根）。对于角度，残余误差分别为 10^{-3} mrad 量级和 10^{-2} mrad 量级（均方根）。推力台使用如图 8－25 所示的标定器对其进行标定，且 VCM 驱动电流与推力分量成正比。然后确定系数 0.98，用矩阵的形式评估 VCM 驱动电流与推力之间的关系，用正弦改变标定器电流测量动力学响应。主推力（图 8－40 的 z 轴）和 x 轴扭矩的最大可测频率分别为 3 Hz 和 0.12 Hz。

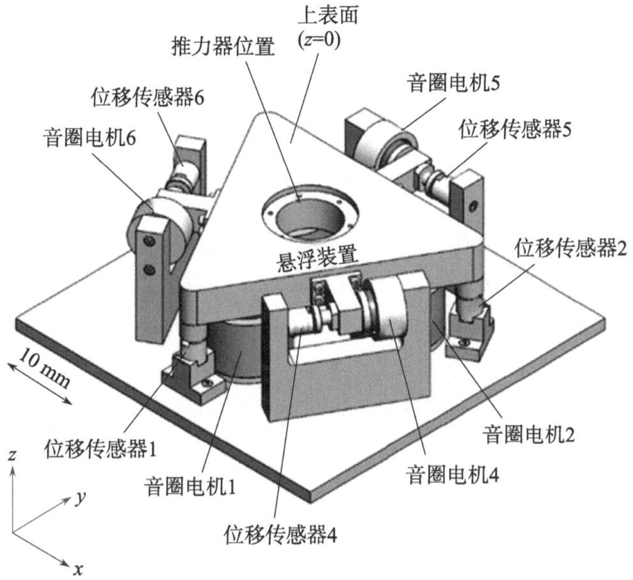

图 8－40　六分量磁悬浮推力台[17]

8.8　总结

本章通过分析和实践，对微推力器的推力测量和标定进行了介绍。自太空时代开始，就有无数努力致力于提高测量精度、拓展测量范围。各种标定仪器已经过验证，但标定仍需要更加小心对待，因为人员接近推力台会引起各种机械噪声。大量努力成功提升了测量精度和测量范围。多数读者不会怀疑“科学是潜力”这个谚语，推力台在推进领域提供了不可或缺的“科学”。

然而，大多数常规推力台可以测量时间平均主轴推力，通常大于 μN 量级，但隐藏了许多特征，如矢量、时间变化和小推力等。另外，知识、经验和精细工作仍是推力测量的必要条件，尽管推力台与（即使孩子也知道如何使用的）家用体重计本质相同。因此，仍需要持续努力将可测推力提升到 nN，可测推力频率达到 kHz，支持推力矢量六分量评估，以及提升可用性。作者认为，对推力测量的进一步深入研究将会给太空开发带来重大贡献，因为隐藏特征的揭示将促进新的、更加优秀的推进系统出现。

参考文献

[1] Froelich, R., Papapoff, H., 1959. Reaction wheel attitude control for space vehicles. IRE Trans. Automatic Control 4 (3), 139 - 149.

[2] Beachley, N. H., 1963. A Single - Axis Space Simulator for Testing the OGO Altitude Control System. Technical Report STL - 2313 - 6007 - KU - 000, NASA - CR - 77223. NASA.

[3] Smith, J. D., 1966. Technical Report NASA - CR - 72021. NASA.

[4] Sidney, Z., Kemp, R. F., 1969. Colloid microthruster test stand. J. Spacecraft Rockets 6 (10), 1144 - 1147.

[5] Ferrara, J., Larocca, A., Malherbe, P., 1968. Microthrust and impulse measurement techniques for electrical thrusters. In: 4th Propulsion Joint Specialist Conference.

[6] Cutler, W., 1968. Development of a microthrust stand for direct thrust measurement. In: 4th Propulsion Joint Specialist Conference.

[7] Stark, K. W., 1971. Micro - pound Extended Range Thrust Stand. US3572104 A, US Patent.

[8] Stark, K. W., Dennis, T., McHugh, D., Williams, T., 1971. Design and Development of a Micropound Extended Range Thrust Stand (MERTS). Technical Report NASA - TN - D - 7029. NASA.

[9] Crosswy, F. L., Kalb, H. T., 1968. Evaluation of a Static and Dynamic Rocket Thrust Measurement Technique. Technical Report AEDC - TR - 68 - 117. Arnold Engineering Development Center, U. S. Air Force.

[10] Foote, J. F., 1969. Final report. Technical Report NASA - CR - 101932. Apollo SM - LM RCS Engine Development Program Summary Report, vol. 4. NASA.

[11] Haag, T. W., 1995. PPT Thrust Stand. Technical Report NASA - TM - 107066. NASA.

[12] Gamero - Castaño, M., 2003. A torsional balance for the characterization of micronewton thrusters. Rev. Sci. Instrum. 74 (10), 4509 - 4514.

[13] Orieux, S., Rossi, C., Est'eve, D., 2002. Thrust stand for ground tests of solid propellant microthrusters. Rev. Sci. Instrum. 73 (7), 2694 - 2698.

[14] Nagao, N., Yokota, S., Komurasaki, K., Arakawa, Y., 2007. Development of a twodimensional dual pendulum thrust stand for hall thrusters. Rev. Sci. Instrum. 78 (11), 115108.

[15] Xu, K. G., Walker, M. L. R., 2009. High - power, null - type, inverted pendulum thrust stand. Rev. Sci. Instrum. 80 (5), 055103.

[16] Rocca, S., Menon, C., Nicolini, D., 2006. FEEP micro - thrust balance characterization and testing. Meas. Sci. Technol. 17 (4), 711 - 718.

[17] Kakami, A., Hanyu, K., Yano, Y., 2020. Magnetically - levitated thrust stand for evaluating 6 - component thrust vector of 1 - N class onboard propulsion devices. Aero. Sci. Technol. 104, 105896.

[18] Kakami, A., Muto, T., Yano, Y., Tachibana, T., 2015. A method for evaluating the thrust of a space propulsion device with wide range time variations using a disturbance observer. Rev. Sci. Instrum. 86 (11), 115114.

[19] Yanagi, R., Kimura, I., 1982. New type of target for the measurement of impulse bits of pulsed plasma thrusters. J. Spacecraft Rockets 19 (3), 246 - 249.

[20] Kuwahara, D., Koyama, Y., Otsuka, S., Ishii, T., Ishii, H., Fujitsuka, H., Waseda, S., Shinohara, S., 2014. Development of direct thrust measurement system for the completely electrodeless helicon plasma thruster. Plasma Fusion Res. 9, 3406025.

[21] Longmier, B. W., Reid, B. M., Gallimore, A. D., Chang - Diaz, F. R., Squire, J. P., Glover, T. W., Chavers, G., Bering, E. A., 2009. Validating a plasma momentum flux sensor to an inverted pendulum thrust stand. J. Propul. Power 25 (3), 746 - 752.

[22] Kokal, U., Celik, M., 2017. Development of a mili - Newton level thrust stand for thrust measurements of electric propulsion systems. In: 2017 8th International Conference on Recent Advances in Space Technologies (RAST), pp. 31 - 37.

[23] Kakami, A., Kashihara, K., Takeshida, S., Yano, Y., 2016. A new thrust measurement method for evaluating higher frequency variation by applying acceleration measurement to null - balance method. Trans. Jpn. Soc. Aeronaut. Space Sci. 14 (ists30), Pb 123 - Pb 130.

[24] Cubbin, E. A., Ziemer, J. K., Choueiri, E. Y., Jahn, R. G., 1997. Pulsed thrust measurements using laser interferometry. Rev. Sci. Instrum. 68 (6), 2339 - 2346.

[25] Haag, T. W., 1955. PPT Thrust Stand. Technical Report NASA - TM - 107066. Arnold Engineering Development Center, U. S. Air Force.

[26] Nakagawa, Y., Tomita, D., Koizumi, H., Komurasaki, K., 2018. Design and test of a 100 μN - class thrust stand for a miniature water ion thruster with cubesat. Trans. Jpn. Soc. Aeronaut. Space Sci. 16 (7), 673 - 678.

[27] Jiang, K. L., Koay, S. C., Lim, C. H., Cheah, K. H., 2019. A voice coil based electromagnetic system for calibration of a sub - micronewton torsional thrust stand. Measurement 131, 597 - 604.

[28] Lun, J., Law, C., 2014. Direct thrust measurement stand with improved operation and force calibration technique for performance testing of pulsed micro - thrusters. Meas. Sci. Technol. 25 (9), 095009.

[29] Cheah, K. H., Low, K., Tran, Q., Lau, Z., 2015. Development of an electrostatic calibration system for a torsional micronewton thrust stand. IEEE Trans. Instrum. Meas. 64 (12), 3467 - 3475.

[30] Jamison, A. J., Ketsdever, A. D., Muntz, E. P., 2002. Gas dynamic calibration of a nanonewton thrust stand. Rev. Sci. Instrum. 73 (10), 3629 - 3637.

[31] Selden, N. P., Ketsdever, A. D., 2003. Comparison of force balance calibration techniques for the nano - Newton range. Rev. Sci. Instrum. 74 (12), 5249 - 5254.

[32] Domonkos, M., Gallimore, A., Myers, R., Thompson, E., 1995. Preliminary pulsed MPD thruster performance. In: 31st Joint Propulsion Conference and Exhibit.

[33] Cubbin, E. A., Ziemer, J. K., Choueirii, E. Y., Jahn, R. G., 1995. Laser interferometry for pulsed plasma thruster performance measurement. In: 1995 International Electric Propulsion Conference, Number IEPC - 95 - 195.

[34] Kakami，A.，2003. Water Propellant Pulsed Plasma Thruster. PhD thesis. University of Tokyo.

[35] Tang，H.，Shi，C.，Zhang，X.，Zhang，Z.，Cheng，J.，2011. Pulsed thrust measurements using electromagnetic calibration techniques. Rev. Sci. Instrum. 82 (3)，035118.

[36] Wong，A. R.，Toftul，A.，Polzin，K. A.，Boise Pearson，J.，2012. Non - contact thrust stand calibration method for repetitively pulsed electric thrusters. Rev. Sci. Instrum. 83 (2)，025103.

[37] Pancotti，A. P.，Gilpin，M.，Hilario，M. S.，2012. Comparison of electrostatic fins with piezoelectric impact hammer techniques to extend impulse calibration range of a torsional thrust stand. Rev. Sci. Instrum. 83 (3)，035109.

[38] Ziemer，J. K.，2001. Performance measurements using a sub - micronewton resolution thrust stand. In：27th International Electric Propulsion Conference. number Paper IEPC - 01 - 238，Pasadena，CA.

[39] Soni，J.，Roy，S.，2013. Design and characterization of a nano - Newton resolution thrust stand. Rev. Sci. Instrum. 84 (9)，095103.

[40] Hathaway，G.，2015. Sub - micro - Newton resolution thrust balance. Rev. Sci. Instrum. 86 (10)，105116.

[41] Chakraborty，S.，Courtney，D. G.，Shea，H.，2015. A 10 nN resolution thrust - stand for micro - propulsion devices. Rev. Sci. Instrum. 86 (11)，115109.

[42] D'Souza，B. C.，Ketsdever，A. D.，2005. Investigation of time - dependent forces on a nanonewton - second impulse balance. Rev. Sci. Instrum. 76 (1)，015105.

[43] Ketsdever，A. D.，D'Souza，B. C.，Lee，R. H.，2008. Thrust stand micromass balance for the direct measurement of specific impulse. J. Propul. Power 24 (6)，1376 - 1381.

[44] Yoshikawa，T.，Tsukizaki，R.，Kuninaka，H.，2018. Calibration methods for the simultaneous measurement of the impulse，mass loss，and average thrust of a pulsed plasma thruster. Rev. Sci. Instrum. 89 (9)，095103.

[45] Ahlfeld，R. B. H.，2014. Deconvolution Filters for Dynamic Rocket Thrust Measurements. Master's thesis. TU Delft.

[46] Kakami，A.，Tachibana，T.，2013. Thrust evaluation in wide frequency range using active control and disturbance observer. J. Propul. Power 29 (6)，1274 - 1281.

[47] Yamauchi，Y.，Yano，Y.，Kakami，A.，2019. A horizontal - pendulum type thrust stand for evaluating higher frequency variation by applying acceleration measurement to nullbalance method. Trans. Jpn. Soc. Aeronaut. Space Sci. 17 (2)，175 - 180.

[48] Pollard，J.，Welle，R.，1995. Thrust vector measurements with the t5 ion engine. In：31st Joint Propulsion Conference and Exhibit.

[49] Kami，S.，Herron，B.，1970. An ion engine thrust vector measuring device. In：8th Electric Propulsion Conference，Number AIAA Paper 70 - 1104.

[50] Hughes，B.，Oldfield，S.，2004. Traceable calibration of the 3 axis thrust vector in the mn range. In：4th International Spacecraft Propulsion Conference. ESA Special Publication，p. 128. 1.

第 9 章　微推进纳米能

Ruiqi Shen 博士[1,2]，Yinghua Ye 博士[1,2]，Luigi T. DeLuca 博士[1,3]，
Chengbo Ru 博士[1,2]，Xiaoyong Wang 硕士[1,2]，Zhang He 硕士[1,2]

1 南京理工大学化学工程学院航天推进研究所，中国江苏南京
2 南京理工大学微纳含能器件工业和信息化部重点实验室，中国江苏南京
3 米兰理工大学太空推进实验室，意大利米兰

9.1　引言

固体化学推力器结构简单、易于维护，优于其他推进系统，如电推进、冷气推进和单/双组元推进。固体推进剂可控及稳定燃烧是微推进用于微卫星应用的重要条件，因为要求微推力器可以点火和关闭，以控制推力（如果可能），一些 MEMS 推力器要求固体推进剂燃烧颗粒直径小于 300 μm。不幸的是，我们知道在微推进中使用的固体推进剂颗粒，如高氯酸铵端羟基聚二丁烯（AP）- HTPB 推进剂、苯乙烯酸铅和纳米铝热剂推进剂，不但点燃后难以停止，而且燃烧不稳定，甚至小颗粒不燃烧。推进剂燃烧控制、推进剂稳定燃烧和推力器的启停是微尺寸固体推进剂推力器的主要难题。

为解决这些难题，研究人员提出了一些创新技术，如图 9-1 所示，主要基于燃烧过程物理增强和纳米技术。这些发展中的技术包括激光增强化学推进[1,2]、微波增强推进[3,4]和电化学推进[5,6]，以及纳米铝热剂推进剂微固体推进[7] 和纳米结构高能推进[8]。

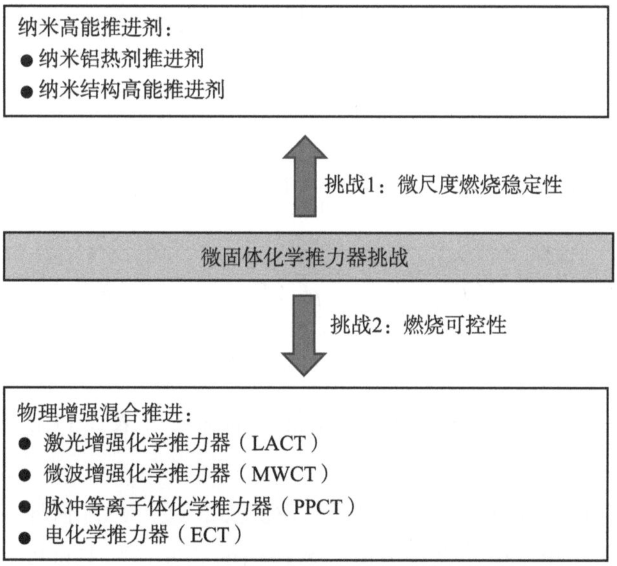

图 9-1　固体推进剂及其混合推进技术面临的挑战

9.2 纳米能推进剂燃烧方程

常规固体推进剂，如双基推进剂、复合改进双基推进剂和高氯酸铵端羟基聚二丁烯（AP）-HTPB复合推进剂，广泛用于固体发动机（SRM）。但由于其临界直径（常温常压下维持稳定燃烧的最小直径）过大，而且在小推力器燃烧室低压下燃烧不稳定，因而不适于微推力器应用。在早期研究中，高氯酸铵端羟基聚二丁烯（AP）-HTPB推进剂[9]和缩水甘油叠氮聚合物（GAP）推进剂[10,11]用于微推进，但后来被燃烧率高、临界直径小、热敏感度高的三硝基间苯二酚铅（LTNR）推进剂[12]和硝酸镍肼（HNH）推进剂[13]替代。因为LTNR和NHN是高敏感的高能化合物，且用于火工品起爆药（如点火器和雷管），对微推进应用而言具有安全风险。因此，微推力器亟需敏感度低、燃烧率高和临界直径小的固体推进剂。

通过求解热平衡方程，推导了燃烧速度和推进剂颗粒直径的关系，确定了纳米高能推进剂设计要求。简化的热平衡方程包括，凝固相推进剂从初始温度 T_0 升温至燃面温度 T_s 所需热量，推进剂颗粒表面的热耗散 q_{loss}，凝固相推进剂颗粒自身燃烧释放的热量 q_{chem}，燃烧过程中的辐射传热 q_{rad}，见式（9-1），示意图如图9-2所示。

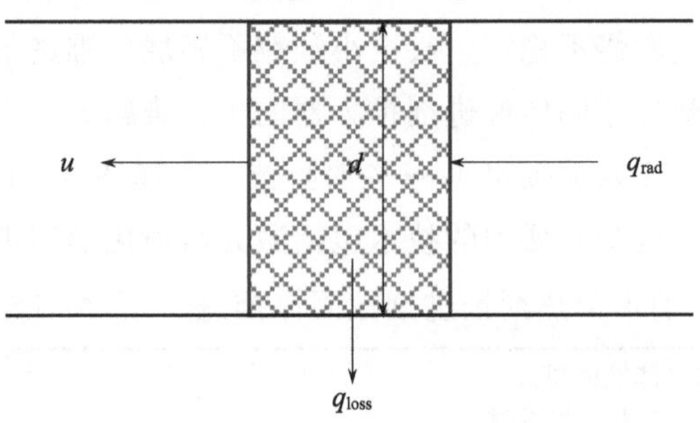

图9-2　微推进剂颗粒的燃烧波

$$\rho Cu(T_s - T_0) + 4k\frac{1}{d}(T_s - T_0) = q_{\mathrm{chem}} + q_{\mathrm{rad}} \tag{9-1}$$

$$u = \frac{q_{\mathrm{chem}}}{\rho C(T_s - T_0)} + \frac{q_{\mathrm{rad}}}{\rho C(T_s - T_0)} - \frac{4k}{\rho C}\frac{1}{d} \tag{9-2}$$

$$u = \alpha + \beta q_{\mathrm{rad}} - \gamma\frac{1}{d} \tag{9-3}$$

式中，ρ 和 C 分别是推进剂密度和热容，k 是推进剂颗粒外表面和附属外边界的热损失系数，d 是颗粒直径。

如果推进剂燃烧速度为0($u=0$)，临界直径见式（9-4）。临界直径取决于燃烧热和燃烧温度。如果忽略气相反应，燃烧温度是燃烧面的温度，甚至可以是推进剂的最终分解温度。

$$q_{cr}=\frac{4k(T_s-T_0)}{q_{chem}+q_{rad}} \tag{9-4}$$

直径小的颗粒比直径大的颗粒燃烧速率慢，而且当颗粒直径接近临界直径时，颗粒燃烧不正常。燃烧速率高（或者燃烧温度/分解温度低）和燃烧热高对于小尺寸燃烧有利；外部辐射热，比如来自激光束或微波场的热，也对小尺寸燃烧有利。

前面的讨论表明，微推进选用固体推进剂的原则是高燃烧速率和高反应热，起爆药推进剂和纳米铝热剂推进剂是最好的选择。

9.3　微推力器内弹道方程

使用热化学方程和火箭平衡方程可以计算铝热剂的推进性能。基于固体发动机（SRM）原理，固体化学微推力器内弹道方程给出如下

推力为

$$F=\dot{m}v_e+A_e(P_e-P_a) \tag{9-5}$$

冲量为

$$I=\int_0^{t_b}F\mathrm{d}t \tag{9-6}$$

比冲为

$$I_{sp}=I/(m\cdot g_0) \tag{9-7}$$

$$I_{sp}=\left\{2\frac{RT_c}{M}\frac{k}{k-1}\left[1-(P_e-P_c)^{\frac{k-1}{k}}\right]\right\}^{\frac{1}{2}} \tag{9-8}$$

特征速度为

$$C^*=\frac{P_cA_t}{\dot{m}},C^*=\sqrt{nRT_c}/\sqrt{k\left(\frac{2}{k+1}\right)^{(k+1)/(k-1)}} \tag{9-9}$$

式中，$\dot{m}$ 为喷管喷出质量的速率；v_e、A_e 和 P_e 分别是气流速度、喷管横截面积和喷管口压力；P_a 是环境压力；P_c 和 T_c 是燃烧室的压力和温度；m 为推进剂质量；M 为气体产物的相对分子量；A_t 是喷管喉部面积；k 是气体产物的绝热指数（$k=c_p/c_v$），R 是气体常数。

理论比冲取决于推进剂燃烧热，关系如下

$$I_{sp}=\sqrt{2\eta H},\eta=1-(1/\varepsilon)^{(k-1)/k} \tag{9-10}$$

式中，H 是燃烧热；η 是推进剂效率；ε 是压力膨胀比（$\varepsilon=P_c/P_e$）。

理论比冲与气体产物平均分子质量和燃烧热或燃烧温度有关

$$I_{sp}\sim\sqrt{T_{max}/M} \tag{9-11}$$

式中，T_{max} 是燃烧物的最高温度。

比冲与环境压力相关，真空比冲在海平面更高。真空比冲如下

$$I_{spv}=I_{sp}+P_eA_e/\dot{m} \tag{9-12}$$

式中，I_{spv} 是真空比冲（$P_a=0$）。

9.4 微推力天平

由于很小量（10～100 mg）的纳米能推进剂装入了微推力器中，很难用常规固体推进剂的类似技术来测试燃烧速率。然而，微推力天平对于纳米能推进剂的燃烧性能测试却很有用：竖直推力天平[14,15]、水平推力天平[16]和零推力天平[17]，这三种推力天平常用于推力器推力和冲量的测量。其中，竖直天平基于钟摆原理，容易受到重力影响；但水平推力天平和零推力天平可区分推力和推力器重量，使之特别适用于大推力器小推力的情况。南京理工大学工信部微纳器件重点实验室采用竖直推力测量天平与水平推力测量天平，实现了微牛（μN）至毫牛（mN）量级的推力精确测试。

9.4.1 竖直推力天平

微推力测量装置（VTB）是一种基于摆式原理的简易设备（结构见图 9-3），可测量微牛（μN）至毫牛（mN）量级的推力，用于评估微推力器的推进性能。平衡臂底部的推力器支架位移由霍尔磁传感器测量，该传感器通过感应支架上磁性元件的磁场变化实现位移捕捉。推进剂燃烧时间由光电探测器监测。为评估纳米含能推进剂性能，设计简易推力器——仅在硅基、聚合物或玻璃基底上加工微孔，推进剂通过真空吸注装置填充至孔内。纳米含能推进剂由自由振荡 Nd：YAG 激光器经光纤耦合输出光束点燃（点火过程见图 9-3 与图 9-4）。

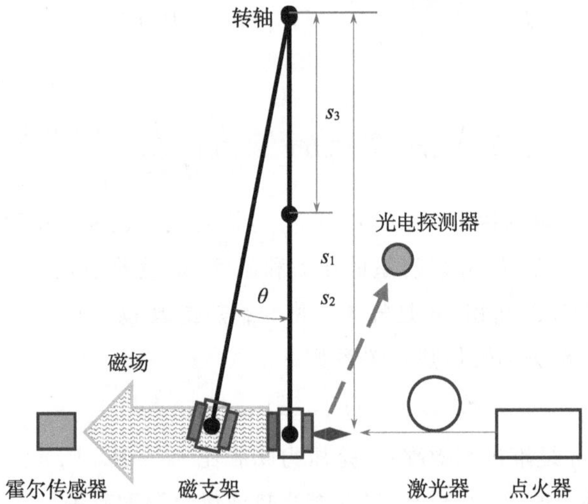

图 9-3　微推力器推力和燃烧时间的竖直推力天平（VTB）测量原理（见彩插）

推力器沿圆弧轨迹从平衡位置到新位置的位移变化如下

$$L = \frac{1}{2}at^2 = \frac{Ft^2 s_1^2}{2J} \tag{9-13}$$

且

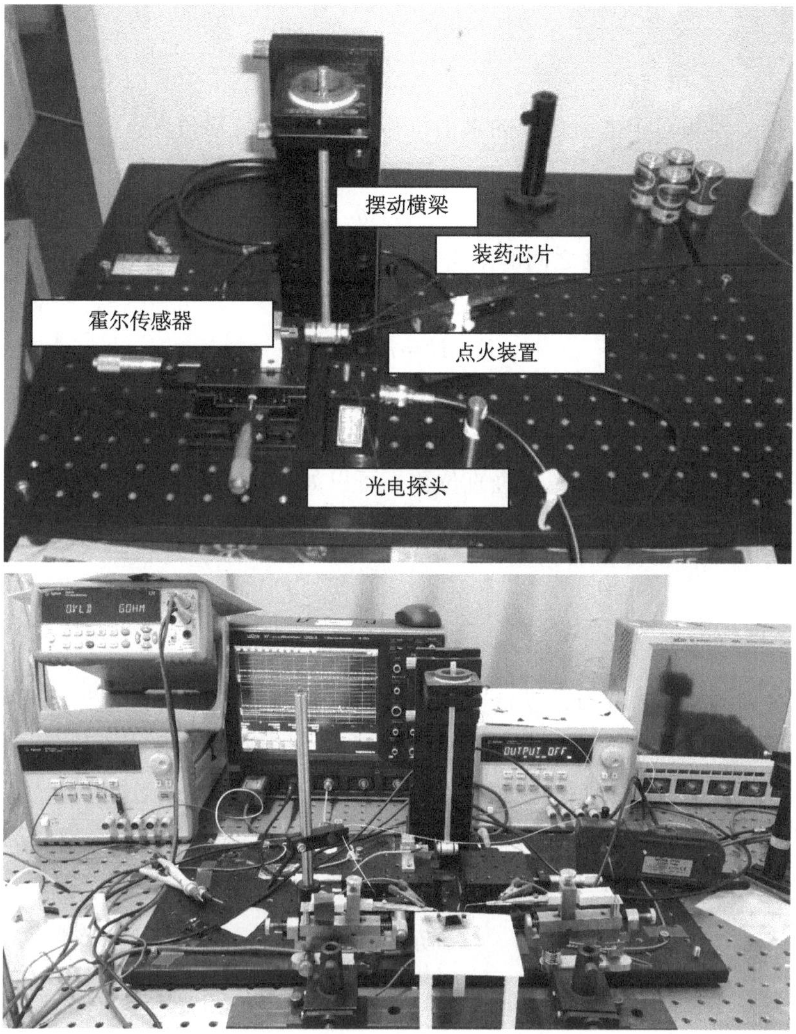

图 9-4　微推力器推力和燃烧速率的竖直推力天平（VTB）测量装置（见彩插）

$$a = a_0 \cdot s_1$$

$$a_0 = \frac{M}{J} = \frac{F s_1}{J}$$

式中，a、a_0、t 分别是线性加速度、角加速度和推力器工作时间；F 是推力；s_1 是推力器支架质心到转轴中心的距离；M 是天平扭矩；J 是转动惯量。

转动惯量包括臂、推力器支架和推力器的转动惯量，即

$$J = m_1 s_1^2 + m_2 s_2^2 + m_3 s_3^2 \tag{9-14}$$

式中，s_1、s_2、s_3 分别是推力器支架质心、推力器质心和臂质心到转轴的距离；m_1、m_2、m_3 分别是推力器支架、推力器和天平臂的质量。

天平的转动角度（θ）如下

$$\theta = \operatorname{arctg} \frac{\mathrm{d}x/s_1}{\sqrt{1-\left(\frac{\mathrm{d}x}{\mathrm{d}s_1}\right)^2}} \tag{9-15}$$

式中，$\mathrm{d}x$ 是推力器相对于平衡位置的水平位移；θ 是天平转动角度。

推力器的位移如下

$$L = s_2\theta \tag{9-16}$$

式中，s_2 是推力器质心和转轴之间的距离；θ 是天平的转动角度。

可以使用能量守恒方程计算推力

$$F \cdot L = mg \cdot \mathrm{d}h \tag{9-17}$$

且

$$F \cdot L = (m_1 s_1 + m_2 s_2 + m_3 s_3) \cdot g \cdot (1-\cos\theta)$$

式中，$\mathrm{d}h$ 是质心相对于初始位置的竖直位移。可以如下计算推力

$$F = \frac{\sqrt{2(m_1 s_1 + m_2 s_2 + m_3 s_3) \cdot g \cdot (1-\cos\theta) \cdot J}}{t s_1} \tag{9-18}$$

9.4.2 水平推力天平

因为其可分离推力和重力，受重力影响很小，可以准确测量重推力器小推力，因此，水平推力天平（HTB）优于竖直推力天平。水平推力天平俯视图如图 9-5 所示。配重将水平推力天平（HTB）的质心平衡到柔性转轴位置。天平臂受待测样件推力后移动的位移（或者转动角度）通过激光位移传感器进行测量。柔性转轴的变形和电磁阻尼器的阻尼系数决定了准确度、量程和响应频率。实际装置如图 9-6 所示。

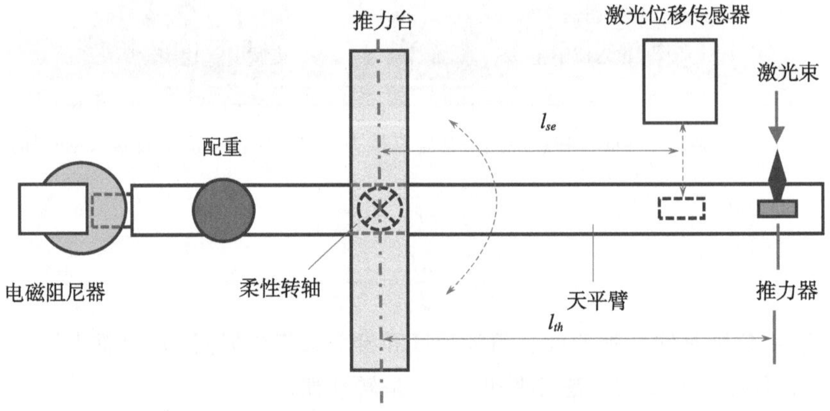

图 9-5 水平推力天平俯视图（见彩插）

扭转钟摆的动力学模型是质量-弹簧-阻尼模型二阶系统

$$J\frac{\mathrm{d}^2\theta}{\mathrm{d}t^2} + c\frac{\mathrm{d}\theta}{\mathrm{d}t} + k\theta = l_{th}F(t) \tag{9-19}$$

式中，θ 是扭转钟摆的转动角度；J 是相对于柔性转轴的转动惯量；c 是电磁阻尼器的阻尼系数；k 为柔性转轴的扭转刚度系数；l_{th} 是柔性转轴到推力作用点的距离。

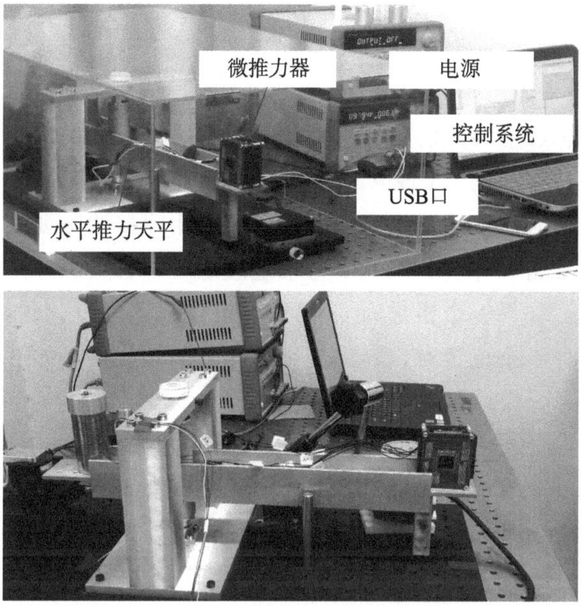

图 9-6　水平推力天平试验装置

扭转钟摆的转动角度可以转换为天平臂的位移（通过激光位移传感器进行测量）

$$\mathrm{tg}(\theta)=\frac{x}{l_{se}},\left(\theta=\frac{x}{l_{se}},\theta\ll 1\right) \tag{9-20}$$

式中，x 是传感器测量的位移；l_{se} 是柔性转轴到竖直线与天平臂交叉点的距离。位移的动力学方程如下

$$\frac{\mathrm{d}^2 x}{\mathrm{d}t^2}+2\mu\frac{\mathrm{d}x}{\mathrm{d}t}+\omega_0^2 x=\frac{l_{se}l_{th}}{J}F(t) \tag{9-21}$$

式中，ω_0 是固有频率（Hz）（$\omega_0=\sqrt{k/J}$）；μ 是粘性系数（$\mu=c/2J$）。在 $x(0)=0$ 和 $\dot{x}(0)=0$ 时，式（9-21）的解为

$$x(t)=A\exp(-\mu t)\sin(\hat{\omega}t) \tag{9-22}$$

$$A=\frac{l_{se}l_{th}}{J\hat{\omega}}I,\hat{\omega}=\sqrt{\omega_0^2-\mu^2} \tag{9-23}$$

式中，A 是位移传感器测得的最大位移幅度；I 是待测推力器的冲量。如果忽略水平推力天平（HTB）的阻尼（$\mu=0$），则

$$x(t)=A_0\sin(\omega_0 t),A_0=\frac{l_{se}l_{th}}{J\omega_0}I \tag{9-24}$$

无阻尼水平推力天平测量的推力器冲量为

$$I=KA_0,K=\frac{J\omega_0}{l_{se}l_{th}} \tag{9-25}$$

如果 $\mu\neq 0$，推力器冲量如下

$$I=\frac{J\omega_0\sqrt{1-\varepsilon^2}}{l_{se}l_{th}}A,\text{或 } I=K\sqrt{1-\varepsilon^2}A \tag{9-26}$$

式中，ε 是水平推力天平阻尼率，$\varepsilon=\mu/\omega_0$。

式（9－25）和式（9－26）表明位移幅度和推力器冲量相关。在 K 值或 J 和 ω_0 标定后，冲量可通过测量位移幅度（A 或 A_0）进行测量。可以使用直接法或间接法对 J 和 ω_0 进行标定，在使用直接法时需要给定推力或冲量，而使用间接法时要用到平行轴定理。由于很难提供高准确度的推力和冲量，因此平行轴定理是一种合适的方法。

在平行轴定理中，如果一个质量为 m 的物体围绕质心转动，转动惯量为 J_0，当物体转轴从质心转移到另外一个位置时，物体围绕新转轴的转动惯量如下

$$J=J_0+mx^2 \tag{9-27}$$

式中，x 是新的转动中心相对于物体质心的距离；m 是物体质量；J_0 是物体绕质心的转动惯量。

平行轴原理使用一对轴对称重物对水平推力天平（HTB）的转动惯量进行标定，如图 9－7 所示。

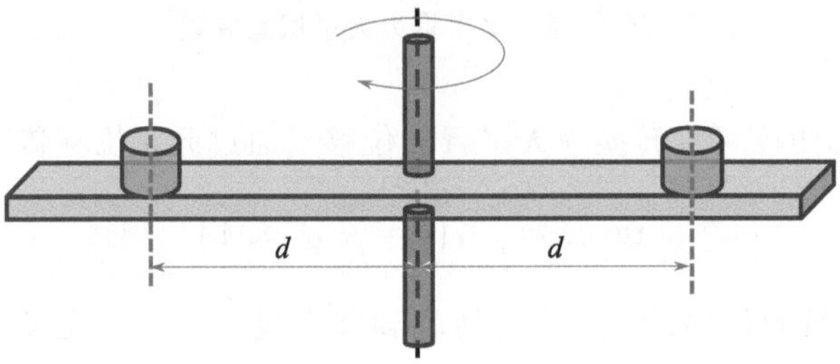

图 9－7　通过一对重物对水平推力天平转动惯量进行标定

两个相同的重物用于标定转动惯量，每个重物的转动惯量如下

$$J_w=\frac{1}{8}mD^2 \tag{9-28}$$

式中，D 是标定用圆柱直径；m 是标定用圆柱质量。

当一对相同的重物放置在转轴的轴对称位置上，天平和重物的转动惯量和为

$$J=J_0+2(J_w+md^2) \tag{9-29}$$

式中，J_0 是水平推力天平（HTB）的转动惯量；d 是标定用重物质心到转轴的距离。在水平推力天平（HTB）转动过程中

$$T=\frac{2\pi}{\omega}=2\pi\sqrt{J/k} \tag{9-30}$$

和

$$\frac{T_0^2}{T^2}=\frac{J_0}{J}=\frac{J_0}{J_0+2(J_w+md^2)}$$

根据式（9－30），水平推力天平（HTB）转动惯量如下

$$J_0 = \frac{2T_0^2}{T^2 - T_0^2}(J_w + md^2) \tag{9-31}$$

通过改变标定用重物的位置（图 9 - 8），可以得到一系列振荡波，来计算水平推力天平（HTB）的阻尼率 ε 、固有频率 ω_0 和转动惯量 J_0。通过式（9 - 26）和标定后的参数可以计算推力器冲量。

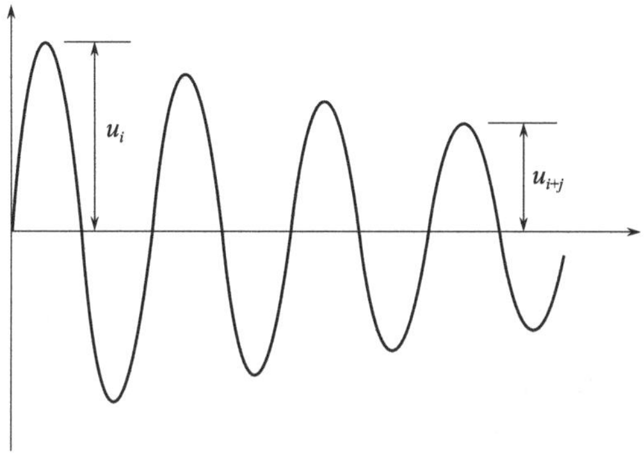

图 9 - 8　标定过程中的振荡波

固有频率 ω_0 可以使用前 20 个周期位移信号的试验平均周期计算，即

$$\omega_0 = \frac{2\pi}{T} \tag{9-32}$$

水平推力天平阻尼率 ε 可以使用第 i 个和第 $i+j$ 个峰值振幅计算，即

$$\varepsilon = \frac{1}{2\pi j}\ln\left(\frac{u_i}{u_{i+j}}\right) \tag{9-33}$$

式中，u_i 和 u_{i+j} 分别是第 i 个和第 $i+j$ 个峰值振幅。

9.5　起爆药推进剂

起爆药是固体推进剂的主要能量成分，因为其临界直径足够小，燃烧速率高，可以小规模稳定燃烧。由于需要低烈度的起爆药，所以三硝基间苯二酚铅（LTNR）和硝酸肼镍（NHN）被选为两种合适的能量成分。两种炸药的基本特性见表 9 - 1。

表 9 - 1　三硝基间苯二酚铅（LTNR）和硝酸肼镍（NHN）的基本性质

性质	LTNR	NHN
分子结构	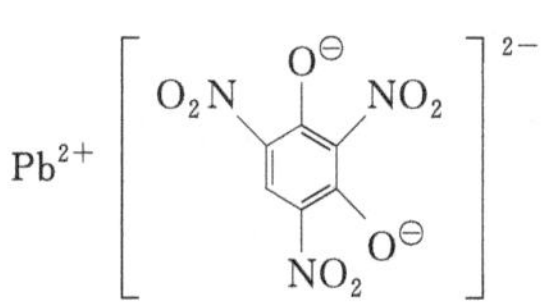	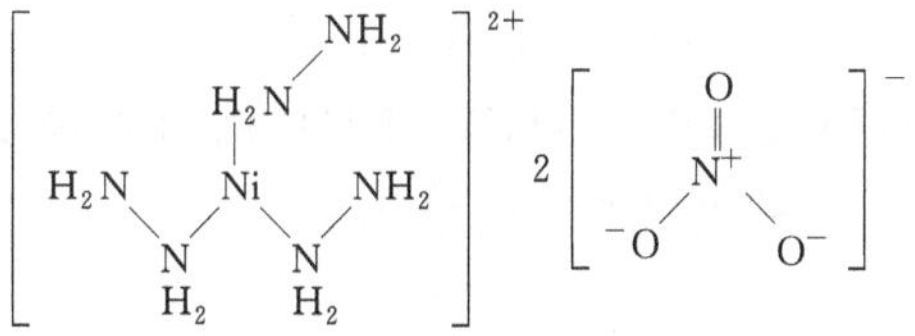
分子式	$C_6HN_3O_8Pb$	$[Ni(N_2H_4)_3](NO_3)_3$

续表

氧平衡	−0.188	−0.057
晶体密度	3.02 g/cm^3	2.129 g/cm^3 [18]
爆炸热	1 910 J/g[19]	1 014 cal/g,1 标准大气压[18] 4 238 J/g[19]
分解速度	4 900 m/s at[18] (at 2.6 g/cm^3, 5.2 km/s)	7 000 m/s(at 1.7 g/cm)^3[18]
5 s 爆炸温度	167 ℃[18] 265～280 ℃[19] (DSC)	282 ℃[18] 252～272 ℃[19]

起爆药推进剂由高能化合物（三硝基间苯二酚铅或硝酸肼镍）、氧化物（高氯酸铵 AP）和高能黏合剂（硝化纤维 NC）组成。起爆药成分是容易起爆的危险物质，但如果黏合剂和氧化剂不敏感，它们会变得不敏感，而且难以点燃或引爆。起爆药推进剂的组成见表 9－2。

表 9－2　起爆药推进剂的组成

推进剂	起爆药	AP 氧化剂	NC 黏合剂
LTNR－NC	90%～75%	0	10%～25%
NHN－NC	90%～75%	0	10%～25%
LTNR－AP	50%～30%	50%～70%	<2%(添加)
NHN－AP	80%～60%	20%～40%	<2%(添加)

在一个 10 mm×10 mm 的环氧树脂立方体基底钻一个直径 0.7～2.0 mm、深 1.5 mm 的圆柱孔，用作简单推力器来评估三硝基间苯二酚铅（LTNR－NC）和硝酸肼镍（NHN－NC）起爆药推进剂的性能。使用竖直推力天平（VHB）来测量推力和冲量。

试验结果表明，三硝基间苯二酚铅（LTNR－NC）和硝酸肼镍（NHN－NC）推进剂的推力和冲量与推进剂颗粒直径成正比，而且三硝基间苯二酚铅（LTNR－NC）推进剂的推力（图 9－9）和冲量（图 9－10）高于硝酸肼镍（NHN－NC）推进剂的推力和冲量。

三硝基间苯二酚铅（LTNR－NC）和硝酸肼镍（NHN－NC）的推力、冲量对比见表 9－3。当使用相同直径的推进剂颗粒时，三硝基间苯二酚铅（LTNR－NC）的推力和冲量是硝酸肼镍（NHN－NC）推力和冲量的 5 倍，表明三硝基间苯二酚铅（LTNR－NC）是一种更优的推进剂。

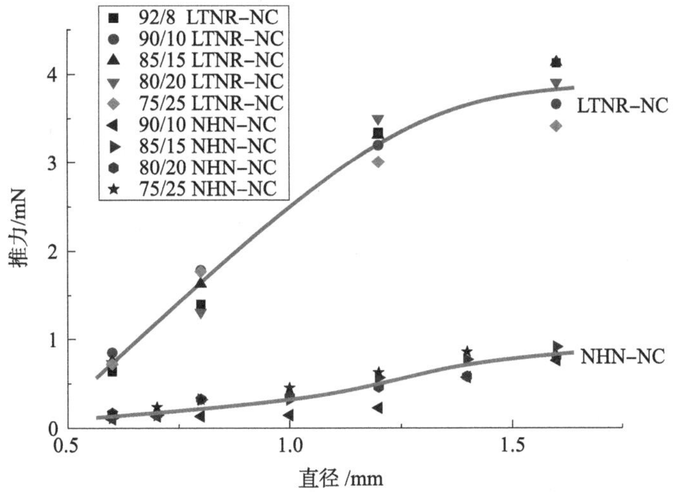

图 9－9　颗粒直径为 0.6～1.8 mm 的 LTNR－NC 和 NHN－NC 推进剂推力（见彩插）

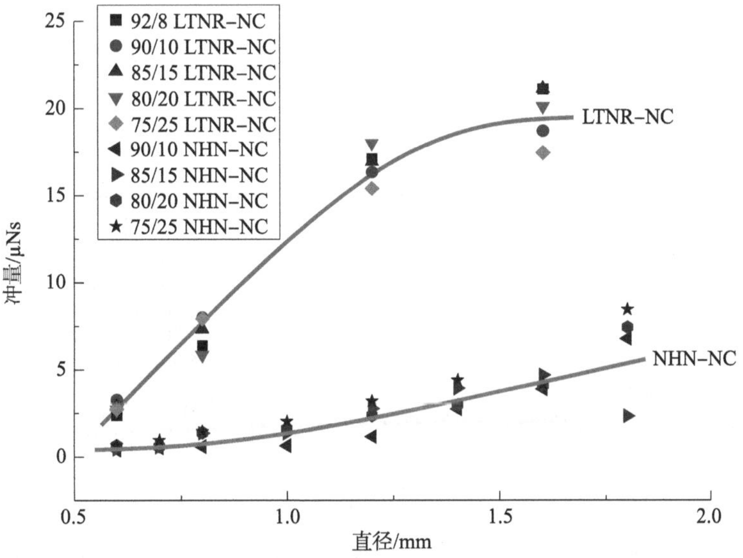

图 9－10　颗粒直径为 0.6～1.8 mm 的 LTNR－NC 和 NHN－NC 推进剂冲量（见彩插）

表 9－3　LTNR－NC 和 NHN－NC 推进剂的推力和冲量

项目	LTNR－NC				NHN－NC			
直径/mm	0.6	0.8	1.2	1.6	0.6	0.8	1.2	1.6
推力/mN	0.74	1.58	3.27	3.84	0.14	0.28	0.47	0.82
冲量/μNs	2.82	7.09	16.75	19.68	0.54	1.19	2.38	4.20

高氯酸铵（AP）是固体推进剂中一种重要的氧化剂。三硝基间苯二酚铅（LTNR－NC）和硝酸肼镍（NHN－NC）是富燃（或者负氧平衡）的高能化合物，因此增加高氯酸铵（AP）可以增强三硝基间苯二酚铅（LTNR－NC）和硝酸肼镍（NHN－NC）推进剂的含氧水平。LTNR/AP 和 NHN/AP 推进剂的推力如图 9－11 所示，冲量如图 9－12 所示。

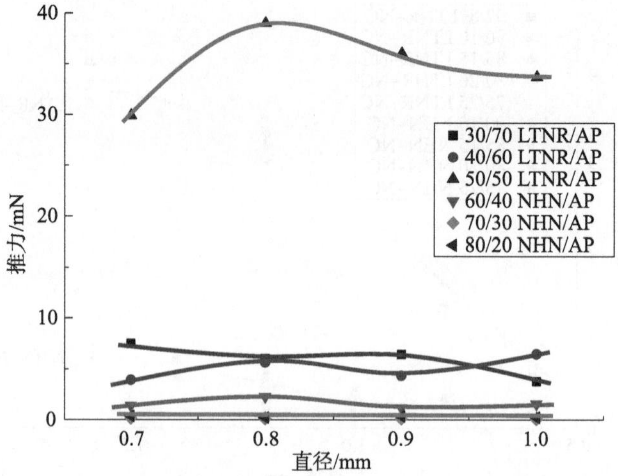

图 9-11　颗粒直径为 0.7～1.0 mm 的 LTNR/AP 和 NHN/AP 推进剂推力（见彩插）

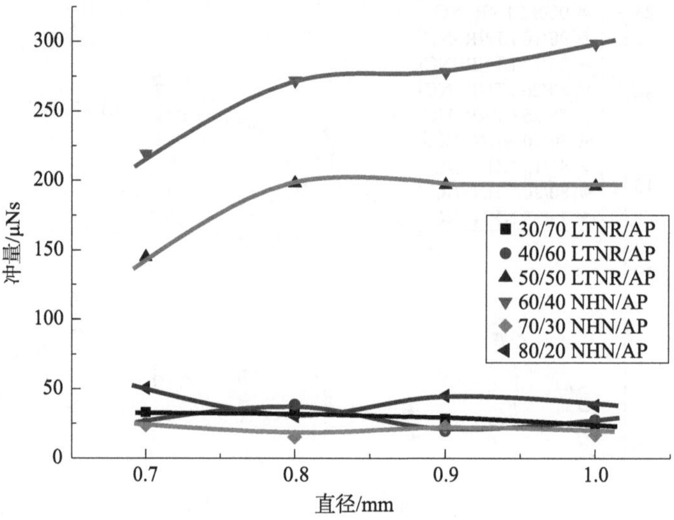

图 9-12　颗粒直径为 0.6～1.8 mm 的 LTNR/AP 和 NHN/AP 推进剂冲量（见彩插）

LTNR/AP 和 NHN/AP 推进剂的推力、冲量几乎不受推进剂颗粒直径的影响，但受起爆药与高氯酸铵（AP）的比值的影响。推力和冲量对高氯酸铵（AP）的依赖的情况见表 9-4。

表 9-4　LTNR/AP 和 NHN/AP 推进剂推力、冲量和混合比

项目	LTNR/AP			NHN/AP		
混合比	30/70	40/60	50/50	60/40	70/30	80/20
推力/mN	5.92	5.09	34.65	1.61	0.10	0.28
冲量/μNs	28.76	27.63	183.98	266.90	19.64	41.00

50/50 比例的 LTNR/AP 和 60/40 比例的 NHN/AP，被发现是达到最大推力和冲量的最优比例。另外，可以发现 LTNR/AP 的推力高于 NHN/AP 的推力，但 NHN/AP 的冲量高于 LTNR/AP 的冲量。

将 LTNR/AP 和其他起爆药推进剂进行比较（表 9－3 和表 9－4），最佳推进剂为 50/50 比例的 LTNR/AP，推力和冲量分别为 34.65mN 和 183.98 μNs。

9.6 纳米铝热剂推进剂

铝热剂推进剂可以产生少量高温气体，多数是金属氧化物或金属蒸汽，如 Al_2O_3，导致气体产物分子量高。当需要产生一些气态碳氢化产物的成分来降低分子量时，常使用高能黏合剂和高能化合物［硝化纤维（NC），环三亚基三硝胺（RDX），环四亚基四硝胺（HMX）］作为铝热剂推进剂的添加剂。

铝热剂是金属/金属氧化物的混合物，点燃后可以释放出剧烈的能量，并产生固态产物。适用于纳米高能推进剂的铝热剂有 Al/CuO、Al/MoO_3、Al/Fe_2O_3 和其他不同比例潜在铝热剂，性质总结见表 9－4。因为，微推力器的燃烧室小，每单位体积的反应体积热（cal/cm^3）比反应质量热（cal/g）重要很多。

可以使用能量最小原理和内弹道方程计算铝热剂的性能。铝热剂的理论比冲见表 9－5 和图 9－13。I_{sp}（最优）是标准条件下的理论比冲（$p_c/p_e=70$，$p_a=101$ kPa，标准火箭发动机），而 $I_{sp}(A_e/A_t=1.0)$ 是直喷管发动机的理论比冲。

表 9－5　高能铝热剂的热力学性质[20]

反应物		绝热反应温度	气体产物	气体分子质量	反应热	
成分	ρ_{TMD}/(g/cm^3)	相变/K	反应气体/g	Mole	cal/g	cal/cm^3
2Al+3CuO	5.109	2 843	0.243 1	78.42	974.1	4 976
$2Al+Fe_2O_3$	4.175	313 5	0.078 4	96.15	945.4	3 947
$10Al+3I_2O_5$	4.119	>325 3	1.000	121.40	1 486	6 122
$2Al+MoO_3$	3.808	325 3	0.247 3	165.90	1 124	4 279
$4Al+3PbO_2$	7.085	325 3	0.929 6	363.40	731.9	5 185
$2Al+WO_3$	5.458	325 3	0.146 3	491.08	696.4	3 801

直喷管是微推力器的常规结构，但因为微推力器喷管长度和室压力不足以加速气体产物到超声速（虽然超声速在高效的收缩-膨胀喷管中容易实现），因此效率不高。铝热剂的理论比冲不超过 1 000 m/s（或 100 s）。

在表 9－4 中，铝热剂 Al/CuO 的比冲最高，但当等效比 $\phi=1$ 时，比冲仅 721.4 m/s（或 72 s）。等效比定义如下

$$\phi=\frac{(m_F/m_O)_a}{(m_F/m_O)_s} \tag{9-34}$$

式中，$(m_F/m_O)_s$ 是化学反应计量要求的燃氧质量比，$(m_F/m_O)_a$ 是任何组分的燃氧质量比。

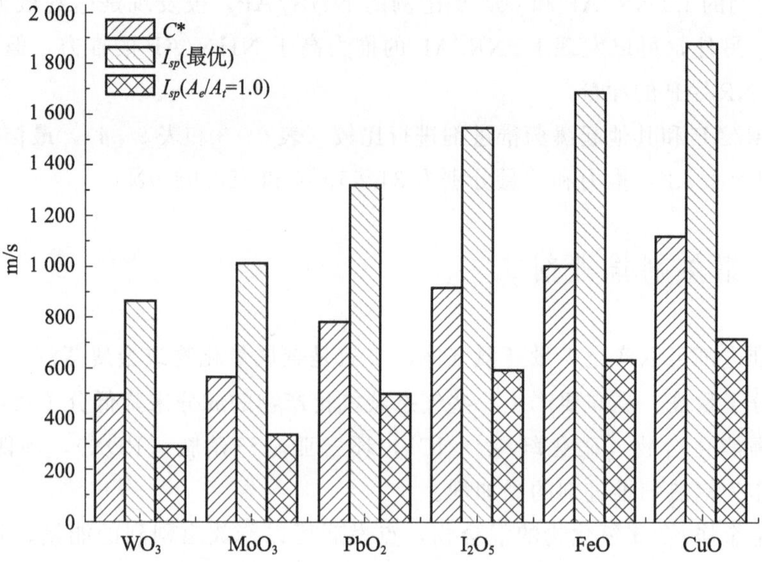

图 9-13　铝热剂的特征速度和理论比冲

如果 $\phi<1$，铝热剂的组分是正氧平衡（富氧）；如果 $\phi=1$，铝热剂是零氧平衡（化学计量）；如果 $\phi>1$，铝热剂是负氧平衡（富燃）。

化学计量反应释放最大量反应热，产出物温度上升到最高温度。Al/CuO 化学计量反应方程如下

$$2Al+3CuO \longrightarrow Al_2O_3(l)+3Cu(l,g)$$

如果 $\phi>1$，没有足够的氧用于铝完全反应，所以，一些反应在缺氧条件下进行。

$$4CuO \longrightarrow 2Cu_2O+O_2$$

$$2Al+3Cu_2O \longrightarrow Al_2O_3(l)+6Cu(l,g)$$

不同比例的 Al/CuO 的理论比冲如图 9-14 所示。最优性能的 Al/CuO 铝热剂的比值为 $\phi=0.9$，但铝热剂的设计原则应当满足完全反应的需求或零氧平衡（$\phi=1$）。

高能推进剂的铝热剂成分选择原则是体积反应热高和贮存寿命长。Al/CuO 是一种很好的铝热剂候选材料，因为成分稳定，体积反应热高。

虽然铝热剂 Al/CuO 是一种高能混合物，但产生的气体少，不适于作为推进剂。应当向 Al/CuO 混入一些高能添加剂来产生额外的气体用于推进。一些合适的添加剂是高能黏合剂［硝化纤维（NC））、聚偏二氟乙烯（PVDF）和高能化合物［环三亚基三硝胺（RDX），环四亚基四硝胺（HMX）］。硝化纤维（NC）、聚偏二氟乙烯（PVDF）、三亚基三硝胺（RDX）和环四亚基四硝胺（HMX）的性能见表 9-6。

在标准条件和直喷管（$A_e/A_t=1.0$）条件下，使用最小自由能量法计算了高能添加剂对 Al/CuO（$\phi=1$）比冲的作用；计算结果如图 9-15 所示。比冲随着高能添加剂增加呈现递增，但当 PVDF 含量增加到 7.5%以上时，趋势翻转。环三亚基三硝胺（RDX）和环四亚基四硝胺（HMX）的作用类似，且优于硝化纤维（NC）。当四种添加剂的含量不超过 5%时，它们的作用相同，比冲在 750 m/s（75 s）左右。

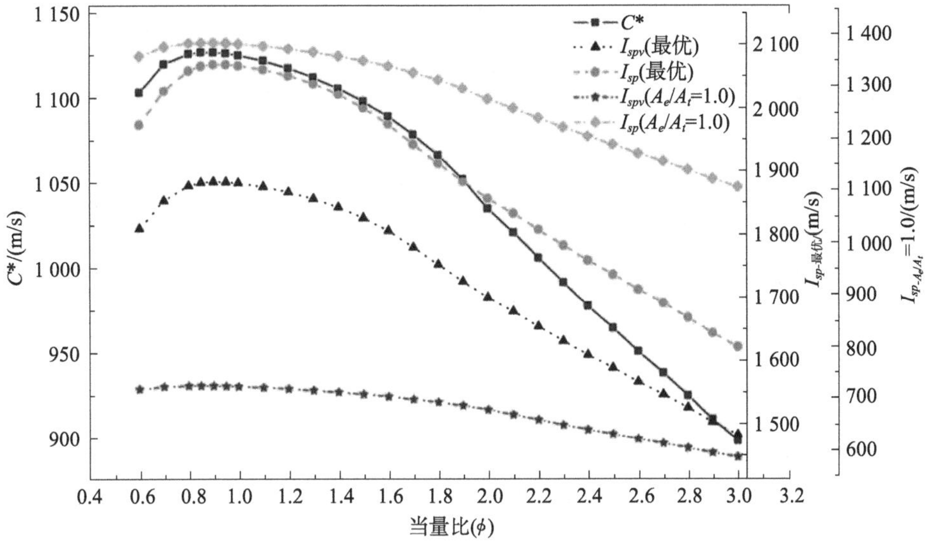

图 9-14　Al/CuO 不同燃氧比时的理论比冲（见彩插）

表 9-6　NC/PVDF/RDX/HMX 的热力学性质

添加剂	化学式	分子质量	合成热/(kJ/mol)	燃烧热/(kJ/g)	密度/(g/cm³)
NC[21]	$(C_6H_{7.583}O_{9.835}N_{2.418})_n$	270.9	−727.2	10.067	1.65
PVDF[22]	$(—CH_2—CF_2—)_n$	64.0	−375.62	14.900	1.77
RDX	$C_3H_6O_6N_6$	222.12	70.70	9.475	1.82
HMX	$C_4H_8O_8N_8$	296.16	75.02	9.334	1.90

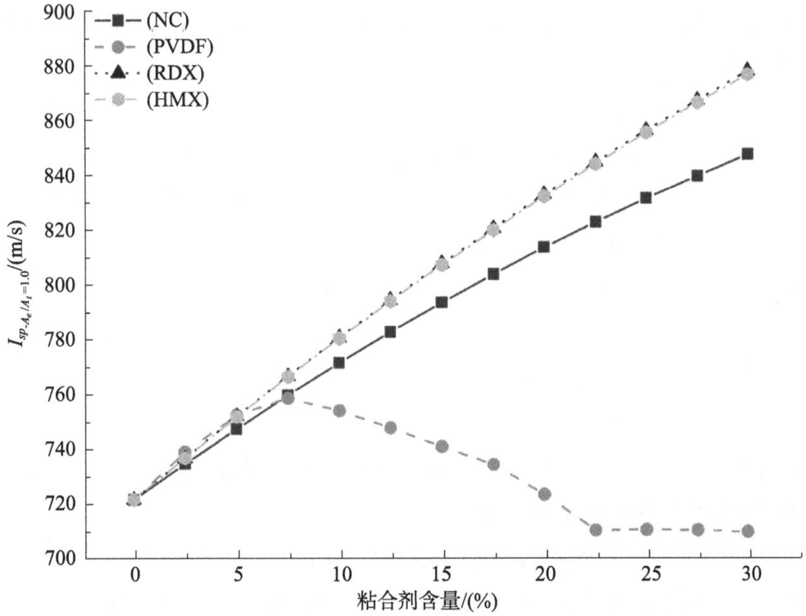

图 9-15　Al/CuO 和添加剂混合物的理论比冲（见彩插）

纳米 Al（nAl）、纳米 CuO（nCuO）与添加剂的均匀混合是一个具有挑战性但又十分重要的过程，纳米 Al/CuO 铝热剂通常使用超声混合法（US）、溶胶-凝胶法、分子自装配法、静电喷射（ES）法和机械混合（MM）法[23] 制备。制备 Al/CuO 的技术如图 9－16 所示。

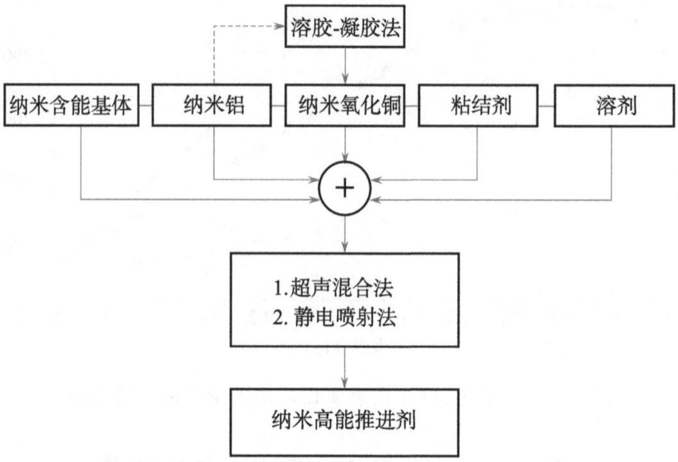

图 9－16　铝热剂推进剂制备方法

溶胶-凝胶法是 CuO 纳米颗粒一个标准的合成方法，分子自装配法是分子级混合纳米 Al 和纳米 CuO 的一个好方法，而超声混合法和静电喷射法常用于制备多种成分的混合物。虽然超声混合法（US）和静电喷射法（ES）制备的混合物的均匀性不如分子自装配法，但这两种方法简单，易于混合多种成分的铝热剂。溶胶-凝胶技术还可以将纳米 Al 与纳米 CuO 混合，在溶胶-凝胶法中，纳米 Al 颗粒与 $Cu(NO_3)(OH)_3$ 的源物质混合。在 300 ℃温度煅烧纳米 $Al/Cu(NO_3)(OH)_3$ 的源物质 2 小时就合成了 Al/CuO 纳米颗粒。相关的化学反应方程为

$$n\mathrm{Al} + \mathrm{Cu(NO_3)(OH)_3} \longrightarrow n\mathrm{CuO} + n\mathrm{Al} + \mathrm{NO_2}\uparrow + \mathrm{H_2O}\uparrow$$

Al/Cu/NC 铝热剂是微推力器一种标准的纳米铝热剂推进剂。使用电子显微镜（EMS）对 ES 法和 MM 法制备的 Al/Cu/NC 混合物形貌进行了分析，如图 9－17 所示。在静电喷射（ES）法中，纳米 Al 和纳米 CuO 的扩散比其在机械混合（MM）法中的扩散更加均匀。通过静电喷射（ES）法，纳米 Al 和纳米 CuO 颗粒被硝化纤维很好包裹。

使用差分扫描量热仪（DSC）对 Al/CuO/NC 的热化学性质进行了分析，结果见表 9－7。在相同硝化纤维（NC）含量条件下，比较 Al/CuO/NC 反应热，静电喷射（ES）法制备的样品具有比机械混合（MM）法制备的样品更高的反应热，高约 200J/g。Al/CuO/NC－2.5%（ES）样品产生的反应热与 Al/CuO（MM）的反应热几乎相同。不同方法和成分的样品的分解温度和放热温度基本一致。

对比静电喷射（ES）法制备的 Al/CuO/NC 和 Al/CuO/PVDF 形貌（图 9－18），纳米 Al 和纳米 CuO 的纳米颗粒在 NC 油膜中得到很好扩散，但在 PVDF 油膜中发现了很多纳米颗粒聚集。

(a) A1/CuO(MM) ×10.0 k

(b) A1/CuO(MM) ×50.0 k

(c) A1/CuO/NC-10.0% (MM) ×10.0 k

(d) A1/CuO/NC-10.0%(MM) ×50.0 k

(e) A1/CuO/NC-10.0% (ES) ×10.0 k

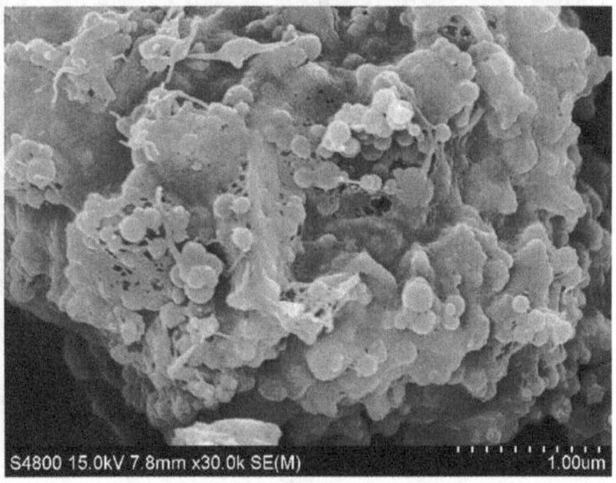

(f) A1/CuO/NC-10.0%(ES) ×50.0 k

图 9－17　静电喷射（ES）法和机械混合（MM）法制备的 Al/CuO/NC 混合物的微观形貌

使用环氧树脂基板制造一个简单的推力器来评估推进性能，推力器半封闭燃烧室直径为 1.00 mm，深度为 1.50 mm。铝热剂粉末密度为 1.10 g/cm^3，压入圆柱孔约 1.3 mg。

表 9－7　静电喷射法和机械混合法制备 Al/CuO/NC 的热化学性质

成分	反应热/(J/g)	分解温度峰值/K	放热温度峰值/K
Al/CuO(MM)	826.6	561.2	/
Al/CuO/NC－2.5%(ES)	857.3	561.8	195.8

续表

成分	反应热/(J/g)	分解温度峰值/K	放热温度峰值/K
Al/CuO/NC－5.0％(ES)	760.8	561.2	205.8
Al/CuO/NC－7.5％(ES)	732.0	561.8	207.8
Al/CuO/NC－10.0％(ES)	600.8	570.5	208.5
Al/CuO/NC－2.5％(MM)	680.5	562.5	199.2
Al/CuO/NC－5.0％(MM)	550.1	564.5	204.5
Al/CuO/NC－7.5％(MM)	438.2	569.2	208.7
Al/CuO/NC－10.0％(MM)	419.4	569.8	209.0

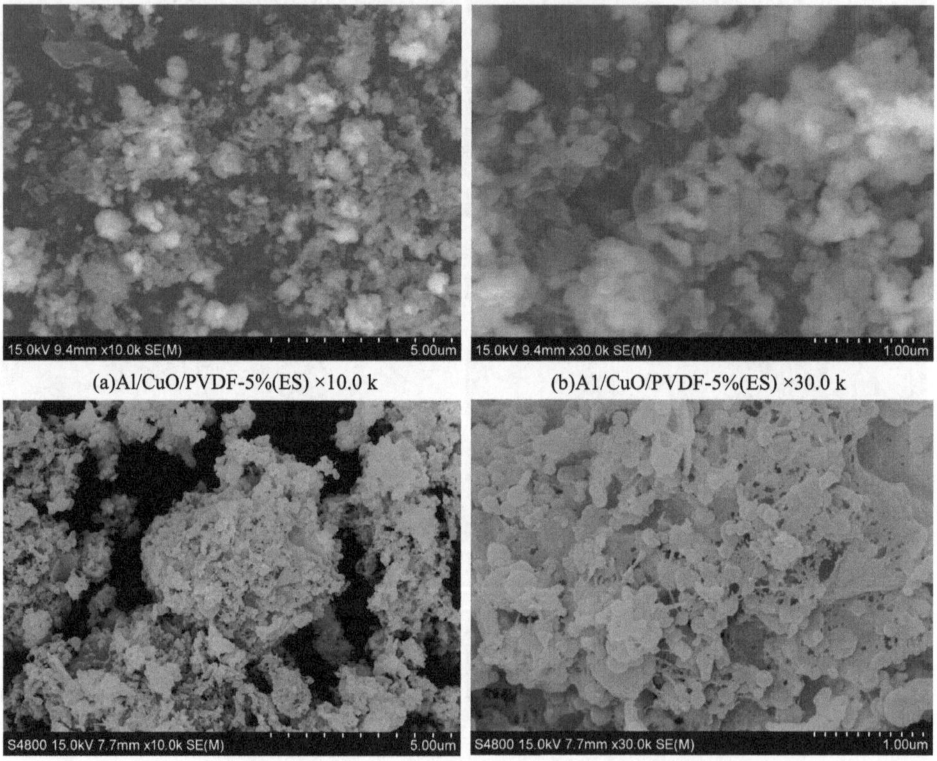

(a)Al/CuO/PVDF-5%(ES) ×10.0 k (b)A1/CuO/PVDF-5%(ES) ×30.0 k

(c)A1/CuO/NC-5%(ES) ×10.0 k (d)A1/CuO/NC-5%(ES) ×30.0 k

图 9－18 静电喷射法制备的 Al/CuO/NC 和 Al/CuO/PVDF 微观形貌

Al/CuO、Al/CuO/NC 和 Al/CuO/PVDF 经激光点燃后的火焰如图 9－19 所示。Al/CuO 的火焰是一种爆炸式火焰，表明燃烧不稳定。相比之下，Al/CuO/NC 和 Al/CuO/PVDF 的火焰平滑，而且 Al/CuO/NC 的火焰更加明亮。

使用水平推力天平对铝热剂推进剂的比冲性能和燃烧持续时间进行了测试。静电喷射法和机械混合法制备的 Al/CuO/NC 性能如图 9－20 所示，静电喷射法制备的 Al/CuO/PVDF 的性能如图 9－21 所示。

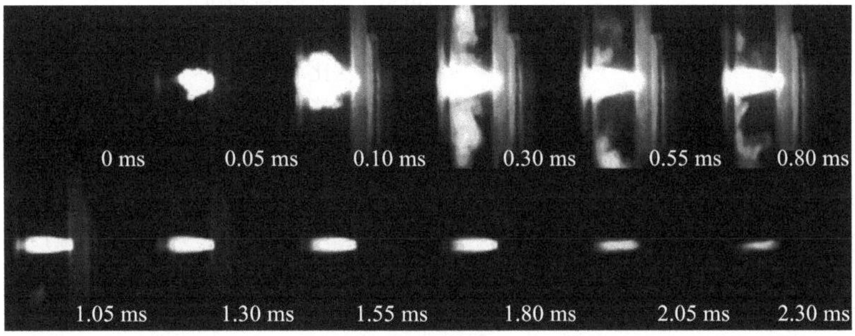

(a) Al/CuO (MM)

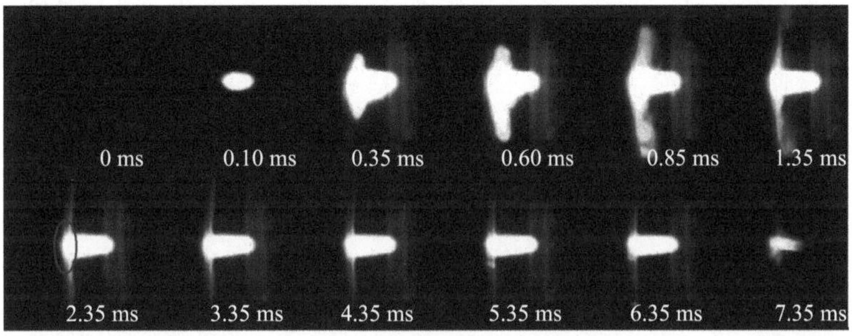

(b) Al/CuO/NC-2.5% (ES)

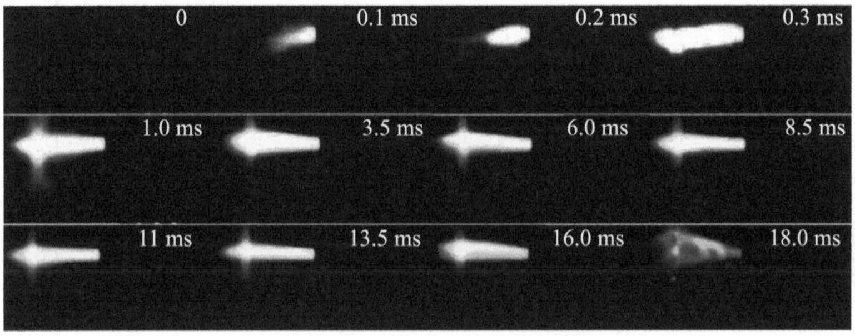

(c)Al/CuO/PVDF-5% (ES)

图 9 - 19　Al/CuO、Al/CuO/NC 和 Al/CuO/PVDF 的燃烧火焰（见彩插）

混合方法对铝热剂的燃烧性能有影响。静电喷射法制备的 Al/CuO/NC 比机械混合法制备的燃烧持续时间短，但比冲高，如图 9 - 20 所示。例如，2.5%的硝化纤维，机械混合法制备的 Al/CuO/NC 的燃烧持续时间和比冲分别为 14.0 ms 和 86.7 m/s，而静电喷射法制备的 Al/CuO/NC，燃烧持续时间和比冲分别为 7.5 ms 和 250.2 m/s。这主要是因为包裹好的反应更快速。在制备均匀的铝热剂时，静电喷射法优于机械混合法。

聚偏二氟乙烯（PVDF）含量的研究范围在 5%～25%之间（重量百分比）。当聚偏二氟乙烯（PVDF）含量增加时，燃烧持续时间降低，而比冲增加。比冲增加到最大值 77.1 m/s，仅为理论值（753.8 m/s）的 10.2%。当聚偏二氟乙烯（PVDF）的含量增加到 25%，比冲下降到 34.2 m/s，低于无黏合剂混合物的 231.7 m/s，意味着聚偏二氟乙烯（PVDF）的含量不应超过 15%。

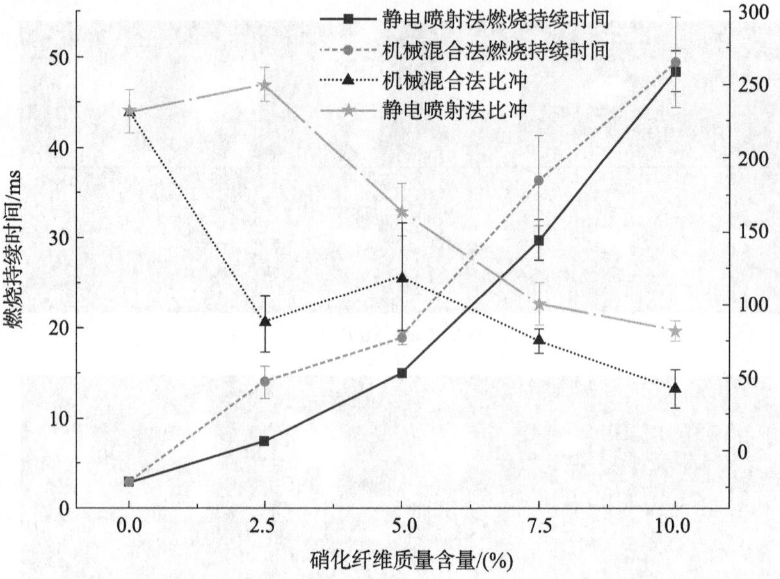

图 9-20　不同硝化纤维（NC）含量的 Al/CuO/NC 的性能（见彩插）

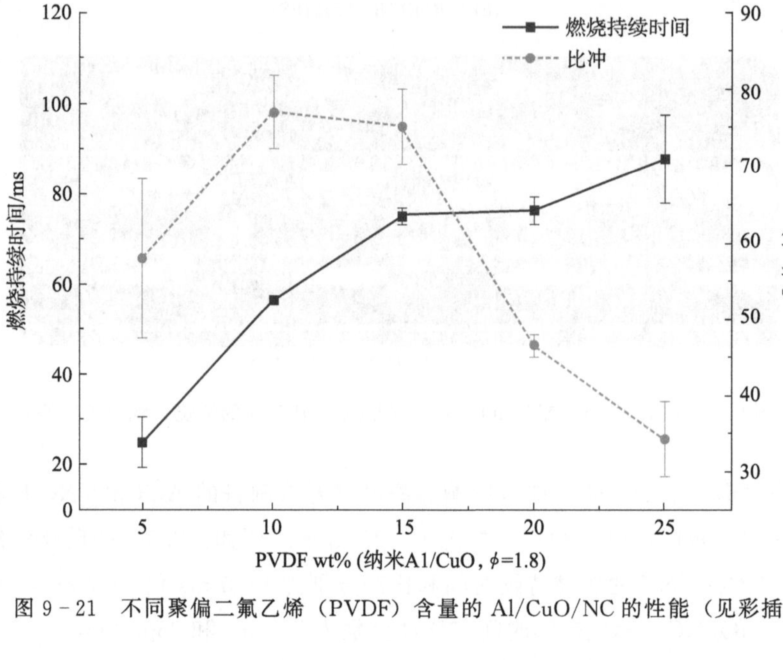

图 9-21　不同聚偏二氟乙烯（PVDF）含量的 Al/CuO/NC 的性能（见彩插）

仅有 Al/CuO 时燃烧持续时间是 2.9 ms，当硝化纤维（NC）和聚偏二氟乙烯（PVDF）与 Al/CuO 混合后，燃烧持续时间分别延长到 48.5 ms（NC）和 87.8 ms（PVDF）。这是因为黏合剂包裹了燃烧剂和氧化剂纳米颗粒的表面，降低了反应速度。

9.7 结论

固体化学推力器纳米高能推进剂要求临界直径小和敏感度低。纳米技术是提高微推进剂颗粒在 MEMS 推力器微尺寸燃烧室内燃烧稳定性的一个有效途径。纳米结构高能材料在将来的 MEMS 推力器中有应用前景，但一些传统技术也是可行的，比如纳米起爆药推进和纳米铝热剂推进。硝化纤维是一种很好的纳米高能推进剂的黏合剂，可以降低推进剂敏感度，而且产生更多的气体产物，但是含量应该控制在 15%以下。三硝基间苯二酚铅（LTNR）和硝酸肼镍（NHN）是可能的纳米高能材料，其中三硝基间苯二酚铅（LTNR）的推力和冲量更高。高氯酸铵（AP）是有效提高推进剂冲量的添加剂。起爆药中高氯酸铵（AP）含量最优是 50%左右。铝热剂是高热高能材料，但不能产生大量气体产物，需要添加其他添加剂来产生气体。铝热剂化学计量成分可释放最大热量，这对小尺寸推进剂颗粒的稳定燃烧很重要。通常选择 Al/CuO，因为可以比其他铝热剂释放出更多的热。硝化纤维（NC）和聚偏二氟乙烯（PVDF）可用作黏合剂，其中硝化纤维（NC）产生更高冲量。Al/CuO/黏合剂的燃烧时间随着黏合剂含量增加而增加，但冲量下降。为获得高冲量，硝化纤维（NC）和聚偏二氟乙烯（PVDF）的含量分别不应超过 5%和 15%。

致谢

感谢 Kean - How Cheah 博士对手稿给出的一些好的建议以及对第 9 章手稿的修改。也感谢 Sha Long 硕士认真校对手稿和绘图。

参考文献

[1] Shen, R., Wu, L., Qin, Z., Wang, X., He, N., 2017. New Concept of laser - augmented chemical propulsion. In: DeLuca, L., Shimada, T., Sinditskii, V., Calabro, M. (Eds.), Chemical Rocket Propulsion a Comprehensive Survey of Energetic Materials. Springer, pp. 689 - 696. https://doi.org/10.1007/978-3-319-27748-6.

[2] Zhang, H., Duan, B., Wu, L., et al., 2021. Actualization of an efficient throttleable laser propulsion mode. Energy 221, 119870.

[3] Barkley, S., Kindem, D., Zhu, K., et al., January 7 - 1, 2019. Dynamic control of composite solid propellant flame spread through microwave eddy current heating of propellant - embedded antennas. In: AIAA Scitech 2019 Forum. https://doi.org/10.2514/6.2019 - 1239. San Diego, California.

[4] Lynch, J., Ballestro, M., Barkley, S. J., Cazin, R., Michael, J. B., Sippel, T. R., January 5, 2016. Microwave - supported Plasma Combustion Enhancement of Composite Solid Propellants Using Alkali Metal Dopants. AIAA Aerospace Sciences Meeting, San Diego CA.

[5] Bao, L., Wang, H., Zheng, T., Chen, S., Zhang, W., et al., 2020. Exploring the influences of conductive graphite on hydroxylammonium nitrate (HAN) - based electrically controlled solid propellant. Propellants, Explos. Pyrotech. 45, 1790 - 1798.

[6] Bao, L., Zhang, W., Chen, Y., Chen, S., Shen, R., Ye, Y., 2019. Thermal decomposition and conductivity characteristics of HAN - based electrically controlled solid propellant. Chin. J. Energetic Mater. 27, 743 - 748.

[7] Shen, R., Ye, Y., Zhu, P., Hu, Y., Wu, L., Qin, Z., 2016. Nanostructured energetic materials and energetic chips. In: Vladimir, E. Z. A. R. K. O., Alexander, A. G. R. O. M. O. V. (Eds.), Energetic Nanomaterials Synthesis, Characterization, and Application. Elsevier Publications, pp. 139 - 161. ISBN: 978-0-12-802710-3.

[8] Shen, R., Ji, F., Wang, S., Zhang, W., Ye, Y., 2020. Reactivity and combustion of porous silicon energetic chips. Int. J. Energ. Mater. Chem. Propuls. 19 (2), 113 - 124.

[9] You, Z., Zhang, G., Ling, Y., 2005. Design and modeling of MEMS - based solid propellant propulsion. Opt Precis. Eng. 13 (2), 117 - 126.

[10] Rossi, C., Fabre, N., Conedera, V., Esteve, D., 1999. Design fabrication and thrust prediction of solid propellant microthrusters for space application. Proc. SPIE - Int. Soc. Optical Eng. 3680 (II), 906 - 916.

[11] Rossi, C., Esteve, D., Mingues, C., 1999. Pyrotechnic actuator: a new generation of Si integrated actuator. Sensor. Actuator. 74, 211 - 215.

[12] Lewis Jr., D. H., Janson, S. W., Cohen, R. B., Antonsson, E. K., 2000. Digital micropropulsion. Sensor. Actuator. 80, 143 - 154.

[13] Ma, L., Shen, R., Ye, Y., 2004. A study on the thruster properties of micro chemical thrusters charged with different propellants. Acta Armamentarii 25 (5), 547 - 550.

[14] Ye, Y., Shen, R., Xiao, G., Shan, Z., 2006. Study on the thrust test of micro - chemical thruster. Initiator Pyrotech. 1, 25 - 28.

[15] Wang, A., Wu, H., Tang, H., et al., 2013. Development and testing of a new thrust stand for micro - thrust measurement in vacuum conditions. Vacuum 91, 35 - 40.

[16] Koizumi, H., Komuraki, K., Arakawa, Y., 2004. Development of thrust stand for low impulse measurement from microthrusters. Rev. Sci. Instrum. 75, 3185 - 3189.

[17] Rocca, S., Nicolini, D., October 31 - November 4, 2005. Micro - thrust balance testing and characterization. In: The 29th International Electric Propulsion Conference, Princeton University. EPC, pp. 2005 - 2126.

[18] Zhu, S., Wu, Y., Zhang, W., Mu, J., 1997. Evaluation of a new primary explosive: nickel hydrazine nitrate (NHN) complex. Propellants, Explos. Pyrotech. 22, 317 - 320.

[19] Lao, Y., Sheng, D., 2011. The Science of Initiating Explosives and Relative Composition. Beijing Institute of Technology Press, Beijing, p. 231.

[20] Fischer, S. H., Grubelich, M. C., 1998. Theoretical Energy Release of Thermites, Intermetallics and Combustible Metals. SAND98 - 1176C.

[21] Egan, G., Sullivan, K., Lagrange, T., et al., 2014. In situ imaging of ultra - fast loss of nanostructure in nanoparticle aggregates. J. Appl. Phys. 115 (8), 084903.

[22] Wang, H., Jian, G., Yan, S., et al., 2013. Electrospray formation of gelled nanoaluminum microspheres with superior reactivity. ACS Appl. Mater. Interfaces 5 (15), 6797 - 6801.

[23] Shen, R., Ye, Y., 2020. Special Effects and Applications of Energetic Materials. National Defense Industry Press, Beijing, pp. 39 - 83. ISBN 978 - 7 - 118 - 12226 - 8.

第 10 章　太阳帆无推进剂微推进

Yimeng Li 学士[1]，Kean How Cheah 博士[2]

1 宁波诺丁汉大学航天学院研究生在读，中国浙江宁波

2 宁波诺丁汉大学航天学院助理教授，中国浙江宁波

10.1　历史背景

10.1.1　优点和应用

太阳帆是一种使用太阳辐射压（SRP）的无推进剂推进系统，不消耗推进剂[1]。帆膜反射太阳光子产生动量，帆的材料重量轻，反射率高[2]。

近些年，用于太空推进应用的太阳帆研发的吸引力不断增加，被认为是将来太空探索任务和科学演示任务的关键技术，因为这些任务如使用化学推进或电推进将难以实现[3,4]。与常规化学推力器相比，太阳帆产生的加速度要小得多。然而，太阳帆可以更有效地进行轨道面变化，因为它们由取之不竭的太阳能驱动[1]。

由于太阳辐射压（SRP）的持续作用，太阳帆有潜力将航天器推动到一个非常高的速度（甚至达到日心速度），从而允许对太阳系外甚至深空系统进行高机动和长时间的探索[2,5]。通过调整太阳帆相对于太阳的方向，航天器可以不断加速，而且可以无限期在太空中悬浮[6]。太阳帆的另一个优点是使卫星寿命变长，因为减少或消除了轨道机动对推进剂的依赖。使得最初一些使用常规推进系统不可行的长期任务变成可能，例如近地小行星侦察和采样返回[1,5]。

太阳帆可以实现高度非开普勒轨道，因为可以开展传统冲量推进系统不能开展的位置保持机动，比如日心轨道、行星中心偏置轨道或限制性三体问题的人工平衡[7]。由于质量小，机动不需要推进剂，太阳帆提供了一种离轨解决方案和策略；在辅助航天器姿态控制和消除废弃人造天体对运行的航天器的影响方面有广阔的前景。

10.1.2　发展历程

1873 年，James Clerk Maxwell 预测了太阳辐射压的存在，Jhohannes Kepler 设想了驾驶安装太阳帆的航天器的可能性。从此，人们提出了不同的捕获和利用太阳光子流的方法，作为可能的太阳帆技术。然而，从理论研究到实际工程原理，太阳帆需要追溯到 20 世纪 60 年代，彼时美国国家航空航天局（NASA）发射了一颗充气式气球卫星 Echo II，

该卫星携带了一个宽功能膜面来研究太阳推力效应。

第一个太空太阳帆概念由美国国家航空航天局喷气推进实验室提出，该实验室计划在 20 世纪 70 年末建造太阳帆航天器，以便在 1986 年哈雷彗星接近地球时与其会合。尽管项目未被基金选中，且被很快取消，但四边形的三轴稳定控制和太阳能电推进的概念研究推动了现有太阳帆技术的实施[2,4]。

自从太阳帆技术诞生以来，在太空环境、地球轨道和星际轨道上验证之前，它已经历了 50 多年的理论研究和广泛的实验室探索。1974 年，太阳帆概念被评估为发往水星的水手 10 号的太空推进方式。虽然，水手 10 号并不是专为太阳帆设计的航天器，但其通过调整太阳板方向来利用太阳光子推动力的方式与太阳帆原理相同[4]。

在随后的 20 多年里，研究人员对太阳帆的动力学和控制策略进行了大量的概念研究和分析。俄罗斯航天局成功研制了太空镜 Znamya 2 卫星，其展开和结构与太阳帆概念相似。该卫星是 1993 年从和平号空间站再补给飞行器发射前释放的。不幸的是，第二个太阳帆在 6 年后由于和天线碰撞而被撕碎。

在 20 世纪末，德国宇航中心（DLR）、欧洲空间局（ESA）和 INVENT GmbH 开展合作，于 1999 年 12 月 17 日进行了地面试验，在无重力环境条件下完全展开了 20 m^2 轻质太阳帆（图 10 - 1）[8]。演示了控制和自主策略，并达到了 4 级技术成熟度[9]。

图 10 - 1　1999 年 DLR、ESA 和 INVENT 联合实施的可展开太阳帆地面测试

M. Leipold，M. Eiden，C. E. Garner，L. Herbeck，D. Kassing，T. Niederstadt，
T. Krüger，G. Pagel，M. Rezazad，H. Rozemeijer，W. Seboldt，C. Schöppinger，C. Sickinger，W. Unckenbold，
Solar sail technology development and demonstration，Acta Astronaut. 52 (2) (2003) 317 - 326.

最近，日本宇宙航空研究开发机构（JAXA）、行星协会和美国国家航空航天局（NASA）三个航天机构研发了不同的太阳帆，以测试其在低地球轨道（LEO）的推进能力。2004 年，日本宇宙航空研究开发机构将三叶草太阳帆发射进入 169 km 高轨道来评估两种旋转展开的方法，但由于低轨道大气阻力影响，未能清晰检测到产生的推力。

2005 年，俄罗斯发射 COSMOS－1 卫星；该卫星携带由行星协会研制和资助的 8 个三角帆，被认为是第一个尝试建造用于飞行的太阳帆航天器。然而，其运载火箭未能达到预期 800 km 轨道。

21 世纪初，NASA 在俄亥俄格伦研究中心重新开始了对太阳帆的研究。2004 年，NASA 资助了两个太阳帆原型的展开和功能真空测试，两个原型的尺寸都是 20 m^2，分别由两个独立研制的桅杆系统支撑，CP 1 太阳帆使用桁架桅杆，Mylar 太阳帆使用充气桅杆[10]。然而，技术发展再次陷入停滞，因为 2007 年飞行演示任务的建议书未能通过。表 10－1 总结了几个太阳帆任务的基本信息。

表 10－1　早期太阳帆任务总结

年度	任务	航天机构	演示的技术
1973	Mariner 10	NASA	太阳辐射压用于姿态和方向控制
1976	Halleyrendezvous(canceled)	NASA	初步任务设计
1993	Znamya 2	ROSCOSMOS	旋转展开及结构动力学
1999	(Ground testing)	DLR,ESA 和 INVENT GmbH	控制及自主策略地面演示
2004	Cloverleaf	JAXA	旋转展开
2005	Cosmos 1(fail)	行星协会	太阳帆任务
2005	(Ground testing)	NASA	系统级太阳帆地面展示

10.2　工作原理

撞击太阳帆表面的光子可以分为吸收光子 ρ_a 、镜面反射光子 ρ_s 和漫反射光子 ρ_d 。理想太阳帆可以建模为平面，只有吸收光子和反射光子（ρ_s 和 ρ_d）[11]。吸收光子在与入射光相同的方向产生一个冲量 a_{abs} [图 10－2（a）][1]。基于牛顿第三定律，理想情况下，反射光子在太阳帆面法向上产生动量（a_{ref}）[图 10－2（b）]，由入射辐射产生的冲量和发出反射辐射的冲量合成[2]。

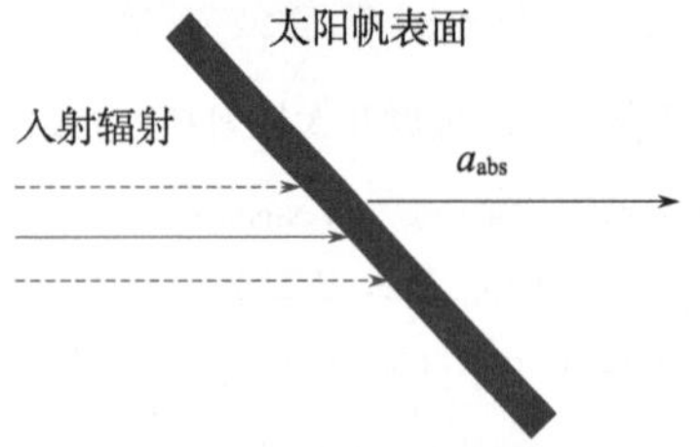

(a) 吸收光子产生的力

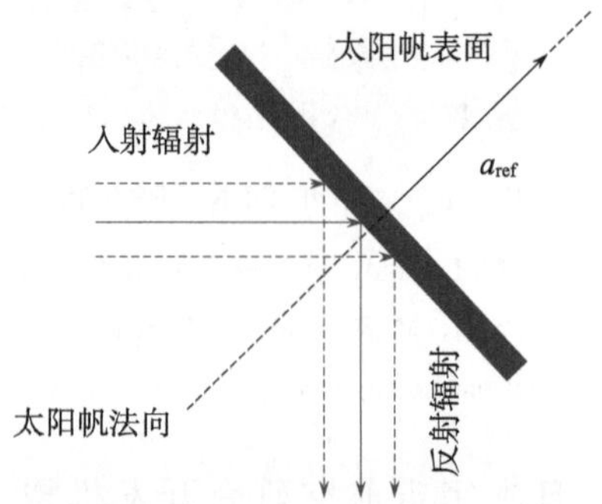

(b) 反射光子产生的力

图 10－2　吸收和反射太阳光子产生太阳辐射压（SRP）

太阳帆性能可以通过特征加速度（a_c）和轻度数（β）来衡量。特征加速度（a_c）是距离太阳 1 天文单位情况下太阳帆太阳辐射压的最大加速度。轻度数（β）是太阳辐射压最大加速度与当地太阳引力加速度的比值。在太阳辐射压力作用下，航天器的加速度水平由太阳帆面积与（航天器）总质量的比值来决定，这个比值称为面密度（或称帆载荷）。在假设为完全反射膜情况下，特征加速度（a_c，$\mathrm{mm/s^2}$）、轻度数（β）和太阳辐射压力（σ，$\mathrm{g/m^2}$）的关系可以表达如下[9]

$$a_c = \frac{9.08}{\sigma} \quad \beta = \frac{1.53}{\sigma} \tag{10-1}$$

俯仰角（α）定义为太阳帆法线（$\hat{n}$）和太阳光线（$\hat{s}$）间的夹角，即

$$\hat{s} \cdot \hat{n} = \cos\alpha \tag{10-2}$$

太阳辐射压力除以质量就得到了总加速度。对于垂直于（$\alpha = 0$）阳光方向的理想建模航天器（反射效率参数 $\eta = 1$），太阳辐射压加速度（a）可以使用下式计算

$$a = \frac{2PA}{m} = \beta \frac{\mu}{R_S^2} = a_c \left(\frac{R_E}{R_S}\right)^2 \tag{10-3}$$

式中，P 是太阳辐射压；A 是太阳帆表面积；m 是太阳帆总质量；μ 是太阳引力参数；R_E 是太阳和地球之间的距离；R_S 是太阳和航天器之间的距离。

式（10－3）的计算结果意味着单个太阳光子产生了极小的动量；在表面效率参数 $\eta =1$ 情况下，在距离太阳 1 天文单位（AU）处，太阳帆可以产生大约 9 $\mathrm{N/km^2}$ 的太阳辐射压力[9]。考虑到太阳辐射压力是施加在太阳帆上的主要外力，太阳帆要求特征加速度和轻度数比使用化学推进或电推进的航天器要大。因此，从式（10－1）可以总结为，太阳帆较大面积和较小质量是设计关键。

总质量 m 可以分为太阳帆质量和硬件质量，m 包括帆质量、展开支撑结构质量、平台和姿态控制分系统的质量。15～30 m 的太阳帆特征加速度可以达到 0.1～0.4 $\mathrm{mm/s^2}$。然而达到超过 1 $\mathrm{mm/s^2}$ 的特征加速度（a_c），就需要大于 70 $\mathrm{m^2}$ 的帆膜[9]。值得注意的是，特征加速度（a_c）受限于太阳辐射压力（σ），意味着不能通过扩大太阳帆面积来无限提高特征加速度（a_c）。对于典型的太阳辐射压力 σ 为 2 $\mathrm{g/m^2}$ 时，特征加速度（a_c）理论极限是 4.5 $\mathrm{mm/s^2}$[2]。

10.2.1　转移轨道

在太阳帆早期研究中，由于数值法和计算机系统的技术限制，主要使用解析解优化转移轨道[12]。随着过去十年计算技术快速发展，数值技术得到广泛应用，可以获得几种复杂的特定任务的最短时间解决方案，例如交会、地磁风暴预警和太阳系外任务[2]。太阳帆驱动轨道优化和小推力电推进轨道优化主要有两个区别。太阳帆主要使用最短时间转移轨道，而不是燃料最优转移轨道。另外，产生的太阳辐射压力（SRP）有方向约束（与太阳光线方向相同），而使用电推进可以任意方向。

10.2.2　太阳帆非开普勒轨道

在非开普勒轨道中，可以忽略扰动。太阳帆上产生的太阳辐射压力可以用于非开普勒

轨道，例如当中心天体不是充分球体时[13]。由于中心天体非球形，太阳同步轨道是轨道升交点进动而产生的非开普勒轨道。另外，为完成科学目标，需要寻找新的太阳帆轨道，例如地磁风暴任务的人工平衡轨道和极地观测任务的日心偏置轨道[3]。

10.2.3 姿态控制

太阳帆需要姿态控制分系统，因为质量非对称分布需要通过主动控制力矩来平衡转动惯量[1]。通过改变质心 c_m 或压心 c_p，或者采用被动稳定设计，可以改变太阳帆表面相对于太阳光的角度，从而实现力方向的改变。

转动惯量可以通过附件或机构来平衡，所需要的控制力矩可以通过调节质心 c_m 或压心 c_p 来产生。被动稳定法的目标是确保产生足够恢复力矩来保持与太阳光的相对姿态，这可以通过控制质量分布或膜的形状来实现[5]。

10.2.4 结构控制

因为太阳辐射压力依赖于太阳帆面的形状，太阳帆结构的轻微改变可能显著影响所产生的太阳辐射压力。为弄明白太阳帆展开过程中的动力学响应结构控制，研究人员使用解析法和数值法开展了大量研究[10]。由于在求解复杂结构设计以及获得准确的响应方面有优势，分析法得到了广泛应用。然而，与旋转型太阳帆分析相比，给出四边形太阳帆定性分析模型更有挑战性[7]。另外，当太阳帆的形状或材料性质复杂时，可以使用有限元法来求解。

10.3 立方星的太阳帆

太阳帆的优点包括提供连续加速、更长寿命、非开普勒轨道，而且可以提供离轨解决方案。立方星级别的太阳帆已成为一种可行方式，以更低的花费、更长的使用寿命来完成更多的试验和科学任务[10]。表 10－2 总结了立方星平台上的太阳帆任务清单，随后将进行详细阐述。

表 10－2 使用立方星平台的太阳帆任务及技术信息

年度	任务	航天机构	立方星	面积/m^2	演示的技术	参考文献
2008	NanoSail－D1(失败)	NASA	1U	10	太阳帆展开和离轨	[10]
2010	NanoSail－D2	NASA	1U	10	离轨	[10]
2015	LightSail－1	行星协会	3U	32	推进	[13]
2019	LightSail－2	行星协会	3U	32	推进	[12]
2021	NEA Scout(计划)	NASA	6U	86	推进	[10]

10.3.1 纳米帆－D1

纳米帆－D1 项目由美国国家航空航天局（NASA）埃米斯研究中心和马歇尔航天飞行

中心（MSFC）联合提出，二者分别负责平台设计和太阳帆制造。团队成功研制了一个带有 10 m^2 太阳帆的 1U 立方星，来演示太阳帆展开，并借助大气阻力增加实现 LEO 航天器加速离轨[11]。

完成建造后，卫星被运往 SpaceX 发射场，并于 2008 年 8 月由 Falcon 1 火箭发射升空。不幸的是，与 Cosmos 1 任务类似，Falcon 1 未能达到预定轨道。太阳帆展开任务失败，第一个纳米帆-D1 丢失。

10.3.2 纳米帆-D2

在 LEO 第一个完成太阳帆展开的立方星实际上是纳米帆-D2（图 10-3），该立方星集成于马歇尔航天飞行中心（MSFC）的 FASTSAT-HSV01 任务中。太阳帆被放置在 FASTSAT 卫星上，原定于 2010 年 12 月 6 日从母星上弹射出去。然而，由于来自 FASTSAT 的展开指令不成功，直到 2011 年 1 月 19 日，才成功分离。期望它展示出在 70～120 天内能从最初的 650 km LEO 降低到烧蚀高度。然而，没有主动控制情况下，在轨 243 天后，卫星再次进入大气，在 2011 年秋离轨。

图 10-3 纳米帆-D2 太阳帆完全展开（见彩插）

图片来源：NASA。

分离三天后，太阳帆按设计自动成功展开。太阳帆展开机构成功演示，而且因为其设计简单、可靠，其他研究小组包括光帆-1，也使用了类似机构[13]。

纳米帆-D2 项目的成功，展示了构建区域卫星星座的可能性。它显示了使用阻力推进用于离轨的有效性，并且也可与其他科学仪器组合用于上层大气研究[4]。

10.3.3 光帆项目

光帆-1［图 10-4（a）］是行星协会开发的太阳帆，目标是演示太阳帆的展开方法和系统功能。2015 年 5 月 20 日，该卫星发射升空，并在轨工作 5 周。项目已将相关分系统的技术成熟度（TRL）提高到 6 级，并实现了所有的任务目标[9]。

该航天机构的另一个成功任务是光帆-2［图 10-4（b）］，任务使用了 3U 立方星（图 10-5），带有 32 m^2 可展面积的太阳帆；目标是通过太阳光压和动量轮调整帆方向，演示太阳帆推进和姿态精准控制[14]。该卫星由重型猎鹰 9H 火箭发射升空，送入大气阻力不太显著的 720 km 高轨道[14]。然后，每天爬升 600m，之后展开太阳帆[5]。

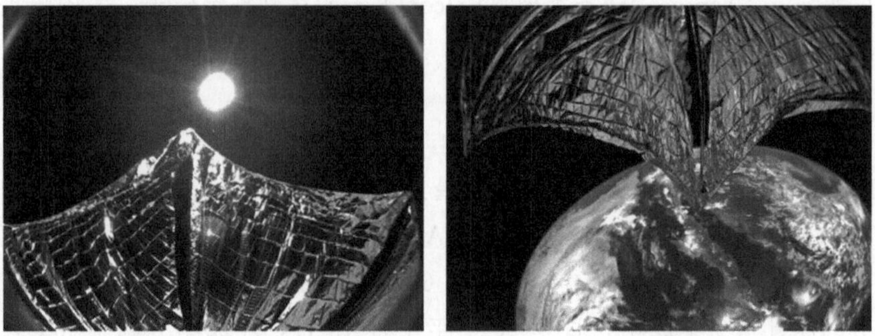

(a)　(b)

图 10-4　（a）光帆-1 完全展开；（b）光帆-2 完全展开（见彩插）

D. A. Spencer，B. Betts，J. M. Bellardo，A. Diaz，B. Plante，J. R. Mansell，The LightSail 2 solar sailing technology demonstration，Adv. Space Res. 67（9）（2021）2878-2889.

图 10-5　光帆-2，一个带有太阳帆的 3U 立方星（见彩插）

D. A. Spencer，B. Betts，J. M. Bellardo，A. Diaz，B. Plante，J. R. Mansell，The LightSail 2 solar sailing technology demonstration，Adv. Space Res. 67（9）（2021）2878-2889.

10.3.4　正在研发的项目

目前，美国国家航空航天局（NASA）喷气推进实验室（JPL）与马歇尔航天飞行中心（MSFC）正合作开展一项任务，旨在填补关于 100 m 级近地小行星的战略知识缺口(SKGs)，包括其尺寸、轨道碎片、运行轨道及材料属性等关键信息[10]，这些将由一个 6U 的低成本太阳帆立方星来实现（图 10－6）[15]。在近地小行星 Scout（NEA Scout）任务中，将使用 4 个 7m 桅杆和一个 86 m^2 的镀铝膜太阳帆[3]。该 NEA－Scout 卫星于 2021 年 11 月 1 日搭乘太空发射系统探索任务－1 升空，而后 3～4 天内完成太阳帆展开。该创新性项目有机会成为第一个到达小行星的立方星。

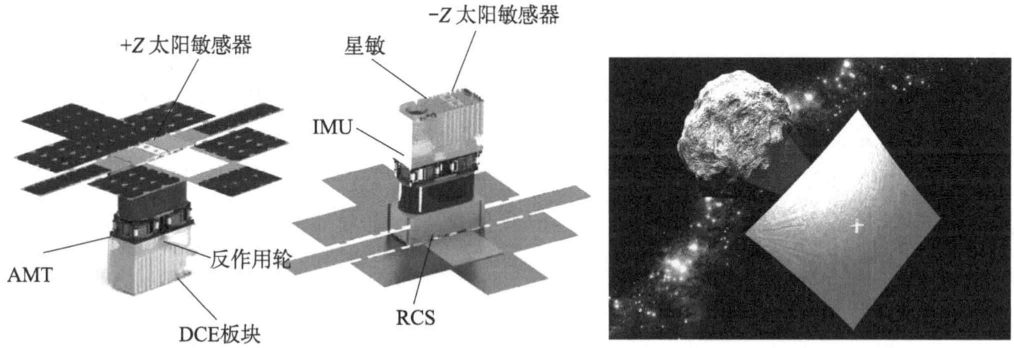

图 10－6　带有太阳帆的 6U 立方星 NEA Scout（见彩插）

10.4　挑战与未来

太阳帆与典型航天器的性能比较结果取决于太阳帆预测技术水平。尽管已经开展了一些试验，并且成功发射了几颗立方星，例如纳米帆－D2 和光帆－1 项目，但它们的目标侧重于概念或子系统的演示，而不是整个系统的功能验证[14]。这些任务产生的加速度小，性能相对低。有几项关键技术对未来太阳帆的设计至关重要，也是当前研究的重点，包括轨道动力学和材料技术[3]。

10.4.1　轨道动力学

太阳帆设计中，高保真数值仿真的准确性需结合地面与在轨实验验证，这一点至关重要[6]。目前，学者已广泛采用间接法（Indirect Methods）研究从地球至行星的转移轨道优化问题[5]。现阶段，单弧段转移轨迹优化问题已基本解决。

然而，在使用数值法求解多目标交会的优化问题时仍存在困难[1]。在对帆表面建模时，多数研究忽略了光子的吸收和漫反射，对理想模型只考虑了完全反射[4]。另外，太空环境的腐蚀可能影响帆膜的光学性质，而在轨道设计中很少考虑这种不希望的现象[16]。

规划姿态控制执行机构的轨道动力学设计将来趋势可能是直接使用轨道-姿态耦合动力

学，而不是姿态角。这是因为在解决耦合方程中的多尺度问题时，计算时间会显著增加[16]。

10.4.2 材料技术

为尽量减小太阳帆载荷并提高整个系统的性能水平，应当专门选择和制造用于聚合物膜和支撑桅杆的材料[7]。现在，帆膜一侧覆盖着高反射率材料来产生推力，另一侧通常由散热材料制成[9]。太空环境腐蚀造成退化效应也应当予以考虑。

目前使用的膜材料是聚合物，例如 CP1 和 ISASTPI。典型材料的面密度约为 7 g/m^2，变化范围为 2～20 g/m^2[3]。新概念太阳帆要求达到更大的太阳辐射压加速度。提出的新概念之一是去掉聚合物膜，仅使用如铝、镁和铍金属薄膜的金属膜板[13]。另外，能源科学实验室提出了一种新的碳纤维材料，声称具有与常规材料相同的面密度，但厚度是之前的 200 倍[6]。

然而，测试新型太阳帆材料的机会很少，而且展示这些新材料的成本和风险相对高。据报道，即使是低成本任务（如光帆-1），其预算也超过了一百万美元[11]。一种可以降低这些新材料概念在轨验证风险的新方法是使用薄膜航天器，其由聚合物材料的薄膜装置组成，所有组件集成在一个整体表面上[7]。因此，每个立方星可以包含几百个此类装置，单个低成本立方星任务可部署几十个甚至几百个航天器，可以分散风险，降低演示任务的成本。

参考文献

[1] Farrés, A. , Jorba, À. , 2016. Dynamics, geometry and solar sails. Indagat. Math. 27 (5), 1245 - 1264.

[2] Johnson, L. , Sobey, A. , Sykes, K. , 2015. Solar Sail Propulsion for Interplanetary Cubesats.

[3] Hibbert, L. T. , Jordaan, H. W. , 2021. Considerations in the design and deployment of flexible booms for a solar sail. Adv. Space Res. 67 (9), 2716 - 2726.

[4] Fu, B. , Sperber, E. , Eke, F. , 2016. Solar sail technology—a state of the art review. Prog. Aero. Sci. 86, 1 - 19.

[5] Huang, H. , Zhou, J. , 2019. Solar sailing CubeSat attitude control method with satellite as moving mass. Acta Astronaut. 159, 331 - 341.

[6] Caruso, A. , Mengali, G. , Quarta, A. A. , Niccolai, L. , 2021. Solar sail optimal control with solar irradiance fluctuations. Adv. Space Res. 67 (9), 2776 - 2783.

[7] Spencer, D. A. , Johnson, L. , Long, A. C. , 2019. Solar sailing technology challenges. Aero. Sci. Technol. 93, 105276.

[8] Leipold, M. , Eiden, M. , Garner, C. E. , Herbeck, L. , Kassing, D. , Niederstadt, T. , Krüger, T. , Pagel, G. , Rezazad, M. , Rozemeijer, H. , Seboldt, W. , Schöppinger, C. , Sickinger, C. , Unckenbold, W. , 2003. Solar sail technology development and demonstration. Acta Astronaut. 52 (2), 317 - 326.

[9] Gong, S. , Macdonald, M. , 2019. Review on solar sail technology. Astrodynamics 3 (2), 93 - 125.

[10] Johnson, L. , Young, R. , Montgomery, E. , Alhorn, D. , 2011. Status of solar sail technology within NASA. Adv. Space Res. 48 (11), 1687 - 1694.

[11] Kennedy, R. G. , Roy, K. I. , Fields, D. E. , 2013. Dyson dots: changing the solar constant to a variable with photovoltaic lightsails. Acta Astronaut. 82 (2), 225 - 237.

[12] Mansell, J. , Spencer, D. , Plante, B. , Diaz, A. , Fernandez, M. , Bellardo, J. , Betts, B. , Nye, B. , 2020. Orbit and Attitude Performance of the LightSail 2 Solar Sail Spacecraft.

[13] Berthet, M. , Suzuki, K. , 2021. Sensitivity of Solar Sailing Performance to Attitude - Orbit Interaction During the Lightsail 2 Mission.

[14] Spencer, D. A. , Betts, B. , Bellardo, J. M. , Diaz, A. , Plante, B. , Mansell, J. R. , 2021. The LightSail 2 solar sailing technology demonstration. Adv. Space Res. 67 (9), 2878 - 2889.

[15] Pezent, J. , Sood, R. , Heaton, A. , 2019. High - fidelity contingency trajectory design and analysis for NASA's near - earth asteroid (NEA) Scout solar sail mission. Acta Astronaut. 159, 385 - 396.

[16] Rhatigan, J. L. , Lan, W. , 2020. Drag - enhancing deorbit devices for spacecraft selfdisposal: a review of progress and opportunities. J. Space Saf. Eng. 7 (3), 340 - 344.

第 11 章　下一代绿色推进剂——硝酸羟胺

Wai Siong Chai 博士[1]，Kai Seng Koh 博士[2]，Kean How Cheah 博士[3]

1 哈尔滨工业大学机械工程和自动化学院博士后，中国广东深圳

2 马来西亚赫瑞瓦特大学工程和自然科学学院助理教授，马来西亚布城

3 宁波诺丁汉大学航天学院科学与工程系助理教授，中国浙江宁波

11.1　发展历史

高能材料定义为：通过适当的方式触发后，为各种应用提供所储存的化学能的固体或液体化学品。传统的高能材料可以分为四大类：爆炸物、火工成分、推进剂、燃烧剂和氧化剂混合物[1]。高能材料的特征是敏感性（也就是能量刺激激发反应的能力）以及反应性（指点火后的传播和燃烧特性）。高能材料的点火或启动需要能量刺激，这种刺激可以以多种形式出现，比如撞击、摩擦、静电放电或电火花、振动和加热等。使用传统的化学反应能量分解可以精确量化某高能材料的总能量输出。然而，这种能级预测随着燃烧触发方法不同而变化，因为不同方法导致不同的反应机理。

自从 13 世纪高能材料第一次作为黑火药引入以来，已经开展了快速迭代和研究工作，如今黑火药被认为是爆炸用的火药[2]。在地球上，可用的高能材料选择有限，例如源自碳氢化合物的化石燃料、合成乙醇和爆炸物。在现代应用中，这些材料对人类的日常生活，尤其是在缩短国与国之间的旅行距离方面产生了巨大影响。另一方面，自 20 世纪 70 年代以来，随着寻找替代推进剂工作的密集展开，以及航天工业的蓬勃发展极大推动了高能材料的研究和开发。研究人员提出并测试了各种推进剂，如固体推进剂、单组元液体推进剂双组元液体推进剂以及混合推进剂[3,4]。然而，由于研发问题，20 世纪 70 年代末以前作为枪械液体发射药（LGP）进行研究的高能离子液体（EILs）已被放弃用于这一特殊的应用[5]。

在多种可行选项中，基于硝酸羟胺（HAN）（化学式 $[NH_3OH^+][NO_3^-]$）水溶液的单组元推进剂属于 EILs 的范畴，由于其能量密度高和绿色燃烧特性而受到广泛关注。此外，硝酸羟胺（HAN）溶液具有高密度、低黏度、低冰点、易于处理和运输的性质，使其成为替代传统空间推进剂（例如肼和过氧化氢）的有力选择[6]。此外，硝酸羟胺（HAN）水溶液在水中展现出较高的溶解度，水溶性高达 95%，仍完全离解为阳离子 $[NH_3OH^+]$ 和阴离子 $[NO_3^-]$。另外，这些绿色高能离子液体（EILs）优点是低蒸发压和低毒性，使其成为长期贮存和运输的可行选择[7]。虽然长期贮存特点仍未测试（特别是

与具有丰富使用经验的肼推进剂相比），高能离子液体（EILs）富有前景的物理性质，以及高能量密度和高比冲，使得硝酸羟胺（HAN）基推进剂的研发和评估成为一个值得研究的领域[8]。除能量性能外，硝酸羟胺（HAN）在操作性、安全性和处理特性上的改进也引发新型火箭推进剂研究热潮。但需注意：金属杂质、温度与 pH 值等内外参数变化会显著影响溶液稳定性，缩短其使用寿命。[10]。

1976 年，硝酸羟胺（HAN）溶液作为枪械液体发射药进行研发，20 世纪 80 年代因军事应用而开展了密集研究。在所有的配方中，最著名和熟悉的是 LP1846，见表 11－1。它最先作为枪械液体发射药研发，与过氧化氢和肼混合物相比，它具有更好的稳定性、更低的化学腐蚀性和毒性[14,15]。在 21 世纪初，空军研究实验室研发了 HAN、HEHN 和水的液体混合物 AF－M315E，具有比肼类高出 50％的密度比冲（ρI_{sp}）[16]，已替代肼在绿色推进剂加注任务中得到测试和应用[17]。此外，一些日本研究者也研发了硝酸羟胺（HAN）基的单组元推进剂服务航天应用，名为 SHP163，其包括硝酸铵、甲醇和水[18]。

表 11－1　硝酸羟胺（HAN）基的单组元配方及典型成分[11-13]

推进剂名称	成分/(%)		
LP1845	HAN(63.2)	TEAN(20)	H_2O(16.8)
LP1846	HAN(60.8)	TEAN(19.2)	H_2O(20)
HAN269MEO15	HAN(69.7)	MeOH(14.8)	AN(0.6)H_2O(14.9)
SHP163	HAN(74)	MeOH(16)	AN(4)H_2O(6)

11.2　硝酸羟胺的合成

在不久的将来，人们对生产硝酸羟胺（HAN）来替代火箭有毒燃料肼的兴趣急剧增加。这是因为硝酸羟胺（HAN）具有理想的特性，并被公认为是火箭传统燃料的绿色替代品。目前的主要合成路线有酸碱滴定法、电渗析法和肟水解法。接下来将详细介绍每一种合成方法，以了解使用这些方法的可行性，之后评估硝酸羟胺（HAN）每种合成路线，从而筛选出经济成本最低、环境影响最小的制备方案。

11.2.1　滴定法

最早报道的硝酸羟胺（HAN）合成路线之一是在控制温度 4 ℃的环境中，通过硝酸（HNO_3）和羟基氨（NH_2OH）溶液之间的滴定实现。因为试验装置容易搭建，该方法被许多研究者广泛采用。由于滴定过程中的中和是高放热的，需要低温环境作为热沉，吸收酸碱滴定所释放的热量来维持合成所需要的条件，从而使新生成的 HAN 的蒸发最小（等温过程）[19]。在完成原始 HAN 生产后，使用旋转蒸发器对所产生的混合物（浓度 20％）进行蒸发，以获取不同浓度的 HAN 溶液（浓度 20％～73％）。滴定法制备 HAN 的装置如

图 11－1 所示，化学方程式如下

$$NH_2OH + HNO_3 \rightleftharpoons (NH_3OH)NO_3 \tag{11-1}$$

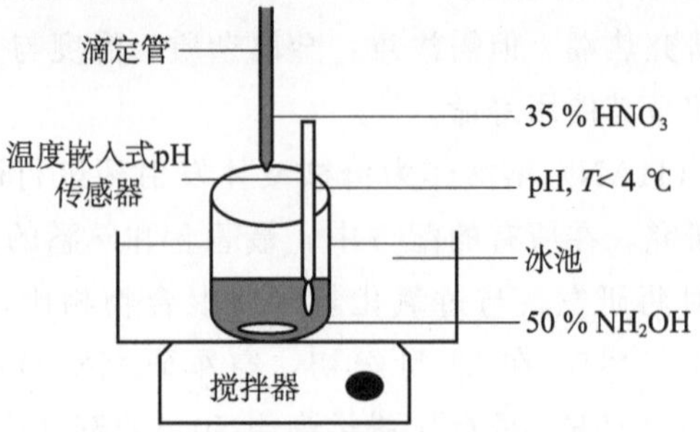

图 11－1　滴定法合成 HAN 的示意图[20]

11.2.2　电渗析法

电渗析是溶液中的阴离子和阳离子在电势能差的作用下通过膜的过程。带正电荷的阳离子会被阴极吸引，反之亦然。膜起到过滤器的作用，当阴离子被阳极吸引时，阴离子通过相应的膜，阳离子被排斥并继续在该段的溶液中游动。极性翻转后，情况相反。图 11－2 给出了这个过程的可视化[21]，可以观察到溶液流动通路，通路之间的隔层是膜。Wheelwright[22] 最先报道了分阶段进行的电渗析过程，首先将盐、硫酸羟铵溶液倒入强酸性的硝酸池中。这种方法也用于海水淡化和钚提纯[22]。

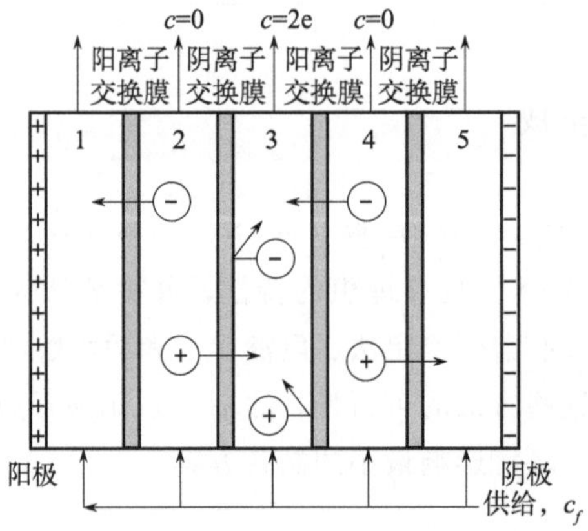

图 11－2　膜系统引入电势能差后电渗析过程的可视化

11.2.3　肟水解法

2015 年，学界报道了一种利用肟水解来合成 HAN 的新方法[23]。以酸性溶液为催化剂，采用水解法将环己酮肟（CHO）转化为 HAN。

该合成方法使用环己酮肟和稀硝酸的混合物，在理想温度（35 ℃）水池中发生化学反应（图 11－3）。反应结束后，使用乙酸乙酯（$CH_3COOC_2H_5$）萃取混合物，去除过量未反应的环己酮肟，可以通过高锰酸钾氧化还原滴定法确定 HAN 的产生量。

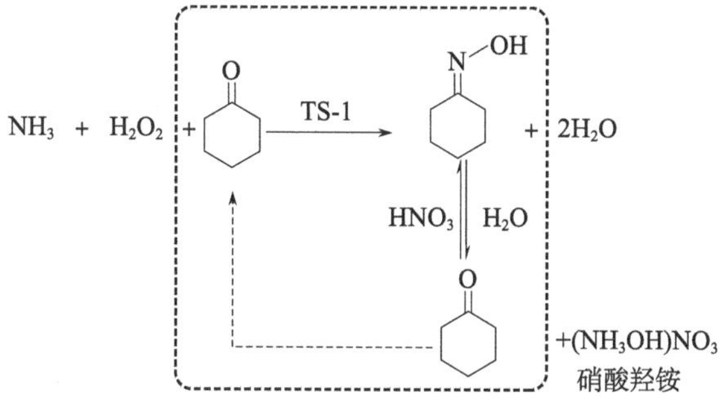

图 11－3　酸催化水解环己酮肟生产 HAN 的总体过程

F. Zhao，K. You，R. Li，S. Tan，P. Liu，J. Wu，Q. Ai，H. A. Luo，Novel approach for the preparation of Hydroxylammonium Nitrate from the acid－catalyzed hydrolysis of cyclohexanone oxime，Ind. Eng. Chem. Res. 54（3）（2015）819e823.

11.2.4　综合分析

就合成法中的 HAN 产出率而言，滴定和肟的水解提供了很高的产出率，分别为 86.5%和 96.9%[23,24]。两种方法都能有效地产生大量的 HAN，并且容易实施，但每种方法都有一定不足。由于缺少足够的文献研究成果进行公平对比，此次评估中不考虑电渗析法。每种合成方法的优点和缺点总结见表 11－2。

表 11－2　每种合成方法的优点和缺点汇总

方法	优点	缺点	参考文献
滴定法	• 容易实施 • 选择性从 60%增加到 86.5% • 水含量高	• 自然分解 • 催化剂去除不完全 • 大规模生产效率低	[19] [20] [24]
电渗析法	• 简单有效	• 爆炸的风险 • 需要反应条件	[21]
肟水解法	• 合理的反应条件 • 反应时间短 • 高转化性(62.9%)和高选择性(96.9%) • 大规模生产成本低	• 可逆反应制约动力学（平衡转化率<85%） • 萃取溶剂挥发性强(沸点<80 ℃) • 肟酸比限制反应进程	[23]

从上述的 HAN 制备方法以及每种方法的优点和缺点总结可知，与其他两种方法相比，肟的水解法提供了最多的优点和最少的不足。压力、温度、湿度等反应条件是合成 HAN 时需要考虑的主要筛选点。滴定法和肟水解法反应温度合理，分别为 4 ℃[20] 和 35 ℃[23]。这样的反应条件将不太依赖外部加热或冷却来产生 HAN。然而，相比于将室温冷却到 4 ℃，达到并保持水解反应所需要的等温条件更为可取，因为仅要求少量热量将室温加热到 35 ℃。

滴定法和肟水解法都选择性地产生了大量的 HAN，这是非常需要的，因为这些方法可以有效地将原材料转化为产品。然而，在滴定法工艺中，使用了催化剂（通常是铂）；在反应结束后，难以将催化剂从产品中过滤出去。另外，如果大量的催化剂被成功去除，之后需要用酸对二元混合物进行中和。中和的结果是，如果温度未保持在 4 ℃[20]，有可能出现混合物的自然分解；这将是不好的情况，因为会降低 HAN 含量。肟水解法的缺点是反应是可逆的［式（11-1）］。相反，这提供了一个方法来产生更多的 HAN（基于图 11-3），因为增加反应侧的氢离子浓度将推动反应的进行，从而得到更多的 HAN。萃取溶剂的局限性影响较小，因其他溶剂也能实现相似的高 HAN 转化率与选择性。总体而言，各方法的经济可行性将成为规模化生产的决定性因素。在实验室条件下，由于前述原因，肟水解法比滴定法更具成本效益[23]。

11.3 性质和安全评估

11.3.1 物理性质、毒性和安全性

已知 HAN 溶液富含电荷，因为电荷浓度与溶液浓度相关。浓度和电导率有直接关系[25]，这对于 HAN 燃烧是至关重要的。与多数常见的单价盐溶液一样，HAN 溶液电导率随温度和浓度的变化而变化。虽然，在水性 HAN 溶液中离子成对的可能性不大，但当溶液与更低介电常数的其他溶剂（例如甲醇）混合时，溶液的溶解度可以提高。HAN 浓度高造成电导率高[25]，HAN 溶液的比导电首先随着浓度的增加而增加，而在 7 mol 后降低[25]。最后，HAN 溶液的黏度随着浓度的增加而增加[25]。

密度和摩尔浓度关系如下

$$\rho_{\mathrm{HAN}} = 1.122\,92 + 0.030\,99\ \mathrm{mol}\quad (8 \sim 15\ \mathrm{mol\ HAN}) \tag{11-2}$$

转化的 HAN 的摩尔浓度（mol）与质量百分比（%）和 HAN 物理性质的总结分别见表 11-3 和表 11-4。

表 11-3 不同质量百分比的 HAN 的摩尔浓度

摩尔浓度/mol	质量百分比/(%)	参考文献
5	40	[26]
8.6	58	[27]
9.2	64	[27]
11	73.6	[28]
13	82	[29]

表 11-4　HAN 物理性质汇总

物理性质	值	参考文献
1.63 mol HAN 比热容	4.3 kJ/(kg·K)	[30]
水中溶解性	高溶解度	[31]
溶液中最大摩尔	16 mol	[31]
11 mol HAN 溶液电导率@24.7 ℃	0.155 S/cm	[14]
11 mol HAN 溶液电导率@53.8 ℃	0.250 S/cm	[14]

在浓度大于 25%时，LP1846 在初级刺激测试中出现显著的初级响应。剂量超过 1 mg/mL 有剧毒性[32]。研究人员使用 HAN 对 Wistar 鼠进行了短周期（14 天）高浓度和长周期（13 周）低浓度的毒性试验。在 14 天内没有发现不良反应，而长期暴露会导致组织异常变化，对哺乳动物的毒性风险不可忽视[33]。

由于金属离子（例如 Fe^{3+}）的出现，HAN 单组元推进剂长期在轨贮存稳定性是最重要的问题之一。材料相容性试验表明，贮箱和管路表面有一定量金属离子析出。由于 HAN 和金属离子之间可能发生氧化还原反应，因此必须控制 Fe^{3+} 确保推进剂稳定性。HAN 污染物用二乙烯三胺五乙酸螯合剂处理后与 HAN 有相似的性能，表明螯合剂对 Fe^{3+} 离子具有良好的吸附性，并用分析法得到了证实。从 HAN 溶液中分离 Fe^{3+} 的最佳方式是通过水稀释被污染的溶液，并加入螯合剂；然后，将溶液重新浓缩到所需要的浓度。铁类螯合剂的浓度强烈依赖于 HAN 初始浓度[34]。

11.3.2　HAN 的振动频率

研究报道了固态硝酸羟胺（HAN）在 297 K 下的振动频率及其氘代产物（HAN-d）的光谱数据，并对观测到的各谱带频率进行了归属标定。实验表明：熔融态 HAN 的氢键作用强度低于晶体态 HAN；470 K 下残留的振动模式源于 HAN 分解产物 NH_4NO_3；固态 HAN 的拉曼谱分析峰数量显著高于溶液态；在稀 HAN 溶液中（<8 M），离子倾向于以接触离子对存在；当浓度>8 M 时，离子对缔合现象显著并在谱图中占主导地位。

716、830、1 050 和 1 380 cm^{-1} 处的谱带归属于 NO_3^- 离子。NH_3OH^+ 与 NO_3^-/H_2O 的相互作用导致在 1 179 cm^{-1}（NH_3^+ 简并摇摆振动）、1 512 cm^{-1}（NH_3^+ 对称变形振动）、2 720 cm^{-1}（组合频带）、2 955 cm^{-1}（NH_3^+ 对称伸缩振动）及 3 150 cm^{-1}（O-H 伸缩振动）处出现特征峰，其中后三个谱带随 HAN 浓度降低向高频移动。低浓度 HAN 的红外光谱在 3 200～3 400 cm^{-1} 区间主要受宽水峰主导[31]。1 655 cm^{-1} 和 3 000～3 750 cm^{-1}（峰位 3 420 cm^{-1}）归属于水分子振动。1 010 cm^{-1} 处的 HA^+-N^+-O 对称伸缩（N^+-O-H 振动）与 1 048 cm^{-1} 处的硝酸根离子 v1 峰（对称伸缩振动）分别归属于 NH_3OH^+ 和 NO_3^-，且在高浓度 HAN 溶液（>8 M）中表现出线性关系，表明其在分析工作中最具应用价值[31,37]。

1 004、1 044 和 1 285 处的频段分别配给 N—OH、NO_3^- 和 N_2O[30]。2 230 和 2 730

处的频段分别配给 N_2O 和 NH_3^+ 弯曲组合物[26]。11 M 浓度 HAN 溶液分解产物 N_2O 的拉曼光谱在 1 290 和 2 225 cm^{-1} 分别分配对称伸缩振动和非对称伸缩振动[28]。HAN 溶液的振动频率频段总结见表 11-5 和图 11-4[38]。

80%浓度 HAN 溶液的典型红外光谱如图 11-4 所示。

表 11-5 HAN 溶液的波数和各自的分配

波数/(cm^{-1})	分配
730	NO_3^- 变形
1 010	N—OH 拉伸
1 050	NO_3^- 对称拉伸
1 190	OH 弯曲(来自 HAN),NH_3 结晶
1 420	NO_3^- 非对称拉伸
1 620	NH_3 变形
2 730	NH_3,结晶+变形
3 000	NH_3 拉伸
3 200	OH 拉伸(来自 HAN 和 H_2O)
3 230	OH 拉伸(来自 H_2O)
3 600	OH 拉伸(来自 H_2O)

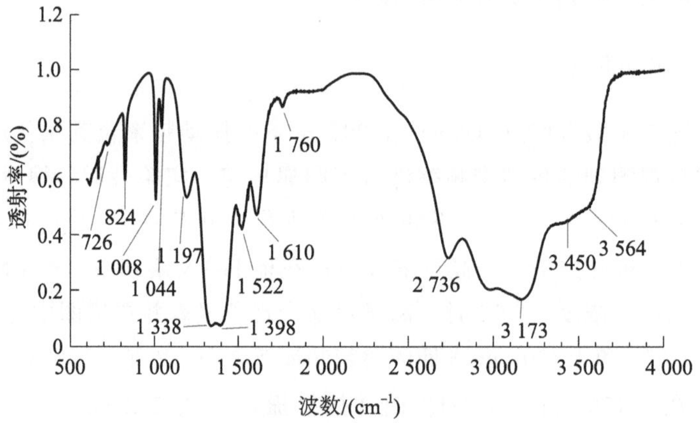

图 11-4 80%HAN 溶液的红外频谱

W. S. Chai, K. H. Cheah, H. Meng, G. Li, Experimental and analytical study on electrolytic decomposition of HAN water solution using graphite electrodes, J. Mol. Liq. 293 (2019) 111496.

11.3.3 起爆和自催化

正常 HAN 分解产物氮氧化物和氮气的比例（N_2O : N_2）在 2 : 1 到 4 : 1 之间，当铁出现后，比例变为 36 : 1[23]。铁离子的出现对 HAN 自催化反应起到催化作用（Liu 等人），而且 HAN 和金属离子之间的氧化还原反应产生一氧化二氮和亚硝酸［式（11－3）和式（11－4）］，总反应见式（11－5）[39]。

$$2NH_3OH^+ + 4Fe^{3+} \Rightarrow 4Fe^{2+} + N_2O + H_2O + 6H^+ \quad (11-3)$$

$$2Fe^{2+} + HNO_3 + 2H^+ \Rightarrow 2Fe^{3+} + HNO_2 + H_2O \quad (11-4)$$

$$2HAN \Rightarrow N_2O + 3H_2O + 2HNO_2 \quad (11-5)$$

浓度 24％的 HAN 溶液自催化分解包括两个阶段：缓慢引燃阶段和快速发展阶段（发生得很突然和迅速）。如果使用老化样品，爆炸阶段可以在很低的温度下开始。相比于玻璃，不锈钢和钛可在更低温度下加速 HAN 分解。HAN 必须在低温条件下处理，而且因为其自催化分解的特性，应当避免长期存储[40]。HAN 的自催化分解由 HNO_2 引起[41-43]，随着 HAN 的浓度增加导致诱导时间减少，在达到快速放热过程开始之前，先达到催化中间物临界浓度[30]。更高浓度 HAN 溶液展示了更强自催化行为[44]。

在没有金属的情况下，浓度 24％的 HAN 新溶液可以在室温条件下安全使用和存储。HAN 的反应热约为 118 kJ/mol，175 ℃以上迅速分解。在实验室条件下，HAN 分解的主要过程是 NH_3O 被 HNO_3 和 HNO_2 氧化，而且新稀释后的 HAN 溶液临界存储温度是 187 ℃[30,45]。

反应中间物（如 HNO_2）的累积可能导致性能下降和自催化[30]，导致热扩散和安全问题，在存储 HAN 溶液时应当加以监视。自催化的总的反应过程如下，显示了硝酸到亚硝酸的转化，以及在酸浓度从 3 mol 到 8 mol 时的二阶动力学[46]

$$2HNO_3 + NH_2OH \longrightarrow 2HNO_2 + H_2O \quad (11-6)$$

从式（11－6）可知，HNO_3 分解步骤在速率控制上能量障碍最低，并且动力学上最有利。另一方面，NH_2OH 和 HNO 反应的能量障碍最高，动力学上最差[47]。

事实上，含水量应当超过 20％才不爆炸。同时，因为火焰温度高、黏度高，应当避免 TEAN 出现高浓度。因此，重要的是要确保燃料贫乏/氧化剂富余的组成是最优的[48]。尽管其他 HAN 制剂（如 SHP163 和 AF－M315E）没有爆炸风险，但随时间推移，长时间暴露在高温下将引起不可逆的热分解[49,50]。

11.4　HAN 的催化燃烧

HAN 催化燃烧已经在太空推进展示出广阔应用前景。为实现 HAN 基推进剂高效分解，研究人员在催化剂研究方面付出了大量努力。HAN 基液体推进剂（LP1846）最初使用铱基催化剂（Shell 405 催化剂，30％的 Ir/Al_2O_3）进行催化分解，因为这是一种广泛应用的催化剂，用于 1 100 ℃以下肼分解[8]。然而，HAN 燃烧温度高（理论值 2 093 ℃），造成催化剂烧结，缩短了铱基催化剂的寿命[8,51]。另外，反应速率比肼低，因为铱基催化剂对于 HAN 推进剂的催化活性低[52]。

11.4.1　反应机理

对于 HAN 基推进剂的热分解和催化分解，气体产物的种类差别不明显。在两种情况下，主要气体产物是 N_2（主要的，热力学产物）和 NO（中等的，动力学产物），而次要气体产物是 N_2O（中等的）和 NO_2（很少）。而硝酸（HNO_3）作为残留溶液存在。这表明二者可能遵循相似的反应动力学路径——后续研究证实：催化体系中的反应与 Lee 和 Litzinger 提出的热分解机制一致，表明催化剂不改变气体产物种类，仅降低反应起始温度。此外，催化剂会提高 HAN 分解反应初始步骤的指前因子[56]。

与热分解中的两步反应不同，HAN 催化分解仅包含一步，反应速率高（图 11-5）[57]。只有水全部去除，HAN 热分解才会启动。然而，在合适催化剂激活的情况下，即使有水存在，降低温度也可以触发分解[18]。涉及催化剂的热力学和动力学分解反应的可能路径如下[57]

$$NH_3OHNO_3(aq) \longrightarrow N_2(g) + O_2(g) + 2H_2O(l) \tag{11-7}$$

$$NH_3OHNO_3(aq) \longrightarrow NO_2(g\ or\ aq) + 0.5N_2(g) + 2H_2O(l) \tag{11-8}$$

$$NH_3OHNO_3 \longrightarrow 2\ NO(g) + 2H_2O(l) \tag{11-9}$$

$$NH_3OHNO_3(aq) \longrightarrow N_2O(g) + 0.5O_2 + 2H_2O(l) \tag{11-10}$$

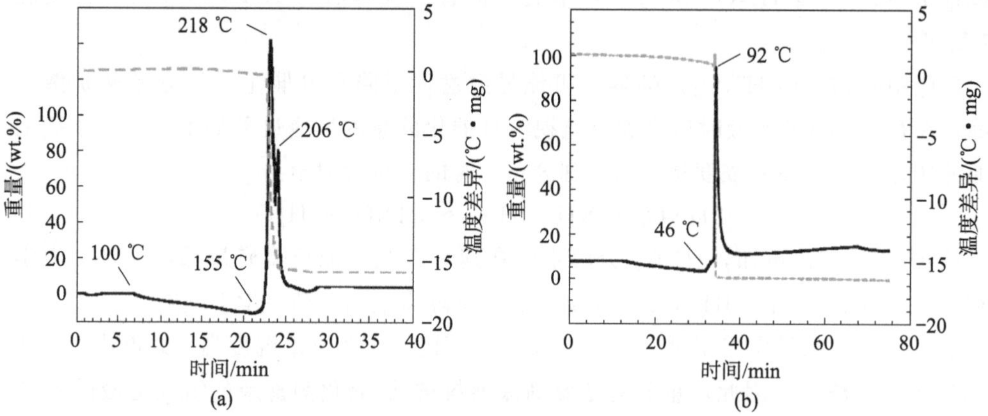

图 11-5　95%HAN 溶液的（a）热分解和（b）催化分解

R. Amrousse, K. Hori, W. Fetimi, K. Farhat, HAN and ADN as liquid ionic monopropellants: thermal and catalytic decomposition processes, Appl. Catal. B Environ. 127 (2012) 121-128.

最近研究表明，铱催化剂的作用是增加质子转移反应的指前因子[56]，这证实 HAN 分解受限于质子转移反应假设[58]。在式（11-11）中，在有铱催化剂的情况下，H 的损失增强了 NO 的形成[59]

$$NH_2OH \longrightarrow NO + 3/2H_2 \tag{11-11}$$

另一项研究表明，铈基催化剂增强了 HAN 分解[60]，即

$$2Ce^{3+} + 3H^+ \longrightarrow 2Ce^{4+} + NH_3OH^+ + HONO + H_2O \tag{11-12}$$

$$Ce^{4+} + NH_3OH^+ \longrightarrow Ce^{3+} + 1/2N_2 + H_2O + 2H^+ \tag{11-13}$$

11.4.2　催化剂发展

发现一种合适的催化材料来降低启动温度，对于 HAN 基推进剂的催化分解是至关重

要的。Shell 405 催化剂（图 11－6）对于 HAN 分解非常活跃，但由于尾气温度高和中间氧化物，几次点火后就会失去活性[61-63]。使用 Shell 405 催化剂的实验室单台推力器验证了超过 8 000 s 的累计使用时间，展示了 HAN 催化剂的高可再启动性[51]。然而，在燃烧室 Shell 405 催化剂活跃金属黏性 30 000 s 测试中，结果表明 20 000 s 后催化剂活性快速下降[52]。

图 11－6　Shell 405 催化剂（30% Ir/Al_2O_3）

R. Amrousse，T. Katsumi，N. Azuma，K. Hori，Hydroxylammonium nitrate（HAN）－based green propellant as alternative energy resource for potential hydrazine substitution：from lab scale to pilot plant scale－up，Combust. Flame 176（2017）334－348.

通过仿真 LP1846 推进剂对一组潜在催化剂金属的吸收来进行系统性筛选。铱被认为是最有前景的催化剂金属，因为它在 5 种贵金属（Ru、Rh、Pd、Ir 和 Pt）中显示出了最好的吸附效果[52]。除了仿真，还开展了大量试验来证明 HAN 基推进剂使用不同的贵金属催化剂进行分解。使用铂掺杂氧化铝催化剂（Pt/Al_2O_3）在接近室温（40 ℃）分解 80% 浓度 HAN 溶液，点火延迟短（<1 s）[64]。铱基催化剂在降低 HAN 分解启动温度方面更有效[55]，因为 Ir/SiO_2 展示了在室温（20.7 ℃）的启动能力[65]。由于铱基催化剂活性好、面积大（230 和 63 m^2/g），相对于铂基的催化剂（73 ℃和 134 mbar/s）[66]，使用铱基催化剂取得了更低的分解温度和更大压降（51 ℃和 260 mbar/s）[57]。

近年来，探索将掺杂钴的铈氧化物（CeCo）作为 HAN 分解替代催化剂材料。相对于现在的 Ir/Al_2O_3 催化剂，新催化剂表现出更持久的物理完整性和耐毒性。结果表明，氧化铈中 Ce^{3+} 的存在对于增强 HAN 分解的催化活性至关重要。耐高温和在低温（120～130 ℃）启动高放热分解反应，使之成为一个有前景的催化剂[53]。

经研究，双金属催化剂 Ir－CuO 表现出与单金属铱基催化剂类似的性能，但其优点是成本更低[18]。研究表明，包含铱和 CeCo 的双功能催化剂（图 11－7）催化活性和耐久性比单种催化剂更高[67]。

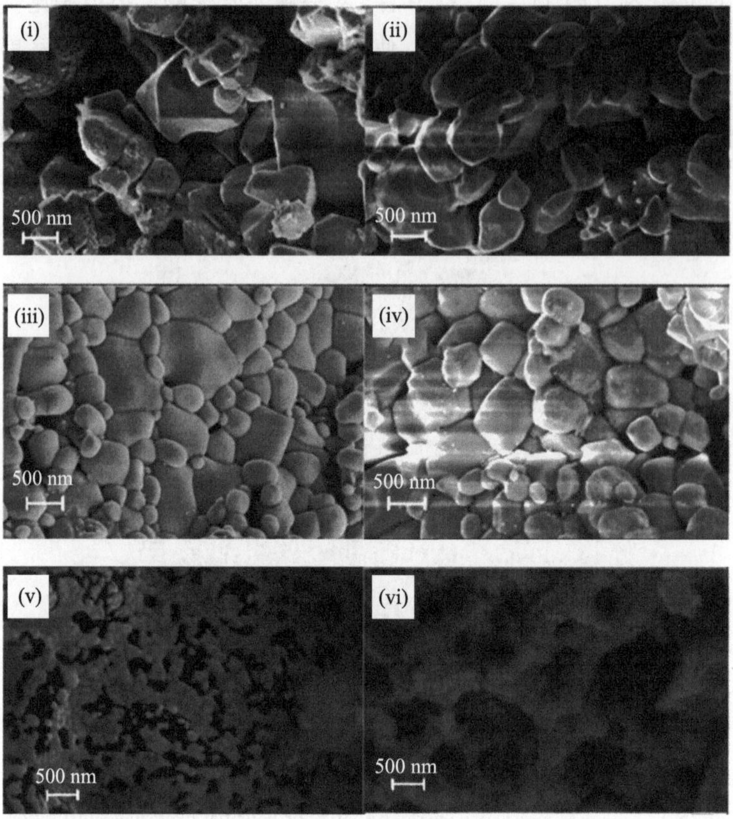

图 11-7 不同催化剂最终颗粒形式的电子显微镜图像：（ⅰ）CeCo 26；（ⅱ）CeCo 26x；（ⅲ）Ir/CeCo 26；（ⅳ）Ir/CeCo 26x；（ⅴ）$Ir/\gamma-Al_2O_3$；（ⅵ）$Ir/\gamma-Al_2O_3x$

R. Agnihotri，C. Oommen，Evaluation of hydroxylammonium nitrate（HAN）decomposition using bifunctional catalyst for thruster application，Mol. Catal. 486，(2020) 110851.

除了使用传统的催化剂（在陶瓷载体上涂覆催化剂材料），HAN 分解可以通过 HAN 基推进剂掺入少量的纳米颗粒起到催化作用。添加碳化稻壳衍生氢氧化钾（CRH-KOH）活性炭改变了 95% HAN 水溶液的燃烧特性，两级热分解变成了一级热分解，分解温度降低 40～45 ℃。由于活性炭的高比表面积（3 000 m^2/g），在硝酸分解过程中[54] 为自由基（OH 自由基）的形成和稳定提供有缺陷的表面和边缘，使得燃烧速率得到提升[68]。

$$HNO_3 \longrightarrow NO_2 + OH \tag{11-14}$$

另外，和纯 HAN 溶液相比，添加活性炭后，实现了 NO_x 气体产物降低 30%。启动温度从 185 ℃（HAN 铱催化剂）降低到 86 ℃（HAN-CRH-KOH-活性炭），意味着将来即使不可避免使用贵金属催化剂，也可以减少贵金属的使用[69]。已有报道，当将 1%～3% SiO_2 和 TiO_2 纳米颗粒添加到 HAN 推进剂中，总燃烧速率有类似的提升（500%～830%）[70]。然而，值得注意的是，这种增强在更高压力下会减弱。

粉末和成型的催化剂在 45 ℃下 23 次喷射后仍保持活性，说明成型对催化剂没有抑制作用（Courthéoux 等人，2005）。在 50 ℃等温试验中，与球形催化剂（1.5 mm）相比，粉末催化剂（50 μm）因为与单组元推进剂充分接触，表现出更好的活性并将 HAN 溶液完全分解。催化床上的有限路径导致推进剂与催化剂接触减少，表明球形催化剂不适于催化床[71]。

与整体催化剂（22 m^2/g）相比，颗粒催化剂（130 m^2/g）由于固体和液体之间接触充分，热和质量传递增强，可以达到更高的活性[61]。催化剂磨损率相对于推进剂总流率，细颗粒是 6%，粗颗粒是 2%。与肼相比，HAN 溶液中的催化剂磨损更大[72]。

浸渍法金属催化剂（2～5 nm，图 11－8）表现出比一步添加法催化剂（数百 nm）更好的活性，因为浸渍法中金属晶粒尺寸更小[64]。然而，另一项研究表明高扩散性和更小颗粒直径（1.3 对 2.4）对获得高活性没有帮助，表明颗粒大小对活性的影响是不确定的，颗粒最佳大小可能是 2 nm[65]。

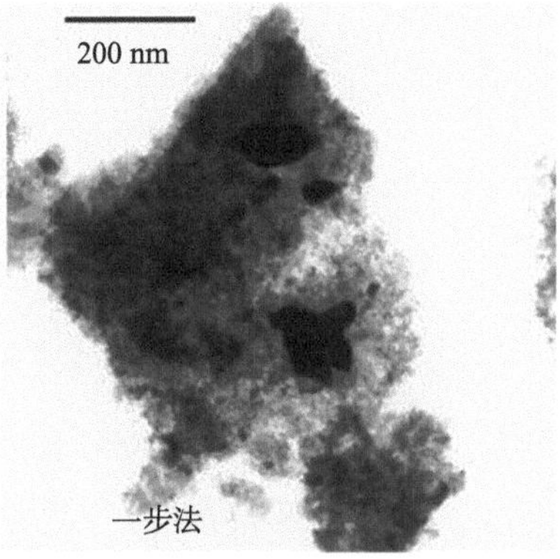

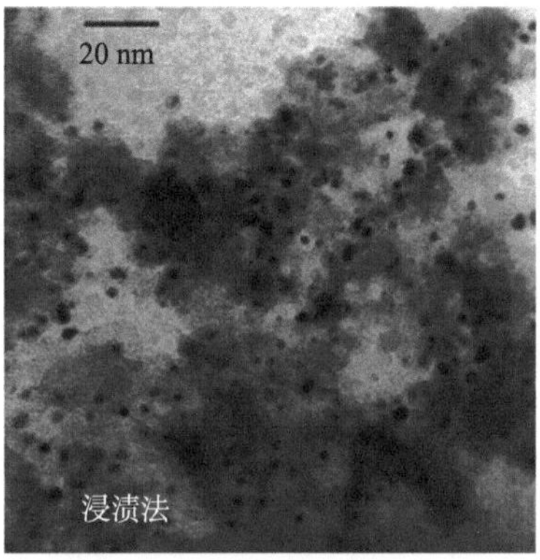

图 11－8　干凝胶催化剂的透射电子显微照片（一步法和浸渍法比较）

L. Courthéoux，F. Popa，E. Gautron，S. Rossignol，C. Kappenstein，Platinum supported on doped alumina catalysts for propulsion applications. Xerogels versus aerogels，J. Non－Cryst. Solids 350（2004）113－119.

在同时使用载体和活性催化剂的情况下，启动温度最低（75 ℃），相比之下，仅有载体时启动温度 105 ℃，无催化剂时启动温度 128 ℃[73]。在早期 HAN 溶液喷射试验中，证明无载体铂族金属是最好的金属催化剂[52]。Pt/Al_2O_3 催化剂的启动分解温度高于 40 ℃[64]。

相对于干凝胶处理的 Al_2O_3，虽然气凝胶处理的 Al_2O_3 载体有高的比表面积，在高温（1 200 ℃）有更好的热稳定性，而且分散更均匀，但气凝胶处理的 Al_2O_3 表现出低温活性低以及启动温度高的特性。这一现象可能与表面酸性中心的催化活性有关[64]。这表明对相同金属催化剂和载体的不同处理带来不同的结果，例如反应速率高或分解温度低[66]。

11.5　挑战与未来前景

HAN 的室温催化分解可以通过铱基催化剂来实现，但这不是一步完成的，剩余的 HAN 溶液需要在 80 ℃时分解[65]。因此，需要研究影响铱催化活性的其他关键因素。要

求 HNO_3 完全分解以实现 HAN 单组元推进剂最优性能[55]。需要进一步开展工作，降低催化剂负载，改进催化剂装载方法，以降低催化剂损耗[72]。虽然 CeCo 催化剂表现出比商用铱基催化剂更好的抗失活性，其长期（1～2 年）分解稳定性和微卫星高温下使用仍未得到验证。即使有很多实验室试验和小规模应用，甚至太空应用验证，HAN 将来完全替代常规推进剂仍是一个挑战。然而，HAN 现在性能已表现出是单组元推进剂的潜在候选。这种推进剂持续发展的前景是光明的，此推进剂在航天任务中的应用将不受限制。

参考文献

[1] Millar, D. I. A., 2012. Energetic Materials at Extreme Conditions. Springer Berlin Heidelberg.

[2] Gray, E., Marsh, H., McLaren, M., 1982. A short history of gunpowder and the role of charcoal in its manufacture. J. Mater. Sci. 17, 3385 - 3400.

[3] Chou, S. K., Ang, S. S., 2004. MEMS - based solid propellant microthruster design, simulation, fabrication and testing. J. Microelectromech. Syst. 13, 165 - 175.

[4] Zwick, E. B., Calif, P., 1957. Reaction Chamber for Monopropellant and Bipropellant Fuels. US Patent 2999358.

[5] Klingenberg, G., Knapton, J. D., Morrison, W. F., Wren, G. P. (Eds.), 1998. Liquid Propellant Gun Technology, Progress in Astronautics and Aeronautics. American Institute of Aeronautics & Astronautics, Reston, Virginia.

[6] Kappenstein, C., Pillet, N., Melchoir, A., 2002. New nitrogen - based monopropellant (HAN, ADN, HNF, …). physical chemistry of concentrated ionic aqueous solutions. In: International Conference on Space Transportation for the XXI Century, pp. 16 - 125.

[7] Chowdhury, A., Thynell, S. T., 2010. Kinetics of decomposition of energetic ionic liquids. Propellants, Explos. Pyrotech. 35 (6), 572 - 581.

[8] Wucherer, E. J., Christofferson, S., Reed, B., 2000. Assessment of high performance HAN - monopropellants. In: 36th AIAA/ASME/SAE/ASEE Joint Propulsion Conference.

[9] Jankovsky, R. S., 1996. HAN - based monopropellant assessment for spacecraft. In: 32nd AIAA/ASME/SAE/ASEE Joint Propulsion Conference and Exhibit.

[10] Freudenmann, D., Ciezki, H. K., 2019. ADN and HAN - based monopropellants— a minireview on compatibility and chemical stability in aqueous media. Propellants, Explos. Pyrotech. 44 (9), 1084 - 1089.

[11] Chang, Y. P., Reed, B., Josten, K., Kuo, K., 2002. Combustion characteristics of energetic HAN/methanol - based monopropellants. In: 38th AIAA/ASME/SAE/ASEE Joint Propulsion Conference & Exhibit.

[12] Vosen, S. R., 1988. The burning rate of hydroxylammonium nitrate - based liquid propellants. Symp. (Int.) Combust. 22 (1), 1817 - 1825.

[13] Zhu, D. L., Law, C. K., 1987. Aerothermochemical studies of energetic liquid materials: 1. combustion of HAN - based liquid gun propellants under atmospheric pressure. Combust. Flame 70 (3), 333 - 342.

[14] Decker, M. M., Freedman, E., Klein, N., Leveritt, C. S., Wojciechowski, J. Q., 1987. HAN - based Liquid Gun Propellants: Physical Properties. US Army Ballistic Research Laboratory, Aberdeen Proving Ground, Maryland.

[15] Knapton, J. D., Morrison, W. F., Klingenberg, G., Wren, G. P. (Eds.), 1998. Liquid Propellant

Gun Technology, Progress in Astronautics and Aeronautics. American Institute of Aeronautics and Astronautics, Washington, DC.

[16] Masse, R., Allen, M., Spores, R., Driscoll, E. A., 2016. AF - M315E propulsion system advances and improvements. In: 52nd AIAA/SAE/ASEE Joint Propulsion Conference.

[17] Masse, R., Overly, J., Allen, M., Spores, R., 2012. A new state - of - the - art in AF - M315E thruster technologies. In: 48th AIAA/ASME/SAE/ASEE Joint Propulsion Conference & Exhibit.

[18] Amrousse, R., Katsumi, T., Azuma, N., Hori, K., 2017. Hydroxylammonium nitrate (HAN) - based green propellant as alternative energy resource for potential hydrazine substitution: from lab scale to pilot plant scale - up. Combust. Flame 176, 334 - 348.

[19] Chai, W. S., Cheah, K. H., Koh, K. S., Chin, J., Chik, T. F. W. K., 2016. Parametric studies of electrolytic decomposition of hydroxylammonium nitrate (HAN) energetic ionic liquid in microreactor using image processing technique. Chem. Eng. J. 296, 19 - 27.

[20] Chai, W. S., 2017. Characterization & Analysis on Electrolytic Decomposition of Hydroxylammonium Nitrate (HAN) Ternary Mixtures in Microreactors. University of Nottingham.

[21] Kesore, K., Janowski, F., Shaposhnik, V. A., 1997. Highly effective electrodialysis for selective elimination of nitrates from drinking water. J. Membr. Sci. 127 (1), 17 - 24.

[22] Wheelwright, E. J., 1977. Cation - exchange conversion of hydroxylamine sulfate to hydroxylamine nitrate. Ind. Eng. Chem. Process Des. Dev. 16 (2), 220 - 222.

[23] Zhao, F., You, K., Li, R., Tan, S., Liu, P., Wu, J., Ai, Q., Luo, H. A., 2015. Novel approach for the preparation of hydroxylammonium nitrate from the acid - catalyzed hydrolysis of cyclohexanone oxime. Ind. Eng. Chem. Res. 54 (3), 819 - 823.

[24] Koh, K. S., Chin, J., Wahida Ku Chik, T. F., 2013. Role of electrodes in ambient electrolytic decomposition of hydroxylammonium nitrate (HAN) solutions. Propul. Power Res. 2 (3), 194 - 200.

[25] Vanderhoff, J. A., Bunte, S. W., 1986. Electrical Conductivity Measurements of Hydroxylammonium Nitrate: Design Considerations. US Army Ballistic Research Laboratory, Aberdeen Proving Ground, Maryland.

[26] Schoppelrei, J. W., Brill, T. B., 1997. Spectroscopy of hydrothermal reactions. 7. Kinetics of aqueous $[NH_3OH]NO_3$ at 463 - 523 K and 27.5 MPa by infrared spectroscopy. J. Phys. Chem. 101 (46), 8593 - 8596.

[27] Kondrikov, B. N., Annikov, V. É., Egorshev, V. Y., De Luca, L. T., 2000. Burning of hydroxylammonium nitrate. Combust. Explos. Shock Waves 36, 135 - 145.

[28] Van Dijk, C. A., Priest, R. G., 1984. Thermal decomposition of hydroxylammonium nitrate at kilobar pressures. Combust. Flame 57 (1), 15 - 24.

[29] Farshchi, M., Vaezi, V., Shaw, B. D., 2002. Studies of HAN - based monopropellant droplet combustion. Combust. Sci. Technol. 174 (7), 71 - 97.

[30] Schoppelrei, J. W., Kieke, M. L., Brill, T. B., 1996. Spectroscopy of hydrothermal reactions. 2. Reactions and kinetic parameters of $[NH_3OH]$ NO_3 and equilibria of $(NH_4)_2CO_3$ determined with a flow cell and FT Raman spectroscopy. J. Phys. Chem. 100 (18), 7463 - 7470.

[31] Klein, N., Wong, K. N., 1987. An Infra - red Investigation of HAN (Hydroxylammonium

Nitrate) - Based Liquid Propellants. US Army Ballistic Research Laboratory, Aberdeen Proving Ground, Maryland.

[32] Weller, R. E. , Morris, J. E. , McClanahan, B. J. , Jostes, R. F. , Mahlum, D. D. , 1989. Evaluation of the Dermal Toxicity of LP1846. Pacific Northwest Laboratory, Richland, Washington, D. C.

[33] Hui, A. , Jinyi, L. , Lujun, Y. , Shengxue, L. , Yanhong, Z. , Huan, Y. , Qingjun, J. , Zhihong, C. , Jia, C. , 2008. Acute and subchronic toxicity of hydroxylammonium nitrate in Wistar rats. J. Med. Coll. PLA 23 (3), 137 - 147.

[34] Amrousse, R. , Kagawa, H. , Hatai, K. , Ikeda, H. , Hori, K. , 2015. The effect of iron metal ions and chelating agents of iron on the thermal decomposition of HAN - based liquid monopropellant. In: 51st AIAA/SAE/ASEE Joint Propulsion Conference.

[35] Cronin, J. T. , Brill, T. B. , 1986. Thermal decomposition of energetic materials. 8. Evidence of an oscillating process during the high - rate thermolysis of hydroxylammonium nitrate, and comments on the interionic interactions. J. Phys. Chem. 90 (1), 178 - 181.

[36] Klein, N. , 1983. Preparation and Characterization of Several Liquid Propellants. US Army Ballistic Research Laboratory, Aberdeen Proving Ground, Maryland.

[37] Vanderhoff, J. A. , Bunte, S. W. , Donmoyer, P. M. , 1987. Laser Raman Studies Related to Liquid Propellants: Structural Characteristics Inferred from the Nitrate Anion Spectra. US Army Ballistic Research Laboratory, Aberdeen Proving Ground, Maryland.

[38] Chai, W. S. , Cheah, K. H. , Meng, H. , Li, G. , 2019. Experimental and analytical study on electrolytic decomposition of HAN water solution using graphite electrodes. J. Mol. Liq. 293, 111496.

[39] Harlow, D. G. , Felt, R. E. , Agnew, S. , Barney, G. C. , McKibben, J. M. , Garber, J. , Lewis, M. , 1998. Technical Report on Hydroxylamine Nitrate. US Department of Energy.

[40] Wei, C. , Rogers, R. J. , Mannan, M. S. , 2006. Thermal decomposition hazard evaluation of hydroxylamine nitrate. J. Hazard Mater. 130 (1 - 2), 163 - 168.

[41] Oxley, J. C. , Brower, K. R. , 1988. Thermal decomposition of hydroxylamine nitrate. In: 1988 Los Angeles Symposium: O - E/LASE, vol. 88.

[42] Pembridge, J. R. , Stedman, G. , 1979. Kinetics, mechanism, and stoichiometry of the oxidation of hydroxylamine by nitric acid. J. Chem. Soc. , Dalton Trans. 11, 1657 - 1663.

[43] Rafeev, V. A. , Rubtsov, Y. I. , 1993. Kinetics and mechanism of thermal decomposition of hydroxylammonium nitrate. Russ. Chem. Bull. 42, 1811 - 1815.

[44] Zhang, K. , Thynell, S. T. , 2018. Thermal decomposition mechanism of aqueous hydroxylammonium nitrate (HAN): molecular simulation and kinetic modeling. J. Phys. Chem. 122 (41), 8086 - 8100.

[45] Liu, L. , Papadaki, M. , Pontiki, E. , Stathi, P. , Rogers, W. J. , Mannan, M. S. , 2009. Isothermal decomposition of hydroxylamine and hydroxylamine nitrate in aqueous solutions in the temperature range 80 - 160℃. J. Hazard Mater. 165 (1 - 3), 573 - 578.

[46] McFarlane, J. , Delmau, L. H. , DePaoli, D. W. , Mattus, C. H. , Phelps, C. E. , Roach, B. D. , 2015. Hydroxylamine Nitrate Decomposition Under Non - radiological Conditions. Oak Ridge National Lab, Oak Ridge, Tennessee.

[47] Liu, J. , An, Z. , Zhang, Q. , Wang, C. , 2017. Thermal decomposition of hydroxylamine

nitrate studied by differential scanning calorimetry analysis and density functional theory calculations. Prog. React. Kinet. Mech. 42 (4), 334 - 343.

[48] Nagase, S., Miyazaki, S., Ayabe, M., Kohno, M., 2004. A Preliminary work on HAN/HN - based monopropellant. In: 24th International Symposium on Space Technology and Science.

[49] Azuma, N., Hori, K., Katsumi, T., Amrousse, R., Nagata, T., Hatai, K., Kobayashi, T., Nakayama, Y., Matsumura, T., Fujiwara, S., 2013. Research and development on thrusters with HAN (hydroxyl ammonium nitrate) based monopropellant. In: 5th European Conference for Aerospace Sciences.

[50] Quach, P., Brand, A., Warmoth, G., 2015. Adiabatic compression testing of AF - M315E. In: 51st AIAA/SAE/ASEE Joint Propulsion Conference.

[51] Meinhardt, D., Christofferson, S., Wucherer, E., Reed, B., 1999. Performance and life testing of small HAN thruster. In: 35th AIAA/SAE/ASEE Joint Propulsion Conference.

[52] Hisatsune, K., Izumi, J., Tsutaya, H., Furukawa, K., 2004. Development of HAN - based liquid properllant thruster. In: 2nd International Conference on Green Propellants for Space Propulsion.

[53] Agnihotri, R., Oommen, C., 2018. Cerium oxide based active catalyst for hydroxylammonium nitrate (HAN) fueled monopropellant thrusters. RSC Adv. 8 (4), 22293 - 22302.

[54] Lee, H., Litzinger, T. A., 2003. Chemical kinetic study of HAN decomposition. Combust. Flame 135 (1 - 2), 151 - 169.

[55] Katsumi, T., Amrousse, R., Niboshi, Y., Hori, K., 2015. A study on the combustion mechanism of hydroxylammonium nitrate. Int. J. Energ. Mater. Chem. Propuls. 14 (4), 307 - 319.

[56] Esparza, A. A., Ferguson, R. E., Choudhuri, A., Love, N. D., Shafirovich, E., 2018. Thermoanalytical studies on the thermal and catalytic decomposition of aqueous hydroxylammonium nitrate solution. Combust. Flame 193, 417 - 423.

[57] Amrousse, R., Hori, K., Fetimi, W., Farhat, K., 2012. HAN and ADN as liquid ionic monopropellants: thermal and catalytic decomposition processes. Appl. Catal. B Environ. 127, 121 - 128.

[58] Shaw, B. D., Williams, F. A., 1992. A model for the deflagration of aqueous solutions of hydroxylammonium nitrate. Symp. (Int.) Combust. 24 (1), 1923 - 1930.

[59] Chambreau, S. D., Popolan - Vaida, D. M., Vaghjiani, G. L., Leone, S. R., 2017. Catalytic decomposition of hydroxylammonium nitrate ionic liquid: enhancement of NO formation. J. Phys. Chem. Lett. 8 (10), 2126 - 2130.

[60] Agnihotri, R., Oommen, C., 2021. Kinetics and mechanism of thermal and catalytic decomposition of hydroxylammonium nitrate (HAN) monopropellant, Propellants, Explosives. Pyrotechnics 46 (2), 286 - 298.

[61] Amrousse, R., Katsumi, T., Bachar, A., Brahmi, B., Bensitel, M., Hori, K., 2014. Chemical engineering study for hydroxylammonium nitrate monopropellant decomposition over monolith and grain metal - based catalysts. React. Kinet. Mech. Catal. 111, 71 - 88.

[62] Amrousse, R., Katsumi, T., Itouyama, N., Azuma, N., Kagawa, H., Hatai, K., Ikeda, H., Hori, K., 2015. New HAN - based mixtures for reaction control system and low toxic spacecraft propulsion subsystem: thermal decomposition and possible thruster applications.

Combust. Flame 162 (6), 2686 - 2692.

[63] Amrousse, R., Katsumi, T., Niboshi, Y., Azuma, N., Bachar, A., Hori, K., 2013. Performance and deactivation of Ir - based catalyst during hydroxylammonium nitrate catalytic decomposition. Appl. Catal. Gen. 452, 64 - 68.

[64] Courthéoux, L., Popa, F., Gautron, E., Rossignol, S., Kappenstein, C., 2004. Platinum supported on doped alumina catalysts for propulsion applications. Xerogels versus aerogels. J. Non - Cryst. Solids 350, 113 - 119.

[65] Ren, X., Li, M., Wang, A., Li, L., Wang, X., Zhang, T., 2007. Catalytic decomposition of hydroxyl ammonium nitrate at room temperature. Chin. J. Catal. 28 (1), 1 - 2.

[66] Amariei, D., Rossignol, S., Kappenstein, C., Joulin, J. - P., 2006. Shape forming of Pt/ Al_2O_3Si sol - gel catalysts for space applications. In: Gaigneaux, E. M., Devillers, M., De Vos, D. E., Hermans, S., Jacobs, P. A., Martens, J. A., Ruiz, P. (Eds.), Studies in Surface Science and Catalysis, Scientific Bases for the Preparation of Heterogeneous Catalysts, vol. 162. Elsevier, pp. 969 - 976.

[67] Agnihotri, R., Oommen, C., 2020. Evaluation of hydroxylammonium nitrate (HAN) decomposition using bifunctional catalyst for thruster application. Mol. Catal. 486, 110851.

[68] Katsumi, T., Matsuda, R., Inoue, T., Tsuboi, N., Ogawa, H., Sawai, S., Hori, K., 2010. Combustion characteristics of hydroxylammonium nitrate aqueous solutions. Int. J. Energ. Mater. Chem. Propuls. 9 (3), 219 - 231.

[69] Atamanov, M. K., Amrousse, R., Hori, K., Mansurov, Z., 2019. Experimental investigations of combustion: (95 WT. -%) HAN - water solution with high - SSA activated carbons. Combust. Sci. Technol. 191 (4), 645 - 658.

[70] Thomas, J. C., Homan - Cruz, G. D., Stahl, J. M., Petersen, E. L., 2019. The effects of SiO_2 and TiO_2 on the two - phase burning behavior of aqueous HAN propellant. Proc. Combust. Inst. 37 (3), 3159 - 3166.

[71] Amariei, D., Courthéoux, L., Rossignol, S., Kappenstein, C., 2007. Catalytic and thermal decomposition of ionic liquid monopropellants using a dynamic reactor. Comparison of powder and sphere - shaped catalysts. Chem. Eng. Process 46 (2), 165 - 174.

[72] Fukuchi, B. A., Nagase, S., Maruizumi, H., Ayabe, M., 2010. HAN/HN - based monopropellant thrusters. IHI Eng. Rev. 43 (1), 22 - 28.

[73] Eloirdi, R., Rossignol, S., Kappenstein, C., Duprez, D., Pillet, N., 2003. Design and use of a batch reactor for catalytic decomposition of propellants. J. Propul. Power 19, 213 - 219.

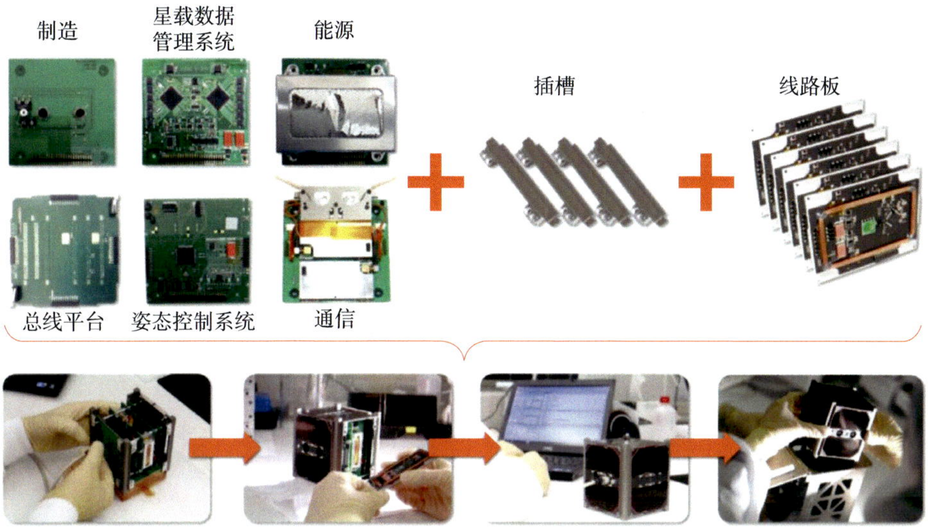

图 1-5　模块化设计架构支持将来自不同研发机构的子系统/组件集成到一个立方星

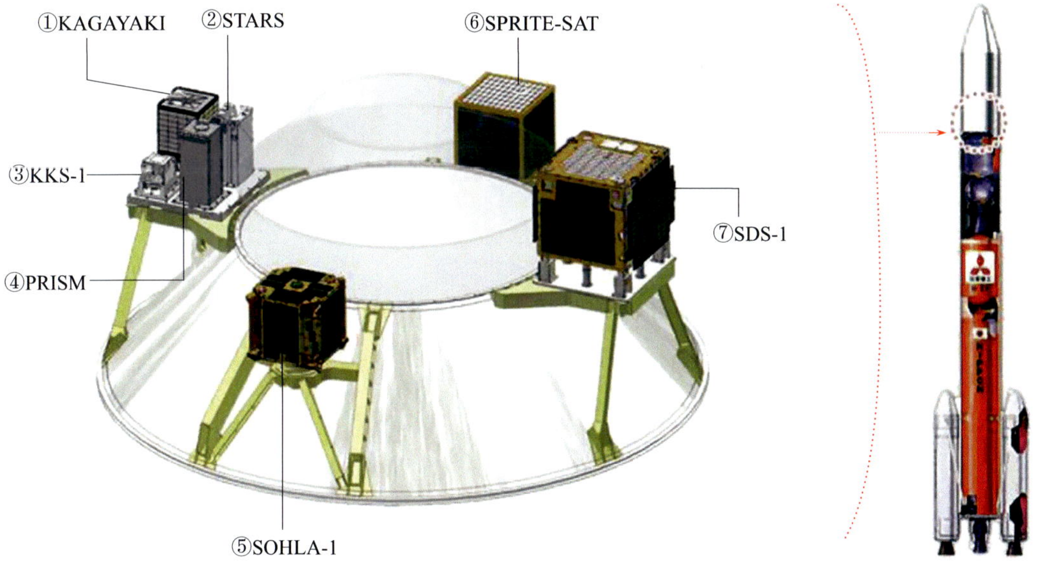

图 1-6　H-IIA 运载火箭上的背负式卫星

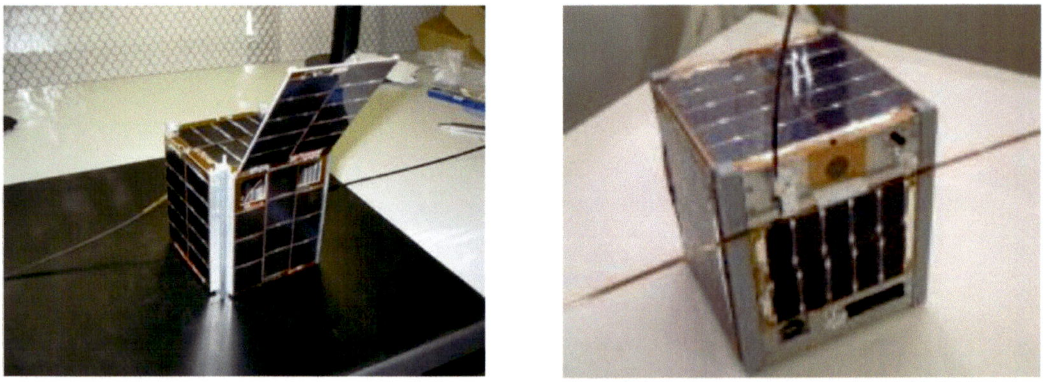

(a)　　　　　　　　　　　　(b)

图 1-8　(a) 第一个 1U 立方星：CUTE-1 飞行模型；(b) XI-Ⅳ立方星

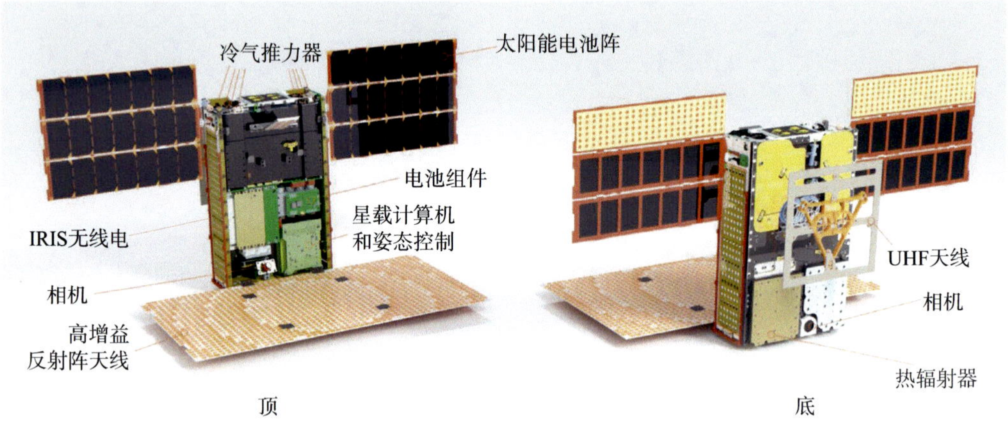

图 1-9　火星 1 号立方星双星

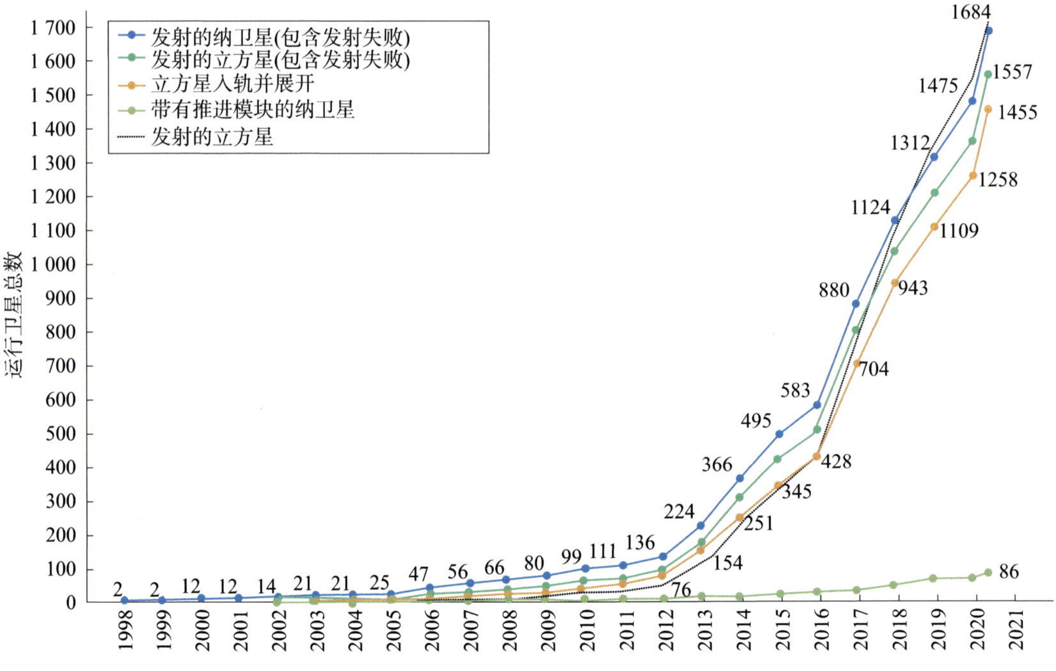

图 1-10　截至 2021 年 4 月 4 日，总的纳卫星和立方星

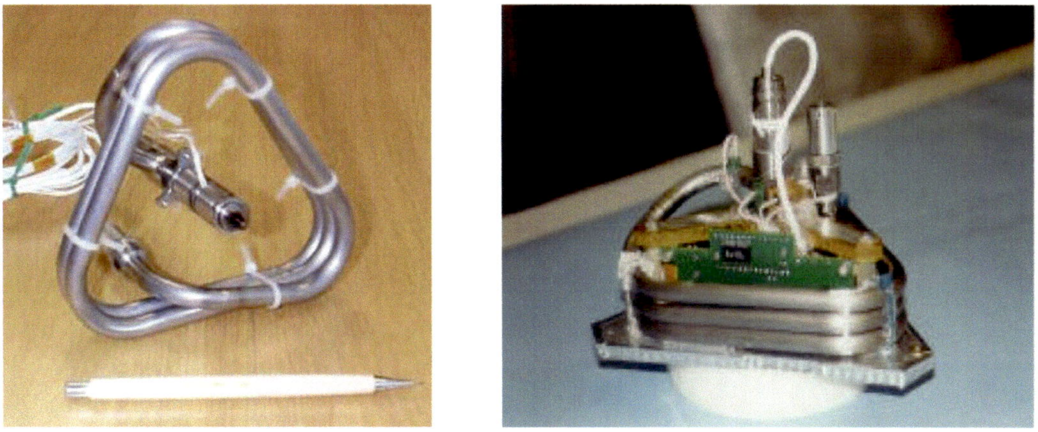

(a) (b)

图 2-2　（a）管路装配；（b）集成后的 SNAP-1 卫星的冷气推进模块

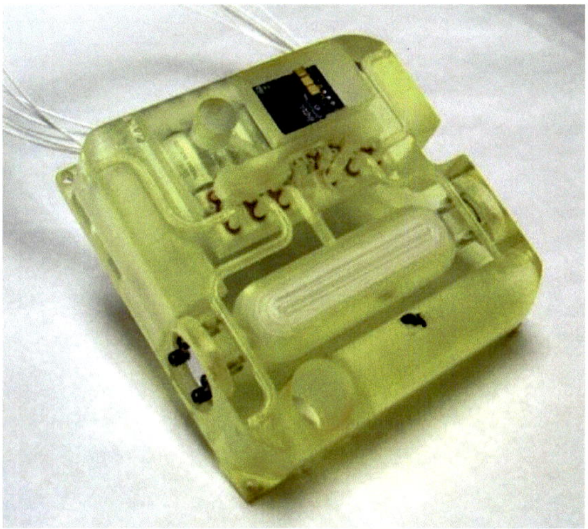

图 2-3　使用 SLA 增材制造技术加工的气密组件

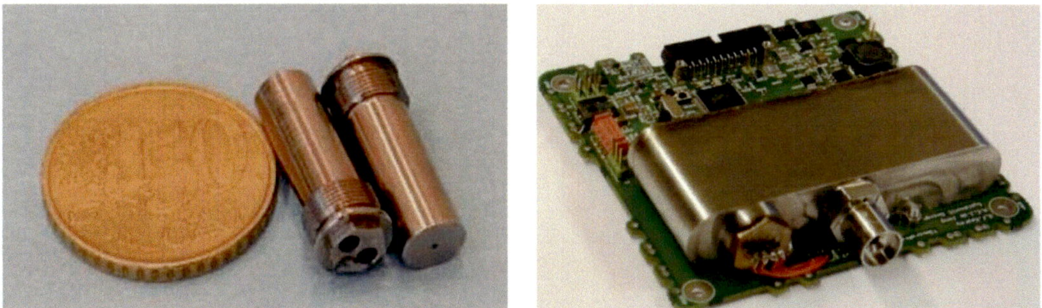

(a) (b)

图 2-6　（a）用于产生氮气的 CGG；（b）$T^3\mu PS$ 的飞行模块

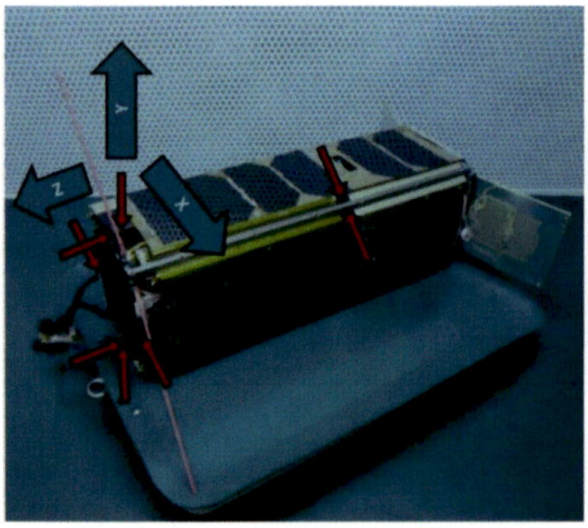

(a)

(b)

图 2－7　（a）微推力器模块 8 个推力器位置如红箭头所指；（b）切割后的微推力器硅芯片单体

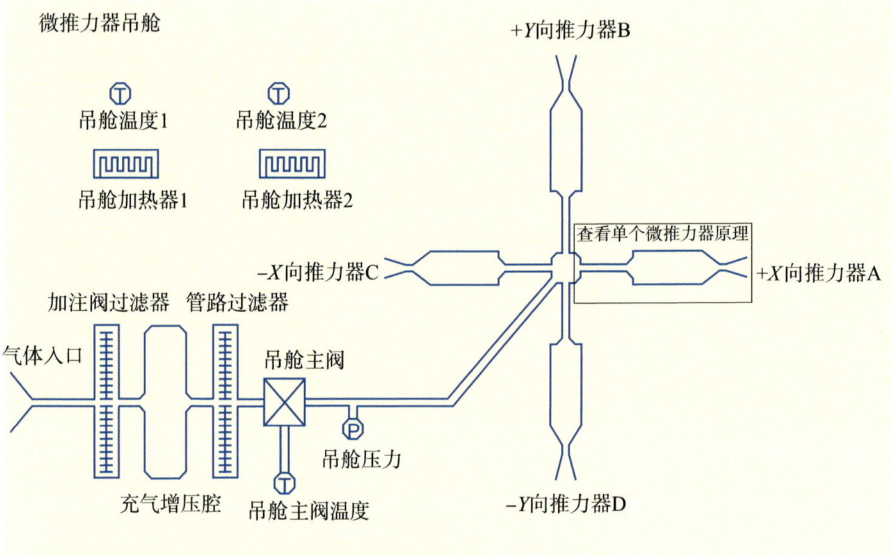

(a)

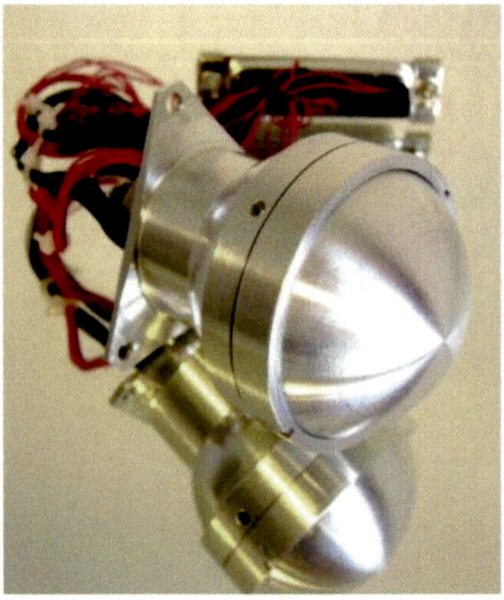

(b)

图 2－8　（a）纳米航天公司研发的基于微机电技术的微推进系统原理图；
（b）推力器吊舱组件，直径 44 mm，高 51 mm

图 2-9　纳米航天公司开发的 3U 立方星纳推进 CGP3 冷气微推进系统

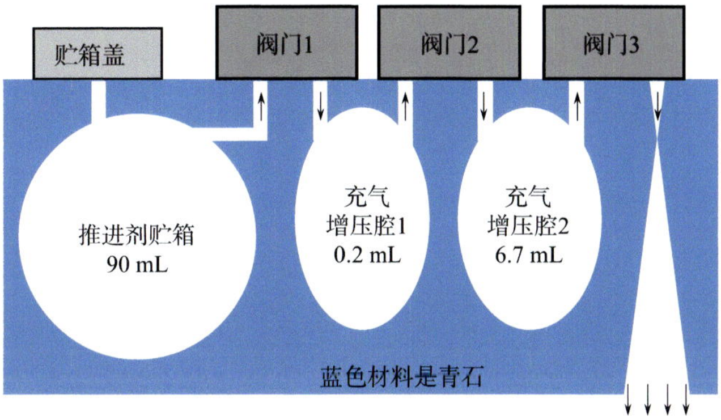

图 2-10　推力器设计原理图

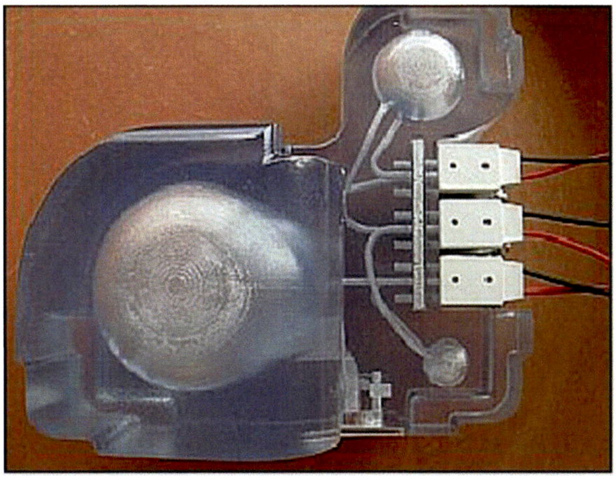

图 2-11　BEVO-2 和 ARMADILLO 立方星中使用的冷气微推进系统特征

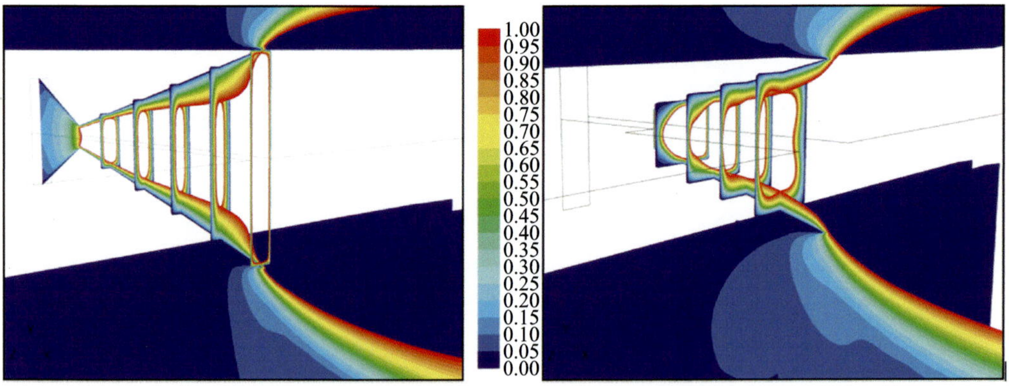

图 2－16　对于雷诺数 160，亚声速合并层，以及流体全部截面都是亚声速；对于雷诺数 320，只有流体中心很窄的区域保持超声速

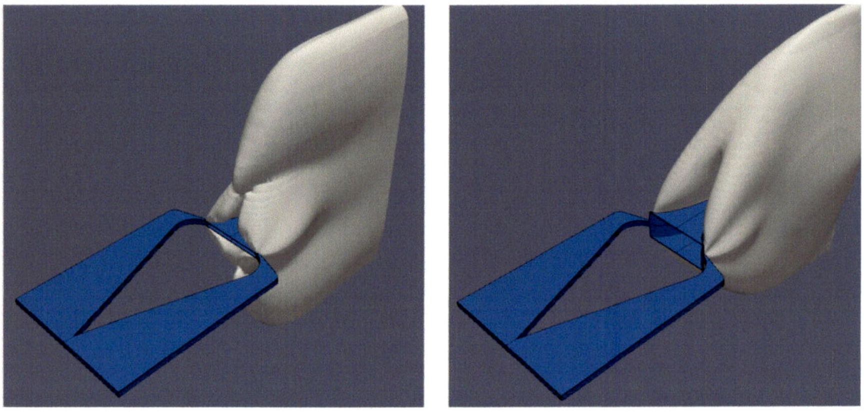

(a)　　　　　　　　(b)

图 2－17　(a) 单深度塞式喷管：$Re_t = 2\ 861$ 边缘附近的涡流膨胀，产生了过多的摩擦损失；(b) 双深度塞式喷管：$Re_t = 2\ 861$ 处流体膨胀轮廓

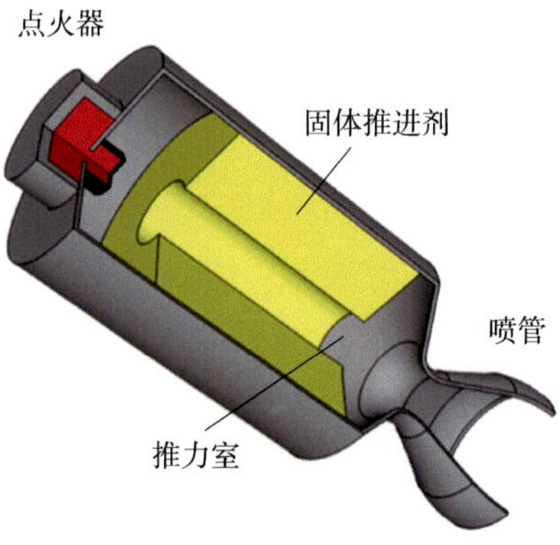

图 3－1　固体推力器

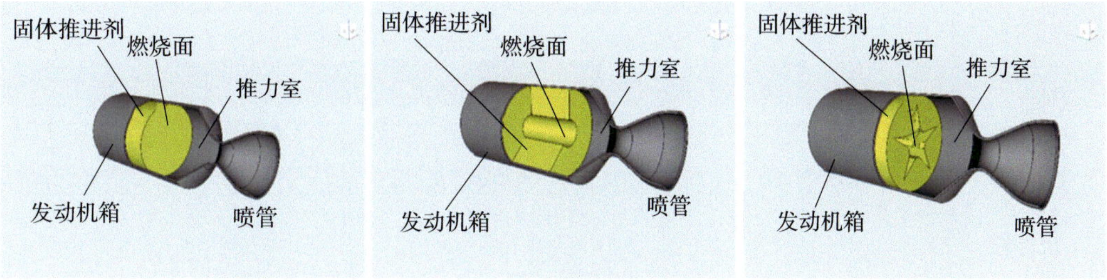

(a) 末端燃烧型　　(b) 内部燃烧型　　(c) 星型

图 3-2　固体推进剂颗粒

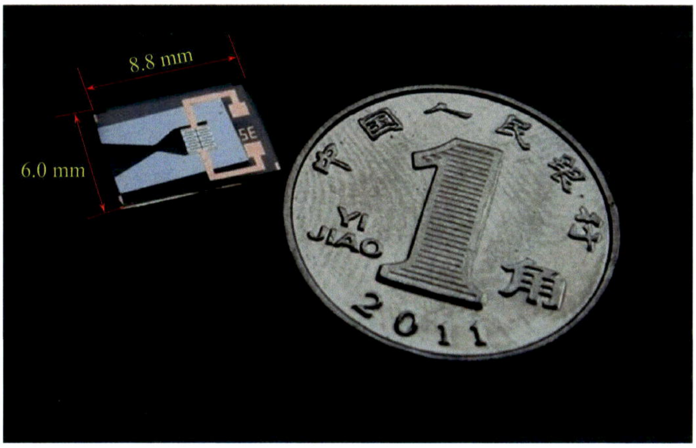

图 3-18　LTNR 微推力器

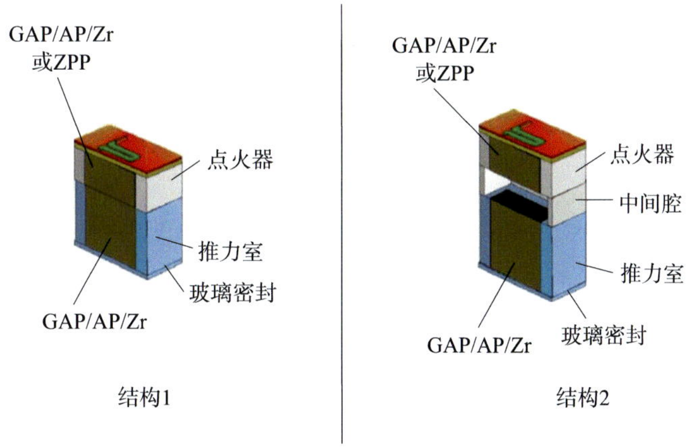

图 3-19　GAP/AP/Zr 推进剂微推力器

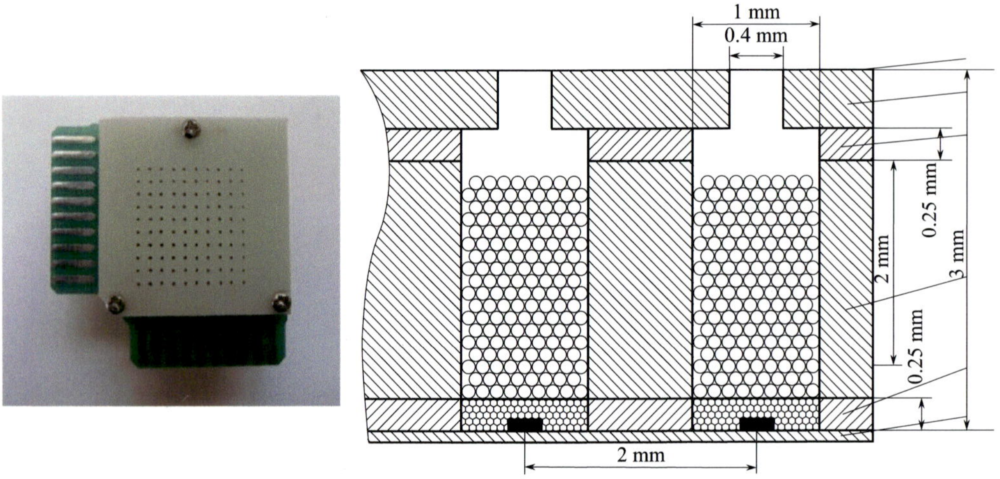

图 3-24　HTPB/AP 微推力器

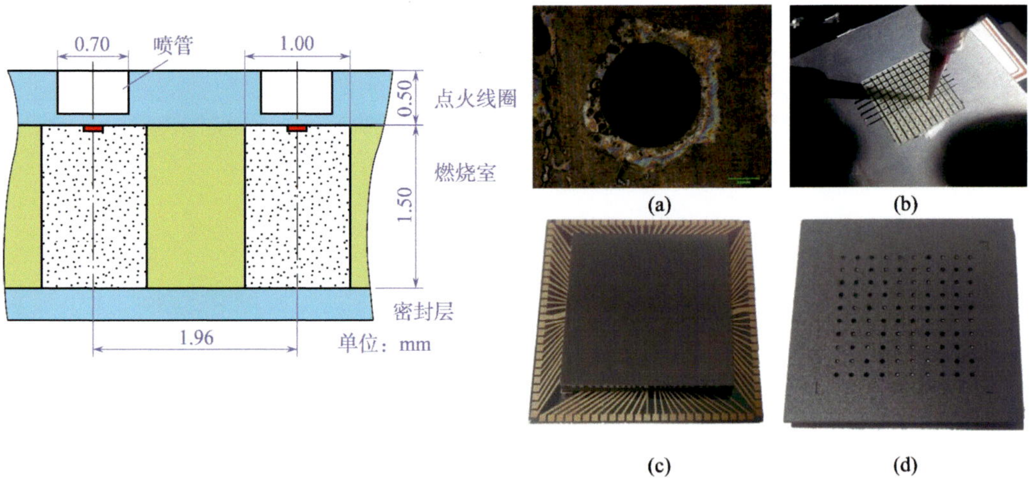

图 3-26　纳米铝热剂 10×10 阵列 MEMS 推力器

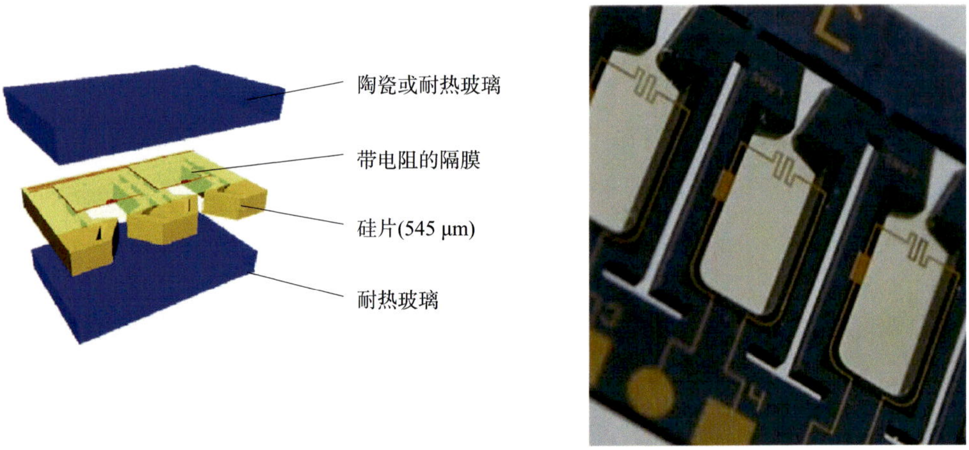

图 3-27　DB/GP 微推力器

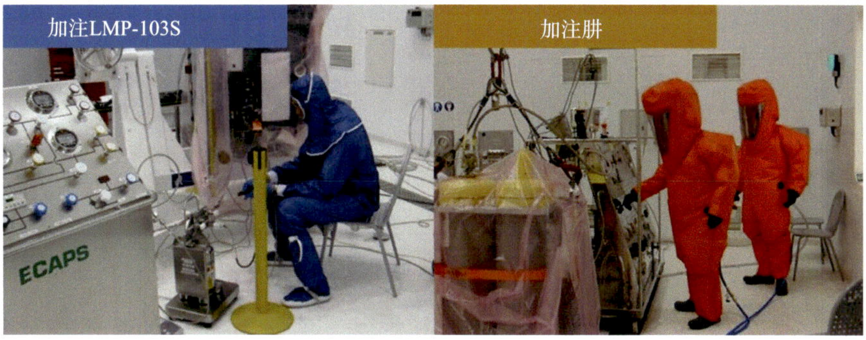

图 4－2　加注时人员衣着对比：左图是高能离子液体加注，右图是肼加注

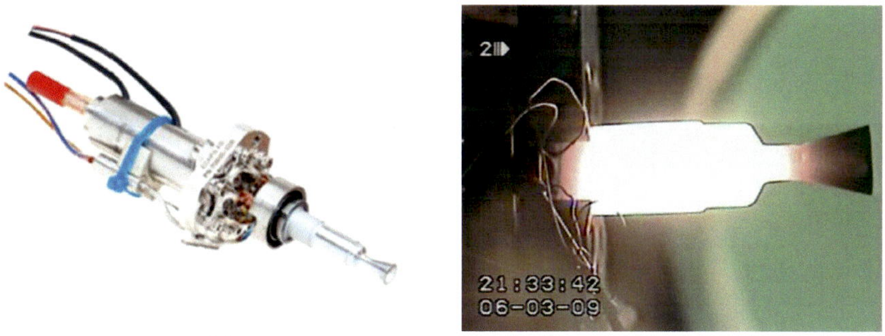

(a)　　(b)

图 4－6　（a）高性能绿色 1 N 推力器；（b）高性能绿色 1 N 推力器稳态点火

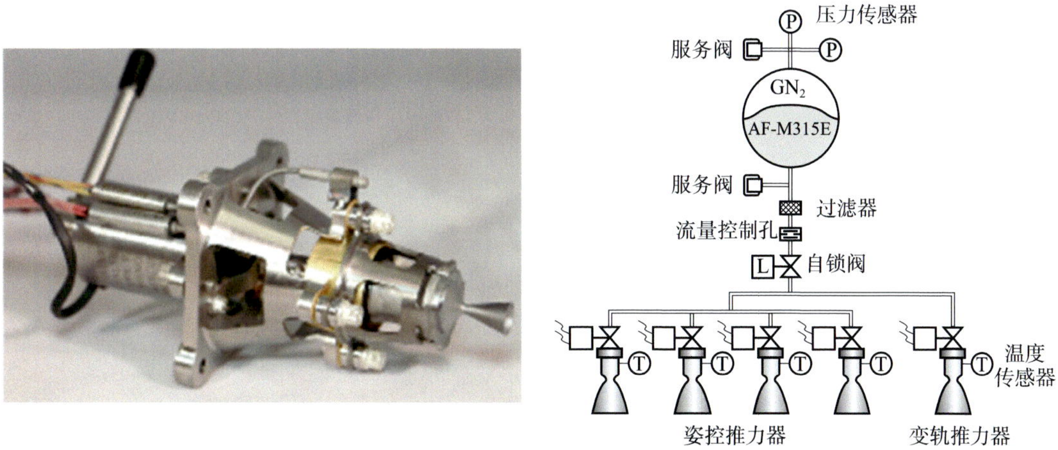

(a)　　(b)

图 4－9　（a）1 N GR－1 推力器；（b）系统配置

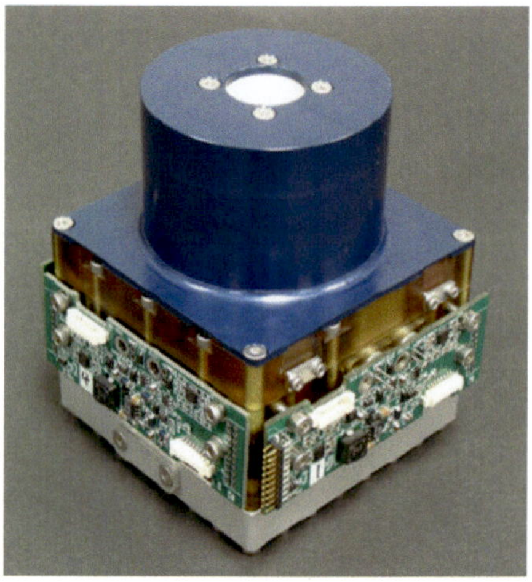

图 4-12 Tethers Unlimited 公司的 HYDROS 推力器

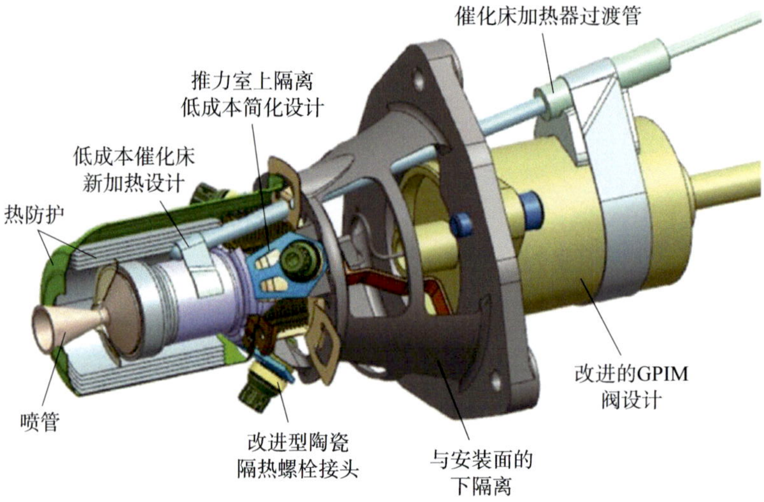

图 4-14 升级后的 GR-1A 推力器

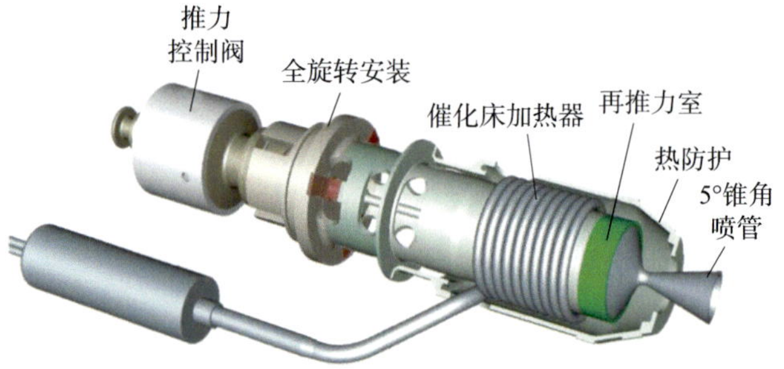

图 4-15 小型化的 GR-M1 推力器

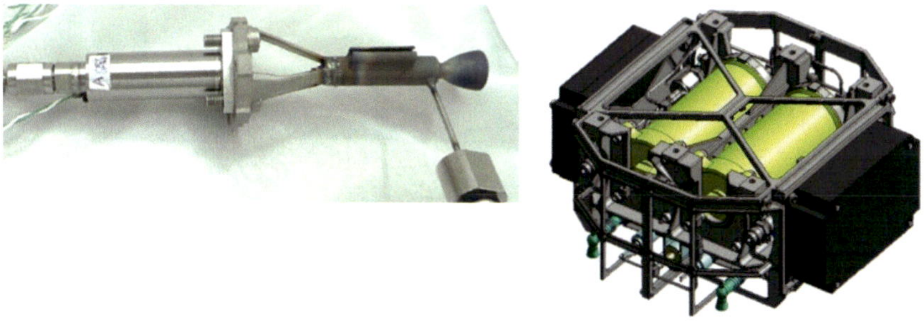

(a)　　　　(b)

图 4-16　(a) IHI 航空航天公司 3D 打印的 0.5 N 推力器；(b) Pinot-G 微推进系统

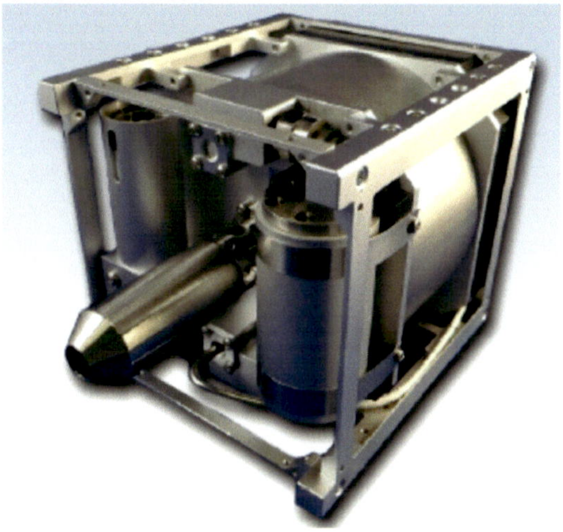

图 4-17　AMAC 的 BGT-X5 推力器

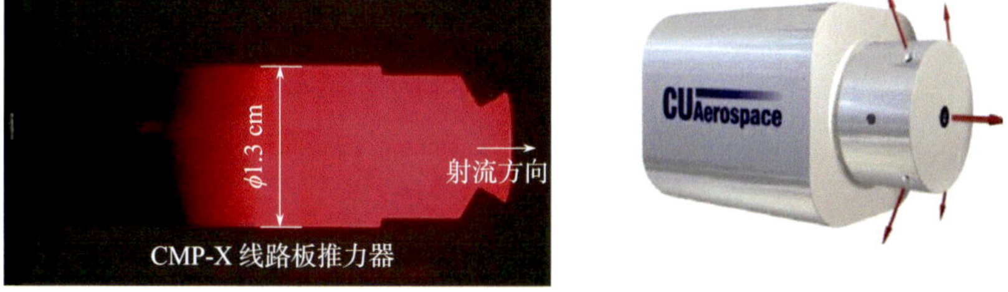

(a)　　　　(b)

图 4-18　(a) CMP-X 试验板推力器点火测试；(b) MPUC 1U 的概念设计

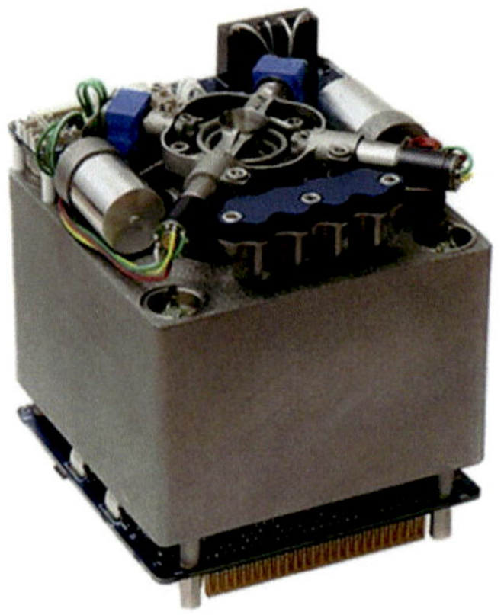

图 4－19　黎明航天公司的 PM200 双组元推力器

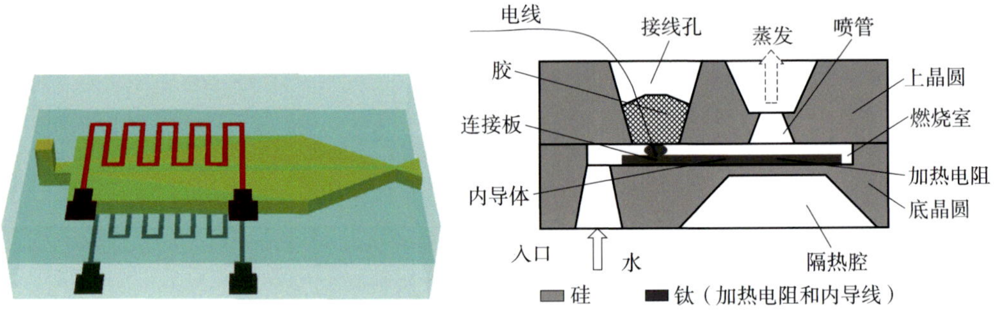

图 5－2　左：印度技术研究所研制的单通道微机电电阻加热推力器的三维原理图；
右：清华大学研制的微机电电阻加热推力器原理图

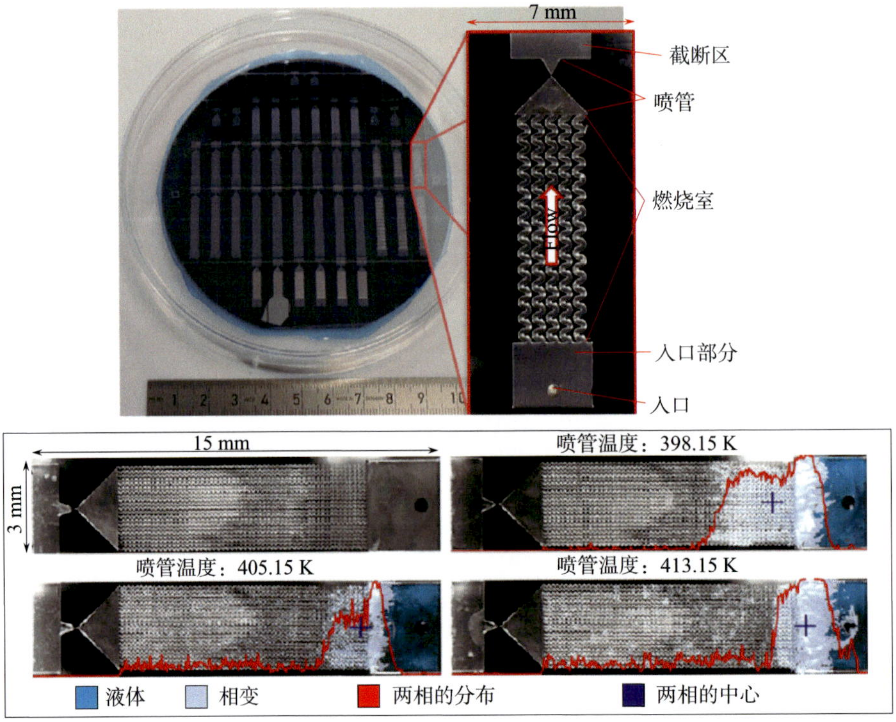

图 5－4　上：代尔夫特理工大学研发的带有不同类型 VLM 推力器的微机电晶圆和一个带有蛇形
加热通道的推力器；下：加热腔不同温度下推力器内的汽化流型

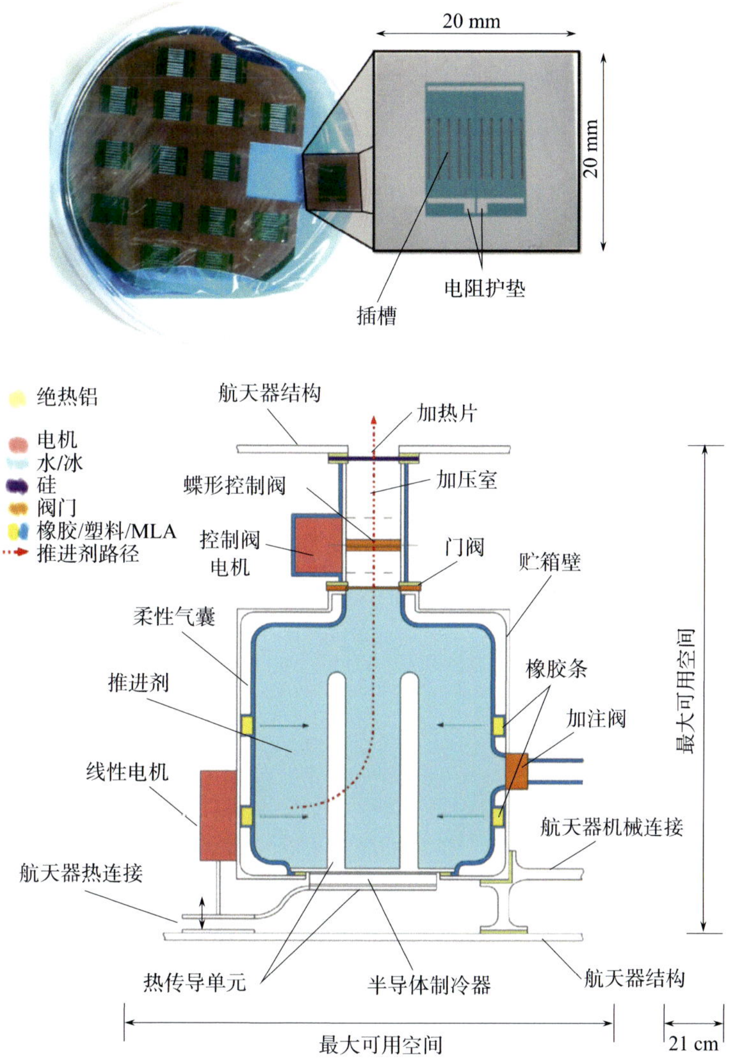

图 5-8　上：代尔夫特理工大学研发的带有不同 LPM 推力器芯片的微机电晶圆和一个基于矩形膨胀槽的推力器芯片；下：基于 LPM 概念的冰升华推进系统草图

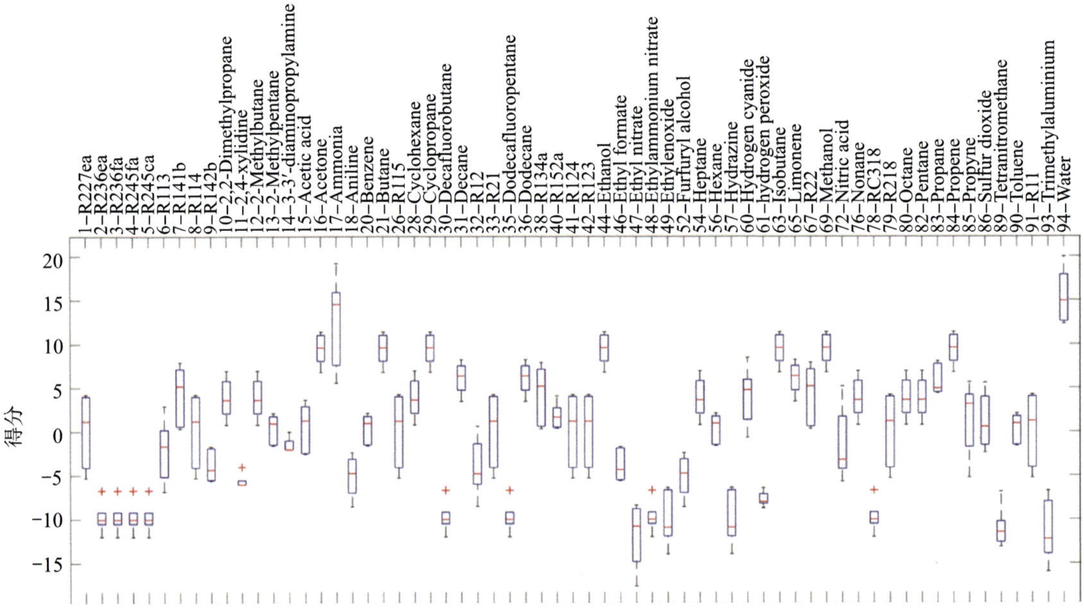

图 5－10　基于 Pugh 矩阵权重标准的 63 种电阻加热微推力器推进剂的整体排序

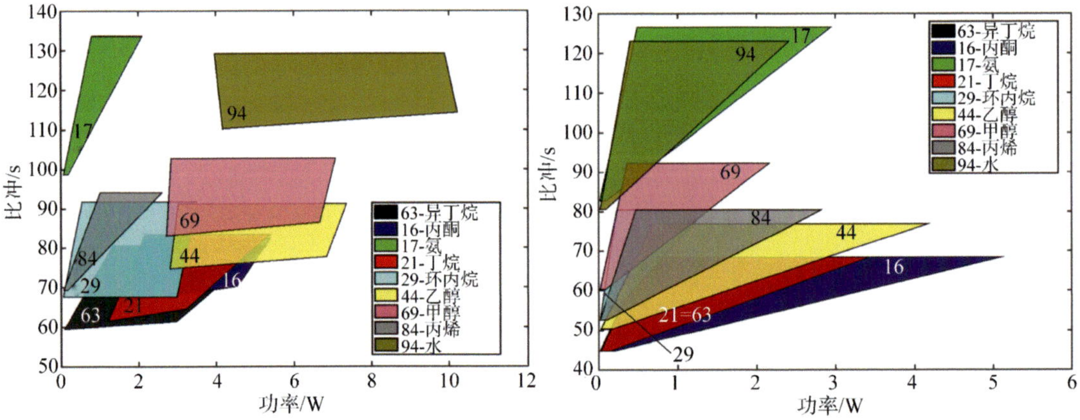

图 5－11　在代尔夫特理工大学研发的装置许可的压力和温度范围内，对于 VLM（左）和 LPM（右）两种情况，9 种最佳推进剂比冲与输入功率的函数关系

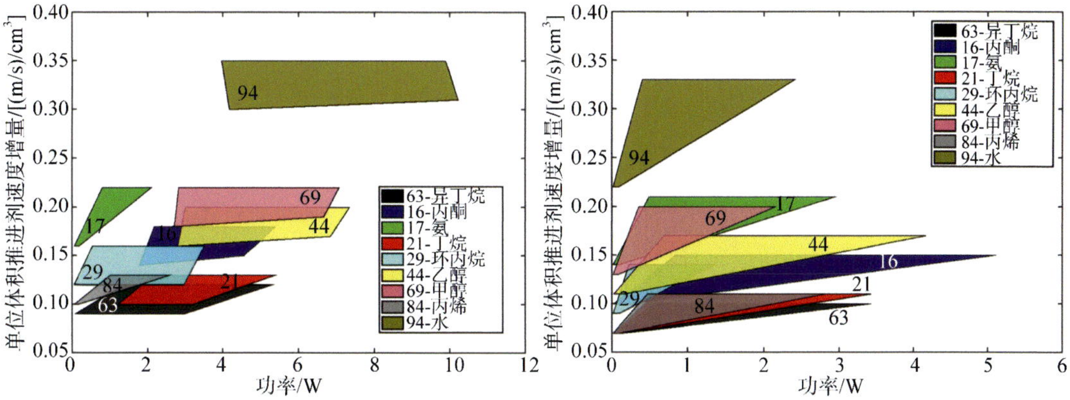

图 5-12 在代尔夫特理工大学研发的装置许可的压力和温度范围内，对于 VLM（左）和 LPM（右）两种情况，9 种最佳推进剂单位体积推进剂速度增量与输入功率的函数关系

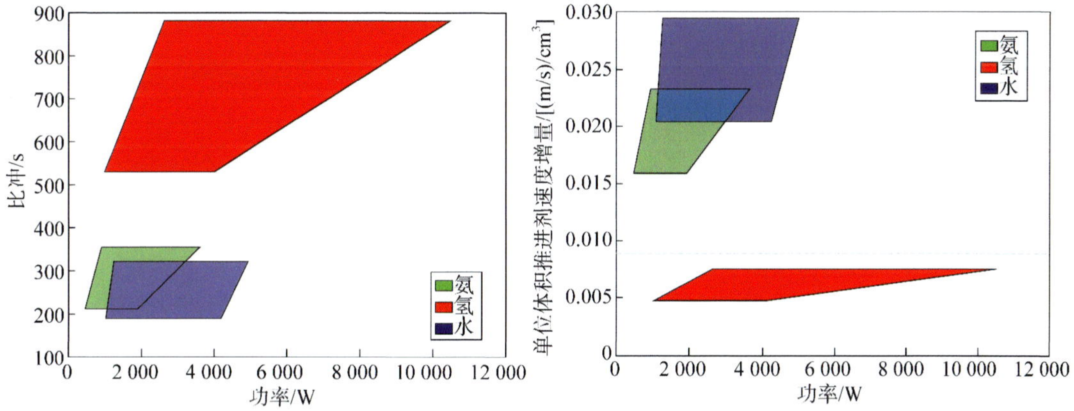

图 5-13 在 STP 系统典型压力和温度范围内，三种推进剂的比冲（左）、单位体积推进剂速度增量（右）与输入功率的函数关系

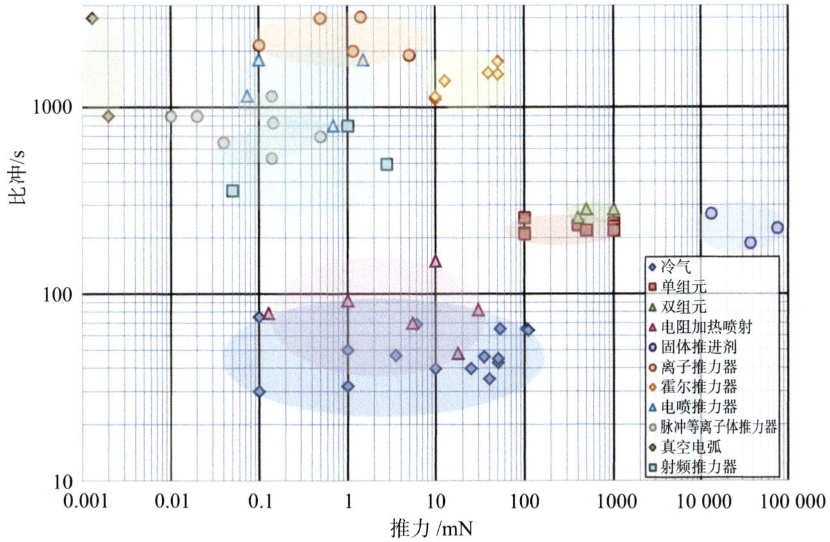

图 5-14 各种类型的微推进系统的现状（推力和比冲）

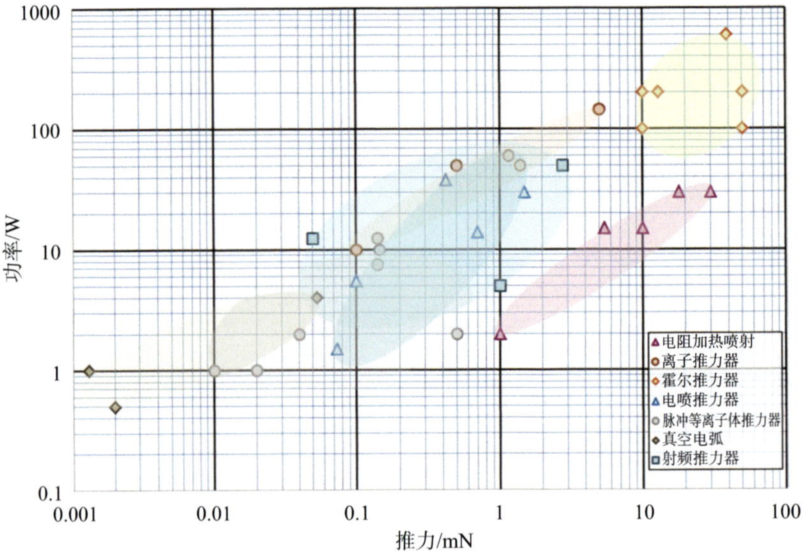

图 5－15　各种类型的微推进系统的现状（推力和输入功率）

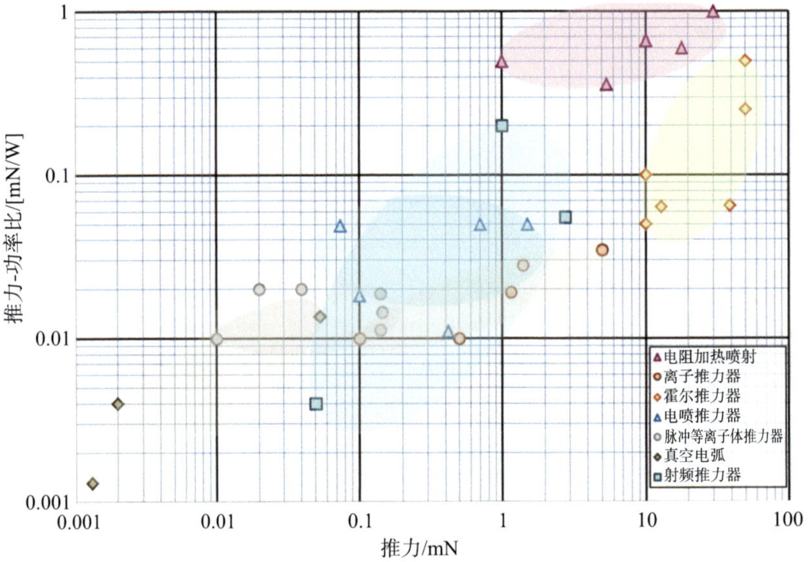

图 5－16　各种微推进系统现状（推力和推力-功率比）

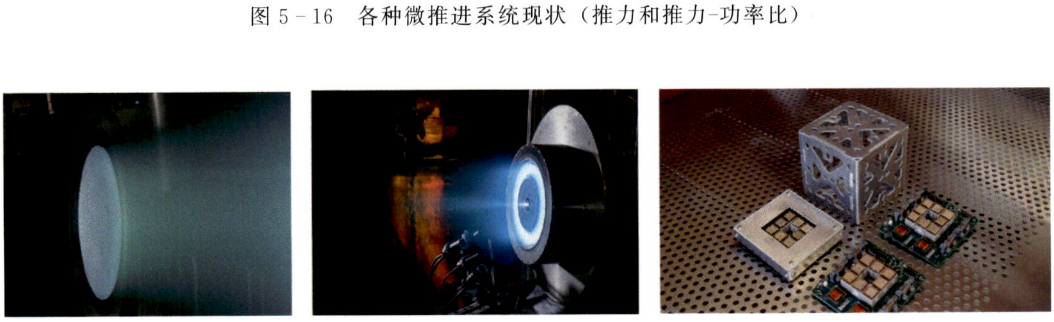

图 6－1　左：NASA NEXT 任务的格栅离子推力器；中：NASA HERMeS 任务的霍尔效应推力器；右：布塞克离子液体电喷推力器

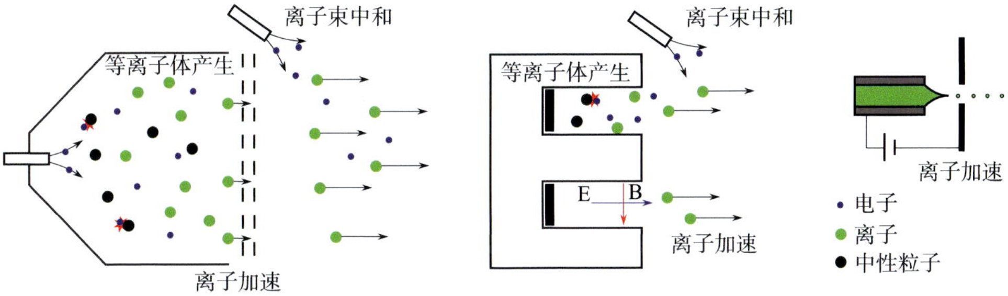

图 6-2　三种类型静电推力器的功能（从左至右：格栅离子推力器、霍尔效应推力器和电喷推力器）

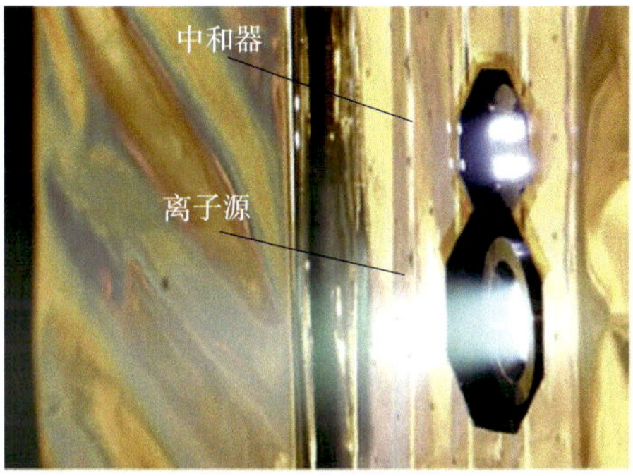

图 6-3　I-COUPS 推力器头上方带有 4 孔中和器

图 6-4　单个 iEPS 模块包含 8 个推力器头

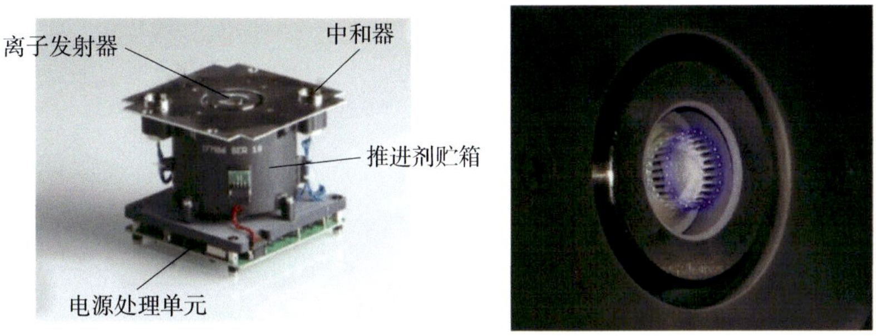

图 6-5　IFM 纳推力器和工作中的推力器头

图 6-6　MiXI 推力器格栅直径 3 cm

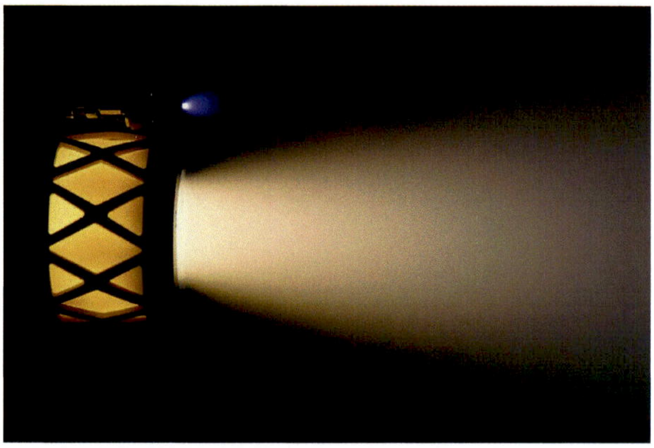

图 6-7　6U 立方星的集成飞行单元

图 6-8　开口谐振环表面等离子体、SSRIT 和工作中的推力器

图 6-9　PPPL 的圆柱霍尔效应推力器（左）和圆柱霍尔效应推力器工作状态（右）

图 6 - 10　立方星中的 ExoMG 设计

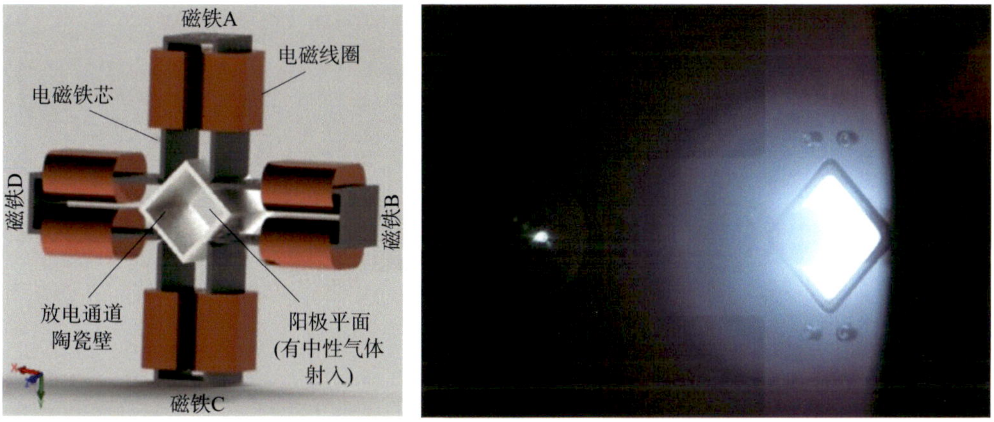

图 6 - 11　四边形约束推力器设计图和工作情况

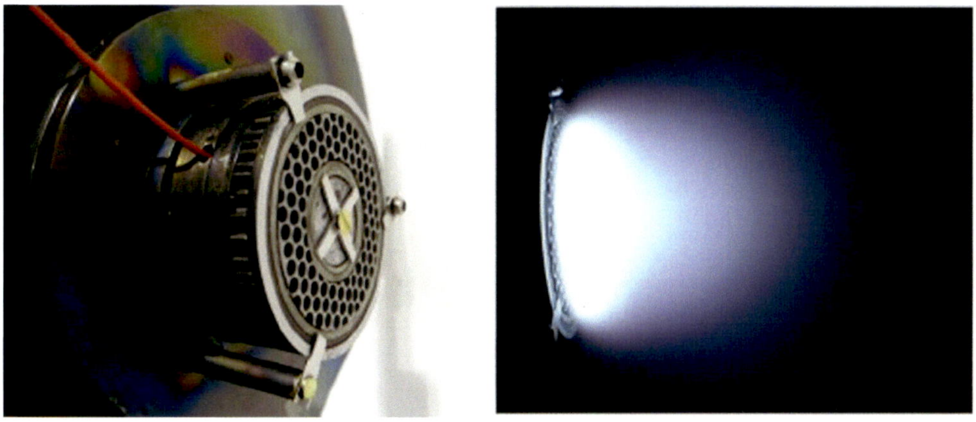

图 6 - 13　在通道出口平面处带有格栅阳极的 ISCT - 200 无壁霍尔推力器

图 6－16　左：NanoFEEP 与 1 欧元硬币的对比；右：推力器测试

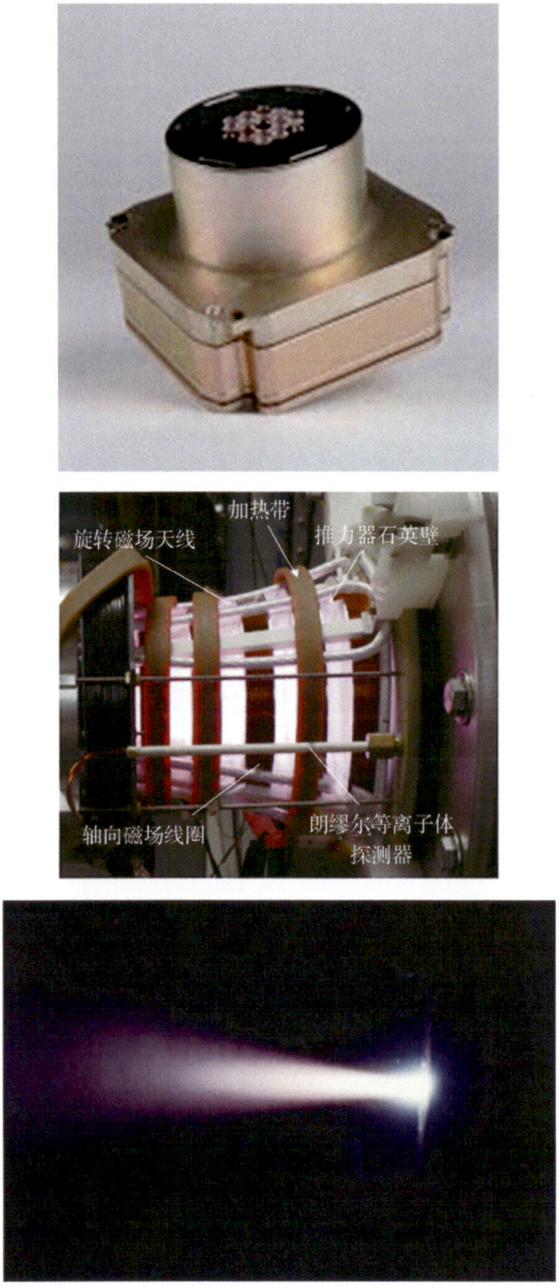

图 7－1　上：MPD 推力器羽流；中：无电洛伦兹力［ELF］推力器；下：Busek 公司脉冲等离子体推力器

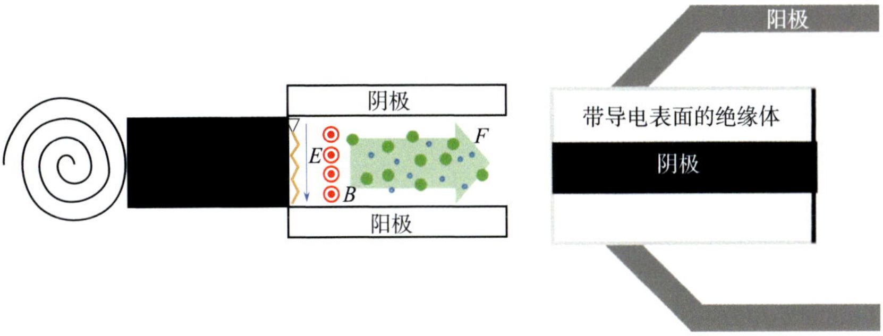

图 7－2　左：脉冲等离子体推力器和真空电弧推力器工作原理；右：真空电弧推力器电极结构示意图

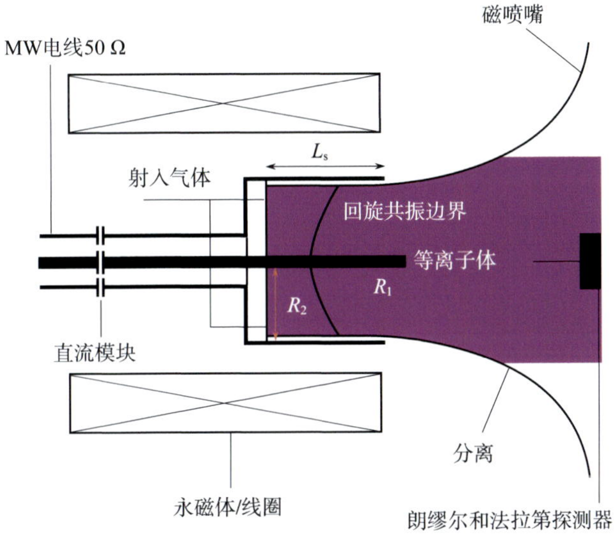

图 7－4　带永磁喷嘴的微波供能电子回旋共振推力器示意图

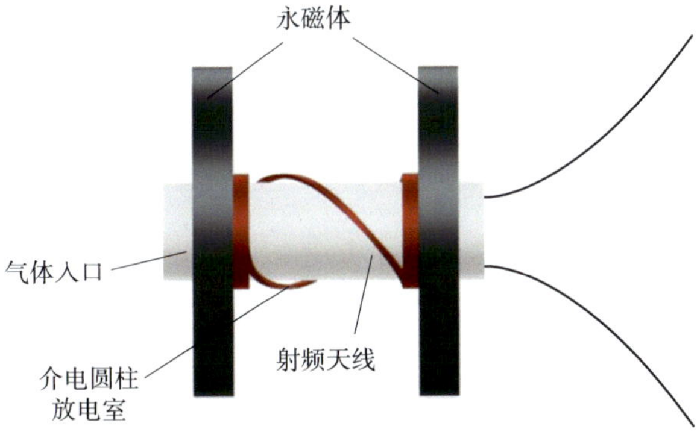

图 7－5　回旋电离磁喷嘴推力器示意图

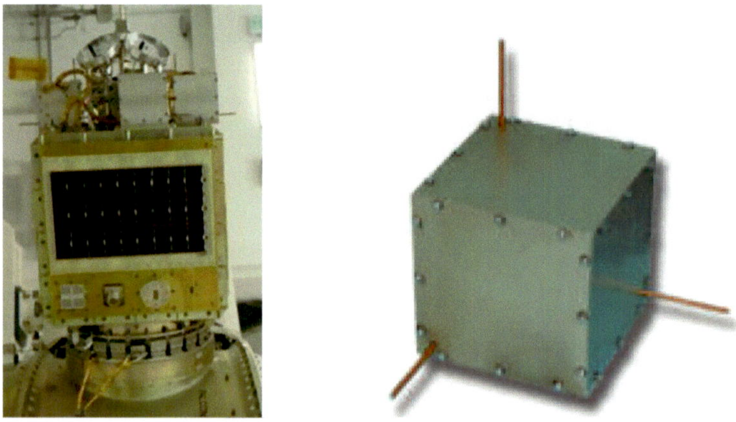

图 7-6　FalconSat-Ⅲ卫星（左）携带脉冲等离子体推力器（右，Busek 公司网页）用于姿态控制

图 7-7　弹道增强通信卫星（BRICSat-P）（左）携带乔治·华盛顿大学的阴极电弧微推力器（μCAT）（中）用于消旋，阴极电弧微推力器（μCAT）在乔治·华盛顿大学真空罐中的点火试验（右）

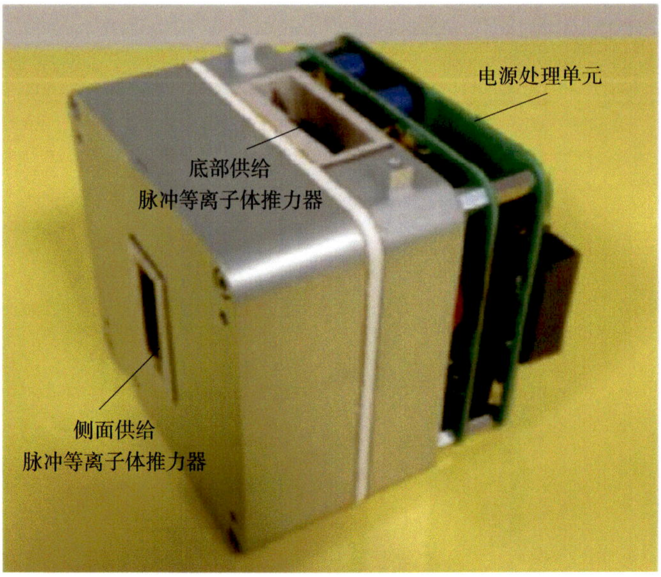

图 7-8　用于 ABOBA VELOX-Ⅲ卫星的南洋理工大学（NTU）研制的双轴脉冲等离子体推力器（PPT）

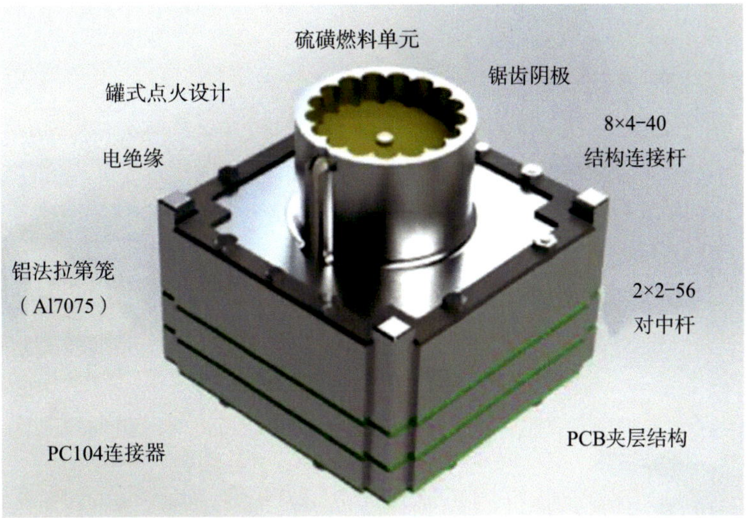

图 7-9　华盛顿大学研制的硫磺脉冲等离子体推力器（PPT）

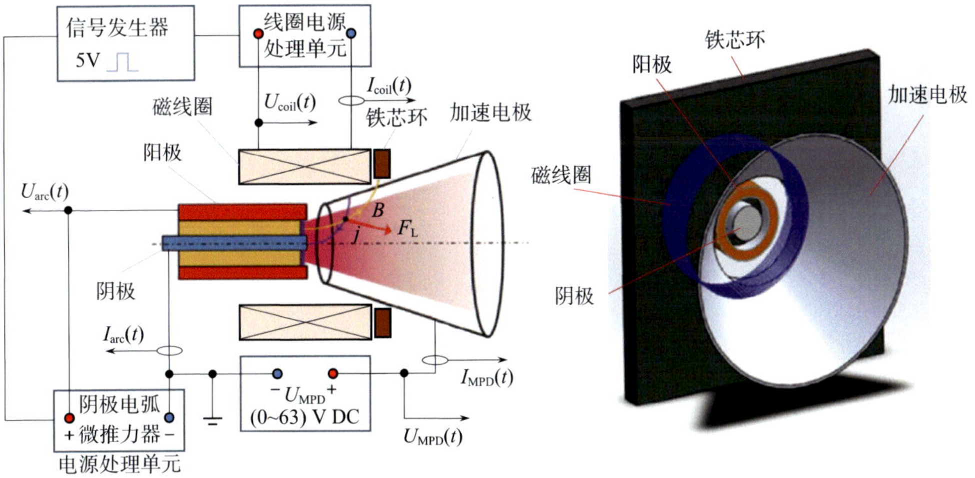

图 7-10　加速电极、磁强化的磁等离子体动力学阴极电弧微推力器

图 7－11　密歇根大学研制的电子回旋共振（ECR）推力器

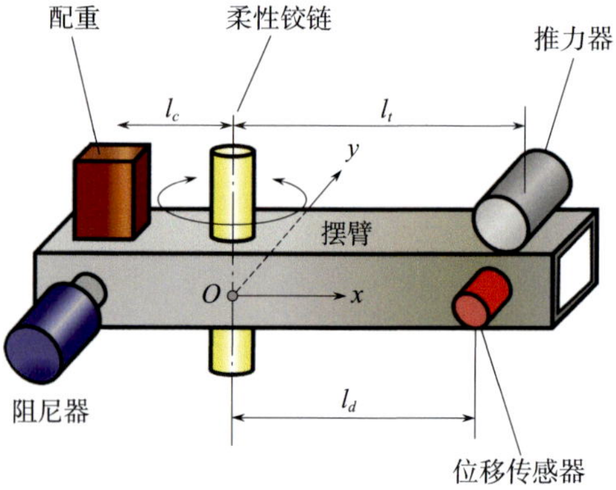

图 8－5　位移法推力台的动力学模型

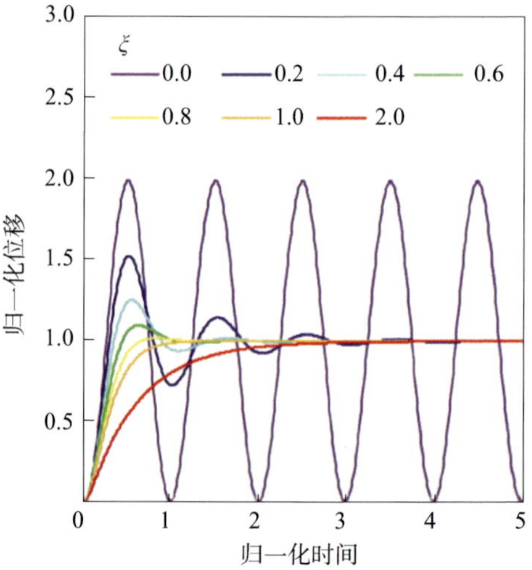

图 8－6　位移法时间曲线［时间用 $2\pi/\omega_n$（$\xi=0$ 的周期）归一化］

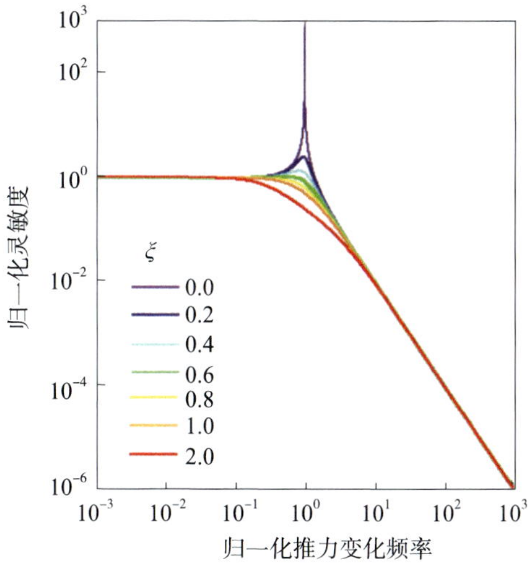

图 8-7　位移法的动力学响应（灵敏度）（推力变化频率通过固有频率归一化，归一化灵敏度超过 1 意味着高估）

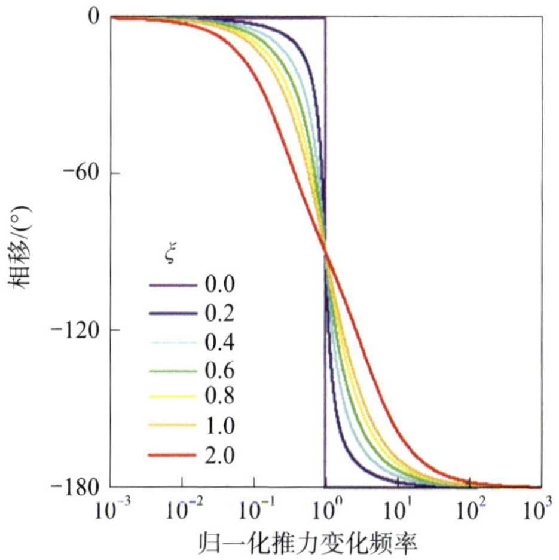

图 8-8　位移法的动力学响应（相移）（推力变化频率通过固有频率归一化，相移的负值表明出现了滞后）

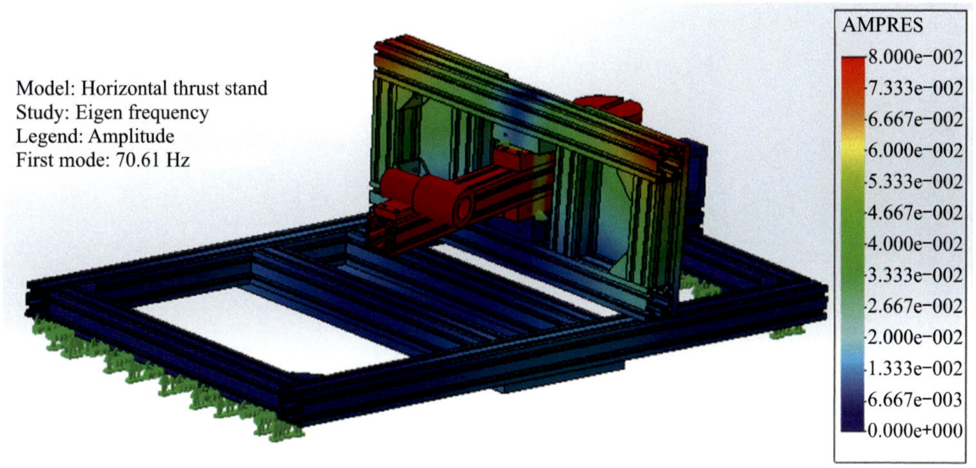

图 8-15　推力台有限元振动分析结果

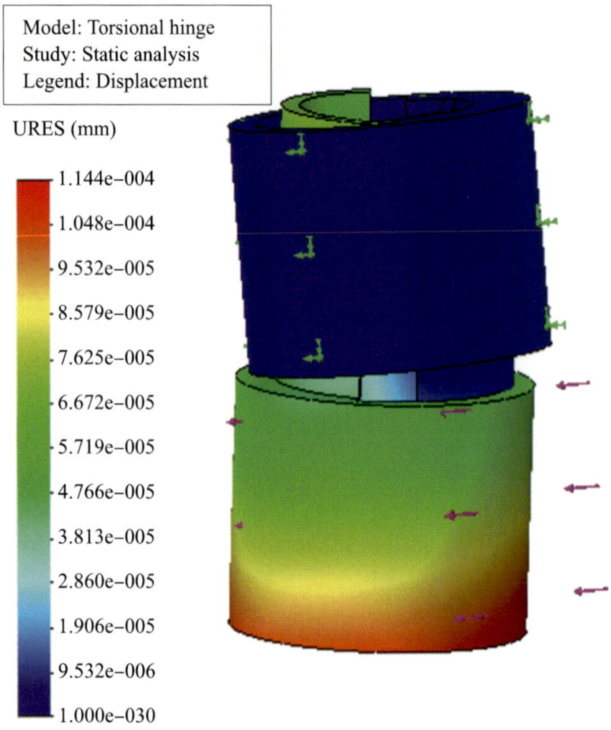

图 8 - 17　弯曲铰链有限元分析结果

图 8 - 18　涡流阻尼器实例

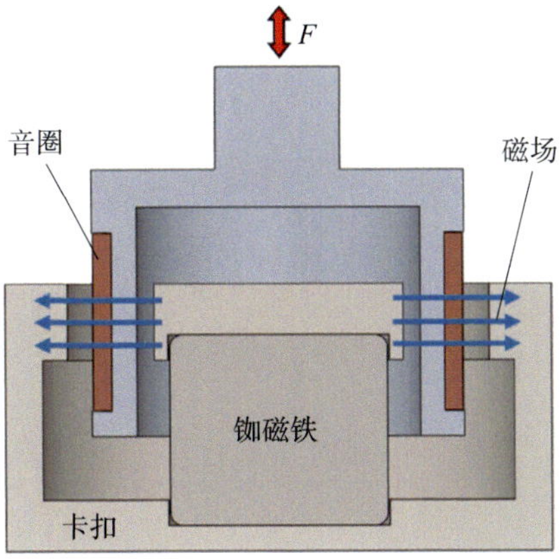

图 8-22　音圈电机示意图

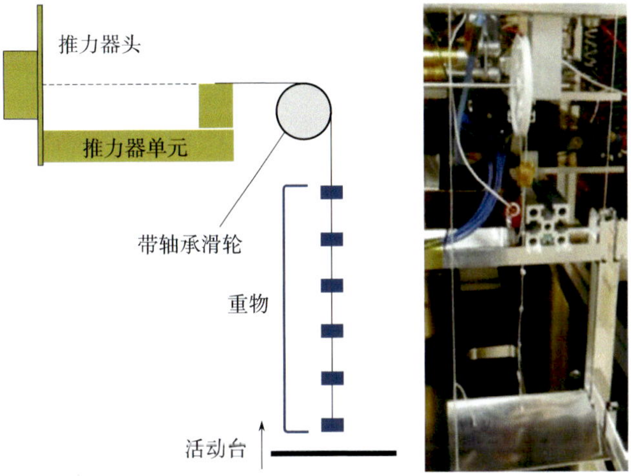

图 8-23　滑轮和重物标定器实例

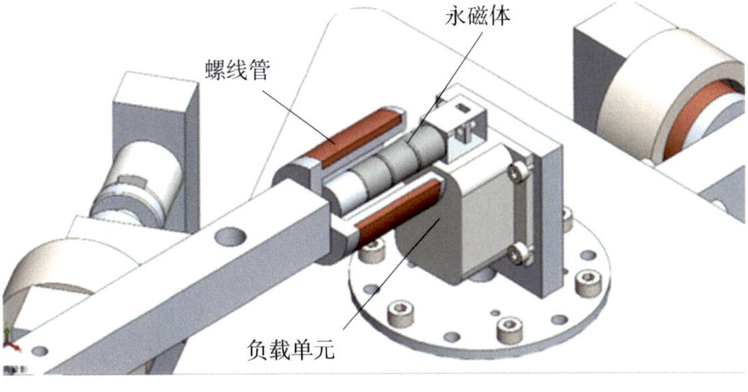

图 8-24　永磁体螺线管标定器

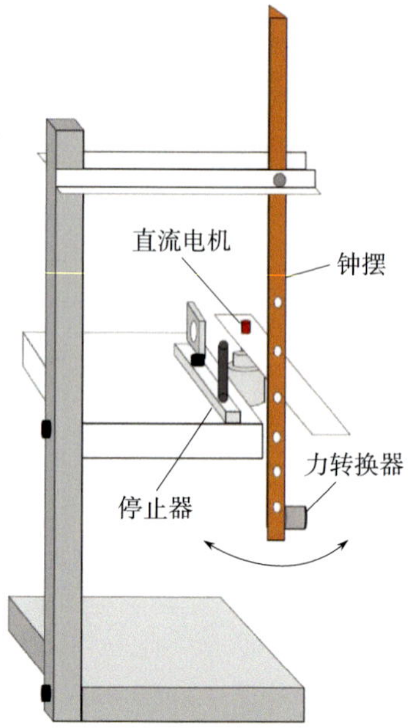

图 8-30　带有负载单元的冲击锤标定器

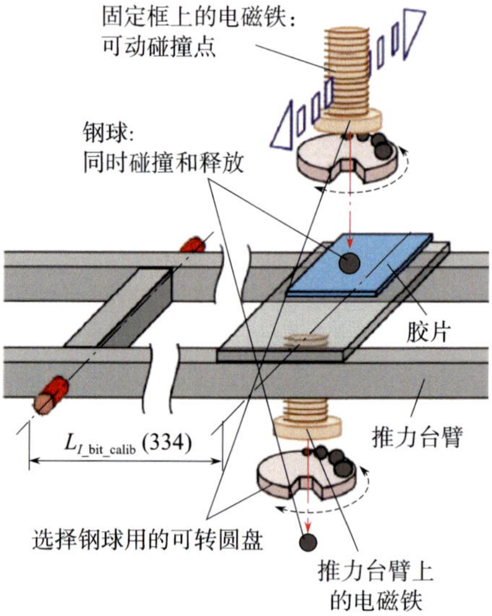

图 8-35　用于比冲测量的推力台及微质量天平（脉冲推力标定型）

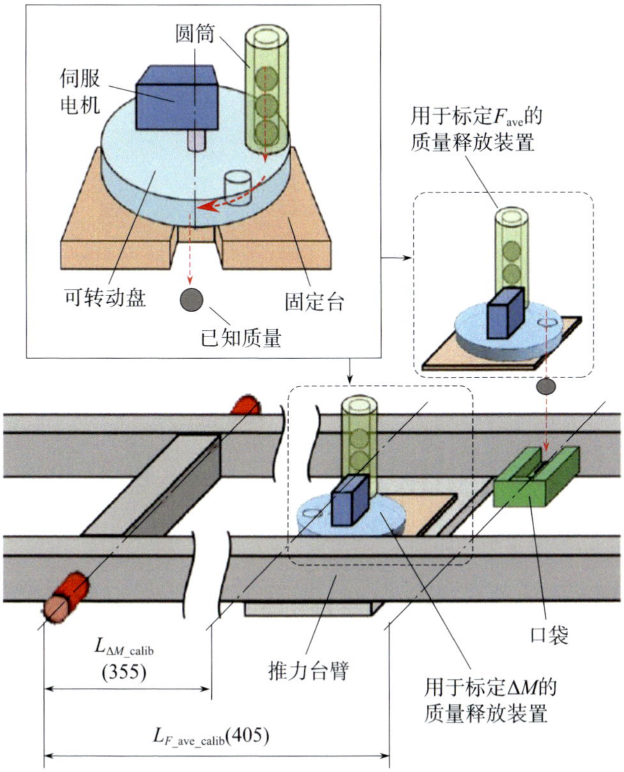

图 8-36　用于比冲测量的推力台和微质量天平（推进剂消耗和平均推力标定）

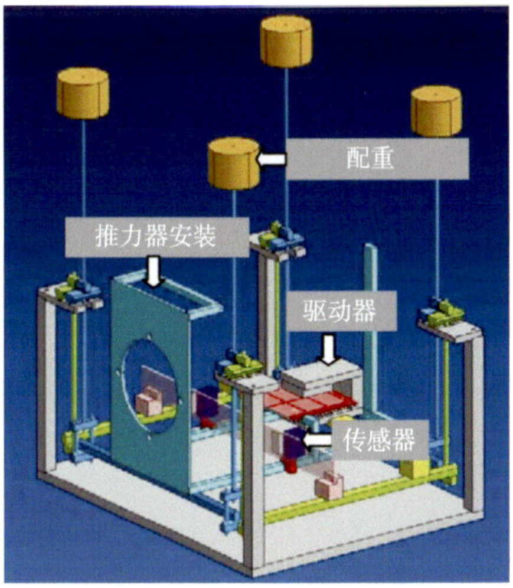

图 8-39　两分量零天平推力台

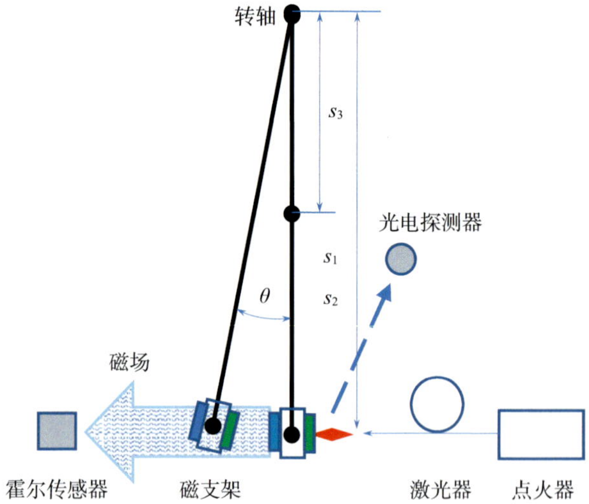

图 9-3 微推力器推力和燃烧时间的竖直推力天平（VTB）测量原理

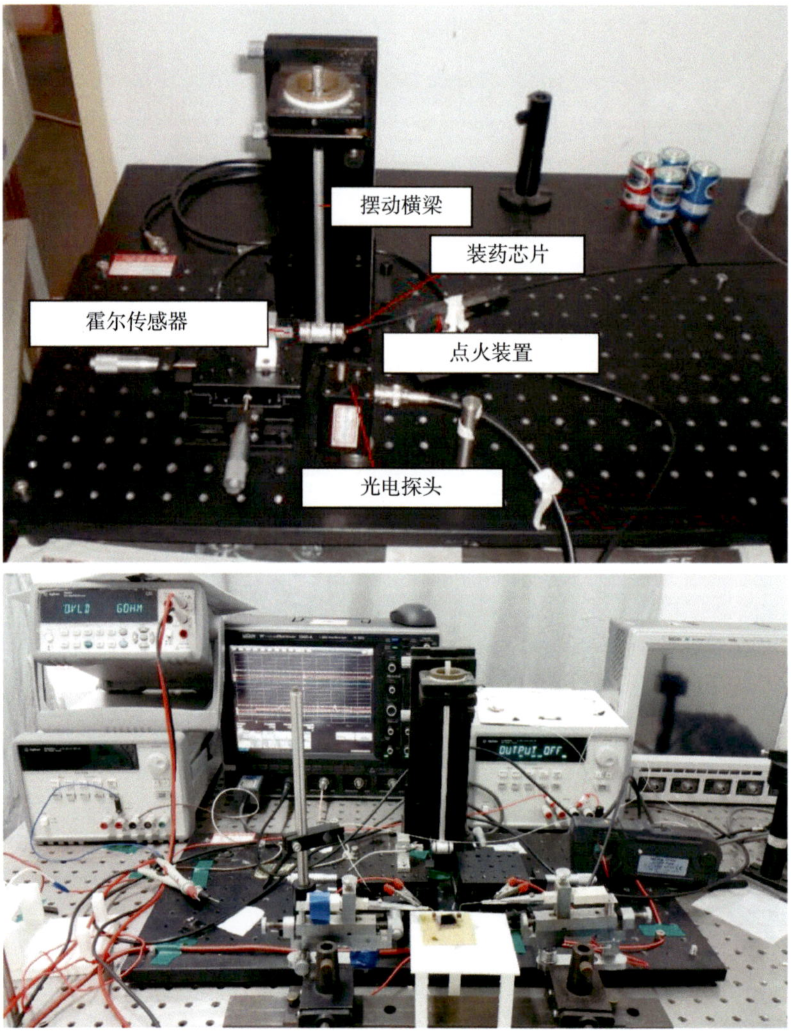

图 9-4 微推力器推力和燃烧速率的竖直推力天平（VTB）测量装置

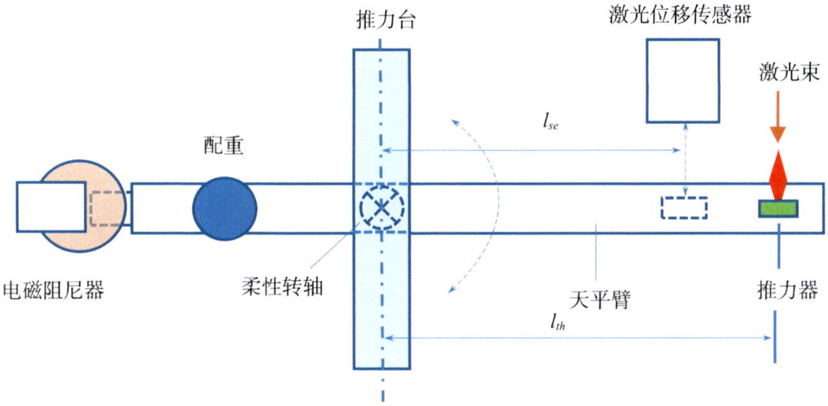

图 9-5 水平推力天平俯视图

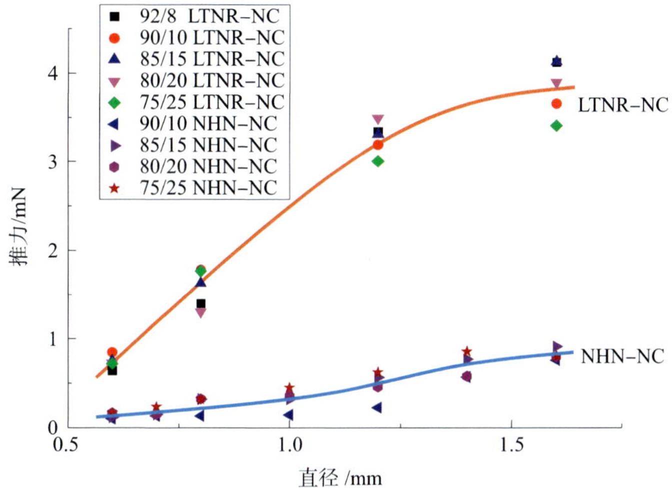

图 9-9 颗粒直径为 0.6～1.8 mm 的 LTNR-NC 和 NHN-NC 推进剂推力

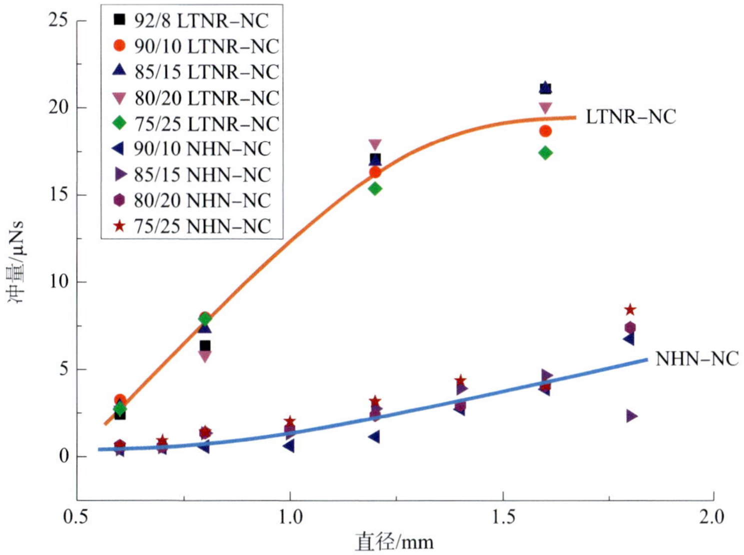

图 9-10 颗粒直径为 0.6～1.8 mm 的 LTNR-NC 和 NHN-NC 推进剂冲量

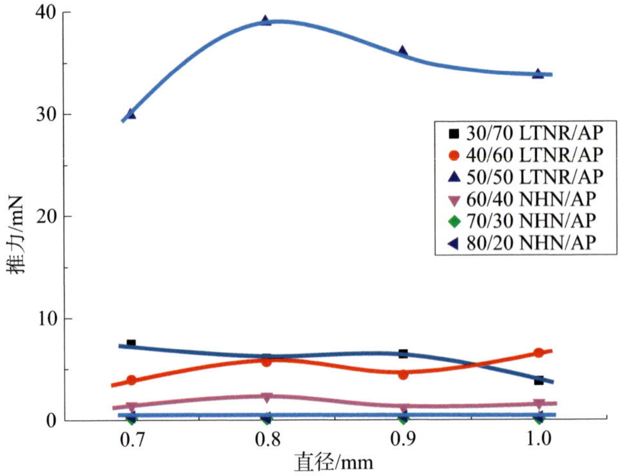

图 9-11　颗粒直径为 0.7～1.0 mm 的 LTNR/AP 和 NHN/AP 推进剂推力

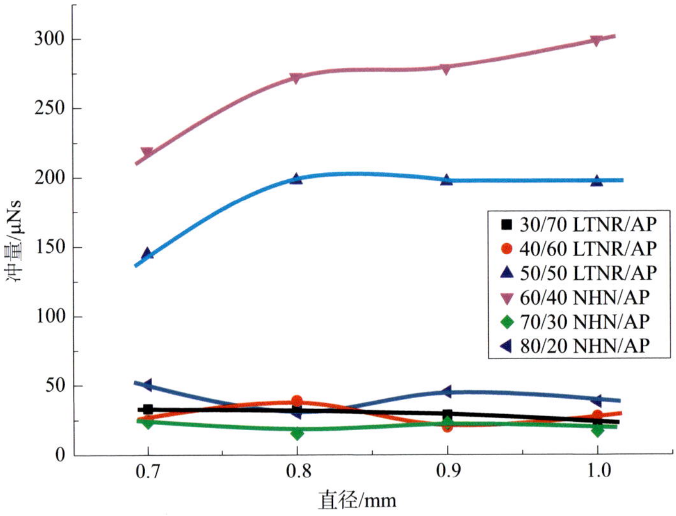

图 9-12　颗粒直径为 0.6～1.8 mm 的 LTNR/AP 和 NHN/AP 推进剂冲量

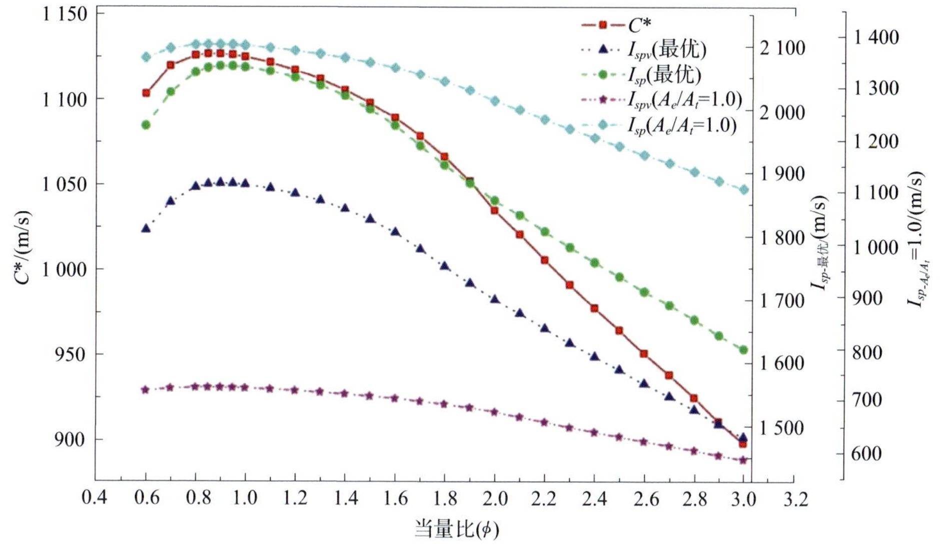

图 9－14　Al/CuO 不同燃氧比时的理论比冲

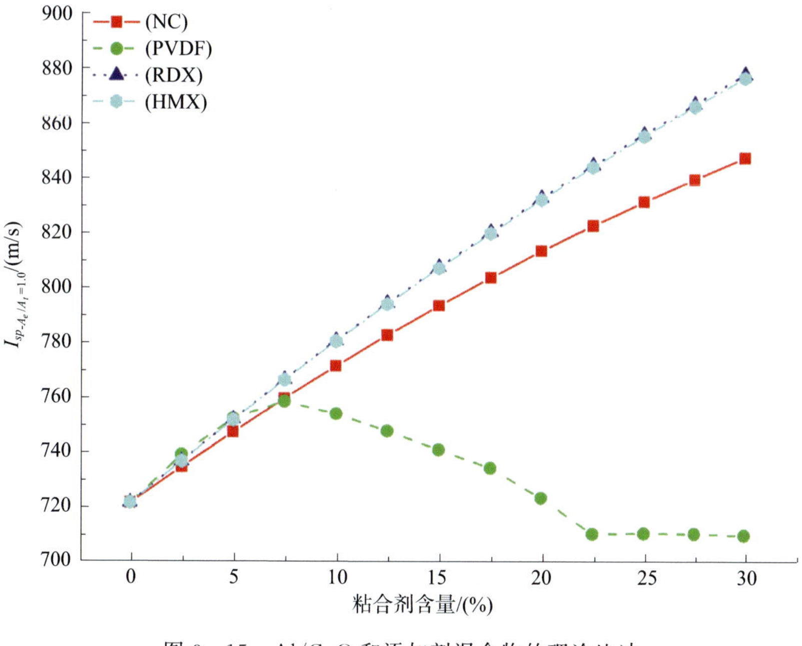

图 9－15　Al/CuO 和添加剂混合物的理论比冲

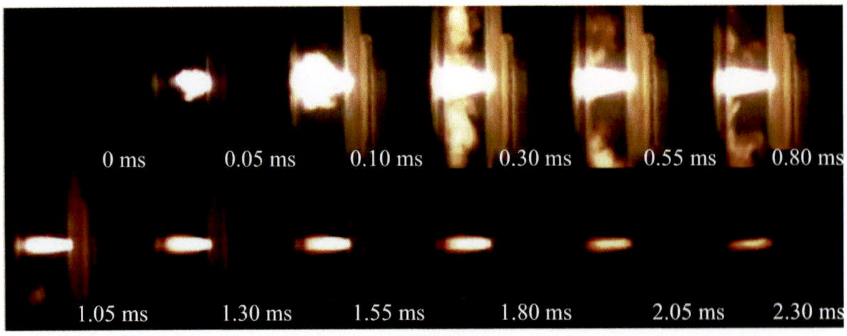

(a) A1/CuO (MM)

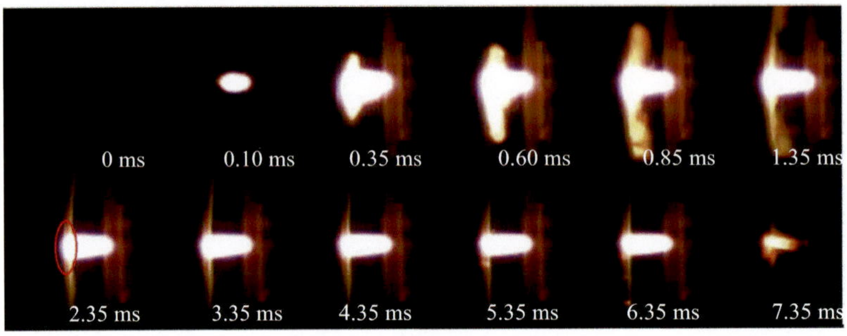

(b) A1/CuO/NC-2.5% (ES)

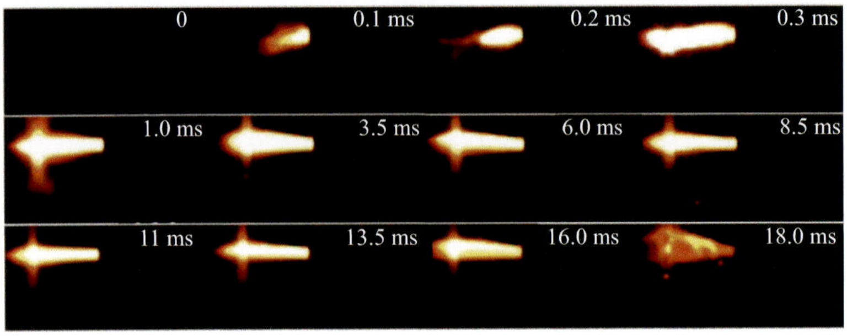

(c)A1/CuO/PVDF-5% (ES)

图 9－19　Al/CuO、Al/CuO/NC 和 Al/CuO/PVDF 的燃烧火焰

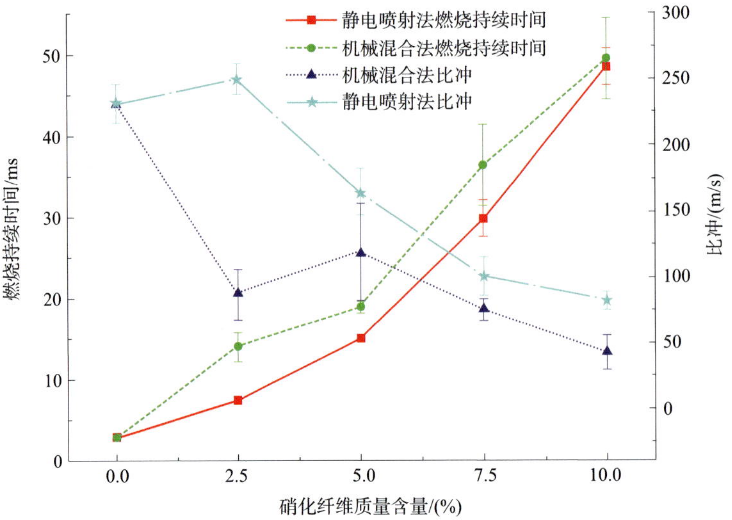

图 9－20　不同硝化纤维（NC）含量的 Al/CuO/NC 的性能

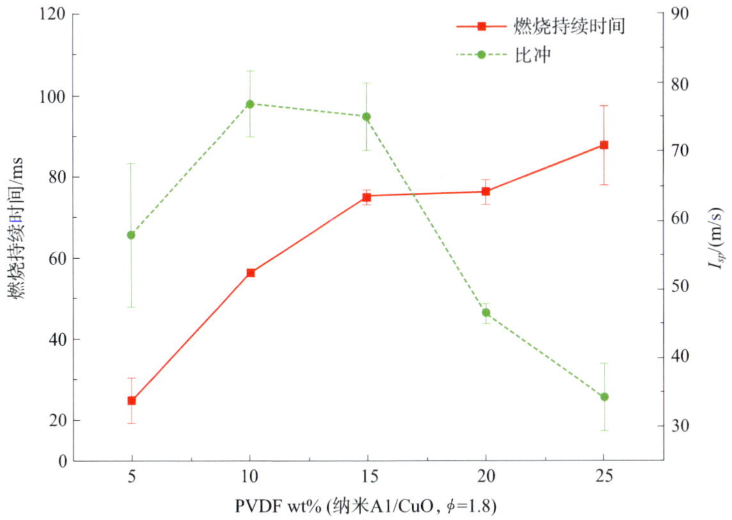

图 9-21 不同聚偏二氟乙烯（PVDF）含量的 Al/CuO/NC 的性能

图 10-3 纳米帆-D2 太阳帆完全展开

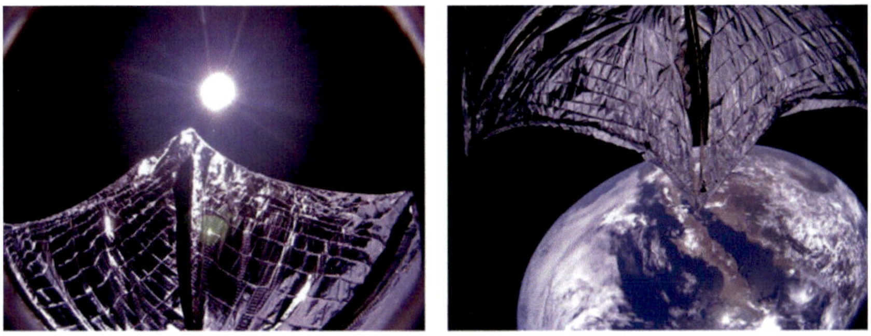

(a) (b)

图 10-4 （a）光帆-1 完全展开；（b）光帆-2 完全展开

图 10-5　光帆-2，一个带有太阳帆的 3U 立方星

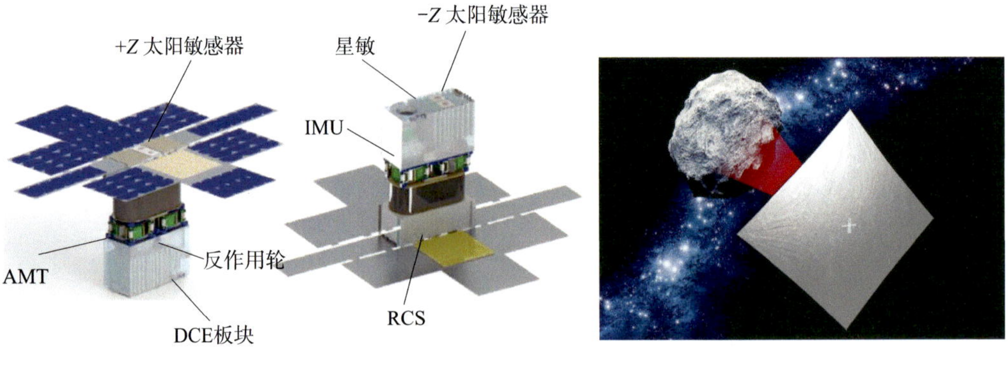

图 10-6　带有太阳帆的 6U 立方星 NEA Scout